云南野生稻遗传特性与保护

程在全　黄兴奇　主编

科学出版社

北京

内 容 简 介

野生稻被称为植物"大熊猫"，中国有 3 种野生稻，是改良栽培稻的宝贵基因库。我国野生稻主要分布在云南等地，已处于濒危状态。本书介绍了云南野生稻现存资源状况和濒危原因，构建了从 DNA 分子、细胞、植株、种子到原生地、异地集中保存等保存保护网，使野生稻得到有效保护。本书还从多个方面介绍了云南野生稻研究现状，如遗传多样性、主要营养元素类型和含量、抗白叶枯病和稻瘟病特性的系统鉴定评价，用文库和分子杂交技术发现和分离一些抗稻瘟病、抗白叶枯病基因的同源基因，并深入分析了其分子遗传进化。

本书用通俗的语言和大量专业细致的图片，为读者展示了我国珍惜的植物资源濒危现状和保护现状，对促进人们提高植物资源的保护意识起到一定作用，可为农业和生物相关科技人员、教学人员等提供理论参考。

图书在版编目（CIP）数据

云南野生稻遗传特性与保护/程在全，黄兴奇主编. —北京：科学出版社，2016.6
　　ISBN 978-7-03-048588-5

Ⅰ.①云… Ⅱ.①程… ②黄… Ⅲ. ①野生稻–植物遗传学–研究–云南省②野生稻–资源保护–研究–云南省 Ⅳ.①S511.9

中国版本图书馆 CIP 数据核字(2016)第 125142 号

责任编辑：王　静　李　迪 / 责任校对：郑金红
责任印制：徐晓晨 / 封面设计：北京铭轩堂广告设计有限公司

科学出版社 出版
北京东黄城根北街 16 号
邮政编码：100717
http://www.sciencep.com

北京京华虎彩印刷有限公司 印刷
科学出版社发行　各地新华书店经销
*

2016 年 6 月第 一 版　　开本：787×1092　1/16
2016 年 6 月第一次印刷　　印张：21 1/4
字数：483 000

定价：118.00 元
（如有印装质量问题，我社负责调换）

《云南野生稻遗传特性与保护》编辑委员会

前　言

　　地处中国西南的云南省，位于全球三大生物多样性最丰富的一个区域，土地面积 39.43 万 km^2，占中国国土面积的 4.1%，但其拥有中国 60% 以上的动植物资源种类，被称为"动植物王国"。云南地理环境变化多端，气候生态类型丰富多样，从东南海拔 76 m 到西北梅里雪山 6700 m，跨度十分巨大，具有 7 个气候生态条带，在这种背景下起源的植物类型多种多样，如被誉为植物"大熊猫"的野生稻，就是非常重要的植物资源，与之相应的云南稻种的类型、地方资源数量也十分丰富，云南也是稻种起源和演化的中心之一。

　　从植物分类及物种概念来看，中国具有 3 种野生稻物种，在中国南部 8 个省有野生稻的起源和分布，但是只有云南和海南同时具有 3 种野生稻，而云南拥有的野生稻种数量、类型和生态居群数量是全国首屈一指的。因此，研究云南野生稻，认识和揭示其遗传特性，对于了解植物起源、进化和演化具有重要的理论价值。野生稻基因的发掘利用先后带来了水稻育种和生产的两次绿色革命（第一次"革命"即植株矮化，第二次"革命"即杂交水稻）。野生稻由于在长期自然胁迫下进化出许多重要的抗逆性状，如抗病、抗虫、抗寒冷、抗干旱等，以及高产潜力性状，对其发掘利用往往会带来水稻育种和生产的突破性进展。因此，我们在近些年研究云南野生稻的过程中，取得了对云南野生稻遗传多样性的结果，鉴定抗病性筛选出了重要资源材料，对野生稻种子的营养成分进行了检测和分析，以及对其主要控制基因 *Waxy* 进行了分析，加之构建基因文库，基因芯片制备和检测，从而可指导分离克隆抗病基因。这些研究的阶段性理论成果和潜在应用成果，呈现于本书，可为读者提供参考。

　　另外一个重要的方面，云南野生稻也和其他一些重要植物资源一样，在过去几十年中经历着不断被破坏、消失的危险情况。保护云南野生稻的工作十分重要，在国家和云南省有关部门的支持下，人们开展了许多保护工作，使得野生稻资源得到了安全有效的保存保护。本书把这部分情况也展示给读者，对提高人们对资源植物的保护意识将会有一定的促进作用。

　　本书得以完成并交付印刷，得到了科技部、农业部、环保部和国家自然科学基金委的项目支持，也得到了云南省科技厅、农业厅等部门的项目支持。相关工作中，得到了云南省农业科学院，以及一些地、州、市和县农科部门的配合帮助。编写组成员为本书撰写付出了艰苦的工作。陈勇、戴陆园、鄢波、吴成军、刘继梅、晏慧君、史冬燕、章成、杨明挚、钱君、张绍松、丁玉梅、罗莉、熊华斌、阿新祥、梁斌、杨顺发、陈亮新、王文华、王丹青、李军、孙涛、唐志敏、周英、封军华、钟丽华、罗红梅、李娥贤、罗玉、彭波、徐玲玲、吕广磊、蔺忠龙、白现广、刘艳平、侯思名、张薇、贺斌、杨学芳、柳琳、杜平平、耿显胜、陈良、王相春、张秀、张凡、杨欢欢、张婷、阚东扬、邢佳鑫、邓磊等同志虽然未列入编写成员，但是他们参与了许多工作，或者在撰写本书过程中，付出了劳动，贡献了智慧，在此我们一并致谢！

　　由于本书篇幅有限，只展现了到目前为止关于云南野生稻遗传特性和保护的主要方面。因为编著水平有限，本书中难免有不准确、疏漏现象，敬请读者批评指正。

程在全　黄兴奇

2015 年 8 月 28 日

目　　录

第一章 绪 论

水稻是世界超过半数人口的主粮作物，水稻育种、稳产和高产关系到粮食安全。目前水稻育种、种业和生产面临多方面的挑战：第一，世界人口不断增长，据专家预测，2050 年中国人口将达到 15 亿，比目前的 13.2 亿增加 1.8 亿，世界人口在 2050 年将达到 97 亿，比目前的 73 亿人口增加 24 亿，对粮食需求也将大幅度增加，而有效的耕地面积却不断下降，因而需要水稻产量不断提高；第二，全球气候变暖，极端气候频发，逐渐增加的水稻病虫害和干旱、低温危害，这就要求水稻抗逆能力必须提高；第三，近年来水稻育种中的亲本往往集中在少数材料，导致生产上使用的品种遗传基础越来越狭窄，一方面使水稻育种难以有突破性进展，另一方面，单一遗传基础使水稻品种易受病虫害危害而导致大量减产，这就要求必须拓宽水稻的遗传物质基础。总之，需要拓宽遗传物质包括抗病虫害基因、高产基因、优质基因等。栽培稻的近缘植物即野生稻和传统稻种材料（老品种材料）是拓宽栽培稻遗传物质基础的宝贵资源。云南是植物王国，是水稻起源或演化中心之一，蕴藏了大量野生稻和传统稻种资源。

野生稻是水稻的原始祖先，被称为植物中的"大熊猫"，蕴藏着十分丰富的优良基因。世界上目前共有 20 种野生稻种，其中中国有 3 种，即药用野生稻（*Oryza officinalis* Wall. ex Watt.，CC 基因组=697 Mb）、普通野生稻（*Oryza rufipogon* Griff.，AA 基因组=480 Mb）和疣粒野生稻（*Oryza granulata* Baill.，GG 基因组=1030 Mb），见附图 1。中国野生稻在云南分布最广，生态类型最多。云南是我国 3 种野生稻的主要分布区。与其他省区比较，云南野生稻的种类和亚种、生态类型数量为全国之首。野生稻具有抗白叶枯病、抗稻瘟病、耐旱、耐寒等栽培稻不具有或已经消失的遗传基因，还具有有利于栽培稻改良的高产基因，是水稻品种改良的宝贵基因库。然而，这一宝贵的战略性生物资源目前却面临着快速消失的危险。2001 年之前有记载的云南野生稻的分布点计为 105 个，其中普通野生稻 26 个点、药用野生稻 12 个点和疣粒野生稻 67 个点。但是随着人类社会经济活动的加剧，再加上对资源的保存保护意识比较薄弱，云南的野生稻和全国的野生稻一样，也处于濒危状态，其减少和消失的速度之快，令人吃惊。云南省农业科学院生物技术与种质资源研究所（简称农科院生物所）等单位近年来的调查发现，云南野生稻生态居群数量和分布范围，以及居群内野生稻数量都处在不断减少甚至逐渐消亡的濒危状态，而且大多数云南野生稻居群已消失，尚存的野生稻居群也在萎缩。全省现存的野生稻分布点仅有 41 个，其中普通野生稻 2 个点、药用野生稻 2 个点和疣粒野生稻 37 个点。这些野生稻点分布于 6 个州市的 16 个县（市），其中 35 个点集中分布在思茅、临沧、德宏等12 个县（市）。

"野生稻遗传资源的消失和灭绝引起的后果是难以估量的，保护面临濒危的珍稀野生稻遗传资源具有重大的现实意义和历史意义。"开展野生稻原位保护有利于保持云南野生稻的多样性和丰富度；利用野生稻具有而栽培稻没有的基因源，不但可以推动稻作科学研究，而且可为稻作品种改良和良种选育源源不断地提供特异基因源，为稻作育种带来革命性的突破。事实上，全世界水稻育种和生产的两大革命性突破即两次绿色革命都是利用了野生稻的优良基因，20 世纪 30 年代，丁颖院士将广东一普通野生稻与亚洲栽培稻杂交，成功培育出世界上第一个携带普通野生稻基因而矮化的栽培稻品种——中山一号，植株高度大幅度下降而收获指数提高，因此产量大幅度增加，这就是第一次绿色革命。1973 年，袁隆平先生利用海南发现的一株花粉败育普通野生稻，成功培育出杂交水稻，掀起了水稻生产的第二次绿色革命，使中国水稻育种和生产走向了世界先进科技舞台。由此可见野生稻极具研究和利用价值。因此，对云南野生稻遗传资源进行有效保护，其意义重大。在农业部、环保部及云南省相关部门的重视及支持下，从 2001 年开始先后在云南省耿马县、景洪市曼丢、普洱市思茅区、元江县等地建立了野生稻原位保护点 7个，曾经在景洪市景哈建立了野生稻异地集中保护点 1 个（2012 年前后因种种原因被破坏，需要重新建设新的异地集中保护点），云南省农科院生物所温室也部分保存了一些野生稻资源，这些保护点的建设为阻止野生稻资源的进一步消失起到了重要作用。

云南省农科院生物所在保存保护体系研究方面，构建了野生稻资源从 DNA 分子、细胞、植株、种子到原生地、异地集中的保存保护网。在对野生稻保存保护基础上，开展了遗传特性鉴定、优良基因发掘、遗传资源利用的研究。在主要遗传特性鉴定评价研究方面，首次完成了云南普通野生稻、疣粒野生稻和药用野生稻这 3 种野生稻遗传多样性、主要营养元素含量和类型分析。对野生稻抗白叶枯病和稻瘟病特性进行了系统鉴定，发现了诸多特异的优良性状，并且筛选出一批优异野生稻资源材料。在优异种质基因发掘研究方面，首次构建了普通野生稻、疣粒野生稻和药用野生稻的 BAC、BIBAC、cDNA和 SSH 文库，并从中发现和分离获得了一批野生稻重要功能基因 cDNA。

本书第二章介绍了云南野生稻是世界野生稻资源的重要组成部分，是中国野生稻的典型代表，云南野生稻种类和生态居群数量在全国首屈一指，是重要的战略生物资源。同时介绍了云南野生稻资源近年来调查、采集样本和生态居群数量变化状况，分析了野生稻濒危原因。根据濒危状况和遗传多样性提出了野生稻保护策略，即原生境的保护针对特别重要居群，异地集中保护重要居群，而温室和实验室的保护针对所有居群。保护方法有传统经典的物理隔离保护法，也介绍了国际生物多样性中心支持的激励机制替代种植的野生稻保护方法。

本书用大量篇幅介绍了云南野生稻基于分子标记 RAPD（random amplification polymorphic DNA）、ISSR（inter-simple sequence repeat）等分析揭示的种类之间、居群之间和居群内植株之间的遗传多样性，普通野生稻虽然居群数量不多但是居群内和居群间的遗传多样性很高，元江普通野生稻是所有 AA 基因组普通野生稻中最原始的类型，药用野生稻和疣粒野生稻的遗传多样性都很高。对野生稻种子营养构成成分即储藏蛋白、氨基酸、矿质元素和直链淀粉含量分析和类型的系统介绍，较全面勾画了营养决定因素的遗传特征图，从一系列数据资料说明野生稻种子储藏蛋白中，有利于人体吸收利用的谷蛋白含量比例高于栽培稻，而对稻米口味有负面影响的储藏蛋白中的醇溶蛋白含量比例低于栽培稻，说明野生稻种子储藏蛋白的营养价值优于栽培稻。而且，野生稻种子中的直链淀粉含量适度低于栽培稻，有利于改良栽培稻、培育出优质软米。野生稻种子中的人体必需氨基酸、微量矿质元素如 Zn、Se 等的含量比栽培稻高，这些都说明野生稻中有决定米质优良的遗传物质，值得发掘应用。本书系统介绍了野生稻对水稻主要病害即稻瘟病和白叶枯病抗性鉴定结果，以抗稻瘟病基因 Pi-ta^+ 的分离和分析为例，反映了从野生稻材料中分离已知重要功能基因的情况。而从 SSH 文库筛选分离候选基因 cDNA，获得了抗白叶枯病基因或相关基因的介绍，提供了很多有助于揭示抗病机制的结果和分析。本书提供的重要基因分析研究结果和相关基因在野生稻种类之间的分布特点，以及抗病基因在进化到栽培稻中的变化情况，为丰富稻属植物遗传进化提供了重要素材。本书还介绍了云南野生稻基因文库构建及其应用，构建的大分子文库具有保存野生稻基因组的作用，也可应用于基因筛选克隆，而云南野生稻 cDNA 文库、SSH 文库和基因芯片的内容为读者提供了发掘应用方向。

本书内容介绍的云南野生稻遗传特性研究的阶段性结果较为系统，还为广大科技工作者和教学人员呈现了重要野生植物保护必要性、保护方法和结果，对其他重要生物的保护和发掘利用也提供了理论参考和实用范例。

第二章　云南野生稻资源现状与保护

云南野生稻作为世界野生稻资源的重要组成部分和中国野生稻的典型代表极具研究和开发利用价值,是一类重要的战略生物资源。摸清其种质资源的现状,开展其不同层次、不同方法的有效保护意义重大。

第一节　云南野生稻资源考察分布与特殊优异性状

云南野生稻资源的考察、分布与特殊优异性状鉴定评价是其研究、保护与发掘利用的基础。多年来,包括我们在内的诸多农业科技人员从不同的层面开展了大量相关研究,现归纳总结于下。

一、云南野生稻资源考察

依据有明确记载的资料,1936年王启元在云南车里县(今景洪市)橄榄坝和流沙河边相继发现过疣粒野生稻和药用野生稻。1956年,云南省思茅县农业科技推广站金崇礼在普洱河沿岸橄榄沟边也发现了疣粒野生稻。过去几十年中,云南野生稻的系统考察,进行过两次。一是1963~1965年由中国农业科学院原水稻生态研究室组织的对澜沧江、怒江、红河流域的系统考察;发现了疣粒野生稻、药用野生稻和景洪普通野生稻(直立型)。二是1979~1980年作为全国野生稻资源普查、考察与收集项目的重要组成部分,由中国农业科学院(简称农科院)和云南农科院组织的系统考察;这次考察,新增发现了元江普通野生稻。两次系统考察,基本摸清了云南普通、药用和疣粒3种野生稻的自然分布规律、生态环境特性,但多限于有人类活动的区域或近缘区域。此后,云南农业科技人员结合科研项目又进行过多次专项考察和核查(戴陆园等,2001;程在全等,2004),所发现的自然分布点有增(新发现点)有减(原有分布点消失),总体呈随着区域开发强度增加,快速减少的趋势。

二、云南野生稻资源的种类及分布

依据历次考察所获材料的鉴定,云南野生稻可分为普通野生稻、药用野生稻和疣粒野生稻三个种六大类型和若干生态居群。

普通野生稻(*Oryza rufipogon* Griff.)依株型等可分为:元江普通野生稻和景洪普通野生稻两大类型。景洪普通野生稻又依芒色和粒形所异分为红芒型、白芒型。

药用野生稻(*Oryza officinalis* Wall. ex Watt.)总体为一类,但依株型和叶宽可分为常叶型和宽叶型。

疣粒野生稻(*Oryza granulata* Baill.)依粒形、壳色可分为长粒、短粒和花斑三大类型。

　　根据考察记载，云南野生稻主要分布于云南西南部的 7 个州市 19 个县，主要集中于澜沧江、怒江、红河流域下游地段。截至 2010 年，共发现自然分布点（生态居群）161 个，各居群间、居群大小、植株形态等生物学特性不尽相同。海拔分布范围为 420～1100 m。普通野生稻主要分布在坝区和山区河溪边、水沟、沼泽地、池塘中；药用野生稻主要分布在山区山谷沼泽地、箐沟、积水塘中，且周边多生长有较高大的乔木和灌木；疣粒野生稻则主要分布于山坡、竹林、灌木和乔木混生林中。其区域分布见表 2-1-1。

表 2-1-1　云南野生稻分布
Table 2-1-1　The distributions of Yunnan wild rice species

种类 Species	分布州市 Distributed region	分布县 Distributed county	分布点数量 Amount	经纬度范围 Latitude-longitude	分布海拔 Distributed Elevation（m）
普通野生稻	西双版纳	勐海	25	100°40′-102°09′E 21°36′-23°34′N	550～780
	玉溪	元江			
药用野生稻	临沧	耿马	14	99°05′-101°34′E 21°29′-24°02′N	520～1000
	西双版纳	景洪景讷、勐海、勐腊			
	普洱	澜沧			
疣粒野生稻	西双版纳	勐海	122	97°40′-102°09′E 21°35′-24°55′N	420～1100
	普洱	澜沧、宁洱、墨江、思茅、景谷			
	玉溪	元江、新平			
	临沧	耿马、双江、镇康、沧源			
	保山	昌宁、龙陵			
	德宏	盈江			
	红河	绿春			
	芒市	潞西			

　　根据多年的考察，我们认为云南野生稻分布具有区域性。普通野生稻分布最窄，仅在景洪和元江两县发现，且元江发现的普通野生稻仅一个分布点，性状相对较为原始；景洪发现的普通野生稻不仅类型多，而且分布点也十分广泛，株型性状更为接近栽培稻，拟为过渡型普通野生稻。疣粒野生稻分布最广，从地理上大致可划分为三个集中分布区，即西双版纳、普洱、红河、玉溪分布区，临沧分布区和保山、德宏分布区。药用野生稻也可从地理上大致划分为两个集中分布区，即西双版纳-普洱分布区和临沧分布区。仅有西双版纳同时分布有 3 种野生稻，普洱、临沧和玉溪分布有两种野生稻。此外，云南 3 种野生稻分布的海拔和范围，均高于和广于国内已发现的同类野生稻。

　　以上给出了到目前为止，云南野生稻分布的总体概况和规律，但每次考察都有新的发现，说明人们的认知远无止境。我们有理由相信，随着调查和研究的深入，会有更多新的发现，尤其在那些远离人类频繁活动的适宜区域。

三、云南野生稻资源特殊优异性状比较

　　归纳总结系统调查、鉴定评价和相关项目的研究结果，发现云南 3 种野生稻（见图 2-1-1）具有诸多特殊优异性状，极具发掘利用价值。现概括于表 2-1-2。

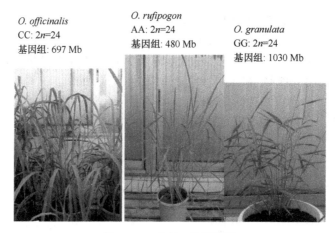

O. officinalis
CC: 2*n*=24
基因组: 697 Mb

O. rufipogon
AA: 2*n*=24
基因组: 480 Mb

O. granulata
GG: 2*n*=24
基因组: 1030 Mb

图 2-1-1　云南 3 种野生稻
Fig. 2-1-1　The three wild rice species of Yunnan

表 2-1-2　云南野生稻特殊优异性状比较
Table 2-1-2　Comparison of special desirable characteristics in Yunnan three wild rice species

种类 Species	类型 Growth habitat	来源 Origin	特殊优异性状 Special desirable characteristics
普通野生稻	直立型	景洪	广谱高抗稻瘟病、叶片厚直、茎秆直立、分蘖能力强、穗大、花药大、实粒数多、长势旺、品质优、种子繁殖为主
普通野生稻	普通型	元江	中抗稻瘟病、白叶枯病；叶片厚直、分蘖能力特强、耐寒（1-4℃能生长）、耐旱、耐贫瘠、花药大、长势旺、品质优；地下茎、宿根越冬、种子和种茎繁殖并存，种子繁殖为主
药用野生稻	常叶型	耿马遮甸	抗稻瘟病、白叶枯病、螟虫和稻飞虱；长势特旺、植株高度可塑性强；特大穗、结实率高、品质优；地下茎、地上节腋芽、种子和种茎繁殖并存，种茎繁殖为主
药用野生稻	宽叶型	耿马	中抗稻瘟病、白叶枯病、抗螟虫和稻飞虱、耐寒；叶片特宽大、长势特旺、大穗、品质特优；地下茎、地上节腋芽、种子和种茎繁殖并存，种茎繁殖为主
疣粒野生稻	版纳生态群	西双版纳	高抗（免疫）白叶枯病、抗螟虫和稻飞虱、柱头大而外露、地上节腋芽、耐寒（1-4℃能生长）、耐旱、耐贫瘠、生育期级短（无感光性）、品质优、穗小、种子和种茎繁殖并存
疣粒野生稻	孟定生态群	孟定	

第二节　云南野生稻资源的濒危现状

　　由于已发现的云南野生稻原位分布点多处于有人类活动的区域或近缘区域。随着区域开发强度的增加，区域内野生稻自然分布点势必快速减少。从云南的实际情况看，20世纪 80 年代以前，普通野生稻在西双版纳坝子、元江山区水塘中随处可见，疣粒野生稻在适宜区荒山林缘成片生长。80 年代以后，随着区域经济社会的发展，城镇建设快速拓展、农田地块整治规范、农业产业结构调整力度不断加大、垦殖范围不断扩大，已发现的云南野生稻日趋濒危。

一、云南野生稻资源原位分布点变化情况

　　经调查核实：过去的 30 年中，云南野生稻资源原位分布点的变化情况见图 2-2-1。

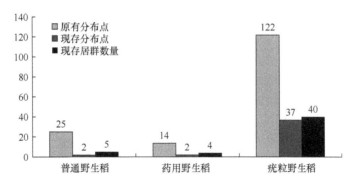

图 2-2-1　云南野生稻分布点在不同时期的比较
Fig. 2-2-1　The comparison of distribution points of Yunnan wild rice in different periods

1. 普通野生稻

根据记载，曾在云南 2 个州市 2 个县共发现普通野生稻原位分布点 25 个。经核查，目前已经消失 24 个，消失率 96%。其中，西双版纳州分布的景洪红芒、白芒和直立型普通野生稻野外居群已经全部消失，仅在景洪景哈异地保护圃中自然状态下保留有相关居群。而在元江县东峨镇的曼旦村尚保留有元江普通野生稻原位居群（图 2-2-2）。该居群由分布于不同水塘的 4 个亚居群组成，4 个亚居群中 3 个距离较近，约在 100 m，另外一个距离较远，约有 300 m。水塘周围植被主要是紫茎泽兰和热带灌木。即目前自然状态下保存的云南普通野生稻分布点为 2 个，共计 5 个居群。

图 2-2-2　元江普通野生稻
Fig. 2-2-2　The *O. rufipogon* in Yuanjiang

2. 药用野生稻

根据记载，曾在云南 3 个州市 5 个县共发现药用野生稻原位分布点 14 个。经核查，目前已仅存临沧市耿马县孟定镇遮甸寨的 1 个原位保护点，消失率近 93%。图 2-2-3 为孟定镇遮甸寨发现的药用野生稻。加之，西双版纳州景洪县景哈异地保护点，目前在自然状态下保存分布点为 2 个，共计 4 个居群。

3. 疣粒野生稻

疣粒野生稻是云南 3 种野生稻中分布最为广泛的野生稻。根据调查和统计，曾在 7 个州市 19 个县境内发现过 122 个居群。经核查，目前尚在 5 个州市 14 个县保留有 37 个原位分布点。但大多数居群（29 个居群）生境受到不同程度的破坏，仅有 8 个居群因地理分布远离村庄而得以较完整地保存，消失率近 70%。加之异地保存，目前在自然状态下保存的分布点为 37 个，共计 40 个居群。图 2-2-4 为在云南思茅发现的疣粒野生稻；图 2-2-5 为云南疣粒野生稻居群数量过去 30 年的变化情况。

图 2-2-3　遮甸药用野生稻
Fig. 2-2-3　*O. officinalis* in Zhedian

图 2-2-4　云南思茅疣粒野生稻
Fig. 2-2-4　*O. granulata* in Simao，Yunnan

二、现存的云南野生稻资源原位分布点

根据考察，将现存的云南 3 种野生稻原位居群分布点、生态环境和濒危状况总结归纳于表 2-2-1，以全面反映云南野生稻资源的现状。

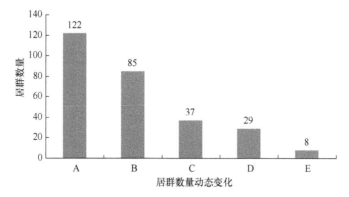

图 2-2-5　云南疣粒野生稻居群数量过去 30 年的变化情况

Fig. 2-2-5　The numbers of Yunnan *O. granulata* populations changed over the past 30 years

A. 曾经发现记录的种居群数量（1970～2010 年）；B. 已经消失的居群数量（30 年内）；C. 现存的居群数量；

D. 目前自然分布但其生态环境受到破坏的居群数量；E. 目前自然分布其生态环境未受到影响的居群数量

A. The populations have been recorded (1970～2010 年)；B. The populations have disappeared (in 30 years)；C. The existing populations；D. The populations of natural distribution where the ecological environment has already been destroyed；E. The populations of natural distribution where the ecological environment is not affected

表 2-2-1　云南 3 种野生稻居群分布点、生态环境和濒危状况

Table 2-2-1　**The distribution，ecological environment and end angered status of Yunnan wild rice species**

野生稻种类 Species	分布点 Distribution	海拔/m Elevation	居群面积/m² Population area	生态环境 Eco-environment	濒危状况 End angered status
普通野生稻	元江县东峨镇曼旦村	780	66	朝阳水塘，周边紫茎泽兰和热带灌木	中度破坏，仅存 4 个亚群
药用野生稻	耿马县孟定镇遮甸寨	550	30	热带灌木林	严重破坏，仅存十几丛
疣粒野生稻	景洪曼丢	630	1 000	橡胶林下	中度破坏，有 50 多丛
疣粒野生稻	景洪北面山	640	1 500	橡胶林下	中度破坏
疣粒野生稻	景洪西山	580	300	橡胶林下	严重破坏
疣粒野生稻	双江县大文乡	800	1 000	阔叶灌木林	植被严重破坏
疣粒野生稻	耿马县孟定大堆山	620	1 200	杂草	轻微破坏
疣粒野生稻	耿马县孟定贺海村	600	200	铁刀木林	严重破坏
疣粒野生稻	耿马县孟定糯峨	700	500	竹林	将要灭绝
疣粒野生稻	耿马县孟定小新寨	600	3 000	铁刀木林	中度破坏
疣粒野生稻	耿马县孟定普甸	540	150	竹林	严重破坏
疣粒野生稻	沧源县南腊乡	700	200	竹林	中度破坏
疣粒野生稻	镇康县凤尾大沟	300	900	阔叶灌木林	灌木已被砍伐
疣粒野生稻	永德县大雪山乡	1 000	100	阔叶杂树林	灭绝边缘
疣粒野生稻	镇康县军弄乡	650	200	竹林	严重破坏

野生稻种类 Species	分布点 Distribution	海拔/m Elevation	居群面积/m² Population area	生态环境 Eco-environment	濒危状况 End angered status
疣粒野生稻	盈江县那帮乡	420	50	竹林灌木	尚未受到干扰
疣粒野生稻	盈江县昔马羊河	550	30	竹林灌木	中度破坏
疣粒野生稻	盈江县勐展村	1 010	60	竹林灌木	轻微破坏
疣粒野生稻	龙陵县勐糯曼景坝	570	50	灌木	严重破坏
疣粒野生稻	龙陵县勐糯乡	620	100	竹林灌木	中度破坏
疣粒野生稻	思茅市云仙三棵庄	780	300 000	竹林灌木	尚未受到干扰
疣粒野生稻	思茅竹林乡大仲河	700	25 000	竹林	轻微干扰
疣粒野生稻	思茅竹林乡那板	580	30	橡胶林下	濒危
疣粒野生稻	思茅竹林乡那蚌	660	50	橡胶林下	严重破坏
疣粒野生稻	思茅竹林乡阿卡山	600	1 000	橡胶林下	严重破坏
疣粒野生稻	思茅竹林乡阿卡山	650	100	橡胶林下	濒危
疣粒野生稻	澜沧县雅口锰矿	550	8 000	橡胶林下	严重破坏
疣粒野生稻	澜沧县雅口铜厂	600	20	杂草竹林	濒危
疣粒野生稻	澜沧县雅口那托河	700	100	竹林	濒危
疣粒野生稻	澜沧县雅口吃水箐	750	50	竹林	濒危
疣粒野生稻	澜沧县雅口热水塘	710	50	灌木林	濒危
疣粒野生稻	墨江县关丰	1 000	500	灌木林	轻微破坏
疣粒野生稻	江城县老白寨	1 100	300	灌木林	轻微破坏
疣粒野生稻	澜沧县新城	700	50	竹林	严重破坏
疣粒野生稻	思茅市把边江	780	60	灌木林	轻微破坏
疣粒野生稻	绿春县新寨	630	80	灌木林	中度破坏
疣粒野生稻	思茅竹林乡曼窑村	780	5 000	竹林灌木	轻微破坏
疣粒野生稻	墨江县泗南江	800	100	灌木林	严重破坏
疣粒野生稻	墨江县玉绿	900	30	灌木林	濒危

综上所述，就已发现的云南 3 种野生稻原位分布点而言，近 30 年来，其消失率已高达 70%～96%，处于极度濒危状态。尤其是在稻作演化中占有重要地位的景洪普通野生稻，其原位分布点已全部消失。尽管根据以往考察均能发现新分布点推测，相关适宜区、自然保护区，尤其在那些远离人类频繁活动的适宜区域，仍可能存有未发现的野生稻原位分布点。但那些与栽培稻亲缘关系较近，与人类稻作生产相伴进化，主要分布于人类活动区的中间类型、过渡类型野生稻资源已基本消失。因此，加强野生稻遗传资源保护，尤其是人类频繁活动区域的近缘野生稻资源保护，是一个十分迫切和必须认真对待的问题。

三、云南野生稻濒危的原因分析

根据多年的考察与监测，发现云南野生稻原位居群灭绝和萎缩的原因可归结为以下方面：一是城镇、工业发展的影响。随着城镇发展、工业开发，造成分布于这些区域的 3 种野生稻生态环境彻底破坏，导致原位居群灭绝。二是农业发展的影响。随着农业产业结构调整、农业基础设施建设、农田规范整治、农业垦殖范围不断扩大，以及某些农业技术的广泛应用（如化学除草剂），造成野生稻生态环境受到严重或彻底破坏，导致野生稻居群的不断萎缩，甚至消失。三是保护措施不力的影响。由于保护意识不强，缺乏相应的保护措施，野生稻生境周围的农民过度砍伐生境中的荫蔽树、过度放牧，以及外来物种入侵，造成野生稻生态环境不同程度损坏，居群繁衍、生存竞争优势下降，造成居群萎缩，并逐渐衰落。总之，就已发现的云南野生稻原位分布点而言，人为活动是造成其濒危的主要原因。在经济社会不断加快发展的大背景下，传统的保护方式，已难以为继，必须谋划新的保护策略。

第三节　云南野生稻资源保存保护研究

为了加强新时期云南野生稻资源保护，多年来，我们在种子库低温保存的基础上，开展了云南野生稻资源的原位保护、异地保护，以及细胞和 DNA 分子水平等层面的保存保护研究。现分述于下。

一、野生稻原位保护

原位保护（*in situ* conservation）是野生生物资源保护最基本，也是最佳的保护方式。在云南野生稻原生环境不断遭到人为干扰和破坏的条件下，积极探索其原位保护的可能方式意义重大。

（一）物理隔离法建立的原位保护区

在对云南野生稻资源现状进行详细调研的基础上，根据 3 种野生稻的濒危状况、生态环境、居群遗传多样性分布等特点，2002 年，在农业部"云南野生稻种质资源原位保护区建设"项目支持下，云南省农科院与当地政府和农业科技部门合作，分别在云南元江县东峨、耿马县孟定遮甸、景洪县曼丢、思茅区云仙乡等地建立了 7 个普通野生稻、药用野生稻和疣粒野生稻自然居群原位保护区。其中，普通野生稻原位保护区 1 个、药用野生稻原位保护区 2 个、疣粒野生稻原位保护区 4 个。保护区由核心区和缓冲区构成。核心区面积根据原居群大小，从 10 亩①到 100 亩不等。核心区与外界采用物理隔离法隔离，即在核心区划定范围边缘，用铁丝网围栏加植物围栏（带刺植物，如蔷薇、剑麻等）隔离。这样既可以达到防止外人或动物的进入，又尽量保持其自然状态。同时，也克服了铁丝网围栏使用有一定年限需要不断更新的问题。核心区内禁止一切耕种、放牧等农事活动，禁止任何建设项目，以保障野生稻在不受任何干扰情况下生长繁衍，逐渐恢复野生稻种群数量。核心区外围，设立缓冲区。缓冲区内，不得种植近缘植物；所进行的人为活动应当不影响野生稻周边微生态条件。原位保护区的建立，使区内野生稻种群数量得到一定程度的恢复和增加，达到了在特殊条件下保护重要野生稻居群的目的，但这种保护截断了其与农业生产协同进化的途径。

（二）替代生计消除威胁因素保护野生稻

2007 年，全球环境基金资助、联合国开发计划署支持中国开展了"作物野生近缘植物保护与可持续利用"（CWRC）项目。项目在保护区建设思路上采取与当地农业生产发展相结合，在保护理念上采取与物理隔离不同的开放式保护方式进行。即通过支持保护地村民生计替代产业发展，普及保护意识，建立保护激励机制，引导公众积极参与保护行动。

---

① 1 亩≈666.7m²

同时，加强保护能力建设，完善法律法规，以消除传统发展对作物野生近缘植物生存构成威胁的因素及其根源，实现保护与发展相结合，开放式持续保护，促进作物野生近缘植物保护的可持续发展。按农业部项目建设布局，云南主要针对野生稻资源保护与持续利用展开。其分别在西双版纳傣族自治州景洪市和勐海县的 2 个药用野生稻、1 个疣粒野生稻的原生境所在村庄实施。保护区建设主要包括政策激励机制建设、生计替代激励机制建设、资金激励机制建设 3 个方面共 9 项内容。野生稻保护纳入《村规民约》，激励机制建设内容。同时，建立了资源监测预警系统以及时掌握已建立的保护点目标物种变化情况。利用现代技术手段在部级和省级项目指导下，在县级建立野生资源保护监测预警系统，用于向作物野生近缘植物保护政策制定者（农业部、省政府）提供最新信息。系统建设以县级工作站为基础，管理人员使用本系统查看、采集保护点监测信息和预警信息，并录入上报。CWRC 项目在云南实施取得的成果，对建立农业近缘野生资源保护区，消除目标资源保护威胁因素，推进地方农业野生资源保护政策法规的建立，扶持保护区产业发展，促进项目区农民增收发挥了积极作用。对野生稻保护十分有效。应该说，这种保护方式尽管投资大、操作相对复杂，但其避免了资源的碎片化，是珍稀野生近缘植物保护的最佳方式。

二、野生稻异地保护

异地保护（*ex situ* conservation）是原位保护的重要补充，具有保护效率高、成本低等特点。鉴于云南野生稻原位分布点的快速消失，野生稻有性繁殖和无性繁殖并存，异地种子萌发率极低的特性，为有效地保护处于濒危状态的云南野生稻物种，我们选择曾发现同时分布有 3 种野生稻的西双版纳，在适宜区景洪市景哈建立了云南野生稻异地保存保护基地（周围数公里内无水稻种植）。按照其原生境配置伴生植物、隐蔽植物。从云南主要野生稻资源分布点采集了多种类型的野生稻，移栽到该资源圃，集中保存。目前，保存保护基地共保存有元江普通野生稻和景洪普通野生稻红芒型、白芒型、直立型；药用野生稻耿马生态群、孟定遮甸生态群和宽叶型生态群；疣粒野生稻，以及小粒野生稻（来自国外）、长雄野生稻（来自非洲）、东乡普通野生稻（来自江西东乡）等 6 种野生稻，20 多种生态群材料。野生稻种植保护面积达 4 亩（图 2-3-1，图 2-3-2）。同时，在昆明建立了 200 m^2温室，作为室内保存圃（图 2-3-2），保存重要的野生稻复份材料，并方便研究取材。

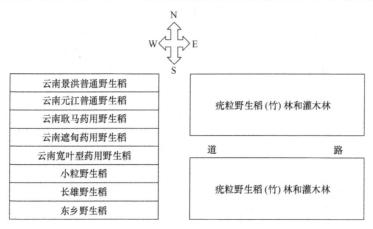

图 2-3-1　景哈基地野生稻保存圃示意图

Fig. 2-3-1　The preservation nursery of schematic diagram of wild rice in Jingha

图 2-3-2　云南野生稻异地保护

Fig. 2-3-2　The *ex situ* conservation of Yunnan wild rice

A. 景洪普通野生稻；B. 药用野生稻；C. 野生稻分苗移栽；D. 疣粒野生稻；E. 景洪直立型普通野生稻；

F. 宽叶型药用野生稻；G. 疣粒野生稻；H. 药用野生稻

A、B、C、D. 景哈野外；E、F、G、H. 昆明温室内保护

A. Jinghong *O. rufipogon*；B. *O. officinalis*；C. The transplanted seedling of wild rice；D. *O. granulata*；

E. Jinghong erect type of *O. rufipogon*；F. The wild leaf type of *O. officinalis*；G. *O. granulata*；H. *O. officinalis*

A，B，C，D. Jingha field；E，F，G，H. Green house in Kunming

三、云南野生稻遗传种质细胞层面的保护

由于细胞的全能性，理论上细胞和组织可作为遗传种质保存的重要材料来保护。采用细胞水平保存野生稻遗传种质，必须建立完整的细胞和组织培养再生体系。至少包括：愈伤组织诱导、继代培养、分化再生和保存。此类研究，国内外都进行过有益的探索。但以云南野生稻为材料的相关研究并不多见。近年来，我们结合相关研究进行过一些有益的尝试，现归纳总结于下。

（一）云南野生稻愈伤组织诱导

研究以云南元江普通野生稻、景洪普通野生稻、疣粒野生稻和药用野生稻为材料，先后进行了花药培养、茎叶培养、成熟胚（种子）培养诱导愈伤组织的实验。结果发现：一是就 3 种野生稻愈伤组织诱导（脱分化）的易难程度而言，本实验条件下（以下类同）疣粒野生稻＞景洪普通野生稻＞药用野生稻。二是外植体取材，以成熟胚表现最佳。诱导培养基上，伴随着种子发芽，种胚部位很快能长出愈伤组织，其长到 2～3 mm 时即可转入继代培养。其次为茎叶。花药培养仅景洪普通野生稻诱导出少量愈伤。部分实验结果见表 2-3-1～表 2-3-3 和图 2-3-3。加之相关文献报道，以幼穗为外植体可获得较高愈伤诱导率。综上可以认为，野生稻愈伤组织诱导以幼穗和成熟胚为佳。同时应注意，外植体材料（包括种子）新鲜程度对愈伤组织诱导影响极大。而且，就同类外植体而言，不同的野生稻其愈伤组织诱导率也存在差异。例如，疣粒野生稻幼茎的诱导率（25.0%）高于药用野生稻（14.3%），而药用野生稻嫩叶的诱导率（18.8%）则高于疣粒野生稻（12.0%）。三是从愈伤诱导培养基来看，MS 和 N6 均能诱导出愈伤。对疣粒稻而言，使用 N6 培养基的诱导率（33.3%）略高于 MS 培养基（29.1%）。此外，激素 2,4-D（4 mg/L）和 BA（0.2 mg/L）的组合愈伤诱导率最高，KT 在愈伤诱导中的作用不明显（表 2-3-2）。

表 2-3-1　不同类型云南野生稻花药培养结果
Table 2-3-1　The results of anthers culture in different type of Yunnan wild rice species

野生稻类型 Wild rice species	低温处理 Low temperature treatment	接种花药数 Anther number of induction	出愈花药数 Anther number of callus	诱导率/% Induction rate	生长速度 Growth rate
景洪普通野生稻	5℃处理 5 天	155	1	0.65	慢
药用野生稻	5℃处理 5 天	4000	0	0	—
疣粒野生稻	5℃处理 5 天	250	0	0	—

表 2-3-2　云南野生稻种胚诱导愈伤
Table 2-3-2　The embryo callus induction of Yunnan wild rice species

野生稻类型 Wild rice species	培养基/（mg/L） Medium	接种数 Induction numbers	出愈数 Callus numbers	褐化愈数 Numbers of callus browning	生长速度 Growth rate	出愈率/% Induction rate
疣粒野生稻	MS+2,4-D 2.5+BA 0.2	55	16	3	快	29.1
	N6+2,4D 2.5+BA 0.2	60	20	0	快	33.3
药用野生稻	In1（MS+2,4-D 2+KT 1）	50	9	6	极慢	18.0
	In2（N6+2,4-D 3+KT 1）	50	16	4	极慢	32.0
	In3（MS+2,4-D 4+BA 0.2）	51	18	8	极慢	35.2
	In4（N6+2,4-D 4+KT 1）	56	13	8	极慢	23.2

注：In1～In4 为药用野生稻

Note：In1～In4 represent *O. officinalis*

表 2-3-3 云南野生稻茎叶培养（幼茎及嫩叶）

Table 2-3-3 The young stems and leaves culture of Yunnan wild rice species

野生稻类型 Wild rice species	外植体 Explant	接种数 Induction numbers	出愈数 Callus numbers	出愈率/% Induction rate	生长速度 Growth rate	胶状物 Jelly
疣粒野生稻	幼茎	10	4	25.0	快	有
疣粒野生稻	嫩叶	25	3	12.0	快	有
药用野生稻	幼茎	14	2	14.3	慢	极少
药用野生稻	嫩叶	16	3	18.8	慢	极少

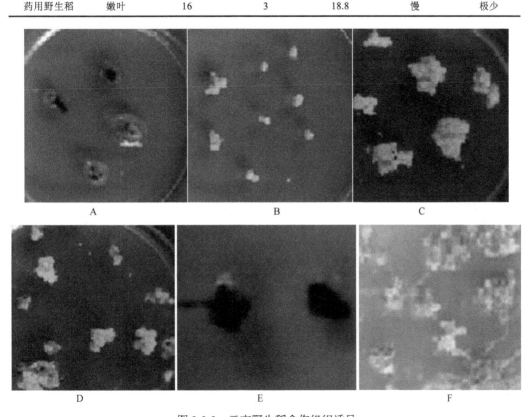

图 2-3-3 云南野生稻愈伤组织诱导

Fig. 2-3-3 The callus induction of Yunnan wild rice

A. 疣粒野生稻幼茎组织培养诱导的愈伤组织；B. 东乡普通野生稻花药培养诱导的愈伤组织；C. 疣粒野生稻成熟胚诱导的愈伤组织；D. 景洪普通野生稻花药培养诱导的愈伤组织；E. 药用野生稻成熟胚诱导的愈伤组织；F. 疣粒野生稻成熟胚诱导的愈伤组织再生

A. Stems callus induction of *O. granulata*；B. Anther callus induction of Dongxiang *O. rufipogon*；C. Mature embryo callus induction of *O. granulata*；D. Anther callus induction of Jinghong *O. rufipogon*；E. Mature embryo callus induction of *O. officinalis*；F. The redifferentiation of mature embryo callus of *O. granulata*

（二）云南野生稻愈伤组织继代培养与再生

研究表明：一是，在传统培养条件下，不同野生稻愈伤组织继代培养与再生的难度差异极大。疣粒野生稻表现最好，其次为普通野生稻，药用野生稻表现最差。疣粒野生稻愈伤组织继代培养中，能较好地保持愈伤细胞的胚性，继代培养 10 个月后，仍能保持较高的分化再生能力。普通野生稻愈伤组织继代培养 5 个月内能保持较高的分化再生能力，此后随继代培养时间延长，再生能力逐步下降。继代培养 8 个月后，愈伤组织虽仍能继代生长，但已很难分化成绿苗。药用野生稻愈伤组织继代培养生长速度极慢，褐变严重，至今仍未找到较好的继代方法，自然也无从开展分化再生研究。二是，疣粒稻和普通野生稻愈伤组织在液体和固体培养基上均能正常继代生长，但在液体培养基中悬浮培养生长更快，继代周期要求更短，通常每周需继代一次，比固体培养继代周期缩短两周。一般认为，愈伤组织继代生长中的次生代谢物质积累会抑制其进一步生长，导致褐变。因此，两种继代方式可用于不同的实验目的。三是，从继代培养基来看，使用 MS 培养基继代时愈伤颜色较深且会逐渐褐变，而使用 N6 培养基继代，愈伤生长良好，淡米黄色，细胞排列紧密，呈现较好的胚性愈伤组织状态（表 2-3-2）。说明，N6 培养基对愈伤组织褐变现象的抑制效果好于 MS 培养基。四是，一般认为愈伤组织的生长状态是其分化再生的基础，生长较快的愈伤组织更容易再生成苗。云南两种野生稻愈伤组织诱导分化再生情况见表 2-3-4。分化培养基中的激素配比和浓度，对野生稻愈伤组织分化再生影响极大。在一定范围内 BA 浓度增加，分化再生率会有所提高。

表 2-3-4 云南两种野生稻愈伤组织诱导分化情况
Table 2-3-4 The callus redifferentiation of different of Yunnan wild rice

野生稻类型 Wild rice species	外植体 Explant	培养基/（mg/L） Medium	分化率/% Differentiation rate	分化苗数 Differentiation numbers
元江普通野生稻	种子	N6+BA 3	11	89
		N6+BA 0.1+NAA 0.01	9	93
疣粒野生稻	种子	MS+KT 2+BA 0.5+NAA 0.5	100	130
		N6+KT 2+BA 0.5+NAA 0.5	100	170

此外，来自不同植株的同类外植体（包括种子），其愈伤组织的生长速度均可能各不相同，不应作为同一株系混合培养。这也反映了野生稻种质的遗传多样性。

（三）云南野生稻愈伤组织低温保存与再生

将早期继代培养生长良好的疣粒野生稻和普通野生稻愈伤组织，加入防冻剂（10% PEG+8%葡萄糖+10% DMSO）后，直接放入–70℃冰箱中保存，或液氮速冻后放入–70℃冰箱中保存。保存 2 个月、3 个月和半年的愈伤组织，分别取出经化冻与洗涤（用 MS+3%蔗糖溶液洗涤 3 次），于继代培养基中进行恢复生长培养，两种愈伤组织均能快速恢复生长繁殖，转入分化培养基后，普通野生稻愈伤组织能正常再生成苗，疣粒野生稻愈伤组织表现不够稳定，需要进一步研究。

四、云南野生稻遗传物质基因层面的保护

顾名思义，基因层面保护是一类直接保存遗传物质且主要用于科学研究和相关基因片段发掘利用的保护。

（一）云南野生稻 BAC 文库的构建

基本方法如下。一是克隆材料制备。以野生稻幼嫩叶片或愈伤组织为材料，有效提取野生稻核基因组大片段 DNA；将提取的野生稻核基因组大片段 DNA 包埋在低熔点琼

脂糖制备的 plug 中进行脉冲电泳检测（图 2-3-4）；用预先筛选确定的浓度和时间进行 *Eco*R Ⅰ 限制性酶部分酶切、脉冲电泳、切胶检测（图 2-3-5）；收集 100～400 kb 的胶条，电透析制备适合连接的 DNA 大片段（图 2-3-6），并用 λDNA 标准样品比对测定其浓度。二是克隆材料连接转化。所获大片段 DNA，根据预先优化的连接转化条件，与 BAC 载体（pCC1BACTM vector）连接，电击法转化到大肠杆菌（EP1300 感受态细胞）受体中，涂布于 15 cm 培养皿中 LB 固体培养基上，进行培养（图 2-3-7）；检测转化质量，白色重组克隆（含有野生稻 DNA 插入片段的克隆）的数量应大于 95%（BAC 文库构建转化标准）；检测克隆质量，用限制性内切酶 *Not* Ⅰ 随机检测转化所获克隆子，每个克隆子均应含有大于 50 kb 的插入片段（图 2-3-8～图 2-3-10）。三是文库构建。所获克隆分别收集于 384 孔板中，保存液为 LB 液体培养基加冰冻保护剂，在−70℃低温冰箱保存（1～2 年复制拷贝一次）。四是文库质量检验。用限制性内切酶 *Not* Ⅰ 随机检测文库 60～200 个克隆子，确定插入片段大小分布范围和平均长度，据此计算所建文库的容量和基因组覆盖率。同时，检验其稳定度。从每个文库随机挑取 3 个克隆，连续继代培养 100 代后，用限制酶 *Not* Ⅰ 酶切分析插入片段，发现所插入的 DNA 片段均未丢失，而且大小一样（图 2-3-11）。这表明所建云南野生稻 BAC 文库非常稳定，在理论上能够长久保存。

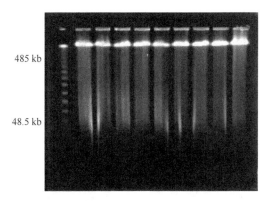

图 2-3-4　野生稻核基因组 Mb 级大片段 DNA
Fig. 2-3-4　Isolation of mega base DNA from wild rice species

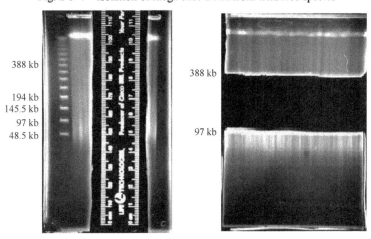

图 2-3-5　云南野生稻部分酶切 DNA 片段
Fig. 2-3-5　The enzyme digested DNA fragments of Yunnan wild rice species

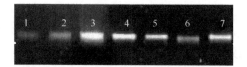

图 2-3-6　电透析制备的 DNA 大片段检测

Fig. 2-3-6　The detection of DNA fragments by electroporation

1～3. 10 ng、20 ng、50 ng λDNA；4～7. 制备的浓度和大小不同的 DNA 大片段

1～3. 10 ng，20 ng and 50 ng λDNA；4～7. The DNA fragments of different concentration and size

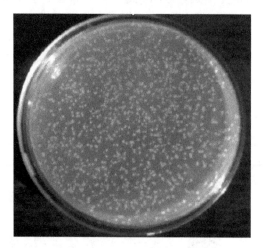

图 2-3-7　野生稻核基因组 DNA 大片段与 BAC 载体的连接转化结果

Fig. 2-3-7　The ligation and transformation between wild rice DNA fragments and BAC vector

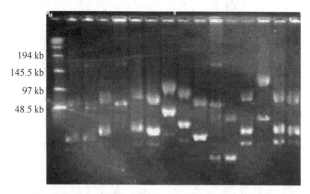

图 2-3-8　云南药用野生稻 BAC 文库 DNA 插入片段大小检测

Fig. 2-3-8　The BAC library detection of DNA inserted fragments size of *O. officinalis*

　　据此，我们建立了云南 3 种野生稻 BAC 文库。文库构建插入转化率大于 99%（载体自连率少于 1%）；插入片段分布范围为 50～200 kb，平均插入长度约为 80 kb；每种野生稻 BAC 文库含 25 000～30 000 个克隆，容量为各野生稻基因组的 4～5 倍。部分实验结果见图 2-3-4～图 2-3-11。

（二）cDNA 文库保存云南野生稻部分重要功能基因

　　cDNA（complementary DNA）文库是一类 mRNA 反转录 DNA 文库，其遗传信息主

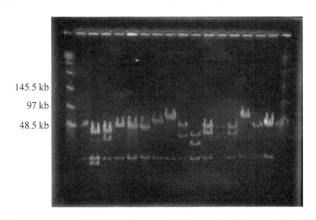

图 2-3-9　云南疣粒野生稻 BAC 文库 DNA 插入片段大小检测
Fig. 2-3-9　The BAC library detection of DNA inserted fragments size of *O. granulata*

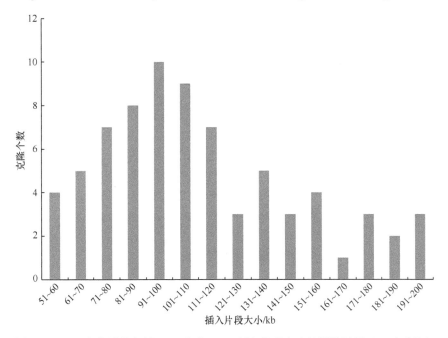

图 2-3-10　云南药用野生稻 BAC 文库 DNA 插入片段大小检测统计图（80 个克隆）
Fig. 2-3-10　The BAC library detected statistical graph of DNA inserted fragments size of *O. officinalis*
（80 clones）

要是表达（编码）基因或功能基因（无内含子）。由于其源自 mRNA，因此具有细胞、组织和生长过程（条件）的特异性。cDNA 文库的建立，可用于特异表达基因（功能基因）发掘与分析，同时也可将其遗传信息部分或全部保存于文库中，对于资源保存也是有帮助的。

结合相关研究，我们先后建立了元江普通野生稻生长旺盛期（6～7 叶期）叶片；元江普通野生稻重金属处理诱导；疣粒野生稻、药用野生稻白叶枯病菌和稻瘟病菌诱导等 cDNA 文库。文库滴度达 10^7 pfu/mL 以上，插入片段分布在 400～5000 bp。在筛选分离相关基因的同时，保存了大量野生稻特异表达基因遗传信息。研究方法和结果见第十章。

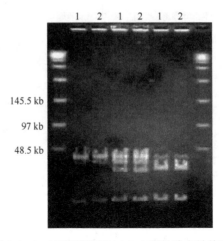

图 2-3-11   云南野生稻 BAC 文库的稳定性检测
Fig. 2-3-11   The stability detection of BAC library of Yunnan wild rice species
1. 第 1 代菌株；2. 第 100 代菌株
1. The first generation strains；2. The one hundredth generation strains

（三）云南野生稻基因组 DNA 直接保存

多次考察表明，云南野生稻不同居群的表型和遗传性状差异较大，居群间遗传多样性水平较高，每个居群各有一些特殊的性状和遗传变异。为了在分子水平上尽可能多地保存野生稻遗传多样性，我们筛选收集了部分地理分布间隔较远，表型差异较大，且又处于濒危状态的不同野生稻居群材料 48 份，分别提取其基因组大片段 DNA，直接于–20℃中期保存和–70℃长期保存，建立了云南野生稻总 DNA 保存库。所保存的野生稻基因组 DNA 可以用于构建 DNA 文库、分离克隆基因和 DNA 分子标记等研究。

参 考 文 献

陈勇，曾亚文. 1997. 云南野生稻与栽培稻杂交 F_2 分离群体的性状分布多态性. 西南农业学报, (3): 16-20.

程在全，黄兴奇，钱君，张义正，吴成军，王丹青，唐志敏，王玲仙，周英. 2004. 珍稀濒危植物——云南药用野生稻自然生态群的新发现及其特性. 云南植物研究, 26(3): 267-274.

戴陆园，黄兴奇，张金渝，徐福荣，叶昌荣，庞汉华. 2001. 云南野生稻资源保存保护现状. 植物遗传资源学报, 2(3): 45-48.

丁玉梅，程在全，黄兴奇，王玲仙，吴成军. 2003. 云南野生稻不同染色体组型和外植体材料的离体培养研究. 西北植物学报, 23(11): 1922-1926.

丁玉梅，殷富有，王玲仙，程在全，黄兴奇. 2006. 云南三种野生稻的花药离体培养研究. 西南农业学报, 19(6): 1023-1027.

范树国，张再君，刘林. 2000. 中国野生稻的种类、地理分布以及特征特性综述. 武汉植物学研究, 18(5): 417-425.

黄兴奇，戴陆园. 2005. 云南作物种质资源. 昆明：云南科技出版社.

蒋志农. 1995. 云南稻作. 昆明：云南科技出版社.

柯学，殷富有，肖素勤，陈玲，张敦宇，陈良，黄兴奇，程在全. 2015. 云南药用野生稻的高光效特性. 中国稻米, 21(4): 72-76.

蔺忠龙，白现广，吕广磊，李维薇，殷富有，黄兴奇，程在全. 2008. 疣粒野生稻胚性悬浮细胞系的建立及原生质体培养和植株再生. 植物生理学通讯, (6): 1181-1184.

庞汉华，陈成斌. 2002. 中国野生稻资源. 南宁：广西科学技术出版社.

谭光轩，王红星. 1999. 野生稻关系研究进展. 大自然探索, 18(67): 75-80.

晏慧君，黄兴奇，程在全. 2006. cDNA 文库构建策略及其分析研究进展. 云南农业大学学报, 21(1): 1-6.

殷富有, 丁玉梅, 王玲仙, 孙一丁, 付坚, 黄兴奇, 李忠森, 程在全. 2007. 云南疣粒野生稻幼穗一步成苗培养与植株再生. 植物生理学报, 43(6): 1147-1148.

张凡, 刘小烛, 李定琴, 余腾琼, 周英, 殷富有, 张敦宇, 黄兴奇, 程在全. 2012. 野生稻优良基因发掘利用研究进展. 现代农业科技, 7: 85-87.

张尧忠, 宋令荣, 赵永昌, 戴陆园, 鄢波, 黄兴奇. 2001. 云南普通野生稻和疣粒野生稻组织培养研究. 西南农业学报, 14(4): 17-19.

章清杞, 梁康迳, 杨蜀岚, 杨惠杰, 黄荣华, 杨仁崔. 2001. IRRI野生稻渗入基因系稻瘟病、白叶枯病、褐飞虱抗性鉴定. 种子, 4(30): 17-23.

第三章 云南野生稻遗传多样性研究

遗传差异，亦即遗传多样性，是遗传改良的基础。长期以来，植物遗传多样性研究经历了形态学水平、染色体水平和等位酶水平等发展阶段。近年来，随着分子生物学技术的迅速发展，多种DNA分子标记技术（如RFLP、AFLP、RAPD、ISSR、SSR、SCAR、DAF等）广泛应用于植物遗传多样性和系统演化研究中。其中，基于PCR反应的分子标记技术（RAPD、ISSR、SSR等），由于具有分析程序较简单，所需样品量少，一次检测的基因位点多等优点，非常适合对大量样本的遗传变异检测。尤其是RAPD和ISSR技术，具有多态性高、不要求预先知道检测样本基因组序列信息的特点，从而减少了多态性分析的预备工作，在实验烦琐程度和费用上占有优势，因而得以广泛应用。本章介绍应用RAPD和ISSR技术，开展云南野生稻遗传多样性研究的方法和结果。

第一节 研究材料与方法

一、研究材料

（一）云南疣粒野生稻遗传多样性分析研究材料

从云南现存的疣粒野生稻37个自然居群中，选取14个居群，按居群采集混合样品作为居群间遗传多样性研究材料；按单株采集样品作为居群内遗传多样性研究材料。14个居群的样本来源和地理分布见表3-1-1。

表 3-1-1 云南疣粒野生稻居群材料和分布地

Table 3-1-1 The population materials and localities of Yunnan *O. granulata*

样品编号 Samples No.	居群编号 Population No.	居群分布地 Population localities
1	S1	思茅市思茅港镇
2	S2	墨江县老百寨
3	S3	思茅市云仙乡
4	S4	澜沧县那托河
5	S5	澜沧县吃水河
6	S6	澜沧县铜厂
7	J1	景洪市北山
8	J2	景洪市西山
9	L1	临沧县普甸乡
10	L2	耿马县孟定乡
11	L3	耿马县大堆山
12	L4	耿马县贺海村
13	L5	耿马县孟杯薪
14	L6	双江县大文乡

（二）云南普通野生稻遗传多样性及其与亚洲栽培稻系统进化关系研究材料

野生稻：用云南景洪、元江两地 4 种不同形态特征的普通野生稻，4 个居群 14 个样本。栽培稻：以云南主栽品种及国际典型的籼稻和粳稻品种共 20 个（籼稻 8 个、粳稻 12 个）作为研究材料。所有供试材料见表 3-1-2。

表 3-1-2　云南普通野生稻和栽培稻材料及属性
Table 3-1-2　The materials and attributes of Yunnan *O. rufipogon* and cultivated rice

样品名称及来源地 Samples and origin	样品编号 Samples No.	样品属性 Samples attributes
云南景洪红芒型普通野生稻	JHR	野生稻
云南景洪白芒型普通野生稻	JHW	野生稻
云南景洪直立型普通野生稻	JHE	野生稻
云南元江普通野生稻	YJS	野生稻
南京 11 号	NJ11	籼稻
IR36	IR36	籼稻
桂朝 2 号	GC2	籼稻
滇陇 201	DL201	籼稻
IR59682	IR59682	籼稻
IR72	IR72	籼稻
IR30	IR30	籼稻
Bas	Bas	籼稻
秋光	QG	粳稻
丰锦	FG	粳稻
合系 35	HX35	粳稻
合系 39	HX39	粳稻
玉优 1 号	YY1	粳稻
滇粳优 1 号	DGY1	粳稻
滇粳优 2 号	DGY2	粳稻
楚粳 1 号	CG1	粳稻
HT-7	HT-7	粳稻
滇超 2 号	DC2	粳稻
云光 8 号	YG8	粳稻
滇系 4 号	DX4	粳稻

（三）云南元江普通野生稻与栽培稻杂交后代的 RAPD 分析研究材料

研究选用材料见表 3-1-3。

杂交后代样本主要根据目标性状确定实验群体。其中，株高性状根据杂交后代植株高度分为两个组，以常规稻平均株高 100 cm 为界，植株高度超过 100 cm 以上的纳入高植株组；植株高度低于 100 cm 以下的归为矮植株组，各组混合取样。结实率性状，以 85% 为界，选取结实率高于或低于 85% 的植株作为代表植株。分蘖率性状，选取分蘖率大于 10 或低于 8 的植株作为代表植株。

表 3-1-3 云南元江普通野生稻与栽培稻合系 35 杂交后代的 RAPD 分析研究材料
Table 3-1-3 The RAPD analysis materials of hybridization between Yunnan Yuanjiang
O. rufipogon and Hexi 35

样品名称及来源地 Samples and origin	样品编号 Samples No.	样品属性 Samples attributes
云南元江普通野生稻	YJS	野生稻
合系 35	HX35	粳稻
普通野生稻与栽培稻杂交后代	BCF3	杂交后代

二、研究方法

研究选用 RAPD 和 ISSR 分子标记技术进行。

（一）引物筛选

为了获得扩增带数较多且清晰稳定的有效引物，先后从购于 Operon 公司和上海生物工程公司合成的 230 个 RAPD 引物中，筛选出了 26 个引物；从上海生物工程公司合成的 22 个 ISSR 引物中，筛选出了 12 个引物，分别用于云南疣粒野生稻遗传多样性研究。对每个引物进行重复性和稳定性比较分析，以确定效果最佳的实验引物。疣粒野生稻遗传多样性研究引物序列见表 3-1-4。

表 3-1-4 云南疣粒野生稻遗传多样性研究引物序列
Table 3-1-4 The primers of studying on genetic diversity of Yunnan _O. granulata_

引物 Primer	序列（5′→3′） Sequence（5′→3′）	引物 Primer	序列（5′→3′） Sequence（5′→3′）
	RAPD		
OPA-04	AGGACTGCTC	OPU-14	TGGGTCCCTC
OPB-06	TGCTCTGCCC	OPU-18	GAGGTCCACA
OPB-07	GGTGACGCAG	OPY-15	AGTCGCCCTT
OPC-06	GATGACCGCC	OPY-18	GTGGAGTCAG
OPC-08	GAACGGACTC	OPY-19	TGAGGGTCCC
OPC-18	TGGACCGGTG	OPZ-03	CAGCACCGCA
OPC-20	TGAGTGGGTG	RAPD-R2	AATGGCGCAG
OPC-13	ACTTCGCCAC	RAPD-R3	GAGGATCCCT
OPH-13	GACGCCACAC	RAPD-R5	TGTCTGGGTG
OPH-19	CTGACCAGCC	RAPD-R6	ACACCCCACA
OPK-09	CCCTACCGAC	RAPD-R7	GGCGGATAAG
OPN-14	TCGTGCGGGT	RAPD-R8	CTGGGCACGA
OPU-12	TCACCAGCCA	RAPD-R9	ACGCCAGAGG
	ISSR		
ISSR-1	CCAGTGGTGGTGGTG	ISSR-15	GSGGTGTGTGTGTGT
ISSR-4	GCACACACAC	ISSR-16	BDBCACACACACACA
ISSR-5	CTCTCTCTCTCTCTRC	ISSR-18	CSCGAGAGAGAGAGA
ISSR-8	DBDGAGAGAGAGAGA	ISSR-19	GCWGAGAGAGAGAGAG
ISSR-9	CCCGTGTGTGTGTGT	ISSR-20	CTCTCTCTCTCTCTRG
ISSR-10	GCGACACACACACACA	ISSR-21	VHVGTGTGTGTGTGTGT

注：B=C/G/T，D=A/G/T，V=A/C/G，H=A/C/T，S=G/C，W=A/T
Note：B=C/G/T，D=A/G/T，V=A/C/G，H=A/C/T，S=G/C，W=A/T

从上述两公司合成引物中筛选出了 21 个 RAPD 引物，12 个 ISSR 引物，分别用于云南普通野生稻遗传多样性及其与栽培稻系统进化关系研究。研究所用引物序列见表 3-1-5。

表 3-1-5 云南普通野生稻与栽培稻遗传多样性及系统进化关系研究引物序列

Table 3-1-5 The primers of studying genetic diversity and phylogenetic relationship between Yunnan *O. rufipogon* and cultivated rice

引物 Primer	序列（5′→3′） Sequence（5′→3′）	引物 Primer	序列（5′→3′） Sequence（5′→3′）
	RAPD		
P1	AGGACTGCTC	R3	GAGGATCCCT
P4	GATGACCGCC	R4	GGGATATCGG
P5	GAACGGACTC	R6	ACACCCCACA
P6	TGGACCGGTG	R7	GGCGGATAAG
P7	TGTCATCCCC	R8	CTGGGCACGA
P8	AAGCCTCGTC	R9	ACGCCAGAGG
P9	GACGGATCAG	R14	AATGCCCCAG
P16	TGGGTCCCTC	R15	TGGCCCTCAC
P18	GAGGTCCACA	R16	AGTCGCCCTT
R1	GTGAGGCGTC	R17	GTGGAGTCAG
R2	AATGGCGCAG		
	ISSR		
ISSR1	BDBCACACACACACA	ISSR7	CCCGTGTGTGTGTGT
ISSR2	VHVGTGTGTGTGTGT	ISSR8	GSGGTGTGTGTGTGT
ISSR3	DBDGAGAGAGAGAGA	ISSR9	CSCGAGAGAGAGAGA
ISSR4	GCACACAC	ISSR10	GCWGAGAGAGAGAG
ISSR5	CTCTCTCTCTCTCTRG	ISSR11	CCAGTGGTGGTGGTG
ISSR6	CTCTCTCTCTCTCTRC	ISSR12	GCGACACACACACACA

注：B=C/G/T，D=A/G/T，V=A/C/G，H=A/C/T，S=G/C，W=A/T

Note：B=C/G/T，D=A/G/T，V=A/C/G，H=A/C/T，S=G/C，W=A/T

从上述两公司合成引物中筛选出了 16 个 RAPD 引物，用于元江普通野生稻与栽培稻合系 35 杂交后代的 RAPD 分析。研究所用引物序列见表 3-1-6。

表 3-1-6 云南元江普通野生稻与栽培稻合系 35 杂交后代的 RAPD 分析引物

Table 3-1-6 The primers of RAPD analysis on the hybridization of Yunnan Yuanjiang *O. rufipogon* and cultivated rice Hexi 35

引物 Primer	序列（5′→3′） Sequence（5′→3′）	引物 Primer	序列（5′→3′） Sequence（5′→3′）
OPC15	GACGGATCAG	OPN17	CATTGGGGAG
OPH20	GGGAGACATC	OPN18	GGTGAGGTCA
OPN01	CTCACGTTGG	OPN19	GTCCGTACTG
OPN03	GGTACTCCCC	OPT02	GGAGAGACTC
OPN05	ACTGAACGCC	OPT04	CACAGAGGGA
OPN08	ACCTCAGCTC	OPT12	GGGTGTGTAG
OPN10	ACAACTGGGG	OPT13	AGGACTGCCA
OPN13	AGCGTCACTC	OPY13	GGGTCTCGGT

（二）PCR 反应条件确定

20 μL 反应体系中包含 50 mmol/L KCl，10 mmol/L Tris-HCl，pH 9，1.5 mmol/L MgCl$_2$，0.2 mmol/L dNTP 混合物，1 μmol/L 引物，10 ng 模板 DNA 和 1 单位的 *Taq* DNA 聚合酶。PCR 反应在 Peltier thermal cycler PTC-200（美国 MJ RESEARCH 公司生产）上进行。反应程序为：94℃预变性 5 min 后，94℃变性 30 s，36℃/50℃复性 30 s，72℃延伸 1 min，循环 40 次，最后延伸 10 min。扩增产物用 1.5%的琼脂糖凝胶电泳检测。

（三）数据软件分析

根据标准分子质量（Marker）的大小，将每个清晰可重复的 DNA 电泳带记录下来并将其作为一个位点。比较同一引物对不同样品的扩增结果，在同一琼脂糖凝胶上具有不同迁移率的扩增带称为不同的标记位点，相对迁移率相同的扩增带为同一标记位点。判读每个样品的全部 PCR 扩增结果，若有扩增带，统计为 1，若无扩增带，统计为 0；所有样品都具有的扩增带为公共带，反之则为多态带。将所有引物扩增结果编辑成文件，在计算机上用 POPGENE（version 1.32）软件计算多态率（percentage of polymorphic bands）、Nei's 的遗传多样性和 Shannon 多样性指数。用 NTSYS-pc（version 2.0）计算 Jaccard 相似性系数，并用 UPGMA（Sneath and Sokal 1973）聚类分析和主成分分析（PCA）分析样品间的遗传关系和空间分布。最后用 Mantel 检测计算同一居群 RAPD 和 ISSR 相似性系数之间的相关性，用以分析这两种标记方法得出结果间的一致程度。

第二节　云南疣粒野生稻遗传多样性分析

疣粒野生稻是云南 3 种野生稻中分布最广泛，生态居群最多的野生稻。对其开展遗传多样性研究，不仅对于探讨其遗传分化、演化意义重大，而且能为其遗传资源的科学保护和利用提供理论依据。

一、疣粒野生稻居群间和居群内遗传多样性

（一）疣粒野生稻居群间和居群内 RAPD 遗传多样性分析

RAPD 分析产生的疣粒野生稻居群间和居群内遗传多样性数据见表 3-2-1。

表 3-2-1　疣粒野生稻居群间和居群内遗传多样性的 RAPD 分析数据
Table 3-2-1　The genetic diversity analysis among and within population of *O. granulata* by RAPD

居群 Population	RAPD 条带数 No. of RAPD bands	RAPD 多态性条带数 No. of RAPD polymorphic bands	RAPD 多态 带百分率 PPB of RAPD	平均等位基 因数 Mean na	有效等位基 因数 Mean ne	平均遗传多 样性指数 Mean h	平均多样性 Shannon 指数 Mean I
14 个居群间	204	120	58.82	1.59	1.36	0.21	0.31
S1 居群内	124	32	25.81	1.26	1.18	0.10	0.15
S2 居群内	132	27	20.45	1.20	1.13	0.07	0.11

注：PPB=多态带百分率（percentage of polymorphic bands）；na=观察到的等位基因数（observed number of alleles）；ne=有效等位基因数［effective number of alleles（Kimura and Crow，1964）］；h=Nei's 的遗传多样性（Nei's gene diversity）；I=Shannon 指数［Shannon's in formation index（Lewontin，1972）］

在供试 14 个居群间, 26 个 RAPD 引物共扩增出 204 条带。其中, 120 条为多态带, 多态率(PPB)为 58.82%。扩增带的分子质量大小为 200~2200 bp。平均每个引物扩增 7.9 条带。计算结果表明, 平均等位基因数(na)为 1.59, 有效等位基因数(ne)为 1.36, Nei's 平均遗传多样性(h)为 0.21, Shannon 平均多样性指数(I)为 0.31。在 S1 居群内, 14 个 RAPD 引物共扩增了 124 条带。其中, 32 条为多态带, 多态率(PPB)为 25.81%; 同样在 S2 居群内, 15 个 RAPD 引物共扩增了 132 条带。其中, 27 条为多态带, 多态率(PPB)为 20.45%。

(二)疣粒野生稻居群间和居群内 ISSR 遗传多样性分析

ISSR 分析产生的疣粒野生稻居群间和居群内遗传多样性数据见表 3-2-2。

表 3-2-2　疣粒野生稻居群间和居群内遗传多样性的 ISSR 分析数据
Table 3-2-2　The genetic diversity analysis among and within population of *O. granulata* by ISSR

居群 Population	ISSR 条带数 No. of ISSR bands	ISSR 多态性条带数 No. of ISSR polymorphic bands	RAPD 多态带百分率 PPB of ISSR	平均等位 基因数 Mean na	有效等位 基因数 Mean ne	平均遗传多 样性指数 Mean h	平均多样性 Shannon 指数 Mean I
14 个居群间	114	73	64.04	1.64	1.40	0.23	0.34
S1 居群内	105	27	25.71	1.26	1.15	0.09	0.14
S2 居群内	78	17	21.79	1.22	1.11	0.07	0.11

注: PPB=多态带百分率(percentage of polymorphic bands); na=观察到的等位基因数(observed number of alleles); ne=有效等位基因数 [effective number of alleles (Kimura and Crow, 1964)]; h=Nei's 的遗传多样性(Nei's gene diversity); I=Shannon 指数 [Shannon's in formation index (Lewontin, 1972)]

在 14 个居群间, 12 个 ISSR 引物扩增出 114 条带, 其中 73 条是多态带, 多态率(PPB)为 64.04%。扩增带的分子质量大小为 100~2000 bp, 平均每个引物扩增 9.5 条带。计算结果表明, 平均等位基因数(na)是 1.64, 有效等位基因数(ne)是 1.40, Nei's 平均遗传多样性(h)是 0.23, Shannon 平均多样性指数(I)是 0.34。在 S1 居群内, 10 个 ISSR 引物一共扩增了 105 条带, 其中 27 条是多态带, 多态率(PPB)为 25.71%; 同样在 S2 居群内, 8 个 RAPD 引物一共扩增了 78 条带, 其中 17 条是多态带, 多态率(PPB)为 21.79%。

二、疣粒野生稻居群间遗传距离

用 RAPD 和 ISSR 分子标记产生的云南 14 个疣粒野生稻居群间遗传距离见表 3-2-3。其中, ISSR 标记产生的数据(表格右上半部)显示疣粒野生稻居群间遗传距离差异较大。最大的遗传变异在居群 7 和居群 11 之间, 即景洪市北山的居群和耿马县大堆山的居群之间, 遗传距离为 0.52。RAPD 标记产生的数据(表格左下半部)显示景洪市西山(居群 8)和耿马县孟杯薪(居群 13)之间的遗传距离最大, 为 0.41。

三、疣粒野生稻居群间和居群内遗传关系聚类分析

(一)疣粒野生稻居群间遗传关系聚类分析

基于 Jaccard 遗传相似性系数的疣粒野生稻居群间的 UPGMA 聚类分析见图 3-2-1。

表 3-2-3 云南 14 个疣粒野生稻居群间 Nei's 的无偏遗传距离分析
Table 3-2-3 The analysis of Nei's unbias genetic distance in 14 *O. granulata* population in Yunnan

居群 Population	1	2	3	4	5	6	7	8	9	10	11	12	13	14
1	***	0.18	0.20	0.19	0.17	0.18	0.32	0.33	0.31	0.38	0.42	0.29	0.32	0.29
2	0.13	***	0.21	0.25	0.23	0.28	0.31	0.34	0.37	0.39	0.41	0.31	0.33	0.31
3	0.14	0.10	***	0.18	0.20	0.19	0.33	0.32	0.32	0.32	0.31	0.21	0.24	0.21
4	0.17	0.22	0.19	***	0.13	0.06	0.27	0.38	0.33	0.38	0.39	0.25	0.34	0.37
5	0.16	0.21	0.14	0.10	***	0.14	0.32	0.35	0.38	0.43	0.39	0.32	0.34	0.37
6	0.14	0.19	0.18	0.11	0.12	***	0.26	0.39	0.34	0.39	0.43	0.28	0.33	0.38
7	0.26	0.24	0.26	0.22	0.22	0.21	***	0.50	0.34	0.47	0.52	0.38	0.41	0.49
8	0.33	0.27	0.29	0.31	0.34	0.32	0.27	***	0.21	0.19	0.16	0.27	0.29	0.16
9	0.25	0.24	0.26	0.24	0.21	0.22	0.23	0.17	***	0.26	0.25	0.23	0.25	0.25
10	0.31	0.36	0.38	0.33	0.38	0.38	0.36	0.17	0.24	***	0.06	0.20	0.23	0.18
11	0.34	0.37	0.36	0.38	0.37	0.38	0.39	0.19	0.29	0.14	***	0.21	0.26	0.19
12	0.22	0.20	0.25	0.27	0.25	0.22	0.27	0.29	0.22	0.29	0.21	***	0.13	0.15
13	0.25	0.25	0.24	0.21	0.29	0.21	0.32	0.41	0.27	0.33	0.35	0.18	***	0.17
14	0.27	0.29	0.28	0.26	0.27	0.31	0.37	0.31	0.33	0.26	0.30	0.27	0.16	***

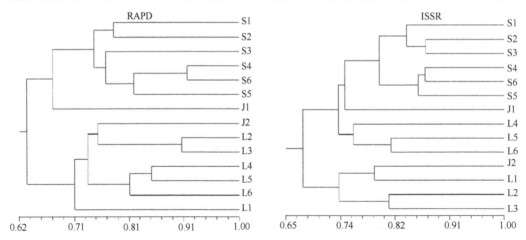

图 3-2-1 基于 Jaccard 遗传相似性系数的疣粒野生稻居群间遗传关系 UPGMA 聚类图
Fig. 3-2-1 The UPGMA analysis of genetic relationship among population of *O. granulata* based on Jaccard

RAPD 标记产生的聚类图显示 14 个居群间相似性系数为 0.68～0.88；ISSR 标记产生的聚类图则显示 14 个居群间相似性系数为 0.63～0.92。基本趋势一致，ISSR 标记更显灵敏。RAPD 和 ISSR 标记产生的聚类图都显示，来自思茅地区的 6 个居群，遗传距离较小，聚成一类；而来自景洪和临沧地区的居群聚类关系则比较混乱，没有一定的规律性。这个结果似乎表明思茅地区的疣粒野生稻在云南处于一个起源传播中心，而景洪和临沧地区的疣粒野生稻则是由思茅地区的疣粒野生稻向外扩散发展起来的。思茅处于景洪和临沧之间的地理空间位置也证实这个推论。分析所用云南疣粒野生稻 14 个居群地理分布见图 3-2-2。

图 3-2-2 云南疣粒野生稻 14 个自然居群的地理分布图
Fig. 3-2-2 The geographic distribution of 14 populations of *O. granulata* in Yunnan

（二）疣粒野生稻居群内遗传关系聚类分析

基于 Jaccard 遗传相似性系数的疣粒野生稻 S1（思茅市思茅港镇）居群内的 UPGMA 聚类分析见图 3-2-3。用 RAPD 和 ISSR 标记对居群内 24 个个体之间的遗传关系进行聚类分析，结果显示，遗传相似性系数分别为 0.86～0.98 和 0.86～0.99，表明 S1 居群内个体之间的遗传变异程度较小。

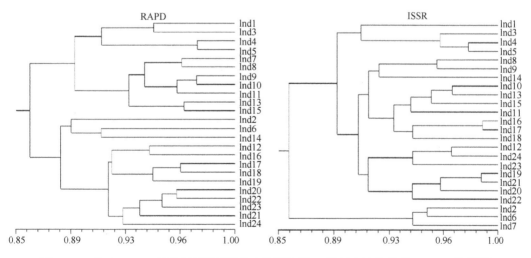

图 3-2-3 基于 Jaccard 遗传相似性系数的疣粒野生稻 S1 居群内遗传关系 UPGMA 聚类图
Fig. 3-2-3 The UPGMA analysis of genetic relationship within S1 population of *O. granulata* based on Jaccard

　　同样对 S2（墨江县老百寨）居群内的遗传变异进行了研究。基于 Jaccard 遗传相似性系数的疣粒野生稻 S2 居群内的 UPGMA 聚类分析见图 3-2-4。用 RAPD 和 ISSR 标记对居群内 24 个个体之间的遗传关系进行聚类分析，结果显示，遗传相似性系数分别为 0.89～0.99 和 0.87～1.00，表明 S2 居群内个体之间的遗传变异程度也较小。

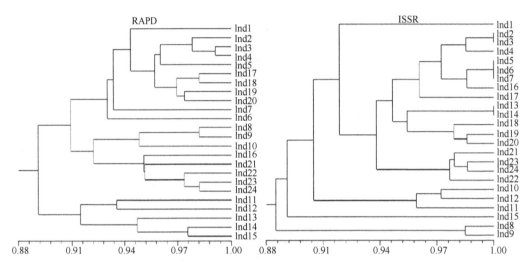

图 3-2-4　基于 Jaccard 遗传相似性系数的疣粒野生稻 S2 居群内遗传关系 UPGMA 聚类图
Fig. 3-2-4　The UPGMA analysis of genetic relationship within S2 population of *O. granulata* based on Jaccard

四、RAPD 和 ISSR 分析结果的 Mantel 检测

　　为了检测居群间和居群内，同组样品内 RAPD 和 ISSR 方法分析的相关程度，利用 Mantel 检测对基于这两种分子标记的样品的 Jaccard 遗传相似性系数矩阵进行了相关分析（表 3-2-4）。分析结果表明，RAPD 和 ISSR 方法检测的遗传相似性在云南疣粒野生稻居群间基本相关（$r=0.70$），在 3000 次置换（permutation）过程中，没有一次超过或等于 Z 值。对于居群内的分析，两种标记却完全缺乏相关性。在 S1 和 S2 居群中，RAPD 和 ISSR 方法检测的相关性较低，分别为 $r=0.36$ 和 $r=0.53$，并且在 3000 次置换过程中，也没有一次超过或等于 Z 值。

表 3-2-4　疣粒野生稻居群间和居群内基于 RAPD 和 ISSR 分析遗传相似性的 Mantel 检测
Table 3-2-4　The Mantel detection among and within population of *O. granulata* based on RAPD and ISSR

系数 Coefficients	居群 Population	显著相关性 r^{b}	t	P	置换 Permutation[c]		
					$<Z$	$=Z$	$>Z$
Jaccard	云南 Yunnan[a]	0.70	6.04	1.00	3000	0	0
	S1	0.36	5.33	1.00	3000	0	0
	S2	0.53	5.72	1.00	3000	0	0

注：a. 14 个云南居群；b. $r=$归一化 Mantel 统计 Z 值；c. 3000 次置换
Note：a. 14 populations from Yunnan；b. $r=$normalized Mantel statistic Z；c. 3000 permutations were performed

五、云南疣粒野生稻遗传多样性分析探讨

遗传多样性是生物多样性的基础和最重要的组成部分，包括物种间、物种内不同居群间，以及同一居群内不同个体的遗传变异，是生物个体基因中蕴藏的遗传信息的总和。物种的遗传多样性则主要指物种内不同居群间，以及同一居群内不同个体的遗传变异。可用来描述居群遗传变异和研究维持变异的机制，对物种和居群多样性具有决定性的作用。维持和发展一个物种的遗传多样性是对该物种进行保护的核心任务，在生物多样性保护中占有重要地位（Soule，1986）。研究和评价一个物种的遗传多样性则是制定保护策略和监测保护效果的工作基础。如果不了解并掌握一个物种内遗传变异的大小、时空分布及其与环境条件的关系，就无法采取科学有效的措施来保护人类赖以生存的遗传资源（基因），从而挽救濒于灭绝的物种，保护受威胁的物种。同样，对珍稀濒危物种保护方针和措施的制定，如异地保护和原位保护的选择等，都有赖于我们对物种遗传多样性的认识（Schaal et al.，1991）。

我们的研究显示：一是云南疣粒野生稻不同居群所处的生态环境和地理分布模式丰富多样，不同居群植株间具有不同的表型特征。二是云南疣粒野生稻居群间有较高水平的遗传多样性，而居群内遗传多样性则相对较低。也就是说云南疣粒野生稻物种内的遗传变异主要分布在不同居群间，而较少分布在居群内。这个结果与 Gao 等（1999，2000）利用等位酶技术对中国云南省分布的疣粒野生稻居群遗传结构进行的分析结果一致，以及与 Qian 等（2001）用 RAPD 和 ISSR 分子标记技术，对中国云南和海南两地区 5 个疣粒野生稻居群间和居群内的遗传多样性研究的结果一致。三是云南思茅地区的疣粒野生稻居群间遗传距离较小，而与其他地区居群间遗传距离较大。表明思茅地区疣粒野生稻在云南处于传播扩散的中心地位，并以此向周边扩散。

云南是中国地理地貌和生态类型最为复杂的地区，地理环境和气候条件差异极大。诸多研究表明：一是种群的形态特征和遗传性状与它们生存的环境密切相关（Aston and Bradshaw，1966；Al-Hiyaly et al.，1993）。Nevo 也强调生态因子对于作物野生亲缘种遗传多样性程度和分布具有重要作用。因此，疣粒野生稻不同居群的遗传变化必然受到其生存的地理和生态环境的影响，形成相应的遗传多样性特征。二是种群的形态特征和遗传性状与其生物学特性，尤其是生殖特性密切相关。通常是异花授粉植物比自花授粉植物和无性繁殖植物种群（居群）遗传多样性高。Tachida 和 Yoshimaru（1996）的研究表明，自花授粉物种居群间遗传差异较大，不同居群间常存在不同的等位基因，而居群内遗传差异较小。Hamrick 和 Godt 的研究也显示，利用重力扩散传播种子的居群，遗传多样性水平比靠其他方式传播扩散种子的居群低。疣粒野生稻虽然柱头外露，但仍有一定程度的自花授粉现象，并主要靠种子重力扩散和种茎进行繁殖（无性繁殖）（Gao，1997），这种繁殖方式是导致其居群内遗传多样性水平较低的重要原因。三是种群的形态特征和遗传性状与其演化、传播方式密切相关。通常物种的自然扩散传播是由中心地带不同个体（建立者）逐渐扩散到边缘地区形成居群而扩展的。建立者效应使得由不同建立者建立的居群之间有高水平的遗传多样性，而由同一建立者形成的居群内，则具有较低水平的遗传多样性。居群瓶颈效应研究也表明，当一个居群经过一个瓶颈事件，即一个新居群是由少数的几个祖先种

发展建立起来时，居群具有的遗传变异下降与所经历的瓶颈事件的严重程度呈正相关（Chakraborty and Nei，1977）。一个居群面积越小和它保持小居群的时间越长，该居群遗传变异失去得越多。疣粒野生稻分布中心在东南亚，云南疣粒野生稻居群主要分布在这个中心地带的北部边缘。因此，由少数几个个体植株建立发展起来的疣粒野生稻居群一般具有较低的居群内遗传变异。Qian 等（2001）也证明，疣粒野生稻居群是一个典型的由小居群组成的复合居群。小居群间有限的基因交流，导致整个居群遗传变异的减少。此外，由于人类活动而产生的生境片段化和生境质量恶化，也是导致物种居群内遗传多样性下降的重要因素。生境片段化不仅减少了疣粒野生稻居群适生环境，还增加了遗传关系较近的个体间交配的概率。所有这些因素都导致了云南疣粒野生稻居群内遗传多样性的降低。

　　研究深化了对云南疣粒野生稻居群遗传多样性程度和分布的认识，为其是否需要保护、怎样保护提供了科学依据。根据云南疣粒野生稻居群快速消失，而居群间遗传多样性水平较高，居群内遗传多样性水平相对较低，物种遗传多样性随居群灭绝而不断丧失的特点，云南疣粒野生稻的保护应以居群原位保护为重点，辅之以异地保护。即对尚未遭到严重破坏的 9 个居群，按区域分布和遗传差异，进行原位保护，而对其余 28 个居群，每个居群取相对较少的样本进行异地保护，只有这样才能对云南疣粒野生稻所具有的遗传多样性进行完整的保护。

第三节　云南普通野生稻遗传多样性及其与亚洲栽培稻系统进化关系

　　一般认为，普通野生稻与亚洲栽培稻（下称栽培稻）亲缘关系最近，是栽培稻遗传改良的重要材料。云南作为稻种资源的起源和演化中心，开展云南普通野生稻遗传多样性及其与栽培稻系统进化关系的研究具有特殊意义。

一、云南 4 种不同表型普通野生稻间的遗传多样性与遗传关系

（一）云南 4 种不同表型普通野生稻之间的遗传多样性

　　用 RAPD 和 ISSR 分析云南 4 种不同形态特征的普通野生稻之间的遗传多样性，结果见表 3-3-1。

表 3-3-1　云南 4 种不同表型的普通野生稻之间的遗传多样性的 RAPD 和 ISSR 分析数据
Table 3-3-1　The RAPD and ISSR analysis of genetic diversity among 4 different phenotypes of Yunnan *O. rufipogon*

居群 Populations	总条带数 Total bands	多态性条带数 Polymorphic bands	多态带 百分率 PPB	平均等位 基因数 Mean na	有效等位 基因数 Mean ne	平均遗传多 样性指数 Mean h	平均多样性 Shannon 指数 Mean I
4 种不同表型之间的 RAPD	82	42	51.22	1.51	1.39	0.21	0.31
4 种不同表型之间的 ISSR	124	80	64.52	1.65	1.50	0.25	0.37

　　注：PPB=多态带百分率（percentage of polymorphic bands）；na=观察到的等位基因数（observed number of alleles）；ne=有效等位基因数 [effective number of alleles（Kimura and Crow，1964）]；h=Nei's 的遗传多样性（Nei's gene diversity）；*I*=Shannon 指数 [Shannon's in formation index（Lewontin，1972）]

其中，12 个 RAPD 引物扩增了 82 条带，其中 42 条带为多态带，多态带百分率（PPB）为 51.22%，扩增带的大小分布范围为 200～2000 bp，平均每个引物扩增 6.8 条带。计算机软件分析，平均等位基因数（na）为 1.51，有效等位基因数（ne）为 1.39，Nei's 平均遗传多样性（h）为 0.21，Shannon 平均多样性指数（I）为 0.31。在 ISSR 分析中，12 个引物共扩增获得 124 条带。其中，80 条带为多态带，多态带百分率（PPB）达到 64.52%，扩增带的大小分布范围为 100～2200 bp，平均每个引物扩增 10.3 条带。软件分析显示平均等位基因数（na）为 1.65，有效等位基因数（ne）为 1.50，Nei's 平均遗传多样性（h）为 0.25，Shannon 平均多样性指数（I）为 0.37。结果表明，云南 4 种不同表型普通野生稻之间具有较高水平遗传多样性。

（二）云南普通野生稻间遗传关系聚类分析

基于 Jaccard 遗传相似性系数的 4 种不同表型普通野生稻之间的 UPGMA 聚类分析如图 3-3-1 所示。RAPD 和 ISSR 的聚类分析基本相似，均可清楚地将来自景洪和元江的普通野生稻分为两大类，在第一大类中，来自景洪的普通野生稻又分成 3 个亚类，每个亚类分别由来自景洪 3 种不同表型（红芒型、白芒型和直立型）普通野生稻组成；第二大类全部由元江普通野生稻组成，表明元江普通野生稻和景洪普通野生稻之间有较大的遗传差异。其中，RAPD 分析产生的聚类图显示 4 种普通野生稻之间的相似性系数为 0.68～0.99。而 ISSR 分析产生的聚类图则显示 4 种普通野生稻之间的相似性系数为 0.58～1.00，反映出 ISSR 检测分析更为灵敏。

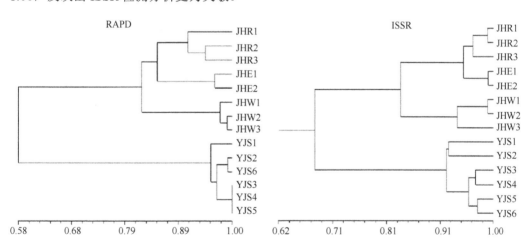

图 3-3-1　RAPD 和 ISSR 分析产生的云南 4 种不同表型普通野生稻之间的 UPGMA 聚类图
Fig. 3-3-1　The UPGMA cluster among 4 different phenotypes of Yunnan *O. rufipogon* based on RAPD and ISSR analysis

（三）云南普通野生稻遗传关系的 PCA 主成分分析

基于 4 种不同表型普通野生稻样品 Jaccard 遗传相似性系数的主成分分析（PCA）的结果见图 3-3-2。主成分分析支持上述 UPGMA 聚类分析的结果。图 3-2-2 显示，在 RAPD 和 ISSR 分析中，4 种不同表型普通野生稻样品有一个清晰的空间分布格局，它们之间居群遗传变异特点十分突出，元江普通野生稻与景洪普通野生稻的遗传距离较远。

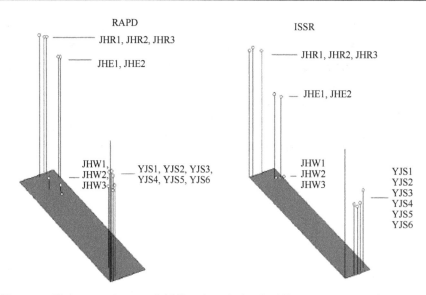

图 3-3-2 基于 RAPD 和 ISSR 分析的云南 4 种不同表型普通野生稻之间的主成分分析

Fig. 3-3-2 The principal component analysis among 4 different phenotypes of Yunnan *O. rufipogon* based on RAPD and ISSR

二、云南元江普通野生稻居群内遗传多样性

RAPD 和 ISSR 分析元江普通野生稻居群内遗传多样性结果见表 3-3-2。RAPD 分析显示，9 个引物扩增了 73 条带，其中 25 条带为多态带，多态带百分率（PPB）为 35.71%，扩增带大小为 200～2000 bp，平均每个引物扩增 8.1 条带。计算机软件比较分析，平均等位基因数（na）为 1.36，有效等位基因数（ne）为 1.28，Nei's 平均遗传多样性（h）为 0.15，Shannon 平均多样性指数（I）为 0.22。而在 ISSR 分析中，11 个引物一共扩增了 75 条带。其中，25 条带为多态带，多态带百分率（PPB）33.33%，扩增带大小为 150～2100 bp，平均每个引物扩增 6.8 条带。软件分析显示，平均等位基因数（na）为 1.33，有效等位基因数（ne）为 1.23，Nei's 平均遗传多样性（h）为 0.13，Shannon 平均多样性指数（I）为 0.19。分析结果表明，元江普通野生稻居群内遗传多样性虽然低于不同表型普通野生稻居群间的遗传多样性，但远高于思茅疣粒野生稻居群内遗传多样性，属种群内遗传多样性比较丰富的类型。

表 3-3-2 元江普通野生稻遗传多样性的 RAPD 和 ISSR 分析数据

Table 3-3-2 The genetic diversity analysis within population of Yuanjiang *O. rufipogon* by RAPD and ISSR

居群 Populations	总条带数 Total bands	多态性 条带数 Polymorphic bands	多态带 百分率 PPB	平均等位 基因数 Mean na	有效等位 基因数 Mean ne	平均遗传多 样性指数 Mean h	平均多样性 Shannon 指数 Mean I
元江居群内 RAPD	73	25	34.25	1.36	1.28	0.15	0.22
元江居群内 ISSR	75	25	33.33	1.33	1.23	0.13	0.19

注：PPB=多态带百分率（percentage of polymorphic bands）；na =观察到的等位基因数（observed number of alleles）；ne =有效等位基因数 [effective number of alleles（Kimura and Crow, 1964）]；h = Nei's 的遗传多样性（Nei's gene diversity）；I=Shannon 指数 [Shannon's in formation index（Lewontin, 1972）]

三、云南普通野生稻与栽培稻的系统进化关系

（一）云南普通野生稻与栽培稻遗传关系聚类分析

基于 Jaccard 遗传相似性系数的 UPGMA 聚类分析见图 3-3-3。

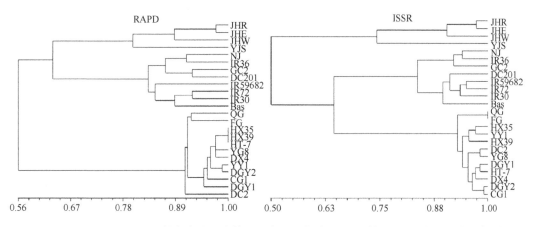

图 3-3-3　RAPD 和 ISSR 分析产生的云南普通野生稻与栽培稻之间系统进化和遗传关系聚类分析
Fig. 3-3-3　The cluster analysis of phylogenetic and genetic relationships between Yunnan *O. rufipogon* and cultivated rice based on RAPD and ISSR

RAPD 和 ISSR 分析产生的聚类图均将普通野生稻、籼稻和粳稻清晰地分成 3 个组。第一组（图上面）包括云南 4 种类型的普通野生稻。第二组（图中间）由 8 个籼稻品种组成。第三组（图下面）则由 12 个粳稻品种组成。普通野生稻具有的遗传变异最高，籼稻其次，粳稻最低。RAPD 分析显示，普通野生稻首先和籼稻聚成一亚类，然后再与粳稻聚类，似乎暗示普通野生稻和籼稻的遗传关系更近。而 ISSR 分析却显示籼稻和粳稻首先聚成一亚类，然后再与普通野生稻聚类。

（二）云南普通野生稻与栽培稻遗传关系的 PCA 主成分分析

基于普通野生稻，籼稻和粳稻各组样品多态带表型的主成分分析（PCA）（图 3-3-4）支持上述 UPGMA 聚类分析的结果。

图 3-3-4 显示，在 RAPD 和 ISSR 分析中，普通野生稻、籼稻和粳稻各组样品有一个清晰的空间分布格局，它们之间具有丰富的遗传多样性，籼稻与普通野生稻遗传距离较近，而粳稻则较远。

四、云南普通野生稻遗传多样性及其与栽培稻系统进化关系探讨

稻属野生种中，已知有 5 个野生种，即普通野生稻（*O. rufipogon*）、短舌野生稻（*O. barthii*）、展颖野生稻（*O. glumaepatula*）、长雄野生稻（*O. longistaminata*）和南方野生稻（*O. meridionalis*），与两种栽培稻，亚洲栽培稻（*O. sativa*）和非洲栽培稻（*O. glaberrima*）具有相同的 AA 基因组型。其中，普通野生稻被认为是亚洲栽培稻的野生祖先种；短舌

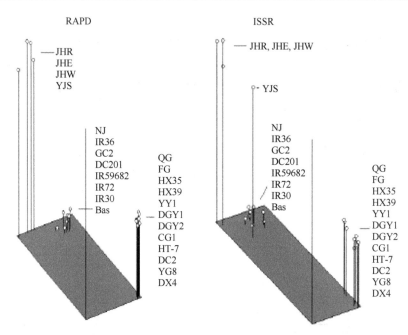

图 3-3-4　RAPD 和 ISSR 分析产生的云南普通野生稻与栽培稻之间系统进化和遗传关系 PCA 主成分分析

Fig. 3-3-4　The PCA principal component analysis of phylogenetic and genetic relationships between Yunnan *O. rufipogon* and cultivated rice based on RAPD and ISSR

野生稻被认为是非洲栽培稻的野生祖先种。最直接的证据是它们能分别与两种栽培稻杂交，产生正常结实的杂种；不同分子标记方法研究稻属 AA 基因组不同种间的遗传关系也表明，普通野生稻与亚洲栽培稻，短舌野生稻与非洲栽培稻之间亲缘关系最近，是遗传育种利用的重要材料。因此，开展云南普通野生稻遗传多样性及其与栽培稻系统进化关系的研究意义重大。

　　Ge 等（1999）以来自中国和巴西的 8 个普通野生稻居群为材料，研究了居群之间的遗传多样性，发现两地区普通野生稻之间有较高水平的遗传变异，多态带百分率（PPB）达到了55.8%。Buso 等（1998）用等位酶和 RAPD 技术揭示了来自亚马孙森林和巴西西部的展颖野生稻居群间有高水平的遗传多样性。Gao 等（2000）用等位酶分析了云南和中国其他省区（海南、广西、广东、湖南、福建和江西）的普通野生稻居群间和居群内的遗传多样性，结果显示，不同地区的普通野生稻之间有相当高的遗传变异。Sun 等（2001）用 RFLP 技术研究了 122 份普通野生稻和 75 份栽培稻之间的遗传多样性。结果发现，中国普通野生稻具有最高的遗传多样性，南亚普通野生稻次之，东南亚普通野生稻最低。

　　我们的研究显示：一是云南普通野生稻可分为景洪普通野生稻和元江普通野生稻两大生态类型，景洪普通野生稻又可分为白芒型、红芒型、直立型等不同形态特征的居群。二是两地区、两大生态类型，4 种具有不同形态特征的普通野生稻居群间具有较高水平的遗传多样性。RAPD 和 ISSR 分子标记检测的多态带百分率分别达 51.22%和 64.52%。元江普通野生稻居群内遗传多样性水平虽然低于居群间，但远高于思茅疣粒野生稻居群内的遗传多样性。RAPD 和 ISSR 分子标记检测的多态带百分率分别为 35.71%和 33.33%，远高于思茅疣粒野生稻居群 S2 的 20.45%和 21.79%，反映出元江普通野生稻居群内遗传多样性也十分丰富。三是云南普通野生稻与栽培稻的系统进化关系研究显示：两种分子标记的聚类分析均将普通野生稻、籼稻和粳稻清晰地分成 3 个组。但 RAPD 分析显示，普通野生稻首先和籼稻聚成一亚类，然后再与粳稻聚类；而 ISSR 分析却显示籼稻和粳稻首先聚成一亚类，然后再与普通野生稻聚类。结合 3 组遗传变异（普通野生稻＞籼稻＞粳稻）的特点和主成分分析（PCA）的结果，我们倾向于云南普通野生稻和栽培稻的系统演化和分化途径的"一元论"（monophyletic）学说（Oka，1988；Wang et al.，1992；Lu et al.，2002）。即普通野生稻先演化成籼稻，然后再分化出粳稻。在这一过程中，由于水稻品种单一的栽培驯化而丢失了大量遗传多样性，栽培稻遗传基础越来越狭窄。因此，我们在加强云南普通野生稻，尤其是元江普通野生稻居群原位保护的同时，应加强其发掘利用，以扩大栽培稻遗传基础。此外，也可通过籼粳杂交扩大粳稻遗传基础，服务栽培稻新品种选育。

第四节　元江普通野生稻与栽培稻杂交后代的 RAPD 分析

已往的研究表明，云南元江普通野生稻属相对较为原始的类型，其遗传多样性和所携带的优良性状基因十分丰富。为此，我们开展了云南元江普通野生稻与栽培粳稻合系 35 的杂交，并用 RAPD 分子标记对两亲本及其 BC_2F_3 代材料进行遗传多样性分析和目标性状分子标记筛选，为进一步发掘优良野生稻种质资源，拓展栽培粳稻遗传基础，培育高产、优质、多抗优良新品种、新材料奠定基础。

一、元江普通野生稻与栽培稻合系 35 杂交后代遗传多样性分析

（一）元江普通野生稻与栽培稻合系 35 杂交后代的株高多样性

实验样品采用的是混合样品，即基因池，就是同一种性状的 2 个差异基因池，它们之间除了该性状的基因差异外，其余的遗传差异被混合降低了。实验使用 5 个引物（OPT04、OPT16、OPY13、OPN19、OPH20），对 2 个亲本及其 BC_2F_3 代两种性状（高株和矮株）的混合样品进行扩增（图 3-4-1）。结果显示，5 个引物共扩增出 47 条重复性高、清晰的条带，分子大小为 300～2500 bp，平均每个引物可扩增出 9.4 条带，其中有 35 条为多态条带，多态带百分率（PPB）达 74.47%，平均每个 RAPD 引物获得 7.0 个多态条带，Nei's 平均多样性指数为 0.3085。实验表明，群体具有较高的遗传多样性。

（二）元江普通野生稻与栽培稻合系 35 杂交后代的结实率多样性

实验使用 5 个引物（OPC15、OPT02、OPT04、OPT13、OPY13）对元江普通野生稻、栽培稻合系 35 及其 BC_2F_3 代的两种性状（高结实率和低结实率）的 8 份（高 2 份、低 6 份）材料进行扩增（图 3-4-2）。

结果表明，5 个引物共扩增出 58 条重复性高、清晰的条带，分子质量为 400～2500 bp。平均每个引物可扩增出 11.6 条带，其中有 60 条为多态条带，多态带百分率（PPB）达 86.21%，平均每个 RAPD 引物获得 10.0 个多态条带，Nei's 平均多样性指数为 0.2921。其中，结实率高的样品遗传多样性偏低，共有 19 条多态条带，PPB 仅为 32.76%，Nei's

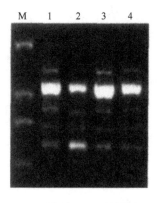

图 3-4-1　引物 OPH20 扩增结果（株高
材料组）

Fig. 3-4-1　Amplification result of primer
OPH20（a set of materials of height）

M. DL2000 Marker；1. 栽培稻合系 35；2. 云
南元江普通野生稻；3. 高株代表株；4. 低
株代表株

M. DL2000 Marker；1. Hexi 35；2. Yunnan
Yuanjiang *O. rufipogon*；3. High plants for
height；4. Low plants for height

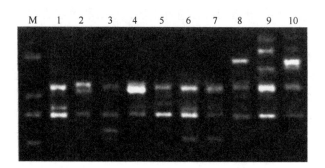

图 3-4-2　引物 OPY13 扩增结果（结实率材料组）

Fig. 3-4-2　Amplification result of primer OPY13（a set of
materials of fertility percentage）

M. DL2000 Marker；1. 栽培稻合系 35；2. 云南元江普通野生稻；
3～4. 高结实率代表株；5～10. 低结实率代表株

M. DL2000 Marker；1. Hexi 35；2. Yunnan Yuanjiang *O. rufipogon*；
3～4. Plants for high fertility percentage；5～10. Plants for low
fertility percentage

平均多样性指数为 0.1638，这可能与样本数量偏少有关；而结实率低的样品有 41 条多态条带，PPB 达 70.69%，Nei's 平均多样性指数为 0.2749。

（三）元江普通野生稻与栽培稻合系 35 杂交后代的分蘖率多样性

实验使用 10 个引物（OPN01、OPN03、OPN05、OPN08、OPN10、OPN13、OPN17、OPN18、OPN19、OPH20）对元江普通野生稻和栽培稻合系 35 及其 BC_2F_3 代的两种性状（高分蘖能力和低分蘖能力）共 18 份（高 9 份、低 9 份）材料进行扩增（图 3-4-3）。

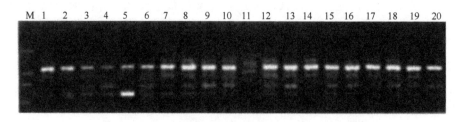

图 3-4-3　引物 OPH20 的扩增结果（分蘖率材料组）

Fig. 3-4-3　Amplification result of primer OPH20（a set of materials of tillering percentage）

M. DL2000 Marker；1. 栽培稻合系 35；2. 云南元江普通野生稻；3～11. 高分蘖率代表株；
12～20. 低分蘖率代表株

M. DL2000 Marker；1. Hexi 35；2. Yunnan Yuanjiang *O. rufipogon*；3～11. Plants with high tillering rate；
12～20. Plants with low tillering rate

结果表明，10 个引物共扩增出 129 条重复性高、清晰的条带，分子质量分布范围为 400～2500 bp。平均每个引物可扩增出 12.9 条带，其中有 124 条为多态条带，多态带百分率（PPB）达 96.12%，平均每个 RAPD 引物获得 12.4 个多态条带，Nei's 平均多样性指数为 0.2464。其中，分蘖能力高的样品有 103 条多态条带，PPB 达 79.84%，Nei's 平均多样性指数为 0.2500；而分蘖能力低的样品仅有 71 条多态条带，PPB 仅为 55.04%，Nei's 平均多样性指数为 0.1880。

二、元江普通野生稻与栽培稻合系 35 杂交后代遗传相似性分析

（一）元江普通野生稻与栽培稻杂交后代的结实率分析

元江普通野生稻与栽培稻合系 35 及其杂交后代的结实率差异群体 Nei's 遗传相似性和遗传距离分析见表 3-4-1。

表 3-4-1　Nei's 遗传相似性和遗传距离（结实率）
Table 3-4-1　Nei's genetic identity and genetic distance（seed setting rate）

材料 Materials	合系 35 Hexi 35	野生稻 Wild rice species	高结实率材料 Materials of high seed setting rate	低结实率材料 Materials of low seed setting rate
合系 35	—	0.6034[*]	0.7636[*]	0.7863[*]
野生稻	0.5051[**]	—	0.7448[*]	0.7728[*]
高结实率材料	0.2697[**]	0.2947[**]	—	0.8931[*]
低结实率材料	0.2404[**]	0.2578[**]	0.1131[**]	—

*遗传相似性；**遗传距离
*Nei's genetic identity；**Genetic distance

表 3-4-1 显示，一是高结实率和低结实率群体材料与双亲的遗传相似性高于两亲本间的遗传相似性。二是高结实率和低结实率群体材料与合系 35 的遗传相似性高于与元江普通野生稻的遗传相似性。三是高结实率和低结实率群体材料间遗传相似性最高，达 0.8931。反之，高结实率和低结实率群体材料与双亲的遗传距离小于两亲本间的遗传距离；高结实率和低结实率群体材料与合系 35 的遗传距离小于与元江普通野生稻的遗传距离；高结实率和低结实率群体材料间遗传距离最小，仅 0.1131。

（二）元江普通野生稻与栽培稻杂交后代的分蘖率分析

元江普通野生稻与栽培稻合系 35 及其杂交后代的分蘖率差异群体 Nei's 遗传相似性和遗传距离分析见表 3-4-2。

表 3-4-2 显示，一是高分蘖率和低分蘖率群体材料与双亲的遗传相似性高于两亲本间的遗传相似性。二是高分蘖率和低分蘖率群体材料与合系 35 的遗传相似性高于与元江普通野生稻的遗传相似性。三是高分蘖率和低分蘖率群体材料间遗传相似性最高，达 0.9483。反之，高分蘖率和低分蘖率群体材料与双亲的遗传距离小于两亲本间的遗传距离；高分蘖率和低分蘖率群体材料与合系 35 的遗传距离小于与元江普通野生稻的遗传距离；高分蘖率和低分蘖率群体材料间遗传距离最小，仅 0.0531。

（三）基于 Nei's 遗传相似性系数 UPGMA 聚类分析

使用 UPGMA 聚类对结实率和分蘖率样品各群体间的遗传关系进行分析，结果见图 3-4-4 和图 3-4-5。

表 3-4-2　Nei's 遗传相似性和遗传距离（分蘖率）

Table 3-4-2　Nei's genetic identity and genetic distance（tillering rate）

材料 Materials	合系 35 Hexi 35	野生稻 Wild rice species	高分蘖率材料 Materials of high tillering rate	低分蘖率材料 Materials of low tillering rate
合系 35	—	0.7364[*]	0.8553[*]	0.8335[*]
野生稻	0.3059[**]	—	0.7956[*]	0.7589[*]
高结实率材料	0.1563[**]	0.2286[**]	—	0.9483[*]
低结实率材料	0.1821[**]	0.2759[**]	0.0531[**]	—

*遗传相似性；**遗传距离

*Nei's genetic identity；**Genetic distance

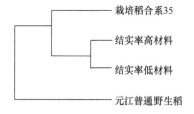

图 3-4-4　基于 Nei's 系数的结实率 UPGMA 聚类分析
Fig. 3-4-4　Cluster analysis of UPGMA base on Nei's coefficient for seed rate

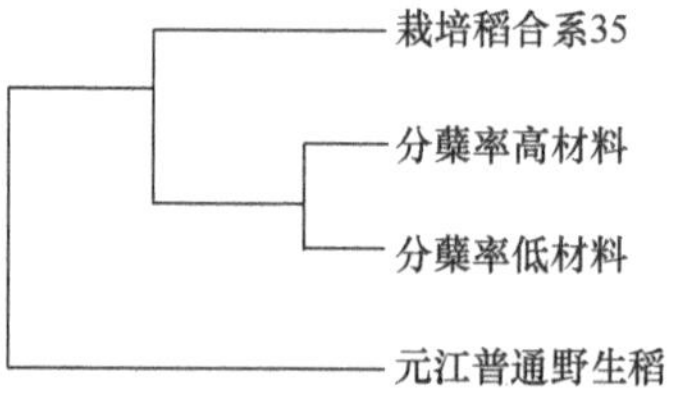

图 3-4-5　基于 Nei's 系数的分蘖率 UPGMA 聚类分析
Fig. 3-4-5　Cluster analysis of UPGMA base on Nei's coefficient for tillering rate

　　从聚类图可见，BC_2F_3 代结实率和分蘖率性状群体材料先聚为一类，再与栽培稻合系 35 聚类，然后才与元江普通野生稻聚类。说明尽管单性状差异较大，但总体上 BC_2F_3 代不同性状群体间的遗传距离最小，它们与亲本栽培稻合系 35 的遗传距离比其与亲本元江普通野生稻的遗传距离要小，亦即它们在遗传上更接近亲本栽培稻合系 35。

三、元江普通野生稻与栽培稻杂交后代 RAPD 分析探讨

　　野生稻与栽培稻杂交有利于将野生稻优良性状遗传种质引入栽培稻，改善栽培稻的遗传多样性。尽管普通野生稻与栽培稻同属 AA 基因组，但普通野生稻与栽培稻，尤其是栽培粳稻的杂交，仍属远缘杂交。关于远缘杂交的遗传行为或遗传机制，尚不十分清楚。本研究使用 RAPD 分子标记对元江普通野生稻与栽培粳稻合系 35，以及它们的杂（回）交后代 BC_2F_3 材料群体进行遗传多样性分析和目标性状分子标记筛选，有利于探讨远缘杂交的遗传行为，并为杂交育种提供理论指导。

　　研究显示：一是尽管实验所用群体为对应性状群体，但元江普通野生稻与栽培粳稻合系 35 的杂交，的确提高了杂交后代群体的遗传多样性，多态带百分率（PPB）超过 70%，有效拓展了其遗传基础。并且杂（回）交后代 BC_2F_3 群体材料与双亲的遗传相似性高于两亲本间的遗传相似性，均表明它们是真实杂交。二是杂（回）交后代 BC_2F_3 群体材料与栽培稻合系 35 的遗传相似性高于与元江普通野生稻的遗传相似性，与用合系 35 回交的遗传操作一致。就相应目标性状的群体而言，随着与合系 35 回交次数的增加，其与合系 35 的遗传相似性会进一步增加，元江普通野生稻的遗传种质会进一步丢失。到 BC_2F_3

代，结实率高低群体和分蘖率高低群体间遗传相似性已分别达到了 0.8931 和 0.9483。但不同性状 BC_2F_3 群体材料间遗传相似性仍存在差距。三是就结实率而言，栽培稻合系 35 与元江普通野生稻的遗传相似性为 0.6034；而就分蘖率而言，栽培稻合系 35 与元江普通野生稻的遗传相似性为 0.7364。即两亲本在分蘖率方面的遗传相似性高于结实率方面的遗传相似性。这说明，对特定性状而言，两亲本的遗传相似性可能不同，不能用两亲本的总遗传相似性代替特定性状两亲本的遗传相似性。因此，育种实践中亲本选择应保持较高遗传多样性，并依据目标性状群体遗传相似性确定轮回杂交的次数。同时，也提示我们在远缘杂交育种中，应用分子标记技术分析杂交后代目标性状的遗传多样性和筛选相关分子标记，有利于辅助育种提高效率。

此外，在进行 BC_2F_3 代分蘖性状群体分析时，发现 11 号材料具有一定的特殊性，在引物 OPN05 和 OPN17 进行 PCR 扩增后的电泳图谱中，除了该材料不能扩增出条带，其他材料（包括亲本）均可得到较为丰富、清晰的条带；而在引物 OPN01、OPN03、OPN10、OPN13、OPN18、OPN19 和 OPH20 的扩增下，可得到较为丰富而清晰的条带（图 3-4-3）。但从图中可见，该材料所扩增出的条带具有特异性，与两个亲本和其他材料均无共同的位点存在。由此推断，该材料在杂交中，染色体可能发生了较大的交换，即基因重组频率较大，从而致使其 PCR 扩增中难以获得与亲本相同的位点，这也是远缘杂交的重要特性之一。因此，在后续的育种选择和进一步研究中值得重视。

参 考 文 献

Al-Hiyaly S A K, McNeilly T, Bradshaw A D, Mortimer A M. 1993. The effect of zinc contamination from electricity pylons: genetic constraints on selection for zinc tolerance. Heredity, 70: 22-32.

Aston D L, Bradshaw A D. 1966. Evolution in closely adjacent populations. Part Ⅱ. Agrostis stolonifera in maritime habitats. Heredity, 37: 9-25.

Buso G S C, Rangel P H, Ferreira M E. 1998. Analysis of genetic variability of South American wild rice populations (Oryza glumaepatula) with isozymes and RAPD markers. Mol Ecol, 7: 107-117.

Chakraborty R, Nei M. 1977. Bottleneck effects on average heterozygosity and genetic distance with stepwise mutation models. Evolution, 31: 347-356.

Gao L Z. 1997. A Study on Genetic Variation of Three Wild Rice (Oryza spp.) in China and Conservation Biology. Ph.D. Dissertation of Institute of Botany, Chinese Academy of Sciences, Beijing.

Gao L Z, Ge S, Hong D Y. 2000. Low levels of genetic diversity within populations and high genetic differentiation among populations of a wild rice. Int J Plant Sci, 161(4): 691-697.

Gao L Z, Ge S, Hong D Y, Zhang J W, Luo Q Y, Tao G D, Xu Z F. 1999. A study on the population genetic structure of Oryza granulata(Zoll. et Mor. ex Steud)Baill. from Yunnan and its in situ conservation significance. Science in China (Series C), 42: 102-108.

Ge S, Sang T, Lu B R. 1999. Phylogeny of rice genomes with emphasis on origins of allotetraploid species. PNAS, 96(25): 14400-14405.

Kimura M, Crow J F. 1964. The number of alleles that can be maintained in a finite population. Genetics, 49: 725-738.

Lewontin R C. 1972. The apportionment of Human diversity. Evolutionary Biology, 6: 381-398.

Lu B R, Zheng K L, Qian H R, Zhuang J Y. 2002. Genetic differentiation of wild relatives of rice as assessed by RFLP analysis. Theor Appl Genet, 106: 101-106.

Nei M. 1973. Analysis of gene diversity in subdivied population. Proc Natl Acid Sci USA, 70: 3321-3323.

Oka H I. 1988. Origin of Cultivated Rice. Tokyo: Japan Scientific Societies Press: 1-4.

Oka H I, Morishima H. 1982. Phylogenetic differentiation of cultivated rice. 23: potentiality of wild progenitors to evolve the indica and japonica types of rice cultivars. Euphytica, 31: 41-50.

Qian W, Ge S, Hong D Y. 2001. Genetic variation within and among populations of a wild rice Oryza granulate from China detected by RAPD and ISSR markers. Theor Appl Genet, 102: 440-449.

Schaal B A, Leverich W J, Rogstad S H. 1991. Comparison of methods for assessing genetic variation in plant conservation biology. In: Falk D A, Holsinger K E. Genetics and Conservation of Rare Plants. New York: Oxford University Press:

123-124.

Sneath P H A, Sokal R R. 1973. Numerical Taxonomy: the Principles and Practice of Numerical Classification. A Series of Books in Biology. W. H. Freeman and CO., Francisco.

Soule M E. 1986. Conservation Biology, an Evolutionary Ecology Perspective. Massachusetts, USA: Sinauer Associates.

Sun C Q, Wang X K, Li Z C, Yoshimura A, Iwata N. 2001. Comparison of the genetic diversity of common wild rice (*Oryza rufipogon* Griff.) and cultivated rice (*O. sativa* L.) using RFLP markers. Theor Appl Genet, 102(1): 157-162.

Tachida H, Yoshimaru H. 1996. Genetic diversity in partially selfing populations with the stepping-stone structure. Heredity, 77(5): 469-475.

Wang Z Y, Second G, Tanksley S D. 1992. Polymorphism and phylogenetic relationships among species in the genus *Oryza* as determined by analysis of nuclear RFLPs. Theor Appl Genet, 83: 565-581.

第四章　云南野生稻稻米营养品质分析

稻米营养品质是稻米品质的重要内涵，也是稻作品质育种的重要参数。野生稻稻米营养品质研究，由于取样较困难，样品量有限，虽曾有过单项和零星报道，但一直未见系统研究的报道。本研究从蛋白质和氨基酸，总淀粉和直链淀粉，以及矿质元素 3 个层面，较为系统地开展了云南 3 种野生稻和栽培稻稻米营养品质分析和比较研究，以期深化对野生稻重要遗传性状的认识，为野生稻优异性状基因的发掘和利用奠定基础。

第一节　研究材料与方法

一、研究材料

研究选取云南 3 种野生稻，6 个居群，不同采集地和年份的样本 9 个；栽培籼稻和粳稻各 3 个（包括黏、糯两种类型），共 15 个样本，用于稻米营养品质分析研究。分析样本种子人工去壳后，得到糙米作为实验材料。实验所选材料相关数据见表 4-1-1。

表 4-1-1　云南野生稻稻米营养品质分析材料

Table 4-1-1　The experimental materials of Yunnan wild rice

样品名称 Samples	采集地 Collecting site	原始来源 Origin	类型 Type
元江普通野生稻 I	景洪资源圃	元江	普通野生稻
元江普通野生稻 II	元江	元江	普通野生稻
景洪普通野生稻	景洪	景洪	普通野生稻
药用野生稻 I	景洪资源圃（2001-11）	耿马	药用野生稻
药用野生稻 II	景洪资源圃（2002-11）	耿马	药用野生稻
药用野生稻 III	昆明温室	耿马	药用野生稻
药用野生稻 IV	孟定遮甸	孟定遮甸	药用野生稻
疣粒野生稻 I	景洪	景洪	疣粒野生稻
疣粒野生稻 II	孟定	孟定	疣粒野生稻
云恢 290	玉溪	玉溪	栽培籼稻
滇超 9 号	玉溪	玉溪	栽培籼稻
玉优 1 号	玉溪	玉溪	栽培粳稻
合系 35 号	玉溪	玉溪	栽培粳稻
象牙籼糯	玉溪	玉溪	栽培籼糯
X 粳稻糯	玉溪	玉溪	栽培粳糯

二、研究方法

稻米总蛋白测定按照粗蛋白含量测定方法 GB/T 5511—2008，用瑞士 BUCHIB-324

型半自动凯氏定氮仪进行；氨基酸测定按照谷物籽粒氨基酸测定前处理方法 GB 7649—87，用 L-8800 型氨基酸自动分析仪进行；总淀粉测定按照谷物籽粒淀粉测定方法 GB 5006—85，用 W22-75 数字式自动旋光仪进行；直链淀粉测定按照稻米直链淀粉含量测定方法 GB/T 15683—2008，用 7230G 可见分光光度计进行；矿质元素测定按照等离子体发射光谱法（ICP 法），用美国贝尔德 PS-4 型电感耦合离子体发射光谱仪进行。以上方法均为中国国家标准方法。每种分析均设 2 个重复，所得测定结果统计分析用 Excel 2000 软件进行。

第二节　云南野生稻稻米蛋白质和氨基酸分析

　　稻米蛋白质是稻米的重要营养成分。在以稻米为主食的人群中，稻米蛋白质的摄入量占总蛋白摄入量的 40%～80%。蛋白质由氨基酸组成，氨基酸含量与蛋白质含量呈正相关，蛋白质的氨基酸组分和含量，尤其是必需氨基酸组分和含量与蛋白质营养及营养平衡密切相关。本研究对云南生长于自然状态下的 3 种野生稻，以及 6 个分属籼稻、粳稻稻米的总蛋白和氨基酸进行了测定和比较研究。

一、云南野生稻稻米总蛋白含量分析

　　云南野生稻和栽培稻稻米总蛋白含量测定结果见表 4-2-1。

表 4-2-1　云南野生稻与栽培稻稻米总蛋白含量
Table 4-2-1　The total protein of Yunnan wild rice species and cultivated rice

材料名称 Materials	采集地 Collecting site	总蛋白含量/%[*] Total protein content	备注 Remark
元江普通野生稻 I	景洪资源圃	14.1±0.1	普通野生稻平均含量 14.47%
元江普通野生稻 II	元江	14.1±0.2	
景洪普通野生稻	景洪	15.2±0.2	
药用野生稻 I	景洪资源圃（2001-11）	15.0±0.2	药用野生稻平均含量 16.28%；自然生态下药用野生稻平均含量 15.27%
药用野生稻 II	景洪资源圃（2002-11）	15.8±0.1	
药用野生稻 III	昆明温室	19.3±0.7	
药用野生稻 IV	孟定遮甸	15.0±0.1	
疣粒野生稻 I	景洪	15.7±0.2	疣粒野生稻平均含量 15.30%
疣粒野生稻 II	孟定	14.9±0.3	
云恢 290	玉溪	8.3±0.04	栽培稻平均含量 9.15%
滇超 9 号	玉溪	9.6±0.2	
玉优 1 号	玉溪	9.4±0.2	
合系 35 号	玉溪	8.7±0.2	
象牙籼糯	玉溪	10.0±0.2	
X 粳糯稻	玉溪	8.9±0.2	

＊ 数据为测定值±SD

＊ Datas represent measured value±SD

由表 4-2-1 可知：一是云南普通野生稻、药用野生稻和疣粒野生稻稻米总蛋白含量明显高于栽培稻。平均含量分别比栽培稻高 58.14%、66.89%和 67.21%。二是自然生态条件下云南 3 种野生稻种间、同种不同居群间、同采集地不同年份间总蛋白含量存在一定差异，但变幅小于 10%。而采集地不同的两个元江普通野生稻样本总蛋白含量几乎一致。三是源自耿马居群在昆明温室采集的药用野生稻Ⅲ总蛋白含量高达 19.3%，显著高于同一来源在景洪资源圃采集的样本，也高于孟定遮甸药用野生稻居群。反映出该性状表达受生态环境影响较大，昆明温室的栽培条件可能是造成其总蛋白含量高表达的重要原因。

二、云南野生稻稻米氨基酸含量分析

云南野生稻和栽培稻稻米氨基酸含量与组成测定结果见表 4-2-2 和表 4-2-3。

表 4-2-2　云南普通野生稻和药用野生稻稻米氨基酸含量与组成（单位：%）

Table 4-2-2　Amino acid content and component in husked seeds of Yunnan *O. rufipogon* and *O. officinalis*

稻类 Rice	普通野生稻 *O. rufipogon*			药用野生稻 *O. officinalis*			
居群 Populations	云南元江 Yunnan Yuanjiang		云南景洪 Yunnan Jinghong	云南耿马 Yunnan Gengma			云南遮甸 Yunnan Zhedian
编号 NO.	云南元江Ⅰ	云南元江Ⅱ	云南景洪	药用Ⅰ	药用Ⅱ	药用Ⅲ	药用Ⅳ
Ala	0.54±0.01	0.68±0.04	0.63±0.02	0.68±0.03	0.78±0.05	0.87±0.02	0.73±0.06
Arg	0.74±0.01	0.93±0.03	0.90±0.02	0.83±0.04	0.97±0.06	1.09±0.03	0.92±0.04
Asp	0.85±0.04	1.07±0.01	1.02±0.02	0.94±0.03	1.11±0.06	1.26±0.04	1.01±0.03
Cys	0.11±0.01	0.09±0.02	0.12±0.01	0.12±0.01	0.18±0.04	0.21±0.02	0.18±0.00
Glu	1.86±0.08	2.35±0.12	2.27±0.32	2.61±0.22	3.06±0.16	3.35±0.31	2.91±0.09
Gly	0.45±0.02	0.53±0.01	0.48±0.03	0.48±0.04	0.55±0.04	0.62±0.03	0.51±0.03
His	0.20±0.01	0.28±0.01	0.24±0.01	0.25±0.01	0.29±0.02	0.32±0.01	0.27±0.01
Ile*	0.37±0.02	0.49±0.01	0.43±0.01	0.49±0.01	0.55±0.05	0.60±0.02	0.51±0.02
Leu*	0.75±0.02	0.99±0.02	0.94±0.02	1.03±0.01	1.20±0.07	1.33±0.04	1.14±0.04
Lys*	0.34±0.00	0.46±0.01	0.40±0.01	0.37±0.02	0.44±0.03	0.51±0.03	0.39±0.01
Met*	0.16±0.03	0.04±0.00	0.18±0.00	0.04±0.00	0.07±0.01	0.16±0.01	0.06±0.00
Phe*	0.48±0.01	0.63±0.02	0.58±0.03	0.63±0.03	0.73±0.04	0.80±0.04	0.68±0.02
Pro	0.48±0.03	0.49±0.00	0.53±0.02	0.50±0.06	0.63±0.04	0.71±0.04	0.60±0.04
Ser	0.45±0.07	0.55±0.03	0.55±0.01	0.59±0.04	0.70±0.02	0.79±0.03	0.67±0.04
Thr*	0.33±0.02	0.41±0.01	0.38±0.01	0.41±0.06	0.49±0.02	0.56±0.02	0.45±0.03
Tyr	0.37±0.02	0.42±0.01	0.50±0.02	0.44±0.02	0.58±0.05	0.66±0.06	0.58±0.01
Val*	0.54±0.02	0.69±0.03	0.61±0.00	0.70±0.03	0.77±0.08	0.84±0.02	0.71±0.07
总计	9.02	11.10	10.76	11.11	13.10	14.68	12.32
平均	10.29			12.80			

* 必需氨基酸

§ 自然生态下平均值

* Essential amino acid

§ The average value under natural ecology

表 4-2-3 云南疣粒野生稻和栽培稻稻米氨基酸含量与组成（单位：%）

Table 4-2-3 Amino acid content and component in husked seeds of Yunnan *O. granulate* and cultivated rice

稻类 Rice	疣粒野生稻 *O. granulata*		栽培稻 Cultivated rice					
类型 Type	云南景洪 Yunnan Jinghong	云南孟定 Yunnan Mengding	籼稻 Indica		粳稻 Japonica		糯稻 Glutinous	
编号 NO.	疣野 I	疣野 II	云恢 290	滇超 9 号	玉优 1 号	合系 35 号	象牙籼糯	X 粳稻糯
Ala	0.72±0.06	0.67±0.05	0.38±0.01	0.49±0.04	0.83±0.04	0.38±0.04	0.71±0.02	0.47±0.04
Arg	1.08±0.06	0.99±0.07	0.51±0.03	0.61±0.07	0.75±0.06	0.35±0.03	0.51±0.03	0.60±0.02
Asp	1.22±0.05	1.11±0.06	0.62±0.04	0.72±0.03	0.66±0.02	0.83±0.04	0.61±0.02	0.68±0.05
Cys	0.13±0.03	0.13±0.01	0.13±0.00	0.11±0.01	0.10±0.02	0.18±0.00	0.17±0.01	0.15±0.01
Glu	2.63±0.08	2.44±0.14	1.52±0.06	1.81±0.10	1.31±0.15	2.09±0.10	2.15±0.09	1.76±0.11
Gly	0.59±0.04	0.55±0.01	0.31±0.01	0.37±0.03	0.82±0.07	0.47±0.03	0.38±0.01	0.36±0.02
His	0.30±0.02	0.28±0.01	0.19±0.00	0.21±0.01	0.13±0.01	0.20±0.02	0.29±0.01	0.21±0.01
Ile[*]	0.54±0.02	0.51±0.02	0.28±0.01	0.33±0.01	0.20±0.00	0.21±0.01	0.34±0.01	0.31±0.00
Leu[*]	1.02±0.01	0.97±0.03	0.59±0.03	0.71±0.04	0.45±0.03	0.35±0.03	1.14±0.02	0.66±0.04
Lys[*]	0.53±0.03	0.47±0.02	0.26±0.01	0.30±0.02	0.44±0.02	0.26±0.02	0.33±0.01	0.28±0.01
Met[*]	0.05±0.01	0.19±0.01	0.03±0.00	0.04±0.00	0.11±0.00	0.09±0.00	0.07±0.00	0.05±0.00
Phe[*]	0.72±0.04	0.67±0.05	0.39±0.03	0.47±0.03	0.33±0.02	0.36±0.02	0.50±0.06	0.45±0.06
Pro	0.54±0.03	0.52±0.02	0.09±0.00	0.14±0.02	0.35±0.02	0.23±0.02	0.29±0.01	0.14±0.00
Ser	0.59±0.01	0.55±0.02	0.36±0.03	0.40±0.01	0.36±0.01	0.62±0.02	0.33±0.01	0.40±0.03
Thr[*]	0.49±0.04	0.45±0.03	0.26±0.00	0.29±0.01	0.25±0.00	0.29±0.01	0.35±0.01	0.29±0.00
Tyr	0.39±0.03	0.34±0.05	0.21±0.02	0.19±0.01	0.10±0.00	0.17±0.02	0.22±0.01	0.18±0.01
Val[*]	0.72±0.03	0.68±0.04	0.42±0.04	0.53±0.07	0.39±0.06	0.36±0.01	0.54±0.04	0.51±0.02
总计	12.26	11.52	6.55	7.72	8.58	7.44	8.93	7.50
平均	11.89		7.14		8.01		8.22	
平均 1	11.89		7.79					

* 必需氨基酸

注：平均 1 表示按种平均

* Essential amino acid

Note：Average 1. Average according to the species

　　由表可知：一是云南普通野生稻、药用野生稻和疣粒野生稻稻米总氨基酸含量明显高于栽培稻。平均含量分别比栽培稻高 32.09%、56.35% 和 52.63%。二是自然生态条件下云南 3 种野生稻种间、同种不同居群间、同采集地不同年份间总氨基酸含量存在一定差异，这可能与种子储藏蛋白基因的种类和表达水平相关。三是源自耿马居群在昆明温室采集的药用野生稻Ⅲ总氨基酸含量达 14.68%，显著高于同一来源在景洪资源圃采集的样本，也高于孟定遮甸药用野生稻居群，与总蛋白含量反映一致。四是必需氨基酸的组分和含量是稻米蛋白质营养质量的重要指标。云南 3 种野生稻和栽培稻稻米 7 种必需氨基酸的总量和占比见表 4-2-4 和表 4-2-5。由表可见，云南 3 种野生稻和栽培稻稻米 7 种必需氨基酸占总氨基酸的百分含量总体差异不大。但值得注意的是粳稻黏米品种必需氨基酸占总氨基酸的百分含量明显低于野生稻和栽培稻的其他类型。

表4-2-4　云南普通野生稻和药用野生稻稻米必需氨基酸含量（单位：%）

Table 4-2-4　Essential amino acid content in husked seeds of Yunnan *O. rufipogon* and *O. officinalis*

稻类 Rice	普通野生稻 *O. rufipogon*			药用野生稻 *O. officinalis*			
居群 Population	云南元江 Yunnan Yuanjiang		云南景洪 Yunnan Jinghong	云南耿马 Yunnan Gengma			云南遮甸 Yunnan Zhedian
编号 NO.	元江Ⅰ	元江Ⅱ	景洪	药用Ⅰ	药用Ⅱ	药用Ⅲ	药用Ⅳ
Taa	9.02	11.10	10.76	11.11	13.10	14.68	12.32
Eaa	2.97	3.71	3.52	3.67	4.25	4.80	3.94
E/T	32.93	33.42	32.71	33.03	32.44	32.70	31.98
平均	10.29/33.02			12.18[#]/32.54			

注：Taa. 总氨基酸含量；Eaa. 必需氨基酸含量；E/T. 必需氨基酸占总氨基酸的百分含量；平均. 按种平均总氨基酸含量/必需氨基酸占总氨基酸的百分含量

Note: Taa. Total amino acid content；Eaa. Essential amino acid content；E/T. The percentage content of essential amino acid occupy total amino acid. Average. The percetage of average total amino acid contents of species/ Essential amino acid account for total amino acid contents

表4-2-5　云南疣粒野生稻和栽培稻稻米氨基酸含量（单位：%）

Table 4-2-5　Essential amino acid content in husked seeds of Yunnan *O. granulata* and cultivated rice

稻类 Rice	疣粒野生稻 *O. granulata*		栽培稻 Cultivated rice					
类型 Type	云南景洪 Yunnan Jinghong	云南孟定 Yunnan Mengding	籼稻 Indica		粳稻 Japonica		糯稻 Glutinous	
编号 No.	疣野Ⅰ	疣野Ⅱ	云恢290	滇超9号	玉优1号	合系35号	象牙籼糯	X粳稻糯
Taa	12.26	11.52	6.55	7.72	8.58	7.44	8.93	7.50
Eaa	4.07	3.94	2.23	2.67	2.17	1.92	3.27	2.55
E/T	33.20	34.20	34.05	34.59	25.29	25.81	36.62	34.00
平均	11.89/33.70		7.14/34.32		8.01/25.55		8.22/35.31	
平均1	11.89/33.70		7.79/31.73					

注：Taa. 总氨基酸含量；Eaa. 必需氨基酸含量；E/T. 必需氨基酸占总氨基酸的百分含量；平均. 按种或类型平均总氨基酸含量/必需氨基酸占总氨基酸的百分含量；平均1. 按种平均总氨基酸含量/必需氨基酸占总氨基酸的百分含量

Note: Taa. Total amino acid content；Eaa. Essential amino acid content；E/T. The percentage content of essential amino acid occupy total amino acid. Average. The percetage of average total amino acid contents of species/ Essential amino acid account for total amino acid contents；Average1. The percetage of average total amino acid contents of the species/ Essential amino acid account for total amino acid contents

三、云南野生稻稻米蛋白质与氨基酸分析探讨

稻米蛋白质是以稻米为主食的人群的重要蛋白质源。蛋白质的质量与其氨基酸组成，尤其是必需氨基酸的组成和含量密切相关。因此，稻米蛋白质及其氨基酸组成是稻作品质育种的重要方向。摸清自然状态下野生稻稻米蛋白质与氨基酸组成，对于发掘野生稻优异性状基因具有重要意义。

广西和广东农业科学院的陈成斌（1990）、梁能（1989）、甄海等（1997）曾大量测定过普通野生稻和药用野生稻样本的蛋白质含量，发现了大量高蛋白含量的样本。但也发现不同年份、不同栽培条件下，两种野生稻蛋白质含量的变异系数较大，基本趋势为药用野生稻＞普通野生稻＞栽培稻，这与我们采集自然状态下的样本测定结果基本一

致，但未排除栽培和生态环境的影响。

我们的研究显示，采集于自然状态下的云南 3 种野生稻稻米总蛋白与总氨基酸含量明显高于栽培稻，同种野生稻居群间差异并不明显，且根据总蛋白与总氨基酸含量测定数据的对应关系判断测定数据是可靠的。3 种野生稻中，药用野生稻和疣粒野生稻总蛋白与总氨基酸含量相近，普通野生稻次之，但均明显高于栽培稻，是稻作高蛋白育种的优质种质源。野生稻稻米必需氨基酸占总氨基酸的百分含量总体与栽培稻相近，反映出稻米种子储藏蛋白遗传上的保守性。但值得注意的是，亚洲栽培稻粳稻亚种黏米类型品种的必需氨基酸占总氨基酸的百分含量，明显低于野生稻和栽培稻的其他类型，糯稻必需氨基酸含量占比则相对较高。而理论上讲，糯稻多属地方品种，受人工选择压力的影响不如黏稻大，进化上属相对原始的类型。此外，研究还发现，尽管栽培稻粳稻玉优 1 号必需氨基酸占总氨基酸的百分含量仅为 25.29%，但其赖氨酸（Lys）占总氨基酸的百分含量高达 5.13%（通常在 2%～4%），属高赖氨酸品种，反映了其种子蛋白的特性。在稻米蛋白质营养平衡中，赖氨酸属限制性氨基酸，可作为高赖氨酸品种选育的种质资源。

第三节　云南野生稻稻米淀粉含量分析

淀粉是稻米的主要营养成分，通常占精米干重的90%左右，其物理、化学特性与稻米蒸煮和食味品质密切相关。稻米淀粉由直链淀粉和支链淀粉两大类组成。直链淀粉的含量、比例对稻米的蒸煮和食味品质影响极大。根据直链淀粉的含量，稻米品种可分为糯米（直链淀粉含量<2%），低直链淀粉品种（直链淀粉含量为 10%～20%），中直链淀粉品种（直链淀粉含量为 20%～25%），高直链淀粉品种（直链淀粉含量为 25%～33%）。一般说，直链淀粉含量高的稻米偏硬，直链淀粉含量低的稻米偏软，中国人群大多喜欢低直链淀粉稻米。因此，直链淀粉含量是稻米品质的重要指标之一。本研究对云南 3 种野生稻，以及 6 个分属籼稻、粳稻稻米的总淀粉和直链淀粉含量进行了测定和比较研究。

一、云南野生稻稻米总淀粉含量

云南野生稻和栽培稻稻米总淀粉含量测定结果见表 4-3-1。

由表 4-3-1 可知：自然状态下云南 3 种野生稻种间、不同居群间、同居群不同采集地间总淀粉含量总体差异不大，变幅较小，说明其遗传的保守性较强。虽然，源自耿马居群在昆明温室采集的药用野生稻Ⅳ总淀粉含量仅为 59.80%，显著低于同一来源在景洪资源圃采集的样本，也低于孟定遮甸药用野生稻居群。但昆明温室是在栽培条件下，其生态环境差异较大。从 4 个稻种的总淀粉平均含量看，栽培稻总淀粉含量高于 3 种野生稻；云南 3 种野生稻中，总淀粉含量的排序为普通野生稻＞疣粒野生稻＞药用野生稻。4 个稻种总淀粉含量的比较见图 4-3-1。从其同一样本分析总蛋白与总淀粉含量的对应关系判断，样本测定结果是可靠的。一般说，总蛋白与总淀粉含量呈反比。

二、云南野生稻直链淀粉含量

云南野生稻和栽培稻稻米直链淀粉含量测定结果见表 4-3-2。

表 4-3-1 云南野生稻与栽培稻总淀粉含量

Table 4-3-1 The total starch of Yunnan wild rice species and cultivated rice

材料名称 Materials	采集地 Collecting site	总淀粉含量/%* Total starch content	备注 Remark
元江普通野生稻 I	景洪资源圃	66.55±0.81	普通野生稻平均含量 66.80%
元江普通野生稻 II	元江	66.72±0.20	
景洪普通野生稻	景洪	67.12±0.14	
药用野生稻 I	景洪资源圃（2001-11）	65.57±0.09	药用野生稻平均含量 63.65%； 自然生态下药用野生稻平均含 量 64.93%
药用野生稻 II	景洪资源圃（2002-11）	63.33±0.21	
药用野生稻III	孟定遮甸	65.88±0.25	
药用野生稻IV	昆明温室	59.80±0.31	
疣粒野生稻 I	景洪	65.44±0.41	疣粒野生稻平均含量 65.85%
疣粒野生稻 II	孟定	66.26±0.72	
云恢 290	玉溪	69.32±0.76	栽培稻平均含量 68.01%
滇超 9 号	玉溪	68.28±0.46	
玉优 1 号	玉溪	67.33±0.32	
合系 35 号	玉溪	68.71±0.33	
象牙籼糯	玉溪	66.22±0.36	
X 粳糯稻	玉溪	68.22±0.12	

* 数据为测定值±SD

* Data represent measured value±SD

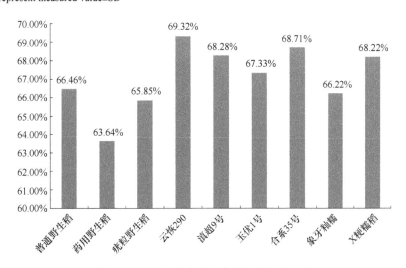

图 4-3-1 云南野生稻与栽培稻总淀粉含量

Fig. 4-3-1 The total starch of Yunnan wild rice species and cultivated rice

表 4-3-2 显示：自然状态下云南 3 种野生稻直链淀粉平均含量明显低于栽培黏稻，而高于糯稻，处于大多数人喜爱的低直链淀粉范围。3 种野生稻中直链淀粉平均含量为普通野生稻（11.99%）＞疣粒野生稻（11.28%）＞药用野生稻（9.70%）。普通野生稻与疣粒野生稻直链淀粉含量无显著差异，而药用野生稻直链淀粉含量显著低于普通野生稻和疣粒野生稻。普通野生稻和疣粒野生稻不同居群间、同居群不同采集地间直链淀粉含

量无显著差异；但药用野生稻不同居群间、同居群不同采集年份间直链淀粉含量存在明显差异。云南 3 种野生稻与栽培稻直链淀粉含量的比较见图 4-3-2。

表 4-3-2　云南野生稻与栽培稻直链淀粉含量

Table 4-3-2　The amylose content of Yunnan wild rice species and cultivated rice

材料名称 Materials	采集地 Collecting site	直链淀粉含量/% Amylose content	备注 Remark
元江普通野生稻 I	景洪资源圃	12.36	普通野生稻平均含量 11.99%
元江普通野生稻 II	元江	11.99	
景洪普通野生稻	景洪	11.61	
药用野生稻 I	景洪资源圃（2001-11）	8.56	药用野生稻平均含量 9.70%
药用野生稻 II	景洪资源圃（2002-11）	9.78	
药用野生稻III	孟定遮甸	11.68	
药用野生稻IV	昆明温室	8.78	
疣粒野生稻 I	景洪	10.97	疣粒野生稻平均含量 11.28%
疣粒野生稻 II	孟定	11.58	
云恢 290	玉溪	14.37	籼稻平均含量 15.77%
滇超 9 号	玉溪	17.17	
玉优 1 号	玉溪	16.09	粳稻平均含量 16.15%
合系 35 号	玉溪	16.21	
象牙籼糯	玉溪	4.61	糯稻平均含量 3.89%
X 粳糯稻	玉溪	3.15	

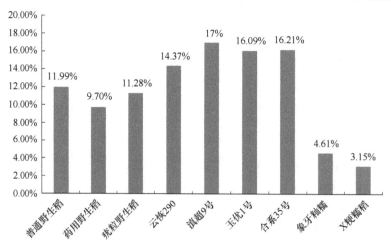

图 4-3-2　云南野生稻与栽培稻直链淀粉含量

Fig. 4-3-2　Amylose content in seeds of different Yunnan wild rice species and cultivated rice

三、云南野生稻低直链淀粉含量在水稻品质改良中的利用价值

我国水稻尤其是籼稻、杂交稻中普遍存在稻米食味品质不佳的问题。与美国、泰国、日本等国稻米相比较，这一问题就更显突出。直链淀粉含量偏高是我国稻米食味品质不佳的重要原因。加之有研究表明，人类和动物对稻米淀粉消化的难易与直链淀粉含量密

切相关，稻米直链淀粉含量与血液中的葡萄糖含量和胰岛素含量呈负相关，即直链淀粉含量越高消化越困难。因此，稻作品质育种的一个重要方向就是选育口感好，又易消化的低直链淀粉新品种，即所谓软米。而栽培稻中，低直链淀粉（10%～20%）基因源十分有限（陈成斌等，2002；陈楚等，2005；高立志等，2000），筛选和寻找低直链淀粉基因源，对于推进稻作品质育种具有重要意义。

1993 年，万常诏等曾报道，景洪普通野生稻、耿马药用野生稻、思茅和景洪疣粒野生稻直链淀粉含量分别为 17.83%、18.46%和 17.36%，低于籼稻 21.47%的平均值，而高于粳稻 13.17%的平均值。但我们的研究表明，自然状态下云南野生稻稻米直链淀粉含量变幅为 8.56%～12.36%，采集自景洪资源圃的元江普通野生稻最高，药用野生稻最低，均低于栽培籼稻和粳稻（分别为 15.77%和 16.15%）的直链淀粉平均含量，与万常诏等的报道有较大差异。这可能是取样和分析方法的系统误差所致。系统误差不影响结果的基本趋势；而取样造成的差异，说明性状受生态环境（栽培条件）影响较大，从已报道的野生稻相关分析来看，其结果差异的变幅是比较大的，不排除生态环境（栽培条件）对相关性状表达的影响。而我们的分析是同一样本多项目（蛋白质、氨基酸、总淀粉、直链淀粉等）相互印证的分析，是云南野生稻自然状态下的分析结果。总体看，云南野生稻属于尚未出现大的分化的较为原始的类型，其稻米直链淀粉含量属于低直链淀粉类，可为籼稻和粳稻品质改良提供低直链淀粉含量基因源。

第四节 云南野生稻稻米矿质元素分析

矿质元素（如 Fe、Zn、Cu 和 Mn 等）是生物体诸多关键酶的重要组分，是机体代谢系列生理生化反应的关键因子（如 P、S、K、Na、Ca 和 Mg 等）（余叔文和汤章城，1998；Marscher，1995）。因此，矿质元素也是生物体的重要营养元素。稻米矿质元素是稻米营养品质的重要成分。根据 FAO 调查，发展中国家人民膳食中，Fe、Zn、Mn 等元素含量明显偏低；在亚洲约有 40%的不孕妇女和 50%孕妇患缺 Fe 性贫血；全球有 15 亿以上儿童缺 Zn。在以稻米为主食的人群中，稻米也是人体矿质元素的重要来源。国内外已有稻米部分矿质元素含量及其遗传的相关研究报道（刘宪虎等，1995；张名位等，1996；Zhong et al.，1999；曾亚文等，2003）。但野生稻稻米矿质元素研究的报道尚不多见。本研究对生长于自然状态下的云南 3 种野生稻，以及 6 个分属籼稻、粳稻的稻米中，5 种常量和 5 种微量矿质元素进行了测定和比较研究。

一、云南野生稻稻米常量矿质元素

一般说，常量元素或者是机体重要功能物质的基本成分，如 P、S，或者参与机体生命活动过程，如 K、Na、Ca、Mg 等，是维持机体正常代谢必不可少的营养因子。云南野生稻和栽培稻稻米常量矿质元素含量测定结果见表 4-4-1。云南野生稻和栽培稻稻米常量矿质元素含量平均值见表 4-4-2。

表 4-4-1　云南野生稻和栽培稻常量矿质元素含量（单位：mg/kg）

Table 4-4-1　The major mineral content in different type of Yunnan wild rice species and cultivated rice

材料名称 Materials	采集地 Collecting site	硫 S	磷 P	钾 K	钙 Ca	镁 Mg
元江普通野生稻 I	景洪资源圃	1844±31	5320±96	3659±16	164±6	2220±23
元江普通野生稻 II	元江	1891±80	5846±131	3788±17	546±11	2435±24
景洪普通野生稻	景洪	1805±52	5976±85	3706±23	126±7	2732±28
耿马药用野生稻 I	景洪资源圃（2001-11）	2183±63	3822±100	2944±12	389±4	1640±17
耿马药用野生稻 II	景洪资源圃（2002-11）	2185±101	4466±68	3740±28	449±7	1561±19
耿马药用野生稻III	昆明温室	2588±74	4423±59	4452±9	546±8	2583±19
孟定药用野生稻IV	孟定遮甸	2178±36	5430±74	3272±27	330±7	2508±22
景洪疣粒野生稻 I	景洪	2529±84	3018±79	3131±24	309±8	1323±20
孟定疣粒野生稻 II	孟定	1502±27	2864±33	2932±18	319±5	1195±15
云恢 290	玉溪	1400±36	3010±38	2380±30	179±11	1180±14
滇超 9 号	玉溪	1220±28	3360±57	2540±25	178±9	1410±18
玉优 1 号	玉溪	1550±63	3080±54	2730±18	119±6	1430±17
合系 35 号	玉溪	1150±66	2720±50	2430±32	124±8	1050±16
象牙籼糯	玉溪	1280±51	3570±53	2830±20	154±10	1430±13
X 粳糯稻	玉溪	1540±58	2600±31	2700±37	281±11	1140±15

表 4-4-2　云南野生稻和栽培稻常量矿质元素平均含量（单位：mg/kg）

Table 4-4-2　The major mineral average content in different type of Yunnan wild rice species and cultivated rice

材料名称 Materials	硫 S	磷 P	钾 K	钙 Ca	镁 Mg	合计 Total
普通野生稻	1 846.67	5 680.67	3 717.67	278.67	2 462.33	13 986.01
药用野生稻	2 182.00	4 572.67	3 318.67	389.33	1 903.00	12 365.67
疣粒野生稻	2 015.50	2 941.00	3 031.50	314.00	1 259.00	9 561.00
栽培稻	1 356.67	3 056.67	2 601.67	172.50	1 273.33	8 460.84
栽培籼稻	1 310.00	3 185.00	2 460.00	178.50	1 295.00	8 428.50
栽培粳稻	1 325.00	2 900.00	2 580.00	121.50	1 240.00	8 166.50
栽培糯稻	1 410.00	3 085.00	2 765.00	217.50	1 285.00	8 762.50

　　由表 4-4-1 和表 4-4-2 可见：一是云南野生稻稻米常见常量矿质元素含量明显高于栽培稻。普通野生稻、药用野生稻、疣粒野生稻 5 种常量矿质元素的总含量分别高于栽培稻 65.3%、46.2%和 13.0%；部分元素更高，如普通野生稻 P 元素含量比栽培稻高 85.85%，药用野生稻 Ca 含量比栽培稻高 125.70%等。二是云南 3 种野生稻种间常量矿质元素总含量和部分元素含量差异明显，达到极显著水平。常量矿质元素总含量水平的顺序为：普通野生稻＞药用野生稻＞疣粒野生稻。三是居群间，药用野生稻和疣粒野生稻居群间常量矿质元素总含量和部分元素含量的差异达到极显著水平。而普通野生稻两居群常量矿质元素总含量差异极小，但元江普通野生稻居群 Ca 含量高于景洪普通野生稻 4.3 倍。当然，这可能与两地的土壤背景有关。因为采集自景洪资源圃的元江普通野生稻样本，虽然 Ca 含量仍高于景洪普通野生稻 30.16%，但与采集自原生地的元江普通野生稻样本相

比，Ca 含量大大降低。四是耿马药用野生稻不同年份、不同采集地的样本常量矿质元素总含量和部分元素含量的差异也达到极显著水平。这说明生态条件（栽培条件）对其稻米常量矿质元素含量的影响明显。五是几种类型的栽培稻中常量矿质元素总含量尽管差异不大，但基本趋势为栽培糯稻最高，籼稻次之，粳稻最低。理论上说栽培糯稻以地方品种为主，演化中所受的人工选择压力低于籼稻和粳稻，籼稻进化上更接近于野生稻，似乎有随着演化进程稻米中常量矿质元素减少的趋势。当然，样本量过少，不足以证明。

二、云南野生稻稻米微量矿质元素

微量矿质元素往往是机体代谢关键酶的重要组分，是生物体健康必不可少的重要营养元素。云南野生稻和栽培稻稻米 5 种微量矿质元素含量测定结果见表 4-4-3。云南野生稻和栽培稻稻米 5 种微量矿质元素含量见表 4-4-4。

表 4-4-3　不同类群云南野生稻和栽培稻稻米的微量矿质元素含量（单位：mg/kg）

Table 4-4-3　The micro mineral content in different type of Yunnan wild rice species and cultivated rice

材料名称 Materials	采集地 Collection site	铁 Fe	锌 Zn	铜 Cu	锰 Mn	硼 B
元江普通野生稻 I	景洪资源圃	25±0.4	35±1.0	1.1±0.40	26.0±1.0	1.0±0.02
元江普通野生稻 II	元江	17±1.0	33±1.0	0.6±0.04	21.0±1.0	0.5±0.03
景洪普通野生稻	景洪	13±1.0	38±1.0	0.4±0.01	18.0±1.0	1.9±0.02
耿马药用野生稻 I	景洪资源圃（2001-11）	49±2.0	41±2.0	4.4±0.10	75.0±2.0	1.9±0.02
耿马药用野生稻 II	景洪资源圃（2002-11）	42±1.0	29±0.4	2.2±0.10	31.0±0.4	0.5±0.01
耿马药用野生稻 III	昆明温室	51±2.0	40±2.0	3.3±0.10	41.0±1.0	1.4±0.01
孟定药用野生稻 IV	孟定遮甸	60±2.0	37±1.0	2.2±0.00	73.0±3.0	1.6±0.01
景洪疣粒野生稻 I	景洪	50±1.0	27±1.0	5.0±0.02	10.0±0.4	1.1±0.03
孟定疣粒野生稻 II	孟定	38±1.0	21±1.0	4.0±0.01	8.0±0.3	1.2±0.03
云恢 290	玉溪	28±1.0	16±0.4	1.7±0.01	9.8±0.6	1.2±0.03
滇超 9 号	玉溪	23±1.0	16±1.0	2.0±0.01	15.0±1.0	1.0±0.02
玉优 1 号	玉溪	15±1.0	17±1.0	3.8±0.10	20.8±1.0	1.4±0.00
合系 35 号	玉溪	13±1.0	13±1.0	2.4±0.02	18.4±1.1	1.3±0.01
象牙籼糯	玉溪	17±0.4	13±10.4	0.1±0.00	12.8±1.0	1.5±0.04
X 粳糯稻	玉溪	40±1.0	14±0.4	4.0±0.02	8.2±0.6	1.40±0.10

由表 4-4-3 和表 4-4-4 可见：一是云南野生稻稻米微量矿质元素含量明显高于栽培稻。药用野生稻、疣粒野生稻、普通野生稻 5 种微量矿质元素的总含量分别高于栽培稻171.12%、63.92% 和 39.53%；部分元素含量更高，如 3 种野生稻 Zn 元素含量比栽培稻高1 倍以上，药用野生稻 Fe 和 Mn 含量最高，Mn 含量比其他稻种高 2 倍以上；但普通野生稻的 Cu 含量、疣粒野生稻的 Mn 含量比栽培稻低；B 含量在各类稻种中相对稳定，差异不大。二是云南 3 种野生稻种间微量矿质元素总含量和部分元素含量差异明显，达到极显著水平。微量矿质元素总含量水平的顺序为：药用野生稻＞疣粒野生稻＞普通野生稻。三是居群间，药用野生稻和疣粒野生稻居群间微量矿质元素总含量和部分元素含量

表 4-4-4　云南野生稻和栽培稻稻米微量矿质元素平均含量（单位：mg/kg）

Table 4-4-4　The micro mineral average content in different type of Yunnan wild rice species and cultivated rice

材料名称 Materials	铁 Fe	锌 Zn	铜 Cu	锰 Mn	硼 B	合计 Total
普通野生稻	18.33	35.33	0.70	21.67	1.13	77.16
药用野生稻	50.33	35.67	2.93	59.67	1.33	149.93
疣粒野生稻	44.00	32.00	4.50	9.00	1.15	90.65
栽培稻	22.67	14.83	2.33	14.17	1.30	55.30
栽培籼稻	25.50	16.00	1.85	12.40	1.10	56.85
栽培粳稻	14.00	15.00	3.10	19.60	1.35	53.05
栽培糯稻	28.50	13.50	2.05	10.50	1.45	56.00

的差异达到极显著水平。而普通野生稻两居群微量矿质元素总含量差异极小，但部分元素含量差异达到极显著水平。四是耿马药用野生稻不同年份、不同采集地的样本微量矿质元素总含量和部分元素含量的差异也达到极显著水平。五是几种类型的栽培稻中微量矿质元素总含量差异不大，但栽培稻3种类群中部分元素含量差异达到极显著水平。

三、云南野生稻稻米高矿质元素含量的探讨

稻米矿质元素的改良是水稻遗传育种的主攻目标之一。过去有少数关于特种稻米营养成分的报道，但都是集中在个别矿质元素的分析，如 Ca、Fe、Zn、Mn 等矿质元素（刘宪虎等，1995；曾亚文等，2003；张名位等，1996；Zhong et al.，1999）。本研究结果比张名位报道的湖北、广东部分特种稻米的 Ca、Fe、Zn、Mn 含量低 10～30 mg/kg，但我们的样本来自自然状态，受环境（栽培）的影响较小。稻米矿质元素除了受遗传控制外，很大程度上还受土壤环境等的影响。曾亚文等（2003）报道的特种稻米矿质元素研究中所用的材料与云南野生稻同样出自红壤环境，因此本研究结果通过结合曾亚文研究报道的特种稻米矿质元素结果之间的比较，更能反映野生稻种质资源矿质元素积累的差异性。

我们的研究表明，自然状态下云南野生稻矿质元素（不管是常量元素还是微量矿质元素）含量总体水平比栽培稻高；不同野生稻及同一野生稻居群间，甚至同居群不同年份、不同采集地样本间矿质元素总含量和部分元素含量存在差异，说明野生稻及其相关居群代谢上有各自的特点，以应对相应的环境。即遗传上存在差异，尤其是相关性状的表达调控上存在差异，以适应相应的生存环境。总体上说，矿质元素含量的变化与其诸多特性密切相关。例如，野生稻矿质元素含量高，其总体抗逆能力比栽培稻强；普通野生稻和药用野生稻稻米 P 含量高与两种野生稻长势旺、物质积累能力强的特性相吻合，而疣粒野生稻稻米 P 含量较低，其生长速率慢，积累物质偏少，植株相对矮小等特性相吻合。总之，野生稻稻米矿质元素含量的若干优异特性，如 3 种野生稻稻米 K、Ca 含量比栽培稻高；疣粒野生稻和药用野生稻稻米 Fe 含量平均值比栽培稻材料高 94%～122%；云南 3 种野生稻稻米 Zn 含量为栽培稻的 2 倍以上；药用野生稻 Mn 含量为栽培稻 3～4 倍等，为稻作改良提供了丰富的遗传种质资源。此外，稻作矿质元素含量是否与稻作演化相关值得探讨，至少在上述分析中反映出稻作矿质元素总含量的变化趋势为野生稻＞地

方稻种（糯稻）＞籼稻＞粳稻。即随着人工选择压力的增加，稻作品种专化，其稻米矿质元素总含量呈减少趋势。

参 考 文 献

陈成斌. 1990. 广西野生稻资源品质研究. 绵阳农业学报, 7(1): 23-28.

陈成斌, 黄娟, 徐志健, 梁世春. 2002. 广西药用野生稻遗传多样性的分子评价. 中国农学通报, 18(3): 13-17.

陈楚, 张云芳, 王守海. 2005. 单粒稻米直链淀粉含量测定法的改进. 安徽农业科学, 33(2): 196-197.

高立志, 葛颂, 洪德元. 2000. 普通野生稻 *Oryza rufipogon* Griff.生态分化的初探. 作物学报, 26(2): 210-216.

梁能. 1989. 普通野生稻种质资源抗性鉴定. 广东农业科学, (2): 3-6.

刘宪虎, 孙传清, 王象坤. 1995. 我国不同地区稻种资源的铁、锌、钙、硒四种元素的含量初析. 北京农业大学学报, 21(2): 138-142.

王象坤, 李任华, 孙传清, 李自超, 才宏伟, 孙新立. 1997. 亚洲栽培稻的亚种及亚种间杂交稻的认定与分类. 科学通报, 42(24): 38-45.

余叔文, 汤章城. 1998. 植物生理与分子生物学. 北京: 科学出版社.

曾亚文, 刘家富, 汪禄祥, 申时全, 李自超, 王象坤, 文国松, 杨忠义. 2003. 云南稻核心种质矿质元素含量及其变种类型. 中国水稻科学, 17(1): 25-30.

张名位, 彭仲明, 杜应琼. 1996. 特种稻微量元素 Fe, Zn 和 Mn 的遗传配合力. 中国水稻科学, 10(4): 201-206.

甄海, 黄炽林, 陈奕, 李满兰, 刘雪贞, 潘大建, 张惠琼. 1997. 野生稻资源蛋白质含量评价. 华南农业大学学报, 18(4): 16-20.

中国水稻研究所. 1985. 稻米品质及其理化分析. 杭州: 中国水稻研究所.

Marscher H. 1995. Mineral Nutrition of Higher Plants. 2nd ed. San Diego: San Diega Academic Press.

Zhong W G, Chen Z D, Yang J, Song X L, Xu J C. 1999. Special rice in China. Journal of Nanjing Agricultural Technology College, 15(3): 30-35.

第五章 云南野生稻营养代谢分析

受自然选择压力的影响，野生生物的进化向适应环境的方向发展，从而演化出诸多适应特殊环境的功能性状。以往的研究认为，野生稻抗逆性强，能在多种环境胁迫条件下生长繁殖。但其真正具有哪些特性，相关的报道并不多见。为此，我们从营养代谢的角度，开展了云南野生稻相关特性的研究。

第一节 云南野生稻对土壤环境中矿质元素的吸收能力

我国土壤中可以被植物直接利用的有效矿质元素的含量较低，大部分土壤都处于胁迫状态。在华南地区的各种土壤类型中，大多数植物必需的矿质元素包括 N、P、K、Ca、Mg、S、Zn、B、Cu、Mo 都是缺乏的（卢仁骏等，1992）。单靠传统的改土施肥往往不能经济有效地解决土壤矿质元素的缺乏，还会引起土壤板结、环境污染等问题，而且我国化肥的利用效率远低于世界发达国家水平，从而导致农业生产对化肥的需求量逐年增加（严蔚东等，2002）。不同基因型的作物对矿质元素的利用效率不同，这一特性存在遗传差异，因此筛选可高效利用土壤中矿质元素的植物基因型作为种质资源，再通过现代遗传育种技术培育出高效利用土壤中矿质元素的优良品种，是稻作遗传育种的重要方向。

本研究通过对几种不同的云南野生稻及相应的生长土壤中的 N、P、K、Mg、Fe、B 的含量分析，初步探讨了云南野生稻对土壤中不同矿质元素的吸收能力，为进一步的研究工作提供依据。

一、研究材料与方法

（一）研究材料

由于研究的重点是云南野生稻对土壤环境中矿质元素的吸收特性，故对土壤环境不作统一要求，以其能正常生长为前提。供试材料及来源见表 5-1-1。

表 5-1-1 供试研究材料
Table 5-1-1 The materials of the study

材料 Materials	拉丁名 Latin name	采集地 Collecting site	生长条件 Growth conditions	生长状况 Growth status
疣粒野生稻	*Oryza granulata* Nees et Arn. ex Watt	景洪	原生	良好
云南元江普通野生稻	Yunnan Yuanjiang *Oryza rufipogon* Griff.	元江	原生	良好
云南景洪普通野生稻	Yunnan Jinghong *Oryza rufipogon* Griff.	昆明温室	栽培	茂盛
药用野生稻	*Oryza officinalis* Wall. ex Watt.	昆明温室	栽培	茂盛
栽培稻	*Oryza sativa* L. ssp. *japonica*	嵩明	栽培	良好

　　土壤样品采集：在植株 0.4 m 的范围内，土壤表层至 10～15 cm 多点采集（至少 6 个点），混匀，并于 40～80℃烘干粉碎备用。

　　植株样品采集：取营养生长期植株地上部分（叶片和茎秆），将材料剪碎，80℃烘干，研磨成细粉备用。

（二）研究方法

　　土壤中水解性 N、速效 P、速效 K 含量用扩散皿法测定；土壤和植株中 B 含量用亚铵比色法测定；土壤和植株中 Fe 和 Mg 含量采用原子吸收法测定（中国土壤农业化学专业委员会，1983）；土壤中全 K 含量用酸溶原子吸收法测定；植株中全 K 含量用碱溶火焰法测定；土壤和植株中全 N 含量用酸溶凯氏定氮法测定；土壤和植株中全 P 含量用酸溶磷钼蓝比色法测定。

二、云南野生稻土壤和植株 N、P、K、Fe、Mg、B 含量分析

（一）云南野生稻土壤中 N、P、K、Fe、Mg 和 B 的含量分析

　　云南野生稻土壤 N、P、K、Mg、Fe、B 含量测定结果见表 5-1-2。由表可知，栽培土壤 N、P、水解 N、有效 Mg 含量明显高于原生土壤，但有效 K 含量明显低于原生土壤。疣粒野生稻和元江普通野生稻原生地土壤营养元素存在明显差异。元江普通野生稻土壤中全 N、全 P、水解 N、有效 K、有效 Mg 含量明显低于疣粒野生稻土壤，其他元素高于疣粒野生稻土壤，尤其是全 K 和有效 Fe 含量不仅远高于疣粒野生稻土壤，也高于栽培土壤。当然，两类土壤可能除地质背景不同外，还存在生态环境的差异，疣粒野生稻土壤为旱地土，元江普通野生稻土壤为水田土，两者氧化还原电位不同，可能影响土壤有效元素含量。

表 5-1-2　云南野生稻土壤中 N、P、K、Fe、Mg 和 B 的含量
Table 5-1-2　The contents of N，P，K，Fe，Mg and B in soil

矿质元素 Mineral elements \ 材料 Materials	疣粒野生稻 O. granulata	元江普通野生稻 Yuanjiang O. rufipogon	景洪普通野生稻 Jinghong O. rufipogon	药用野生稻 O. officinailis	栽培稻 Cultivated rice
全 N/%	0.22	0.15	0.26	0.24	0.29
全 P/%	0.08	0.03	0.14	0.12	0.13
全 K/%	1.08	3.41	2.27	1.23	1.67
水解 N/（mg/kg）	179.66	113.98	205.14	152.48	246.83
有效 P/（mg/kg）	1.46	3.64	11.98	12.53	3.32
有效 K/（mg/kg）	325.54	139.24	116.88	19.14	80.59
有效 Mg/（mg/kg）	374.15	115.44	589.67	692.21	741.54
有效 Fe/（mg/kg）	12.84	417.31	196.30	97.30	236.39
有效 B/（mg/kg）	0.10	0.24	0.25	0.07	0.28

（二）云南野生稻植株中 N、P、K、Mg、Fe、B 含量分析

　　云南野生稻植株 N、P、K、Mg、Fe、B 含量的分析结果见表 5-1-3。

表 5-1-3　云南野生稻植株中 N、P、K、Fe、Mg、B 含量

Table 5-1-3　The contents of N，P，K，Fe，Mg and B in wild rice species

矿质元素 Mineral elements　　材料 Materials	疣粒野生稻 O. granulata	元江普通野生稻 Yuanjiang O. rufipogon	景洪普通野生稻 Jinghong O. rufipogon	药用野生稻 O. officinailis	栽培稻 Cultivated rice
全 N/%	1.23	1.06	3.26	3.23	2.62
全 P/%	0.07	0.19	0.29	0.19	0.28
全 K/%	1.72	1.64	2.25	1.21	1.93
全 Mg/（mg/kg）	1913.80	750.46	3166.85	4257.24	1833.60
全 Fe/（mg/kg）	445.07	3369.52	499.15	61.87	283.20
全 B/（mg/kg）	3.90	24.68	1.19	7.67	1.61

由表可知：一是不同云南野生稻植株 N、P、K、Mg、Fe、B 含量具有明显差异和特色。景洪普通野生稻 N、P、K 含量明显高于其他 4 个材料；药用野生稻 Mg 含量最高，K 和 Fe 含量最低；元江普通野生稻 Mg 含量最低，但 Fe 和 B 含量最高，其中 Fe 含量比其他材料高 7～55 倍，B 含量比其他材料高 3～20 倍；疣粒野生稻 P 含量最低。二是土壤背景对植株相关元素含量有重要影响，但不呈对应关系。种于栽培土壤的植株，N、P 含量明显高于原生地植株；元江普通野生稻土壤 Fe 含量最高，植株 Fe 含量也最高。但药用野生稻土壤 B 含量最低，而植株 B 含量第二高。三是栽培稻植株相关元素含量未出现极端值，但 Mg、Fe、B 含量均低于 4 种野生稻中的 3 种，而处于 5 个样本的倒数第二位。

三、云南野生稻对土壤环境中营养元素的吸收能力分析

植株体内营养元素含量与生长的土壤环境中相应元素的含量有密切的关系，但单从植物体内营养元素的含量难以评价该植物对相应元素的吸收效率。研究采用植株营养元素含量与其生长土壤中相应矿质元素含量的 P/S 比值来探讨该植物对相应营养元素的吸收效率。云南野生稻植株中营养元素与其生长土壤中相应元素含量的 P/S 比值见表 5-1-4 和图 5-1-1、图 5-1-2。

表 5-1-4　云南野生稻植株与土壤有效营养元素含量比（P/S）

Table 5-1-4　The ratios of the contents of effective mineral in the plants and soil

矿质元素 Mineral elements　　材料 Materials	疣粒野生稻 O. granulata	云南元江普通野生稻 Yunnan Yuanjiang O. rufipogon	云南景洪普通野生稻 Yunnan Jinghong O. rufipogon	药用野生稻 O. officinailis	栽培稻 Cultivated rice
N	68.46	93.00	158.92	211.83	106.15
P	479.45	521.98	241.71	151.64	843.37
K	52.84	117.78	192.51	632.18	239.48
Mg	5.12	6.50	5.37	6.15	2.47
Fe	34.66	8.07	2.54	0.64	1.20
B	39.00	102.83	4.72	109.57	5.75

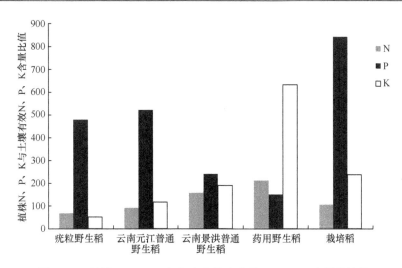

图 5-1-1　植株 N、P、K 与相应土壤中有效 N、P、K 含量的比值

Fig. 5-1-1　The ratios of the contents of N，P，K in plant tissues to those of effective components in the soil

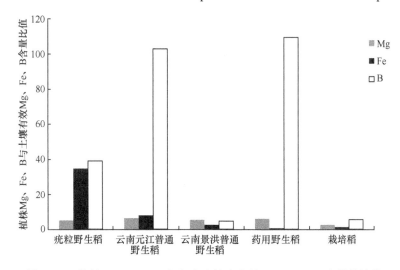

图 5-1-2　植株 Mg、Fe、B 与相应土壤中有效 Mg、Fe、B 含量的比值

Fig. 5-1-2　The ratios of the contents of iron，magnesium，boron in plant issues to those of effective components in the soil

　　由图表可见：不同野生稻材料对 6 种营养元素的吸收（富集）比存在较大差异，这既反映了不同野生稻营养元素代谢的生理特征，也在一定程度上反映了其对相应元素的吸收效率（能力）。几种野生稻中，药用野生稻对 N、K、B 的吸收效率最高，而对 P 和 Fe 的吸收效率最低。元江普通野生稻对 P 的吸收效率最高，疣粒野生稻次之。但疣粒野生稻对 Fe 的吸收效率最高。当然，这种吸收效率或吸收能力首先应以其需求为基础。

　　栽培稻 N、P、K 的吸收效率高于多数野生稻，尤其是 P 的吸收效率最高。但 Fe、Mg、B 的吸收效率普遍低于野生稻。说明在中、微量元素的吸收和利用方面，野生稻保存有较多优良性状，而它们多数与抗逆性密切相关。值得注意的是在全部供试材料中，药用野生稻植株 Fe 含量最低，甚至低于土壤有效 Fe 含量。说明药用野生稻营养生长代谢中，对 Fe 元素的需求可能不像其他稻种那样大，植株可根据需求吸收。但在稻米分析中，其 Fe 含量远高于其他稻种，不排除植株不同生长阶段对相关元素需求的差异。当然，由于不是出自同一批样本，相关问题值得进一步研究。

第二节　云南水生野生稻营养离子吸收效率及其动力学

Epstein 和 Hagen（1952）首次将酶动力学分析方法应用于植物对离子吸收的动力学研究。离子主动吸收符合 Michaelis-Menten 酶动力学方程：$I=I_{max} \times C/(K_m+C)$，式中，$I$ 为离子吸收速率，C 为外液离子浓度，I_{max} 为离子最大吸收速率，K_m 为米氏常数。不同植物或同种植物的不同品种之间，根系吸收动力学特征不同，这说明植物根系的吸收动力学特征与遗传性有关。植物根系吸收营养离子的动力学特征主要以吸收动力学参数来描述。这些动力学参数包括 I_{max}、K_m 和吸收临界浓度（C_{min}）。K_m 是吸收速率为最大吸收速率的 1/2 时外界离子浓度，$1/K_m$ 表示吸收系统的亲和力，K_m 值小，说明根系吸收系统对该离子的亲和力大；C_{min} 是净吸收为 0 时外界离子的最低浓度，C_{min} 值小，表明植物能从营养缺乏的土壤中吸收该养分，对低养分的耐受能力强。人们对农作物的根系吸收动力学特性已有过大量研究（Nielsen and Schjerring，1983；Teo，1992；刘静雯和董双林，2001）。本研究对 4 种共 6 个不同类型水生野生稻对 NO_3^-、$H_2PO_4^-$、K^+、Mg^{2+} 吸收的动力学特征，以及培养液中 pH 的变化进行了综合研究，旨在探讨野生稻离子吸收可能具有的优良特性。

一、研究材料与方法

（一）研究材料

野生稻材料：云南普通野生稻（*Oryza rufipogon* Griff.）、云南耿马药用野生稻（*Oryza officinalis* Wall. ex Watt.）、小粒野生稻（*Oryza minuta* J. S. Presl ex C. B. Presl）、长雄野生稻（*Oryza longistaminata* Chev. et Roehr）。其中，云南普通野生稻包括 3 种不同的生态类型：景洪普通野生稻、景洪直立型普通野生稻、元江普通野生稻。所有野生稻材料都取自云南西双版纳野生稻集中保护基地，所有材料均处于营养生长中期，生长旺盛。

（二）云南野生稻根系 $H_2PO_4^-$、K^+、Mg^{2+}、NO_3^- 的研究方法

野生稻根系 $H_2PO_4^-$、K^+、Mg^{2+}、NO_3^- 吸收动力学参数用耗竭试验方法测定。将采集到的野生稻材料用缓慢的流水充分冲洗根系以除去泥土，转入去离子水中，让植株处于饥饿状态，24 h 后放入 300 mL 的 Yoshida 营养液（Yoshida et al.，1976）中，每个处理设置 2 个重复。每隔 3 h 取样 1 次，持续 24 h，每次取样 10 mL，同时补充 10 mL 去离子水，连续通气。取样结束后，取出植株，用吸水纸吸干根系表面的水分，称根鲜重。K^+ 含量用火焰分光光度计测定，$H_2PO_4^-$、Mg^{2+} 含量用 ICPS-8100 高频等离子体发射光谱仪测定，NO_3^- 含量用紫外分光光度法测定。

二、云南水生野生稻营养离子吸收特性

（一）不同云南野生稻对 K^+ 和 $H_2PO_4^-$ 的吸收特性

不同野生稻对 K^+、$H_2PO_4^-$ 吸收的动力学参数见表 5-2-1。对培养液中 K^+ 和 $H_2PO_4^-$ 的吸收特性见图 5-2-1 和图 5-2-2。

表 5-2-1　云南野生稻对 K^+ 和 $H_2PO_4^-$ 吸收的动力学参数

Table 5-2-1　Kinetics parameters of K^+ and $H_2PO_4^-$ of Yunnan wild rice species

野生稻类型 Wild rice species	K^+			$H_2PO_4^-$		
	K_m/ （mmol/L）	I_{max}/（mmol·g^{-1} （FW）·h^{-1}）	C_{min}/ （mmol/L）	K_m/ （mmol/L）	I_{max}/（mmol·g^{-1} （FW）·h^{-1}）	C_{min}/ （mmol/L）
景洪直立型普通野生稻	0.942	0.062	0.859	0.137	0.199	0.089
景洪普通野生稻	0.752	0.809	0.684	0.194	1.288	0.113
小粒野生稻	0.897	0.822	0.821	0.177	1.967	0.105
元江普通野生稻	0.880	0.571	0.804	0.187	1.241	0.113
药用野生稻	0.872	0.633	0.800	0.220	1.116	0.167
长雄野生稻	0.926	0.441	0.879	0.185	1.110	0.103

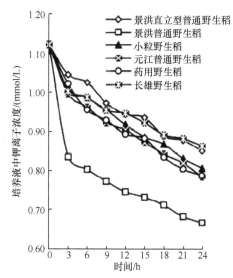

图 5-2-1　培养液中 K^+ 浓度变化的进程

Fig. 5-2-1　Variations of the K^+ concentration in culture medium

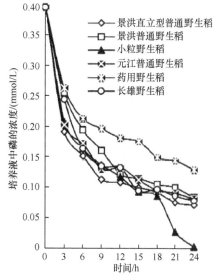

图 5-2-2　培养液中 $H_2PO_4^-$ 浓度变化的进程

Fig. 5-2-2　Variations of $H_2PO_4^-$ concentration in culture medium

由图表可见，就野生稻对 K^+ 的吸收特性而言，景洪普通野生稻对培养液中 K^+ 的吸收特性明显不同于其他几种野生稻材料。其 K_m 和 C_{min} 值最小，分别为 0.752 mmol/L 和 0.684 mmol/L，而 I_{max} 值较大，为 0.809 mmol·g^{-1}（FW）·h^{-1}，是 K^+ 吸收能力极强的材料。景洪直立型普通野生稻和长雄野生稻对 K^+ 吸收的 K_m 值分别为 0.942 mmol/L 和 0.926 mmol/L；C_{min} 值分别为 0.859 mmol/L 和 0.879 mmol/L，均高于其他材料；而 I_{max} 值分别为 0.062 mmol·g^{-1}（FW）·h^{-1} 和 0.441 mmol·g^{-1}（FW）·h^{-1}，均低于其他材料，说明景洪直

立型普通野生稻和长雄野生稻 K^+ 吸收能力较差。小粒野生稻的 K_m 为 0.897 mmol/L，C_{min} 为 0.821 mmol/L，I_{max} 为 0.822 mmol·g^{-1}（FW）·h^{-1}，3 个数值均较高，表明小粒野生稻能适应高 K^+ 营养水平。元江普通野生稻和药用野生稻的吸收动力学参数值比较接近，属于 K^+ 离子吸收能力较强的材料。

从几种野生稻对 $H_2PO_4^-$ 离子的吸收特性看（图 5-2-2），药用野生稻对培养液中 $H_2PO_4^-$ 离子的吸收特性明显不同于其他几种野生稻材料，其 K_m 和 C_{min} 值最大，分别为 0.220 mmol/L 和 0.167 mmol/L；而 I_{max} 值相对较小，为 1.116 mmol·g^{-1}（FW）·h^{-1}。说明其对 $H_2PO_4^-$ 离子的吸收能力较弱。这与药用野生稻植株 P 含量与土壤有效 P 含量比值（P/S）偏低一致。小粒野生稻的 K_m 和 C_{min} 值较小，而 I_{max} 值最大，表明小粒野生稻对 $H_2PO_4^-$ 的吸收能力极强。景洪普通野生稻、元江普通野生稻和长雄野生稻的 K_m、C_{min} 和 I_{max} 值比较接近，对 $H_2PO_4^-$ 的吸收差异不大。景洪直立型普通野生稻 K_m、C_{min} 和 I_{max} 值均最低，属于 $H_2PO_4^-$ 离子吸收性能较强的材料。

（二）不同云南野生稻对 Mg^{2+} 和 NO_3^- 的吸收特性

不同野生稻对 Mg^{2+} 和 NO_3^- 吸收的动力学参数见表 5-2-2；不同野生稻对培养液中 Mg^{2+} 和 NO_3^- 的吸收特性见图 5-2-3 和图 5-2-4。表 5-2-2 中，部分野生稻的动力学参数，因在实验设定的 24 h 内，培养液中相关离子浓度仍未达到最小恒定值，故不能用上述方法计算。但其变化趋势是明晰的，且说明相关材料在培养液中相关离子浓度极低的条件下，仍在吸收利用。

表 5-2-2　云南野生稻对 Mg^{2+} 和 NO_3^- 吸收的动力学参数

Table 5-2-2　Kinetics parameters of Mg^{2+} and NO_3^- of Yunnan wild rice species

野生稻类型 Wild rice species	Mg^{2+}			NO_3^-		
	K_m/ （mmol/L）	I_{max}/（mol·g^{-1} (FW)·h^{-1}）	C_{min}/ （mmol/L）	K_m/ （mmol/L）	I_{max}/（mol·g^{-1} (FW)·h^{-1}）	C_{min}/ （mmol/L）
云南景洪直立型普通野生稻	1.433	0.191	1.321	—	0.155	—
云南景洪普通野生稻	1.596	0.707	1.567	1.374	0.870	1.316
小粒野生稻	1.671	1.255	1.583	1.452	1.108	1.398
云南元江普通野生稻	—	0.539	—	—	0.601	—
药用野生稻	—	0.574	—	1.456	0.687	1.362
长雄野生稻	1.692	0.440	1.629	1.411	0.518	1.349

注："—"表示没有测定值

Note："—" is no measured value

由图表可见：就野生稻对 Mg^{2+} 的吸收特性而言，景洪直立型普通野生稻对培养液中 Mg^{2+} 的吸收特性明显不同于其他几种野生稻材料。其对 Mg^{2+} 吸收的 K_m、C_{min} 和 I_{max} 值均为最小，属于对 Mg^{2+} 吸收能力极强的材料。长雄野生稻对 Mg^{2+} 离子吸收的动力学参数 K_m 和 C_{min} 值最高，而 I_{max} 值较低，表明长雄野生稻对 Mg^{2+} 的吸收能力较差。小粒野生稻 K_m、C_{min} 和 I_{max} 值均较高，表明它能适应较高浓度的 Mg^{2+} 养分条件。元江普通野生稻和药用野生稻对 Mg^{2+} 的吸收特性相近，其吸收趋势接近线性关系，且在实验设定的 24 h

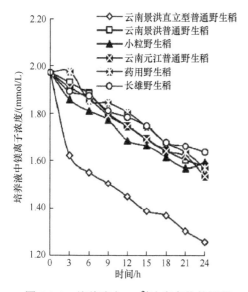

图 5-2-3　培养液中 Mg^{2+} 浓度变化的进程
Fig. 5-2-3　Variations of Mg^{2+} concentration in culture medium

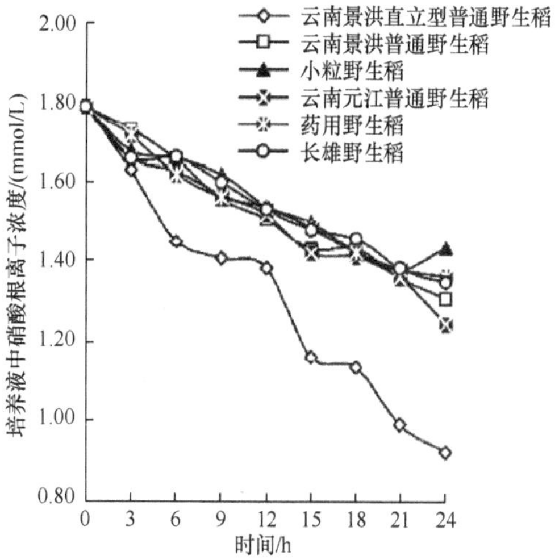

图 5-2-4　培养液中 NO_3^- 浓度变化的进程
Fig. 5-2-4　Variations of NO_3^- concentration in culture medium

内，培养液中 Mg^{2+} 浓度仍未达到最小恒定值，表明它们在培养液中 Mg^{2+} 浓度极低的条件下仍能吸收利用，属对 Mg^{2+} 具有极强吸收能力的材料。

从几种野生稻对 NO_3^- 的吸收特性看（图 5-2-4），景洪直立型普通野生稻对培养液中 NO_3^- 的吸收特性也明显不同于其他几种野生稻材料。它和元江普通野生稻一样，在实验设定的 24 h 内，培养液中 NO_3^- 浓度仍未达到最小恒定值，表明它们在培养液中 NO_3^- 浓度极低的条件下，仍能吸收利用，属对 NO_3^- 具有极强吸收能力的材料。小粒野生稻对培养液中 NO_3^- 吸收的动力学参数 K_m、C_{min} 和 I_{max} 值均较高，表明它能适应高 NO_3^- 浓度的养分条件。药用野生稻和长雄野生稻对 NO_3^- 的吸收特性相近，它们的 K_m 和 C_{min} 值较大，而 I_{max} 值较小，表明它们对 NO_3^- 的吸收能力相对较弱。景洪普通野生稻 K_m 和 C_{min} 值最低，而 I_{max} 值较高，属于对 NO_3^- 吸收能力较强的材料。

（三）培养液中 pH 变化

植物根系吸收矿质营养元素，根系表面的 H^+ 和 HCO_3^- 分别与周围溶液和土壤胶粒的阳离子和阴离子迅速地进行交换。同时，由于植物对离子的选择性吸收，细胞内的电荷要保持平衡，必须有 H^+、HCO_3^- 或 OH^- 排出细胞，从而导致培养液中 pH 的改变。pH 的变化能在一定程度上反映根系离子交换的活动。几种野生稻材料培养液 pH 的变化情况见表 5-2-3。

由表 5-2-3 可知，从培养液 pH 变化的平均值看，景洪直立型普通野生稻和景洪普通野生稻 pH 下降幅度最小；小粒野生稻 pH 降幅最大；总体呈现原始型野生稻 pH 下降幅度大于过渡型野生稻的趋势。似乎反映出原始型野生稻对阳离子的吸收能力总体高于过渡型野生稻。从培养液 pH 变化的标准变幅看，其标准变幅在一定程度上反映了相关野生稻离子吸收的动态过程和特性。景洪直立型普通野生稻 pH 变化的标准变幅最小（±0.13），且培养液 pH 降幅不大，说明它对溶液中离子的吸收总体比较均衡。长雄野生稻 pH

表 5-2-3　野生稻培养液 pH 变化情况

Table 5-2-3　Variations of pH in nutritive medium

样品 Samples	初始值 Initial value	平均值 Average	标准误 Standard error
云南景洪直立型普通野生稻	5.80	5.52	±0.13
云南景洪普通野生稻	5.80	5.67	±0.25
小粒野生稻	5.80	5.03	±0.22
云南元江普通野生稻	5.80	5.24	±0.28
药用野生稻	5.80	5.24	±0.25
长雄野生稻	5.80	5.22	±0.16

变化的标准变幅虽然较小（±0.16），但培养液 pH 降幅较大，说明它对溶液中离子吸收的选择性较强，吸收速率较平稳。其他野生稻材料 pH 变化的标准变幅较大，反映出它们对不同离子的吸收特性差异，导致培养液 pH 变幅较大。

三、云南野生稻对不同离子吸收特性的研究意义

营养元素在植物体内参与一系列生理生化过程，如 K^+ 能提高作物的抗旱性（魏永胜和梁宗锁，2001），缺 P 会降低小麦叶片叶绿素含量，影响光合作用（张士功等，2001）等。离子吸收是植物矿质营养代谢过程中极其重要的环节，离子吸收动力学参数在研究植物根系吸收特性，根系对土壤养分的适应性，以及鉴定和筛选养分高效吸收基因型等方面具有重要意义。同时，还可用于建立数学模型定量描述土壤中离子迁移，为预测植物对养分离子的吸收提供依据。

Cacco 等（1980）尝试用 I_{max} 和 K_m 评价植物基因型对环境养分状态的适应性，他们将 I_{max}、K_m 分成 4 种可能的组合：①高 I_{max}-低 K_m 型，具有这种特性的植物能适应广泛的营养条件；②高 I_{max}-高 K_m 型，这种基因型适合高浓度的养分条件；③低 I_{max}-低 K_m 型，适应低养分状况；④低 I_{max}-高 K_m 型，此类基因型在任何条件下都是不利的。而用 C_{min} 来评价植物对低养分的耐受能力，C_{min} 值低，表明其对低养分的耐受能力强。一般认为，营养高效型植物具有 I_{max} 值大，而 K_m 和 C_{min} 值小的特征。培养液 pH 的变化也能从一定程度上反映植物根系离子吸收的动态过程和特性。

研究表明，不同野生稻对不同离子吸收能力（特性）不同，但总体上看，小粒野生稻对高浓度相关离子适应能力比较强；景洪直立型普通野生稻对低养分耐受能力比较强；元江普通野生稻和景洪普通野生稻对各类离子均有较强的吸收能力；药用野生稻和长雄野生稻对各类离子的吸收特性相对特殊，总体弱于普通野生稻和小粒野生稻，且药用野生稻反映出对阳离子的吸收能力高于阴离子的特性。

当然，植物对营养元素的吸收是一个十分复杂的生理生化过程，动力学参数也并非恒定，对于既定的养分离子来说，它们随着植物的种类、品种、生育期，以及营养状况的不同而发生变化（余勤和邝炎华，1996）。在本研究中，由于实验材料和条件的限制，其离子吸收动力学参数与植物离子吸收特性之间关系的研究也有一定的局限性。虽然如此，对几种野生稻营养吸收特性的研究仍有一定的参考价值。

第三节　云南野生稻植株氨基酸和碳氮含量分析

野生稻种子中的蛋白质、氨基酸含量的分析已有报道（路洪彪等，2002；甄海等，1997），研究发现野生稻稻米普遍存在蛋白质、氨基酸含量比栽培稻高的遗传特性。众所周知，植物种子养分来自植株，植株营养状况与种子养分、种子活力密切相关。而关于植株氨基酸和 C/N 与其营养状况的关系；植株氨基酸与稻米氨基酸的关系等相关研究的报道并不多见。本研究通过测定不同野生稻植株氨基酸含量和 C/N，探讨其与植株营养状况的关系，以及植株氨基酸与稻米氨基酸可能存在的相关性，以进一步深化对野生稻营养特性的认识。

一、研究材料与方法

（一）研究材料

供试材料来源和生长条件见表 5-3-1。植株材料于 2004 年 7 月采集，取处于旺盛营养生长期的植株地上部分（叶片和茎秆），剪碎，80℃烘干，研磨成细粉备用。

表 5-3-1　植株氨基酸和碳氮含量测定研究材料
Table 5-3-1　The materials of the research

材料 Materials	拉丁名 Latin name	收集地 Collecting site	生长条件 Growth condition
栽培稻	*Oryza sativa* L. ssp. *japonica*	嵩明	栽培
耿马药用野生稻	Gengma *Oryza officinalis*	昆明温室	栽培
景洪普通野生稻	Jinghong *Oryza rufipogon*	昆明温室	栽培
小粒野生稻	*Oryza minuta*	昆明温室	栽培
长雄野生稻	*Oryza longistaminata*	昆明温室	栽培
景洪疣粒野生稻 I	Jinghong *Oryza granulate*	昆明温室	栽培
景洪疣粒野生稻 II	Jinghong *Oryza granulate*	景洪	原生
元江普通野生稻 I	Yuanjiang *Oryza rufipogon*	昆明温室	栽培
元江普通野生稻 II	Yuanjiang *Oryza rufipogon*	元江	原生

（二）研究方法

植株茎叶中水解氨基酸含量分析，采用柱前衍生法、酸性水解法进行前处理，用美国 Waters 公司的 Pito-TAG 氨基酸分析仪测定氨基酸含量，每个样品 2 次重复。植株茎叶中碳、氮含量分析，采用德国 Element 公司的 Vario EL 有机元素分析仪进行，每个样品 3 次重复。数据用 Excel 2003 进行处理，给出值为平均值±SD。

二、云南野生稻植株氨基酸和碳氮分析结果

（一）植株茎叶氨基酸含量分析

不同材料旺长期植株茎叶氨基酸含量分析结果见表 5-3-2。

表 5-3-2　不同野生稻及栽培稻茎叶中氨基酸的质量比（单位：mg/g）

Table 5-3-2　Contents of amino acids in wild rice species and cultivated rice of stem and leaves

氨基酸种类 Type of amino acid	栽培稻 Cultivated rice	耿马药用野生稻（栽培）Gengma O. officinalis (Cultivated)	元江普通野生稻II（原生）Yuanjiang O. rufipogon II (Origin)	元江普通野生稻I（栽培）Yuanjiang O. rufipogon (Cultivated)	景洪普通野生稻（栽培）Jinghong O. rufipogon (Cultivated)	景洪疣粒野生稻II（原生）Jinghong O. granulata II (Origin)	景洪疣粒野生稻I（栽培）Jinghong O. granulata I (Cultivated)	小粒野生稻（栽培）O. minuta (Cultivated)	长雄野生稻（栽培）O. longistaminata (Cultivated)
Asp	3.13±0.2	1.96±0.05	3.10±0.2	2.14±0.1	2.83±0.1	1.09±0.05	1.51±0.05	3.97±0.2	3.24±0.2
Glu	6.46±0.3	4.41±0.2	3.36±0.2	4.15±0.2	4.56±0.2	2.58±0.1	2.91±0.1	8.50±0.5	6.55±0.4
Ser	2.38±0.1	1.67±0.05	1.12±0.05	1.73±0.05	1.92±0.05	0.89±0.05	1.10±0.05	2.75±0.1	2.32±0.1
Gly	4.61±0.1	2.86±0.1	1.68±0.05	3.50±0.2	3.04±0.2	2.19±0.1	2.16±0.1	4.85±0.5	4.52±0.2
His	1.71±0.05	0.98±0.05	0.54±0.03	1.50±0.05	1.10±0.05	微量	0.79±0.01	1.70±0.05	1.72±0.05
Arg	2.34±0.1	1.76±0.05	0.93±0.05	2.17±0.05	2.00±0.1	1.13±0.05	1.47±0.05	2.74±0.1	2.57±0.1
Thr*	3.19±0.2	1.96±0.1	1.17±0.05	2.60±0.1	2.50±0.1	1.15±0.05	1.39±0.05	2.99±0.2	3.02±0.1
Ala	4.14±0.2	2.75±0.1	1.92±0.05	2.86±0.1	2.80±0.1	2.05±0.1	2.11±0.1	4.54±0.2	4.15±0.2
Pro	4.20±0.2	3.43±0.2	1.95±0.05	4.40±0.2	3.49±0.2	2.60±0.1	3.00±0.2	4.69±0.2	4.75±0.3
Tyr	1.22±0.05	0.65±0.03	0.82±0.04	0.96±0.05	0.84±0.04	0.71±0.04	0.95±0.05	1.14±0.05	0.96±0.05
Val*	5.63±0.3	4.17±0.2	2.85±0.1	4.67±0.2	4.42±0.2	3.83±0.2	3.60±0.2	6.23±0.5	5.95±0.3
Met*	0.26±0.3	0.08±0.01	微量	0.06±0.01	0.14±0.01	微量	微量	0.24±0.01	0.20±0.01
Cys	0.19±0.3	0.15±0.01	微量	0.27±0.01	0.15±0.01	微量	微量	0.25±0.01	0.24±0.01
Ile*	2.80±0.1	1.76±0.05	1.00±0.05	1.93±0.05	2.01±0.1	1.51±0.05	1.32±0.05	2.86±0.05	2.85±0.1
Leu*	4.46±0.2	2.98±0.2	1.56±0.05	3.22±0.2	3.10±0.2	2.26±0.1	2.22±0.1	4.93±0.2	4.85±0.3
Phe*	2.71±0.1	2.09±0.1	0.66±0.03	3.13±0.1	2.23±0.1	2.31±0.1	2.35±0.1	3.94±0.2	3.33±0.2
Lys*	0.99±0.05	0.65±0.03	0.15±0.01	0.29±0.01	0.62±0.03	微量	0.32±0.02	0.49±0.03	0.91±0.05
Eaa	20.00±1.0	13.70±1.0	7.39±0.4	15.90±0.9	15.00±0.9	11.10±0.6	11.20±0.6	21.70±1.3	21.10±1.3
Taa	50.4±3.0	34.3±2.0	22.8±1.3	39.6±2.5	37.7±2.0	24.3±1.5	27.2±1.5	56.8±3.0	52.1±3.0
E/T/%	39.7	39.9	32.4	40.2	39.8	45.5	41.2	38.2	40.5

* 必需氨基酸

注：Taa. 总氨基酸含量；Eaa. 必需氨基酸含量；E/T. 必需氨基酸占总氨基酸的百分含量

*. Essential amino acid.

Note：Taa. Total amino acid content；Eaa. Essential amino acid content；E/T. The percentage content of essential amino acid occupy total amino acid.

由表可见，除因方法所限未检测色氨酸外，旺长期植株氨基酸种类齐全，但不同稻种间总氨基酸含量差异较大。小粒野生稻总氨基酸质量比最高（56.8 mg/g），长雄野生稻与栽培稻相近，质量比分别为 52.1 mg/g 和 50.4 mg/g。云南 3 种野生稻旺长期植株总氨基酸含量均较低。在所涉及的云南野生稻中，栽培条件下的元江普通野生稻和景洪普通野生稻植株总氨基酸含量相对较高。同种野生稻栽培条件下植株总氨基酸含量高于原生境条件下的植株。必需氨基酸占总氨基酸的比例在不同材料中差异不大。其中，原生条件下的疣粒野生稻植株必需氨基酸比例最高（45.5%），原生状态下的元江普通野生稻植株必需氨基酸比例最低（32.4%）。

（二）野生稻旺长期植株 C、N 含量分析

植株碳、氮含量与其营养代谢密切相关。碳是植株构建的主要元素，而氮在植株代

谢中则可分为蛋白氮和非蛋白氮，蛋白氮与植物蛋白质密切相关。不同野生稻旺长期植株 C、N 含量、C/N 和蛋白氮利用率（T/P）见表 5-3-3。表中，理论蛋白质含量（P）（%）：按 N%×6.25 换算，即含氮全部转化为蛋白质。氨基酸总量（T）（%）：为实测结果，数据来自表 5-3-2。由于氨基酸是蛋白质的基本组成单元，与蛋白质真实含量紧密相关，故而可用 T/P（%）值表述蛋白氮实际利用率。

表 5-3-3　野生稻旺长期植株碳氮含量、碳氮比和 T/P（单位：%）

Table 5-3-3　Contents of carbon，nitrogen and C/N，and T/P ratio in wild rice species

样品 Samples	碳/氮 C/N	氮 N	碳 C	理论蛋白质 含量（P） The oretical protein content	氨基酸总量 （T） Total amino acid	T/P
栽培稻	16.67	2.40±0.2	39.97±2.0	15.01±0.9	5.04±0.30	33.58
耿马药用野生稻（栽培）	19.00	2.22±0.2	42.16±2.0	13.86±0.8	3.43±0.20	24.75
景洪普通野生稻（栽培）	12.27	3.17±0.2	40.04±2.0	19.83±1.0	3.77±0.20	19.01
元江普通野生稻 I（栽培）	14.62	2.72±0.2	39.79±2.0	17.02±0.9	3.96±0.25	23.27
元江普通野生稻 II（原生）	37.72	1.00±0.05	37.61±2.0	6.24±0.3	2.28±0.13	36.54
景洪疣粒野生稻 I（栽培）	20.10	1.90±0.1	38.09±2.0	11.86±0.5	2.72±0.15	22.93
景洪疣粒野生稻 II（原生）	31.76	1.26±0.07	39.85±2.0	7.90±0.4	2.43±0.15	30.76
小粒野生稻（栽培）	15.07	2.65±0.2	39.84±2.0	16.54±0.9	5.68±0.30	34.34
长雄野生稻（栽培）	17.81	2.32±0.2	41.36±2.0	14.52±0.8	5.21±0.30	35.88

由表可见，不同野生稻旺长期植株 C 含量差异不大，药用野生稻略高。而 N 含量及换算的 C/N 值和理论蛋白质含量具有明显的差异。温室栽培条件下，小粒野生稻、长雄野生稻具有与正常生长的栽培稻相近的 C/N 值。同种野生稻原生地旺长期植株 N 含量远低于栽培条件下相同生育期植株 N 含量，而 C/N 值则相反，明显高于栽培条件下全部材料。一般认为，原生地土壤营养低于栽培土壤，说明野生稻原生地旺长期植株营养状态低于栽培植株。C/N 值可在一定程度上反映植株营养状态。T/P 值分析表明：旺长期（营养生长期）植株 N 多为非蛋白 N，蛋白 N 利用率低于 40%。温室栽培条件下，小粒野生稻、长雄野生稻旺长期植株具有与栽培稻相近的 T/P 值，而云南野生稻明显低于小粒野生稻、长雄野生稻和栽培稻。同种野生稻原生地旺长期植株 C/N 值和 T/P 值明显高于栽培条件植株。

（三）云南野生稻旺长期植株和稻米氨基酸含量相关性分析

为保证分析结果的科学性，分析数据选用相同生态条件下相关材料的测定结果。云南野生稻旺长期植株和稻米氨基酸含量的比较分析见表 5-3-4。表中植株氨基酸含量数据来自表 5-3-2；稻米氨基酸含量数据来自表 4-2-3 和表 4-2-4。

云南野生稻旺长期植株和稻米氮、氨基酸、理论蛋白质含量的比较分析见表 5-3-5。表中稻米相关数据来自表 4-2-2～表 4-2-4。

云南几种野生稻旺长期植株和稻米总氨基酸含量变化趋势见图 5-3-1；野生稻旺长期植株和稻米中不同氨基酸含量变化趋势见图 5-3-2。图中旺长期植株总氨基酸含量数据来自表 5-3-2，稻米总氨基酸含量数据来自表 4-2-3 和表 4-2-4。

表 5-3-4　云南野生稻植株和稻米中氨基酸含量比较（单位：mg/g）

Table 5-3-4　Comparison of amino acids contents in seeds and plants of wild rice species

氨基酸种类 Type of amino acid	耿马药用野生稻（栽培） Gengma *O. officinalis*（Cultivated）		元江普通野生稻Ⅱ（原生） Yuanjiang *O. rufipogon* Ⅱ （Origin）		景洪疣粒野生稻Ⅱ（原生） Jinghong *O. granulata* Ⅱ（Origin）	
	植株 Plant	稻米 Rice	植株 Plant	稻米 Rice	植株 Plant	稻米 Rice
Asp	1.96±0.05	12.6±0.4	3.10±0.20	8.5±0.4	1.09±0.05	12.2±0.6
Glu	4.41±0.20	33.5±3.1	3.36±0.20	18.6±0.9	2.58±0.10	26.3±1.3
Ser	1.67±0.05	7.8±0.3	1.12±0.05	4.5±0.2	0.89±0.05	5.9±0.2
Gly	2.86±0.10	6.2±0.3	1.68±0.05	4.5±0.2	2.19±0.10	5.9±0.3
His	0.98±0.05	3.2±0.1	0.54±0.03	2.0±0.1	微量	3.0±0.2
Arg	1.76±0.05	10.9±0.3	0.93±0.05	7.4±0.4	1.13±0.05	10.8±0.5
Thr*	1.96±0.10	5.6±0.2	1.17±0.05	3.3±0.2	1.15±0.05	4.9±0.2
Ala	2.75±0.10	8.7±0.2	1.92±0.05	5.4±0.3	2.05±0.10	7.2±0.4
Pro	3.43±0.20	7.1±0.4	1.95±0.05	4.8±0.2	2.60±0.10	5.4±0.3
Tyr	0.65±0.03	6.6±0.6	0.82±0.04	3.7±0.2	0.71±0.04	3.9±0.2
Val*	4.17±0.20	8.4±0.2	2.85±0.10	5.4±0.3	3.83±0.20	7.2±0.4
Met*	0.08±0.01	1.6±0.1	微量	1.6±0.05	微量	0.5±0.03
Cys	0.15±0.01	2.1±0.2	微量	1.1±0.05	微量	1.3±0.06
Ile*	1.76±0.05	6.0±0.2	1.00±0.05	3.7±0.2	1.51±0.05	5.4±0.05
Leu*	2.98±0.20	13.3±0.4	1.56±0.05	7.5±0.4	2.26±0.10	10.2±0.6
Phe*	2.09±0.10	8.0±0.4	0.66±0.03	4.8±0.4	2.31±0.10	7.2±0.7
Lys*	0.65±0.03	5.1±0.3	0.15±0.01	3.4±0.2	微量	5.3±0.3
Eaa	13.70±1.00	48.00	7.39±0.40	29.70	11.10±0.60	40.70
Taa	34.30	146.80	22.80	90.20	24.30	122.6
E/T/%	39.90	32.70	32.41	32.93	45.50	33.20

* 必需氨基酸

注：Taa. 总氨基酸含量；Eaa. 必需氨基酸含量；E/T. 必需氨基酸占总氨基酸的百分含量

*. Essential amino acid.

Note：Taa. Total amino acid content；Eaa. Essential amino acid content；E/T. The percentage content of essential amino acid occupy total amino acid.

表 5-3-5　云南野生稻旺长期植株和稻米氮、氨基酸、理论蛋白质含量的比较分析

Table 5-3-5　Comparison of nitrogen，amino acids and proteins contents in seeds and plants of wild rice species

	比较项目 Comparative item	耿马药用野生稻 （栽培） Gengma *O. officinalis* （Cultivated）	元江普通野生稻Ⅱ （原生） Yuanjiang *O. rufipogon* Ⅱ （Origin）	景洪疣粒野生稻Ⅱ （原生） Jinghong *O. granulata* Ⅱ （Origin）
植株	氮含量 N/%	2.22	1.00	1.26
	理论蛋白质含量（*P*）/%	13.86	6.24	7.90
	总氨基酸含量（*T*）/%	3.43	2.28	2.43
	T/P/%	24.75	36.54	30.76
稻米	氮含量（N）/%	3.09	2.26	2.51
	理论蛋白质含量（*P*）/%	19.31	14.12	15.69
	总氨基酸含量（*T*）/%	14.68	11.10	12.26
	T/P/%	76.02	78.61	78.14

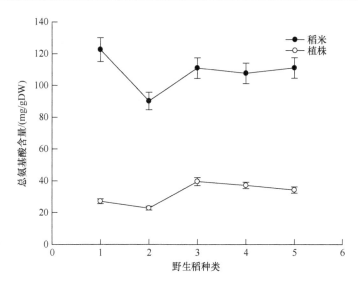

图 5-3-1 云南几种野生稻旺长期植株和稻米总氨基酸含量变化趋势

Fig. 5-3-1 Variation of total amino acid contents of stems，leaves and seed of different wild rice species

1. 疣粒野生稻（野生）；2. 元江普通野生稻（野生）；3. 元江普通野生稻（栽培）；4. 景洪普通野生稻（栽培）；

5. 药用野生稻

1. *O. granulata*（wild field）；2. Yuanjiang *O. rufipogon*（wild field）；3. Yuanjiang *O. rufipogon*（cultivated）；

4. Jinghong *O. rufipogon*（cultivated）；5. *O. officinalis*

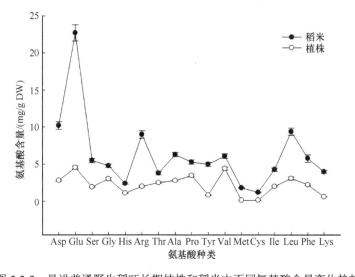

图 5-3-2 景洪普通野生稻旺长期植株和稻米中不同氨基酸含量变化趋势

Fig. 5-3-2 Variation of different amino acids in stems，leaves and seed of Jinghong type of *O. rufipogon*

由图表可见，云南野生稻稻米含氮量，以及由此推算的理论蛋白质含量明显高于旺长期植株；其总氨基酸含量为旺长期植株的 4～5 倍；氨基酸总量占理论蛋白质含量的比例明显高于旺长期植株，稻米 T/P 值为 76.02%～78.61%，且种间差异不大，而旺长期植株 T/P 值仅为 24.75%～36.54%，种间差异极大。这说明，上述特性不仅存在种间差异，而且呈现生育期特点。旺长期植株氮以非蛋白氮为主，这与其生理代谢过程一致。一般认为，植物蛋白质包括细胞结构蛋白、代谢蛋白和储藏蛋白。旺长期植株生长处于形态构建阶段，其蛋白质以细胞结构蛋白和代谢蛋白为主，蛋白氮利用率不高。进入生殖生长阶段，种子蛋白多为储藏蛋白，其蛋白氮利用率大幅提高。种子储藏蛋白主要用于子代新植株形态构建的前期氮营养。因此，其氨基酸组分与旺长期植株氨基酸组分存在一定相似性。

三、云南野生稻碳氮代谢特性的探讨

碳氮代谢在相当程度上是植物的基础代谢。研究表明：一是在相同栽培条件下不同野生稻和栽培稻旺长期植株氨基酸和理论蛋白质含量存在极大差异，说明该特性具有遗传效应，变异系数为32.66%；且栽培条件下云南野生稻 T/P 值明显低于小粒野生稻、长雄野生稻和栽培稻，说明其营养生长具有较强的可塑性和潜力。二是旺长期植株材料中氨基酸含量与其生长土壤的营养状况密切相关，栽培条件下植株材料氨基酸含量高于原生条件下的植株，但增幅存在种间差异。疣粒野生稻栽培条件下植株总氨基酸含量有所增加，但增幅远低于云南元江普通野生稻，说明疣粒野生稻氮营养需求不高，属耐贫瘠的稻种资源。三是旺长期植株氮以非蛋白氮为主，植株总氨基酸含量通常为稻米总氨基酸含量的1/5~1/4，并与稻米氨基酸组分含量相似，且必需氨基酸占总氨基酸的百分含量（E/T）高于稻米氨基酸。四是植物材料中的 C/N 值在一定程度上反映了植物的营养生理状况。曾有人通过对开花期的 C/N 值研究分析，提出了植物开花的 C/N 学说，认为 C/N 值高，则植物开花，反之，则延迟开花或不开花（潘瑞炽和董愚得，1998）。本研究表明，C/N 值在一定程度上能反映植株的营养状况和生育期转化。原生（野生）条件下生长的元江普通野生稻和疣粒野生稻明显比栽培条件下的同期取样植株 C/N 值和 T/P 值高，这是否预示着由于原生（野生）条件下的营养胁迫，植株生育期由营养生长提前转入生殖生长呢？事实上，原生（野生）条件下，野生稻生殖生长期或营养与生殖生长共存期极长，通常达数月之久，这是一种自然胁迫条件下野生稻生存繁衍的自我保护机制。这种机制在植物界普遍存在。一般认为，栽培稻碳、氮代谢经过多年的人工定向选择，具有较好的特性、较高的效率，但其对环境的适应性、抗逆性方面野生稻更具潜力。

参 考 文 献

刘静雯, 董双林. 2001. 海藻的营养代谢及其对主要营养盐的吸收动力学. 植物生理学通讯, 37(4): 325-330.

卢仁骏, 严小龙, 黄志武, 夏钟文. 1992. 广东省砖红壤旱地土壤养分状况的网室调查. 华南农业大学学报, 13(2): 74-80.

路洪彪, 倪善君, 张战, 赵一洲. 2002. 野生稻资源在水稻育种中的利用及展望. 育种, 1: 13-15.

潘瑞炽, 董愚得. 1998. 植物生理学. 3 版. 北京: 高等教育出版社.

魏永胜, 梁宗锁. 2001. 钾与提高作物抗旱性的关系. 植物生理学通讯, 37(6): 576-581.

严蔚东, 王校常, 何锶洁, 汤利, 田文忠, 施卫明, 曹志洪. 2002. 利用外源钾通道基因改良水稻钾素营养. 中国水稻科学, 16(1): 77-79.

余勤, 邝炎华. 1996. 根系养分吸收动力学研究及应用. 华南农业大学学报, 18(2): 105-110.

张士功, 刘国栋, 刘更另, 肖世和. 2001. 渗透胁迫和缺磷对小麦幼苗生长的影响. 植物生理学通讯, 37(2): 103-105.

甄海, 黄炽林, 陈奕, 李满兰, 刘雪贞, 潘大建, 张惠琼. 1997. 野生稻资源蛋白质含量评价. 华南农业大学学报, 18(4): 16-20.

中国土壤农业化学专业委员会. 1983. 土壤农业化学常规分析方法. 北京: 科学出版社.

Cacco G, Ferrari G, Saccommani M. 1980. Pattern of sulfate uptake during root elongation in maize: its correlation withproductivity. Physiol Plant, 48: 375-378.

Epstein N, Hagen C E. 1952. A kinetic study of absorption of alkali cations by barley roots. Plant Physiol, 27: 457-474.

Nielsen N E, Schjerring J K. 1983. Efficiency and kinetics of phosphorus uptake from soil by various barley genotypes. Plant Soil, 72: 225-230.

Teo Y H. 1992. Nitrogen phosphate and potassium influx kinetic parameters of three rice cultivars. J Plant Nutr, 15: 435-444.

Yoshida S, Forho D A, Cock J H. 1976. Laboratory Manual for Physiological Studies of Rice. 3rd ed. Manial: IRRI.

第六章　云南野生稻的抗病性

野生稻抗病虫和抗逆性状的鉴定一直是野生稻遗传性状研究的热点。彭绍裘等（1981）首先测定了云南普通野生稻、药用野生稻和疣粒野生稻对湖南白叶枯病的抗性，认为疣粒野生稻的抗性接近免疫。章琦和李道远（1994）鉴定了中国 3 种野生稻对白叶枯病的抗性，参试的疣粒野生稻全部高抗，药用野生稻的高抗材料约占参试材料的 50%，而普通野生稻中的高抗材料很少。庞汉华（1994）对考察收集到的 16 种野生稻种质资源502 份进行稻瘟病和白叶枯病的抗病性鉴定，结果表明，药用野生稻、长雄野生稻、斑点野生稻、小粒野生稻对两种病的抗性都较普通野生稻高。潘大建等（1995）对非 AA型 12 种野生稻 556 份样本进行了抗白叶枯病鉴定，结果显示，小粒野生稻、紧穗野生稻和药用野生稻的高抗比例较高。Richaria 建议利用不同野生稻种来改良栽培稻的耐淹、耐涝及抗虫、抗病和抗旱性等。

本研究以具有代表性的云南野生稻生态类型为材料，以水稻白叶枯病代表菌株对这些材料进行抗病性的鉴定，系统地评价了云南野生稻对白叶枯病不同病原菌菌系的抗性；采用病圃自然诱发方法，鉴定云南野生稻对稻瘟病的抗性；同时采用徒手切片的方法，对云南野生稻和栽培稻的叶片、茎秆及根的组织结构进行比较研究，讨论其与抗病虫性的关系，全面了解野生稻内部结构，为发掘利用其优良遗传特性奠定基础。

第一节　云南野生稻白叶枯病抗性的鉴定

一、白叶枯病鉴定材料及方法

（一）鉴定材料及抗病性鉴定菌株

野生稻材料：普通野生稻（*Oryza rufipogon*，元江，景洪）、药用野生稻（*Oryza officinalis*）、疣粒野生稻（*Oryza granulata*）。

栽培稻材料：汕优 63（籼）、米泉黑芒（籼）、滇粳优 1 号（粳）为感病对照，IR36（籼）为抗病对照。

抗病性鉴定菌株：引自国际水稻所代表菌株 BD8438，日本代表菌株 CN9404 和CN9409，来自中国农业科学院菌株 C1 和云南代表菌株 X1。

（二）云南野生稻抗白叶枯病鉴定方法

选用致病白叶枯病菌株系 C1、CN9404、CN9409、X1、BD8438 在 NA 培养基上培养 2～3 天，用无菌蒸馏水洗下菌苔，用麦法兰分度计比浊法配成浓度为 6×10^8 个/ mL 的菌液，剪叶法接种。在分蘖期用 BD8438、CN9404、CN9409、C1 接种，在孕穗期用 BD8438、CN9409、C1、X1 接种，接种 21 天后观察记录，按照水稻上的病斑长度分级标准对病斑长度进行统计分析。病斑长度分级标准：病斑长度 0～3.0 cm 为抗病（R）；3.1～6.0 cm 为中抗（MR）；>6.0 cm 为感病（S）。在疣粒野生稻上，如果叶片只有剪口伤（和接蒸馏水一样），则病斑长度视为 0，定为免疫（I），而如果过敏斑或病斑长度分别在 1 cm、2 cm、3 cm 以内，分别定为高抗、抗、中抗，如果叶片上病斑长度大于 3 cm，定为感病。本研究在疣粒野生稻的分级标准上没有完全按照水稻上的病斑长度分级标准，是因为考虑到疣粒野生稻的叶片比栽培水稻的叶片长度小很多。

（三）云南野生稻叶、茎、根组织结构的观察方法

取供试水稻第三节间的叶片、茎秆及成熟根，采用徒手切片法对叶片、茎秆及根进行切片，选取薄的切片作压片后于显微镜（OLYMPUS BH-Z）下观察拍照，利用 OLYSIA BioReort 软件中的测量工具分别对供试水稻叶片的维管束面积、气腔面积、茎秆的茎粗、茎壁厚度及根导管直径和中柱面积进行测量及分析。由于水稻茎秆不是规则的圆形，因此茎粗的测量方法为：茎粗 $d=$（最长直径＋最短直径）/2；茎壁厚的测定方法为在一个横截面上分别取 6 个值，再计算其平均值。

二、云南野生稻白叶枯病抗性鉴定结果与分析

（一）云南野生稻白叶枯病抗性鉴定结果

我们首次在云南野生稻接近原生生态环境下，用白叶枯病代表菌株 BD8438、CN9404、CN9409 和 X1 对云南野生稻进行了抗白叶枯病遗传性状的系统鉴定，结果见表 6-1-1。

表 6-1-1　4 个水稻白叶枯病菌对不同野生稻的致病情况

Table 6-1-1　Pathogenicity of 4 strains of *Xanthomonas oryzae* pv. *oryzae* in different wild rice species

品种 Variety	分蘖期白叶枯病斑平均长度/cm Average lesion length of tillering stage			孕穗期白叶枯病斑平均长度/cm Average lesion length of booting stage		
	CN9404	CN9409	BD8438	X1	BD8438	CN9409
元江普通野生稻	12.50	14.70	28.60	16.60	9.96	6.00
景洪普通野生稻	7.50	10.90	16.00	20.44	12.56	—
景洪疣粒野生稻	0.40	2.60	1.20	1.85	无病斑	无病斑
孟定疣粒野生稻	1.50	4.40	1.70	6.72	1.90	无病斑
药用野生稻	5.30	6.00	6.80	6.88	9.80	15.73
IR36	3.20	22.60	19.60	6.40	7.20	7.00
汕优 63	叶片枯死	叶片枯死	叶片枯死	几乎全枯	几乎全枯	几乎全枯

注："—"表示未接菌

Note："—" is non-inoculated

用 4 个代表菌株接种后，云南 3 种野生稻资源对水稻白叶枯病都具有一定的抗病能力，其中疣粒野生稻的抗性最强，药用野生稻次之，普通野生稻相对较差。景洪疣粒野生稻对参试菌株的抗性为抗病；孟定疣粒野生稻除了有 1 个居群的材料对供试菌株 X1

感病外，对其余菌株的抗性表现为免疫或抗病。云南野生稻对供试的水稻白叶枯病菌的抗病能力有一定程度的差异，这可能是因为不同野生稻携带的抗性基因类型不同。3 种野生稻的抗病能力普遍比抗病对照品种 IR36 强。

（二）云南疣粒野生稻免疫白叶枯病研究

1. 接种后出现过敏斑或病斑的情况

　　景洪疣粒野生稻接种白叶枯病菌 C1 20 天后，仅在切口呈现与接种水（对照）同样的痕迹，无病斑出现（图 6-1-1B）。而感病品种米泉黑芒有明显的病斑（图 6-1-1A），并且临近接种的叶片的健康叶片也开始出现病斑。在接近原生态条件下的接种统计结果表明，疣粒野生稻在接种 20 天时，病斑长度仅为 0.5～1.0 cm，到第 23 天、第 26 天时，病斑几乎没有延伸，表现为抗病；但栽培稻米泉黑芒在接种后 20 天，病斑长度达 3～5 cm，到 26 天时，病斑继续延伸至 7～9 cm，病情加剧。鉴定结果表明米泉黑芒（籼稻）比滇粳优 1 号（粳稻）更易感染 CN9404 等菌株。

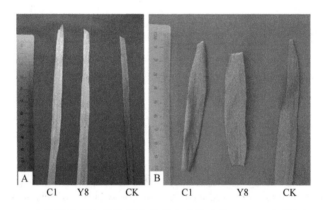

图 6-1-1　疣粒野生稻和栽培稻在接种白叶枯病菌 C1 20 天后的病斑情况

Fig. 6-1-1　The pathogenic of *Xanthomonas oryzae* pv. *oryzae* after inoculated 20 days in *O. granulata* and Miquanheimang

A. 米泉黑芒；B. 疣粒野生稻；C1. 中国南方稻区代表菌株；Y8. 云南地方代表菌株；CK. 对照，以无菌水替代白叶枯病菌

A. Miquanheimang；B. *O. granulata*；C1. Representative strains of China Southern rice region；
Y8. Local representative strains of Yunnan；CK. Control sterile water replace the strains

2. 不同云南疣粒野生稻居群的抗病能力

　　根据生态类型，从 37 个云南疣粒野生稻居群中选用了 18 份代表性材料，系统地进行白叶枯病抗性鉴定。云南的籼稻区和粳稻区的白叶枯病均在孕穗后期发生，因此在孕穗后期接种 4 个参试菌株，接种 21 天后调查。从表 6-1-2 可以看出，不同居群的云南疣粒野生稻材料对白叶枯病的抗性能力有差别。其中，景洪、孟定、思茅的 4 份疣粒野生稻材料对 4 个代表菌株几乎是免疫的，高抗或免疫白叶枯病的特点很突出。只有 2 份材料对个别菌株感病，其余材料都为高抗或中抗。同一材料对不同菌株的抗性也有差别。总体来看，云南疣粒野生稻对白叶枯病有很强的抗性，甚至达到免疫。

表 6-1-2　疣粒野生稻接种 4 个白叶枯病菌株后的抗性反应

Table 6-1-2　Resistance reaction of *O. granulata* to the 4 strains of *Xanthomonas oryzae* pv. *oryzae*

材料编号 Number of materials	原生地 Original sites	CN9404		X1		C1		BD8438	
		病斑长度/cm Lesion length	抗病/感病 Resistant/Susceptible	病斑长度/cm Lesion length	抗病/感病 Resistant/Susceptible	病斑长度/cm Lesion length	抗病/感病 Resistant/Susceptible	病斑长度/cm Lesion length	抗病/感病 Resistant/Susceptible
1	景洪曼丢	0.00	I	0.85	HR	0.00	I	0.00	I
2	景洪北面山	0.25	HR	0.38	HR	0.00	I	0.15	HR
3	双江县仟信与澜沧江交界处	1.05	R	1.28	R	0.86	HR	0.80	HR
4	孟定大堆山	0.00	I	0.90	HR	0.00	I	0.40	HR
5	孟定遮甸	0.00	I	0.67	R	0.90	HR	0.90	HR
6	澜沧县雅口孟矿	2.05	MR	2.26	IIR	1.86	R	1.90	R
7	澜沧县雅口吃水箐	2.54	MR	3.15	S	3.15	S	2.64	MR
8	绿春县新寨	0.63	HR	0.42	HR	0.00	I	0.00	I
9	墨江县关丰	0.50	HR	0.82	HR	0.33	HR	0.26	HR
10	普洱西平	0.46	HR	1.28	R	0.38	HR	1.15	R
11	沧源县	2.68	MR	2.85	MR	2.46	MR	2.40	MR
12	镇康丙弄坝	0.40	HR	1.80	R	0.65	HR	0.21	HR
13	永德县大雪山乡	0.78	HR	0.65	HR	0.48	HR	1.08	R
14	盈江勐展村	0.70	HR	1.40	R	0.64	HR	0.48	HR
15	龙陵县勐糯曼景坝	2.60	MR	3.20	S	2.00	R	1.90	R
16	思茅市云仙乡	1.72	R	1.85	R	0.96	HR	1.90	R
17	思茅坝边河	1.75	R	2.10	MR	1.62	R	1.60	R
18	江城县老白寨	0.46	HR	1.10	R	0.84	HR	0.42	HR
栽培稻 IR36		7.00	S	6.40	S	5.30	MR	5.20	MR
汕优 63		AD	HS	AD	HS	ALD	HS	ALD	HS

注：I. immune，免疫；HR. highly resistant，高抗；R. resistant，抗病；MR. medium resistant，中抗；S. susceptible，感病；HS. highly susceptible，高感；AD. all dead，枯死；ALD. almost dead，几乎枯死

3. 白叶枯病菌不同菌株对云南疣粒野生稻的致病力比较

通过比较白叶枯病不同菌株对云南疣粒野生稻的致病力（图 6-1-2）发现，4 个参试菌株对疣粒野生稻的毒力有明显差异，其中以 X1 的毒力最强，没有任何疣粒野生稻材料能对其免疫，X1 能严重侵染澜沧县雅口吃水箐和龙陵县勐糯曼景坝两个疣粒野生稻居群。不同菌株引发的疣粒野生稻免疫、抗病、感病反应有明显差异，即致病力不同。综合来看，接种 CN9404 和 X1 菌株后，在 18 个居群材料中，免疫、高抗的居群材料数所占的比例为 50.0%，低于接种 BD8438 和 C1 后的比例（63.9%），因此，可以初步认为 CN9404 和 X1 的致病能力比 C1 和 BD8438 更强。根据这一结果可以推测，通过水稻白叶枯病菌接种鉴定云南疣粒野生稻而发现的诱导型抗白叶枯病基因，对其他地区的白叶枯病菌也可能有较强的抗性。

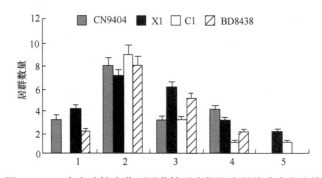

图 6-1-2　4 个白叶枯病菌不同菌株对疣粒野生稻的致病力比较

Fig. 6-1-2　Comparison of virulence of 4 Xoo strains on the *O. granulata* materials tested

1. 免疫；2. 高抗；3. 抗；4. 中抗；5. 感病

1. Immune；2. Highly resistant；3. Resistant；4. Medium resistant；5. Susceptible

（三）云南疣粒野生稻高抗白叶枯病的机制初析

1. 云南不同居群疣粒野生稻抗白叶枯病能力差异的探讨

在分布于云南的 3 种野生稻中，目前疣粒野生稻至少有 37 个分布点（居群）。分布范围为海拔 426～1000 m，纬度从最南勐腊（北纬 20°2′）到最北昌宁（北纬 24°9′）。分布点的气候相差很大。例如，孟定的贺海村，基本上属于亚热带至热带气候；保山的昌宁和龙陵，则属温带气候，分布于这些地方的野生稻除了由于气候条件不同引起的植株形态差异外，在长期的进化过程中也形成了一定的遗传差异。参试的疣粒野生稻居群材料中，除个别感染少数白叶枯病菌株外，多数居群疣粒野生稻都是抗病的，其中还有高抗甚至免疫的。不同居群之间对同一菌株有不同的抗病能力，同一居群中对不同菌株的抗性也有一定差异。总体来说，云南疣粒野生稻的大多数居群都有很强的抗性，其抗性遗传物质值得进一步研究。

2. 云南疣粒野生稻可能具有广谱高抗白叶枯病新基因

我们通过设计已知基因序列的引物从不同野生稻基因组扩增抗病基因或其同源片段的研究结果表明，虽然供试疣粒野生稻对白叶枯病高抗甚至是免疫，但是在实验室同样条件下却不能扩增出目前已经报道的抗白叶枯病基因 Xa21、Xa1 或其同源基因（Song et al.，1997；Wang et al.，1998）。而且云南疣粒野生稻起源于云南，独立进化，未和其他稻作发生过基因交流。加之根据其对多个白叶枯病菌株的抗性能力十分强，达到高抗甚至免疫程度，显得非常特别，推测其可能具有多个强抗病基因，或者 1～2 个广谱强抗白叶枯病基因，并且为新基因。在今后的研究工作中，为了确定含有什么样的抗白叶枯病基因，可以将免疫白叶枯病的疣粒野生稻与抗性背景明确的水稻母本杂交，分析杂交后代的抗菌谱；或是对免疫白叶枯病的疣粒野生稻接种白叶枯病菌，建立白叶枯病菌诱导的抑制消减杂交文库，从文库中寻找差异表达的抗病新基因。

三、云南野生稻叶、茎、根组织结构与抗病关系

（一）云南野生稻与栽培稻叶主脉组织解剖结构的比较

云南野生稻与栽培稻供试材料在叶主脉的形态结构、维管束数目、维管束面积、气腔数量及气腔面积上存在很大的差异。通过比较分析，发现景洪药用野生稻（图 6-1-3，2）

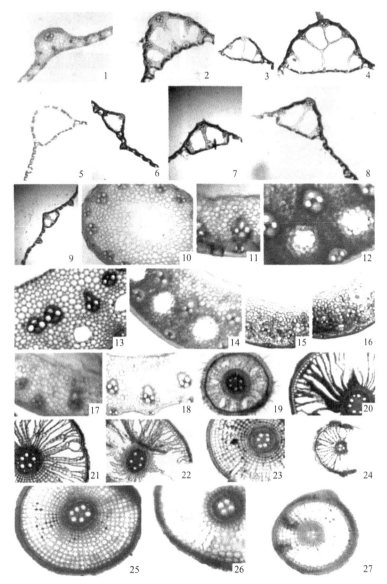

图 6-1-3　云南野生稻与栽培稻叶、茎、根组织结构显微观察

Fig. 6-1-3　The microscopic observation of leaves，stems and roots of Yunnan wild rice species

1～9. 云南野生稻与栽培稻叶主脉维管束、气腔的分布（40×）（1. 景洪疣粒野生稻；2. 景洪药用野生稻；3. 景洪紫秆普通野生稻；4. 景洪绿秆普通野生稻；5. 元江普通野生稻；6. 金刚 30；7. 米泉黑芒；8. DS487；9. 合系 39）；10～18. 云南野生稻与栽培稻茎秆的大、小维管束分布情况（100×）（10. 景洪疣粒野生稻；11. 景洪药用野生稻；12. 景洪紫秆普通野生稻；13. 景洪绿秆普通野生稻；14. 元江普通野生稻；15. 金刚 30；16. 米泉黑芒；17. DS487；18. 合系39）；19～27. 云南野生稻与栽培稻根的导管个数分布（100×）（19. 景洪疣粒野生稻；20. 景洪药用野生稻；21. 景洪紫秆普通野生稻；22. 景洪绿秆普通野生稻；23. 元江普通野生稻；24. 金刚 30；25. 米泉黑芒；26. DS487；27. 合系 39）

1～9. The vascular bundles and gas chambers leaf major vein of Yunnan wild rice and cultivated rice（40×）（1. Jinghong *Oryza granulata*；2. Jinghong *Oryza officinalis*；3. Jinghong purple-stem *Oryza rufipogon*；4. Jinghong green-stem *Oryza rufipogon*；5. Yuanjiang *Oryza rufipogon*；6. Jingang 30；7. Miquanheimang；8. DS487；9. Hexi 39）；10～18. The distribution of vascular bundles in stem of Yunnan wild rice and cultivated rice（100×）（10. Jinghong *Oryza granulata*；11. Jinghong *Oryza officinalis*；12. Jinghong purple-stem *Oryza rufipogon*；13. Jinghong green-stem *Oryza rufipogon*；14. Yuanjiang *Oryza rufipogon*；15. Jingang 30；16. Miquanheimang；17. DS487；18. Hexi 39）；19～27. The distribution of catheter in root of Yunnan wild rice and cultivated rice（100×）（19. Jinghong *Oryza granulata*；20. Jinghong *Oryza officinalis*；21. Jinghong purple-stem *Oryza rufipogon*；22. Jinghong green-stem *Oryza rufipogon*；23. Yuanjiang *Oryza rufipogon*；24. Jingang 30；25. Miquanheimang；26. DS487；27. Hexi 39）

和 3 个不同普通野生稻类型（图 6-1-3，3~5）的维管束个数均比栽培稻多，维管束总数最多的景洪绿秆普通野生稻为 16 个（表 6-1-3），而栽培稻中维管束最多的只有 8 个；景洪药用野生稻和普通野生稻束内导管直径、维管束面积及气腔面积较栽培稻大，且叶主脉具有 4 个或 6 个气腔结构，而栽培稻只有 2 个气腔（图 6-1-3，6~9）。叶片厚度比较，除元江普通野生稻叶片较薄，与栽培稻叶片厚度接近外，其余云南野生稻叶片均比栽培稻厚。作为旱稻的景洪疣粒野生稻（图 6-1-3，1）叶主脉中无气腔结构，维管束总数为 4，束内导管直径（除合系 39）和维管束面积最小，分别为 33.7 μm 和 135.5 μm。

表 6-1-3　云南野生稻与栽培稻叶片组织结构比较

Table 6-1-3　Comparison of leaf tissue structures of Yunnan wild rice species and cultivated rice

品种 Variety	大维管束数量 No. of big vascular bundle	小维管束数量 No. of small vascular bundle	导管直径/μm Vessel diameter	维管束面积/（×10² μm²）Area of vascular bundle	气腔个数 No. of gas chamber	气腔面积/（×10² μm²）Area of gas chamber	叶片厚度/μm Leaf thickness
景洪疣粒野生稻	1	3	33.7	135.5	0	0	116.4
景洪药用野生稻	5	8	47.8	283.6	4	1139.1	140.1
景洪紫秆普通野生稻	3	7	57.4	236.1	4	3406.0	112.4
景洪绿秆普通野生稻	5	11	42.9	235.9	6	9878.6	137.1
元江普通野生稻	5	9	45.2	181.3	4	2999.9	84.8
金刚 30	1	5	34.4	137.1	2	598.8	87.0
米泉黑芒	3	5	38.2	179.5	2	1496.9	88.3
DS487	3	5	33.8	174.0	2	2213.3	85.8
合系 39	1	3	24.9	139.2	2	310.5	87.1

（二）云南野生稻与栽培稻茎秆组织解剖结构比较分析

通过对供试材料茎秆组织结构的解剖比较分析，云南野生稻与栽培稻的茎秆结构存在明显的差异。景洪药用野生稻和 3 个普通野生稻茎秆直径均比栽培稻大，茎壁较厚，维管束数目较栽培稻多 1~2 倍，维管束最多的是景洪药用野生稻，约有 86 个（表 6-1-4）；栽培稻中 DS487 茎壁最粗，维管束最多，约有 58 个，米泉黑芒茎秆直径最小，茎壁最薄，维管束个数最少；在所有供试材料中，景洪疣粒野生稻的茎秆直径最小，只有 1.56 mm，茎壁最薄，为 0.34 mm，维管束总数最少，为 37 个。云南野生稻与栽培稻茎壁细胞的形态及维管束的排列也存在差异。云南野生稻茎壁薄壁细胞较栽培稻小，排列更紧密，部分薄壁细胞出现钙化现象，茎秆表皮内的厚壁组织比栽培稻厚，其中景洪疣粒野生稻（图 6-1-3，10）和景洪药用野生稻（图 6-1-3，11）最明显，茎壁内维管束的排列与其他水稻不同；3 个普通野生稻茎壁中维管束的排列方式均与栽培稻相似，但个别普通野生稻茎壁中存在独特的气腔结构（图 6-1-3，12~14）。

（三）云南野生稻与栽培稻根组织结构比较

通过对根结构的解剖学比较研究发现，云南野生稻与栽培稻成熟根中的后生木质部导管个数和直径、中柱面积有很大的差异。云南野生稻的导管个数均比栽培稻（米泉黑芒除外）（图 6-1-3，25）多，景洪药用野生稻（图 6-1-3，20）有 9 个导管（表 6-1-5），

表 6-1-4 云南野生稻与栽培稻茎秆组织结构比较
Table 6-1-4 Comparison of stem tissue structures of Yunnan wild rice species and cultivated rice

品种 Variety	茎粗/mm Stem diameter	茎壁厚/mm Stem wall	大维管束 No. of big vascular bundle	小维管束 No. of small vascular bundle
景洪疣粒野生稻	1.56	0.34±0.03	19.00	18.00
景洪药用野生稻	5.84	1.08±0.04	44.67	41.32
景洪紫秆普通野生稻	6.02	1.21±0.12	35.86	32.87
景洪绿秆普通野生稻	4.85	0.92±0.09	43.67	33.00
元江普通野生稻	4.71	0.84±0.10	31.33	28.33
金刚 30	3.79	0.67±0.13	24.53	23.43
米泉黑芒	3.36	0.63±0.04	24.85	23.66
DS487	3.67	0.78±0.15	30.88	27.00
合系 39	3.53	0.72±0.12	26.00	25.00

而栽培稻只有 3 或 4 个；景洪药用野生稻和普通野生稻的导管直径较栽培稻大，景洪疣粒野生稻的导管直径最小；云南野生稻的中柱面积均比栽培稻大 3～5 倍。云南野生稻与栽培稻根的中柱鞘及内、外皮层有很大的不同。云南野生稻根的中柱鞘细胞狭长，近似长方形，排列紧密，中柱鞘外的内皮层细胞短小致密，以景洪疣粒野生稻（图 6-1-3，19）最为明显，栽培稻中的 DS487（图 6-1-3，26）也有类似结构，但金刚 30（图 6-1-3，24）的中柱鞘细胞及内皮层细胞较圆，排列疏散，细胞间隙大。景洪药用野生稻（图 6-1-3，20）和 3 个普通野生稻居群（图 6-1-3，21～23）根的皮层较栽培稻厚，通气组织发达；景洪疣粒野生稻根的皮层最薄，有独特的气腔结构，根毛密集。云南野生稻表皮与外皮层之间的细胞机械化程度高，细胞径向壁明显加厚，形成凯氏点，而栽培稻材料中的这一层细胞机械化程度均不高，径向壁加厚极不明显。

表 6-1-5 云南野生稻与栽培稻根部组织结构比较
Table 6-1-5 Comparison of root tissues structure of Yunnan wild rice species and cultivated rice

品种 Variety	导管个数 No. of vessel	导管直径/μm Vessel diameter	中柱面积/（×10² μm²） Area of stele	通气组织 Aerenchyma
景洪疣粒野生稻	6	48.1	1328.8	较多
景洪药用野生稻	9	59.2	1774.9	发达
景洪紫秆普通野生稻	5	68.5	1416.4	发达
景洪绿秆普通野生稻	5	61.0	1379.8	发达
元江普通野生稻	6	63.9	1107.0	较多
金刚 30	3	49.5	364.1	发达
米泉黑芒	6	33.2	321.3	较多
DS487	4	46.5	431.2	局部有
合系 39	3	39.2	391.8	较多

（四）云南野生稻叶、茎、根结构与抗病性关系

1. 云南野生稻叶主脉特殊组织结构有助于植物抵御病原菌

水稻主要病害之一的白叶枯病是由稻黄单胞菌（*Xanthomonas oryzae* pv. *oryzae*）引

起的细菌性病害，其病原菌主要经水稻叶片水孔或伤口侵入体内，经植物维管束在植物体内传导（周纪东，2001），因此维管束的多少、面积的大小与白叶枯病病原菌在叶片中的循环速度有直接的关系。叶片的体表和内部结构具有抵御病虫害侵入的能力（章琦等，1996；李芳兰和包维楷，2005），颜世文等（2001）研究指出，水稻叶片中厚壁组织成分对病菌的侵入也具有一定的抵抗作用。本研究中景洪疣粒野生稻叶主脉中维管束少，束内导管直径及维管束面积小，维管束周围有成束的厚壁组织包裹等特征，根据前人的研究，我们推测景洪疣粒野生稻对白叶枯病的抗性可能与叶主脉中的这种独特结构有关系，这些独特的结构阻挡了白叶枯病病原菌在叶片中的传导，减缓了病原菌的传导速度，厚壁组织的包裹也有利于阻挡病原菌向维管束的转移。本研究中对白叶枯病具有一定抗性的 DS487 和合系 39 的叶主脉与景洪疣粒野生稻具有相似的结构，如较易感白叶枯病的金刚 30 和米泉黑芒具有维管少、导管直径和维管束面积小等特征，因此，我们进一步认为景洪疣粒野生稻高抗白叶枯病的特性与其叶主脉的内部结构有一定的关联。

2. 云南野生稻茎秆抗病虫的能力

　　水稻茎秆表皮细胞的木质化，可以增强表皮的强度，还可以阻挡病菌的侵袭（李扬汗，1979），茎壁中机械组织和维管束厚壁组织与茎秆的抗倒伏也有一定的相关性，厚壁组织厚，细胞长排列紧密，茎秆的机械性能好，抗倒伏能力就强（王群瑛和胡昌浩，1991）。云南野生稻茎秆表皮层细胞木质化强度大，表皮内的厚壁组织厚实，细胞排列紧密，这些机械化程度高的细胞及表皮下的厚壁组织可以抵挡不同方向的压力，使水稻茎秆的抗压能力和抗倒伏能力均得到加强，对病原菌的入侵也起到了抵挡作用。由此，我们认为云南野生稻的茎秆粗、茎壁厚、维管束多和厚壁组织厚等茎秆特性增强了茎秆的抗倒伏能力，表皮细胞的木质化可以抵挡病原菌的侵袭。

3. 景洪疣粒野生稻根部结构与抗病的关系

　　本研究发现，景洪疣粒野生稻根的中柱鞘细胞排列紧凑，中柱鞘外的内皮层由一层致密短小的细胞构成，根的表皮与外皮层之间的细胞径向壁明显加厚，细胞机械程度高，形成明显的凯氏点。根中皮层细胞壁的厚壁组织能抵抗病原菌果胶酶水解作用，皮层细胞中的凯氏带也可以帮助植物组织抵抗病原菌从伤口侵入（颜世文等，2001）。因此，我们推测景洪疣粒野生稻根部的这些结构可以抵挡水中病原菌的入侵，同时紧密排列的细胞和机械化程度高的细胞壁结构可以阻挡病原菌在细胞间的传导。对白叶枯病有抗性的 DS487，其根中的中柱鞘结构与景洪疣粒野生稻极为相似，而易感白叶枯病原菌的金刚 30 和米泉黑芒的中柱鞘细胞接近圆形，细胞间隙大，内皮层细胞疏散。因而我们推测景洪疣粒野生稻的这种狭长而排列紧凑的中柱鞘细胞及细胞短小排列紧密的内皮层结构可能在植株抵挡白叶枯病病原菌的入侵中起到一定的防御作用，降低了白叶枯病病原菌在水中侵染植株的可能性。

第二节　云南野生稻对稻瘟病的抗性评价

　　稻瘟病（*Pyricularia grisea*）是水稻的重要病害，由于稻瘟病生理小种的多样性和易变异性，一般抗病品种在推广 3～5 年后常由抗病变为感病，造成严重损失。因此，寻找和筛选稳定持久的抗病品种，尤其是从古老的地方品种和野生资源中发掘利用持久抗性资源，是防治稻瘟病经济、有效的措施，也是保证稻作稳产、高产的主要途径。

云南省是亚洲栽培稻的多样性中心之一，已收集和保存近 6000 份地方品种，在云南省境内东经 97°56′～107°17′，北纬 21°29′～24°55′的热带、亚热带地区的 103 个点上发现了 3 种野生稻：普通野生稻（*Oryza rufipogon* Griff.，染色体数为 $2n=24$，染色体组为 AA）、疣粒野生稻（*Oryza granulata* Baill.，染色体数为 $2n=24$，染色体组为 GG）和药用野生稻（*Oryza officinalis* Wall. ex Watt.，染色体数为 $2n=24$，染色体组为 CC）（蒋志农，1995；Khush and Tenniessen，1991）。彭绍裘等（1982）鉴定了云南野生稻的多抗性：云南景洪的疣粒野生稻高抗白叶枯病，中抗稻瘟病，高抗细条病；耿马药用野生稻高抗白叶枯病，中抗稻瘟病，高抗褐飞虱。但是，云南野生稻是否可作为持久多抗抗原供分子生物技术研究和育种利用，需要进一步的研究。本研究采用田间自然诱发，鉴定了云南野生稻的田间抗性，为进一步利用野生稻提供依据。

一、云南野生稻抗稻瘟病鉴定材料及方法

（一）云南野生稻抗稻瘟病鉴定材料

1. 植物材料

元江普通野生稻和景洪普通野生稻、疣粒野生稻和药用野生稻植株由云南省农业科学院提供；野生稻对照小粒野生稻植株和抗病对照品种 Tetep、感病对照品种 B40、感病诱发品种湘矮早 7 号均由湖南省农业科学院提供。

2. 病圃设置及稻瘟病菌生理小种

试验病圃设在湖南省稻瘟病历年发生严重的安化县烟溪镇丰里村，为籼稻区。病圃位于 110°42′E，27°58′N，海拔 240 m，四周环山，昼夜温差大，雾露时间长，是典型的稻瘟病山区生态系统。稻瘟病菌生理小种具有中 A 等 7 群小种，以中 B、中 C 群为主。

（二）云南野生稻抗稻瘟病鉴定方法

1996 年 5 月 5 日将普通野生稻、药用野生稻、小粒野生稻植株移植于病圃中。疣粒野生稻则用旱土盆栽，剪去老、枯叶片，让其宿根长出新叶。抗病对照品种 Tetep、感病对照 B40 与其他鉴定品种按区长 50 cm，区宽 10 cm，各品种区间行距 10 cm 播种于病圃中，四周播诱发品种湘矮早 7 号。供试材料在病圃中以自然诱发为主，用保湿病稻草插于诱发行及鉴定材料间辅助接种。

记载每个材料的始病期（该鉴定材料叶片上出现针头状褐点的最早日期）。

调查记载每个材料的苗期叶瘟病级严重度、病斑孢子层级别、典型感病病斑面积百分率、病斑数。计算叶片病斑面积日扩展率、病斑数日增长率（杜正文，1991；黄费元等，1992，1994；刘二明等，1994）。苗期叶瘟病级严重度按国际稻瘟病圃（IRBN）0～9 级分级标准分级记载；孢子层级分级标准按黄费元、彭绍裘等方法（裴鑫德，

1991）。抗、感划分按全国稻瘟病菌生理小种测试组制定的方法和标准进行（杜正文，1991）。

二、云南野生稻抗稻瘟病鉴定结果

（一）始病期、叶瘟病级严重度和病斑孢子层级

1996 年 5 月 30 日，感病对照 B40 出现针头状褐点，随后发病迅速，病情加重，后期部分秧苗甚至枯死。其苗期叶瘟病级严重度达 9 级，病斑孢子层级为 7 级。抗病对照 Tetep 到 6 月 17 日尚未出现针头状褐点。云南野生稻中，药用野生稻发病最早，5 月 25 日就观察到叶片上出现明显针头状褐点，叶瘟病级严重度达 7 级，病斑孢子层级达 5 级；疣粒野生稻始病期为 6 月 5 日，发病缓慢，6 月 20 日才出现较小的"S"形病斑，叶瘟病级为 3 级，病斑孢子层级 1 级；景洪普通野生稻始病期为 6 月 2 日，叶瘟病级达 7 级，病斑孢子层级 5 级；元江普通野生稻始病期为 6 月 1 日，病级达 8 级，孢子层级 7 级。云南普通野生稻的两个类群的叶片上都均匀地布满了"S"形病斑，严重的叶片枯死。小粒野生稻高抗无病（表 6-2-1）。

表 6-2-1　云南野生稻的始病期、病级严重度和病斑孢子层级
Table 6-2-1　The initial stage and seriousness of infection disease and spore layer scales of lesions of Yunnan wild rice species

材料 Material	始病期 Initial stage of infection disease（Month-Day）	病斑孢子层级（级） Spore layer scales of lesions（grade）	叶瘟严重度（级） Seriousness of leaf disease（grade）	病级类型 Types of disease
元江普通野生稻	06-01	7	8	HS
景洪普通野生稻	06-02	5	7	HS
疣粒野生稻	06-05	1	3	MR
药用野生稻	05-25	5	7	S
小粒野生稻	未发病	0	0	HR
Tetep	未发病	0	0	HR
B40	05-30	7	9	HS

注：HS. 高抗；MR. 中抗；S. 感病；HS. 高感

Note：HS. highly resistant；MR. moderately resistance；S. susceptible；HS. highly susceptible

（二）病斑面积率及动态变化

Tetep、小粒野生稻高抗稻瘟病，病斑面积率为 0。感病对照 B40 的最高病斑面积率为 51.8%，其日平均增长率为 603.5%。元江普通野生稻发病最重，前期病情发展十分迅速，病斑面积以高达 639.2%的日平均增长速率迅速扩大，最高病斑面积达到总叶片面积的 65.8%，高于感病对照品种 B40；景洪普通野生稻次之，前期发病缓慢，后期病情急剧加重，病斑面积以 445.8%的日平均增长率蔓延。药用野生稻发病最早，但与普通野生稻相比较病情发展缓慢，病斑面积日平均增长率为 73.5%。疣粒野生稻的叶片仅出现针头状的褐点，病斑面积（0.5%）未发生变化（表 6-2-2）。

表 6-2-2　病斑面积率、病斑面积日扩展率变化规律

Table 6-2-2　The changes of area percentage of infected leaves and daily developmental rate of infected area

材料 Materials	调查叶片数 Number of observed leaves	06-02 病斑面积率/% AP	06-05 病斑面积率/% AP	06-05 病斑面积增长率/% DR	06-08 病斑面积率/% AP	06-08 病斑面积增长率/% DR	06-11 病斑面积率/% AP	06-11 病斑面积增长率/% DR	06-14 病斑面积/% AP	06-14 病斑面积增长率/% DR	06-17 病斑面积率/% AP	06-17 病斑面积增长率/% DR	病斑面积日增长率/% DDR
元江普通野生稻	10	0.6	7.4	1133.0	27.2	146.5	41.6	52.9	62.6	60.5	65.8	5.1	639.2
景洪普通野生稻	10	0.5	0.6	20.0	1.9	216.7	7.1	273.3	24.0	238.0	38.4	56.7	445.8
药用野生稻	10	1.6	2.5	36.0	5.9	136.0	8.5	44.0	14.7	68.2	21.6	46.9	73.5
疣粒野生稻	10	0.5	0.5	0.0	0.5	0.0	0.5	0.0	0.5	0.0	0.5	0.0	0.0
小粒野生稻	10	0.0	0.0	0.0	0.0	0.0	0.0	0.0	0.0	0.0	0.0	0.0	0.0
Tetep	10	0.0	0.0	0.0	0.0	0.0	0.0	0.0	0.0	0.0	0.0	0.0	0.0
B40	10	0.5	1.0	100.0	6.8	580.0	13.3	95.6	25.0	87.9	51.8	107.2	603.5

注：病斑面积日增长率 $=\dfrac{(6月17日病斑面积率-6月2日病斑面积率)}{6月2日病斑面积率\times 17}\times 100\%$

Note: AP. Area percentage of infected leaves; DDR. Daily developmental rate of infected area; DR. Developmental rate of infected area. $DR=\dfrac{6-17AP-6-2AP}{6-2AP\times 17}\times 100\%$

（三）病斑数及变化规律

从病斑数和病斑数日平均增长率来看，元江普通野生稻（21.3，244.7%）和景洪普通野生稻（18.5，241.1%）病斑数增加都快，超过感病对照 B40（17.3，95.8%）。其中，元江普通野生稻比景洪普通野生稻稍高。药用野生稻的病斑数（16.2）比 B40（17.3）低，而病斑数增长率（113.2%）高于 B40（95.8%）。疣粒野生稻的叶片仅发现一个较小的"S"形病斑。小粒野生稻、抗病对照 Tetep 未发现任何"S"形病斑（表 6-2-3）。

表 6-2-3　典型感病病斑数、病斑数日增长率动态变化

Table 6-2-3　The changes of the number of infected spots and their daily increase rate

材料 Materials	调查叶片数 Number of observed leaves	06-02 病斑数 NIS	06-05 病斑数 NIS	06-05 病斑数增长率/% IR	06-08 病斑数 NIS	06-08 病斑数增长率/% IR	06-11 病斑数 NIS	06-11 病斑数增长率/% IR	06-14 病斑数 NIS	06-14 病斑数增长率/% IR	06-17 病斑数 NIS	06-17 病斑数增长率/% IR	病斑数日平均增长率/% DIR
元江普通野生稻	10	0.5	2.0	300.0	7.0	250.0	14.0	100.0	17.7	26.4	21.3	20.3	244.7
景洪普通野生稻	10	0.3	0.9	200.0	1.8	100.0	8.8	388.8	11.6	31.8	18.5	59.5	241.1
药用野生稻	10	0.8	1.9	137.5	2.5	31.6	5.0	100.0	10.9	118.0	16.2	46.8	113.2
疣粒野生稻	10	0.0	0.0	0.0	0.0	0.0	0.0	0.0	0.0	0.0	0.1	0.0	0.0
小粒野生稻	10	0.0	0.0	0.0	0.0	0.0	0.0	0.0	0.0	0.0	0.0	0.0	0.00
Tetep	10	0.0	0.0	0.0	0.0	0.0	0.0	0.0	0.0	0.0	0.0	0.0	0.0
B40	10	1.0	1.3	30.0	4.1	215.0	8.8	114.6	9.6	90.0	17.3	80.2	95.8

注：病斑数日平均增长率 $=\dfrac{(6月17日病斑数-6月2日病斑数)}{6月2日病斑数\times 17}\times 100\%$

Note: NIS. No. of infected spots; IR. Increase rate of infected spots; DIR. Daily increase rate infected spots. $DIR=\dfrac{6-17NIS-6-2NIS}{6-2NIS\times 17}\times 100\%$

三、云南野生稻抗稻瘟病鉴定探讨

从本实验结果看，鉴定材料的发病状况与诱发品种存在一定的关系：诱发品种发病轻时，鉴定材料发病也轻，抗、感差距不明显，变化趋势较小，不易区分；一旦诱发品种病级加重，病情病级严重达 9 级，全叶枯死时，鉴定材料的抗、感化明显，容易区分；感病材料病情变化较快，病斑面积率逐渐扩大，病斑数也随之增加。

本研究鉴定发现在云南野生稻中，除云南疣粒野生稻中抗稻瘟病外，云南普通野生稻高感稻瘟病，云南药用野生稻感稻瘟病，这与以往的鉴定果有所不同。这可能与所鉴定的野生稻材料的遗传多样性有关；另外，鉴定点的不同，与病圃的生理小种优势小种不同有关。但是否由于种植温室多年后抗性出现下降，有待进一步深入研究。据报道，云南疣粒野生稻高抗细菌性条斑病，对白叶枯病抗性为 0 级，接近免疫，中抗稻瘟病（彭绍裘等，1982）。本研究进一步证实疣粒野生稻中抗稻瘟病。综上研究结果，疣粒野生稻有可能是一个持久多抗材料，但是云南疣粒野生稻在湖南不能过冬，这给持抗的多年鉴定带来困难。

参 考 文 献

杜正文. 1991. 中国水稻病虫害综合防治策略与技术. 北京: 农业出版社.

黄费元, 彭绍裘, 刘二明. 1994. 水稻品种对稻瘟病抗性组分的研究. 中国水稻科学, 8(1): 43-47.

黄费元, 彭绍裘, 肖放华. 1992. 稻瘟病田间叶片病斑孢子量检测方法研究初报. 植物保护, 18(1): 36-37.

蒋志农. 1995. 云南稻作. 昆明: 云南科技出版社.

李芳兰, 包维楷. 2005. 植物叶片形态解剖结构对环境变化的响应与适应. 植物学通报, 22(Suppl.): 118-127.

李扬汗. 1979. 禾本科作物的形态与解剖. 上海: 上海科学技术出版社: 143-148.

刘二明, 彭绍裘, 黄费元. 1994. 水稻品种对稻瘟病抗性聚类分析. 中国农业科学, 27(3): 44-49.

潘大建, 黄巧云, 连兆铨, 吴惟瑞, 张良佑, 吴荣宗. 1995. 非 AA 染色体组型野生稻的抗病虫性研究. 广东农业科学, 4: 36-38.

庞汉华. 1994. 野生稻对两病抗性鉴定简报. 作物品种资源, 2: 26-27.

裴鑫德. 1991. 多元统计分析及其应用. 北京: 北京农业大学出版社.

彭绍裘, 魏子生, 毛昌祥, 黄河清, 肖放华, 罗宽. 1982. 云南省疣粒野生稻、药用野生稻和普通野生稻多抗性鉴定. 植物病理学报, 12(4): 58-60.

彭绍裘, 魏子生, 毛昌祥, 罗宽, 黄河清, 肖放华. 1981. 野生稻多抗(病)性鉴定——高抗白叶枯病的抗源——疣粒野生稻. 湖南农业科学, 5: 47-48.

王群瑛, 胡昌浩. 1991. 玉米茎秆抗倒特性的解剖研究. 作物学报, 17(1): 70-75.

颜世文, 倪宏涛, 冷艳华. 2001. 不同抗感灰斑病品种叶片蜡质含量、叶比重的比较研究. 种子世界, (2): 24-25.

章琦, 李道远. 1994. 野生稻抗稻白叶枯病性(*Xanthomonas oryzae* pv. *oryzae*)的评价. 中国农业科学, 27(5): 1-9.

章琦, 杨文才, 施爱农, 王春莲, 朱立宏, 沙学延, 诸培新, 陆志强, 谢岳峰, 张瑞品, 林兴华, 余功新. 1996. 我国水稻白叶枯病(*Xanthomonas oryzae* pv. *oryzae*)性状遗传研究的标准化问题的商榷. 中国农业科学, 29(4): 85-92.

周纪东. 2001. 水稻白叶枯病生理生化机制的研究进展. 微生物杂志, 21(3): 56-58.

Khush G S, Tenniessen C H. 1991. Rice Biotechnology. Manils, Philippines: IRRI.

Song W Y, Pi L Y, Wang G L, Gardner J, Holsten T, Ronald P C. 1997. Evolution of the rice *Xa21* disease resistance gene family. The Plant Cell, 9: 1279-1287.

Wang G L, Ruan D L, Song W Y, Sideris S, Chen L L, Pi L Y, Zhang S P, Zhang Z, Fauquet C, Gaut B S, Whalen M C, Ronald P C. 1998. *Xa21*D encodes a receptor-like molecule with a leucine-rich repeat domain that determines race-specific recognition and is subject to adaptive evolution. The Plant Cell, 10: 765-779.

第七章　云南野生稻种子储藏蛋白

稻米蛋白质含量一直以来都是衡量稻米营养品质的重要指标之一。在成熟水稻种子中，谷蛋白的含量为总蛋白含量的60%～80%，其多肽分子质量为50～62 kDa，由37～39 kDa的酸性（α）亚基和22～23 kDa的碱性（β）亚基组成。水稻种子储藏蛋白定位于蛋白体（protein body，PB）中，分为PB-Ⅰ和PB-Ⅱ两种类型。PB-Ⅰ包括醇溶蛋白，而PB-Ⅱ主要包括谷蛋白和球蛋白。谷蛋白的赖氨酸含量较高，是优良的植物源蛋白质，优于大豆的储藏蛋白，且与含醇溶蛋白的PB-Ⅰ不同，富含谷蛋白的PB-Ⅱ易被人体消化和吸收（Granier，1988），而醇溶蛋白因无法被胃蛋白酶降解而成为人体不能利用的蛋白质成分。因此提高稻米谷蛋白的含量或降低醇溶蛋白含量就成了改善稻米营养价值的重要途径。目前在天然和诱变的水稻品种突变体中，高谷蛋白品种较少，而栽培稻稻米储藏蛋白遗传基础狭窄，高谷蛋白质遗传物质少，因此，很有必要利用野生稻找到具有高谷蛋白的遗传物质资源。

目前对野生稻种子储藏蛋白的研究极少，近年来的研究表明，云南野生稻中，普通野生稻的总蛋白含量平均为（14.47±0.64）%，药用野生稻总蛋白含量平均为（16.3±1.05）%，疣粒野生稻总蛋白含量平均为（15.3±0.57）%，云南野生稻的总蛋白含量显著高于对照栽培稻品种的最高含量（栽培稻最高蛋白含量为10.0%），平均高5～6个百分点（Cheng et al.，2005）。为什么野生稻与栽培稻的种子储藏蛋白含量有这么大的差异呢？野生稻中是否有值得发掘利用的蛋白质类型，以及野生稻中决定稻米营养价值的谷蛋白质和醇溶蛋白质类型及其他含量等目前尚未见报道。

本研究通过SDS蛋白电泳与高分辨率的蛋白质分离技术二维凝胶电泳（2-DE）、现代质谱技术及生物信息学分析等结合的方法，构建了高质量的云南野生稻资源和栽培稻资源种子蛋白质组表达差异的2-DE图谱，寻找云南野生稻与栽培稻差异的蛋白质，明确云南野生稻与栽培稻蛋白质含量差异的分子基础，鉴定其中主要差异蛋白，为分离克隆相关蛋白质基因或其表达调控的序列提供信息，同时为今后利用云南野生稻资源进行功能稻米的育种、水稻杂交育种选育标记等奠定基础。

第一节　云南野生稻种子储藏蛋白的研究材料及方法

一、研究材料

景洪普通野生稻（*Oryza rufipogon*）、景洪药用野生稻（*Oryza officinalis*）和景洪疣粒野生稻（*Oryza granulata*）的成熟种子，所有种子均由野外收集。

合系35（粳稻）和滇泷201（籼稻）的成熟种子，收集自云南西双版纳，与野生稻种子采集地的气候生态条件类似。

二、研究方法

（一）云南野生稻种子储藏总蛋白的提取

分别采用 Granier F 的 TCA-丙酮沉淀法（进行改进）、酚抽提法、SDS-Urea 提取法、Thiourea-Urea 提取法等对云南野生稻种子储藏总蛋白进行提取，探索云南野生稻蛋白质提取的最佳方法。

（二）球蛋白、醇溶谷蛋白、谷蛋白的分级提取

（1）成熟种子去壳后加入液氮研磨，取 200 mg 粉末于 1.5 mL eppendorf 管中，加入 1 mL 分级提取液 A（10 mmol/L Tris-HCl pH 6.8，0.5 mol/L NaCl）剧烈振荡，使样品混匀后置于摇床上，每隔半小时剧烈涡旋振荡一次，共 6 h，4℃，12 000 r/min 离心 15 min，取上清，即球蛋白和清蛋白。沉淀后进行下轮提取。

（2）上一步的沉淀加入 1 mL 分级提取液 B（60%正丙醇，含 5% 2-ME），剧烈振荡，使样品混匀，置于摇床上，每隔半小时剧烈涡旋振荡一次，共 6 h，4℃，12 000 r/min 离心 15 min 取上清，即为醇溶蛋白。沉淀后进行下轮提取。

（3）上一步的沉淀用去离子水洗两次加入 1 mL 提取液 C（1%乳酸，1 mmol/L EDTA-Na$_2$），剧烈振荡，使样品混匀后置于摇床上，每隔半小时剧烈涡旋振荡一次，共 6 h，4℃，12 000 r/min 离心 15 min 取上清，即谷蛋白。

提取获得的蛋白上清置于–70℃保存待用。

（三）蛋白质含量的测定

根据 Bradford 法测定蛋白质含量，以 1.0 mg/mL 的牛血清蛋白作为蛋白标准液，测定提取的蛋白质在 595 nm 波长处的相对吸光度，以吸光度为横坐标 x，反应蛋白量（μg）为纵坐标 y，用工作表中的 Chart Wizard 绘制标准曲线，得到回归线性方程 $y=f(x)$ 和线性相关系数 r^2，然后将样品测定结果的平均值用 Paste Function 中 Forecast 返回得到待测样品的预测值 y。

原样品的蛋白质含量（mg/mL）=稀释倍数×预测值 y（μg/10 μL）。

（四）miniSDS-PAGE

用 BIO-RAD 的 mini-PROTEAN 制胶板配制凝胶。将用 TCA-丙酮沉淀法、酚抽提法获得的干粉溶于 1 mL 裂解液 LY-TB 中，涡旋振荡，摇床上室温放置 2 h，14 000 r/min 离心 15 min，取上清，把这些样品提取液与 2×SDS 上样缓冲液等体积混匀上样，电泳完后采用考马斯亮蓝 R-250 快速染色法进行染色。

（五）双向电泳

样品按照 Thiourea-Urea 提取法制备，预先从冰箱取出长 13 cm 的 IPG（pH 3～10）胶条，室温放置 10 min。将 Thiourea-Urea 法提取的 150 μL 上清和上样水化液等体积混匀，加入到重溶盘中。从碱性端小心撕开 IPG 胶条表面的保护膜，然后胶面朝下放入重溶盘内，盖好盖子，室温放置水化 16 h 以上。采用 Amersham Biosciences 的 Ettan IPGphor Ⅱ系统进行等电聚焦 IEF。胶条等电聚焦后开始平衡，平衡完后的胶条要立刻进行胶条

转移，用 Ettan DALTsix 系统进行 SDS-PAGE，Blue Sliver 进行染色。

（六）图谱、质谱分析

染色后用 ImageScanner 扫描仪扫描，用 ImageMaster 2D Platinum 软件进行分析，包括凝胶的校准，蛋白点的检测和匹配，图像数据的分析和整合等。根据软件分析找到图谱中差异蛋白点，选取 6 个差异蛋白点进行 LC/ESI-MS/MS 分析。

第二节　云南野生稻种子储藏蛋白分析

一、云南野生稻种子储藏蛋白中各组分的蛋白质含量

水稻种子中谷蛋白和醇溶蛋白含量占总蛋白含量的 80%～90%，而谷蛋白和醇溶蛋白的含量又决定了稻米的营养价值及食用品质。通过对云南野生稻种子储藏蛋白各组分蛋白含量分析发现，云南野生稻谷蛋白含量显著高于两个供试栽培稻，其中药用野生稻的谷蛋白含量最高，粳稻合系 35 谷蛋白含量最低（图 7-2-1，表 7-2-1），而 5 个供试材料的醇溶蛋白、白蛋白和球蛋白的含量差异较小。因此推测 5 个供试材料谷蛋白含量的显著差异导致其种子总蛋白含量的差异。

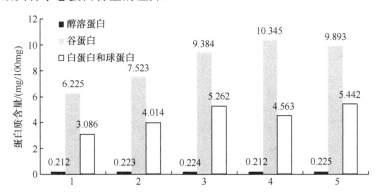

图 7-2-1　醇溶蛋白、谷蛋白、白蛋白和球蛋白的含量
Fig. 7-2-1　The protein content of prolamine，glutelin，albumin and globulin
1. 粳稻合系 35；2. 籼稻滇陇 201；3. 普通野生稻；4. 药用野生稻；5. 疣粒野生稻
1. *O. sativa japonica* Hexi 35；2. *O. sativa indica* Dianlong 201；3. *O. rufipogon*；4. *O. officinalis*；5. *O. granulata*

表 7-2-1　3 个野生稻和两个栽培稻中的蛋白质含量（单位：mg/100 mg 种子）
Table 7-2-1　The seed protein contents in three wild rice species and two cultivated rice
（Unit：mg/100 mg seeds）

材料 Materials	总蛋白 Total protein	谷蛋白 Glutelin	醇溶蛋白 Prolamine	白蛋白和球蛋白 Albumin and globulin
粳稻合系 35	9.52	6.225	0.212	3.083
籼稻滇陇 201	11.76	7.523	0.223	4.014
普通野生稻	14.87	9.384	0.224	5.262
药用野生稻	15.12	10.345	0.212	4.563
疣粒野生稻	15.56	9.893	0.225	5.442

注：蛋白质含量（mg/100 mg seeds）
Note：Protein contents（mg/100 mg seeds）

二、云南野生稻种子储藏蛋白的电泳图谱

（一）云南野生稻种子储藏蛋白提取方法比较

云南野生稻种子储藏蛋白分别采用 LY-SDS、TCA、LY-TB、酚法等抽提，并进行 SDS-PAGE 分析。

图 7-2-2 中，泳道 3、4、5、7 分别代表不同抽提方法对普通野生稻种子储藏蛋白的提取效果。4 种抽提方法中，LY-SDS 提取效果最佳，条带清晰而且数目较多。与 LY-SDS 提取法（图 7-2-2A，3 号泳道）相比，TCA-丙酮沉淀抽提法（图 7-2-2B，4 号泳道）在 23 kDa 处的条带明显减弱，在 18.4 kDa 处有条带丢失（图 7-2-2B，4 号泳道箭头所示）；酚抽提法在 55 kDa 处条带明显丢失（图 7-2-2B，5 号泳道箭头所示）。由此可以看出，不同的提取方法得到的蛋白质有所不同。酚抽提方法会造成普通野生稻种子储藏蛋白的严重丢失，不能用于野生稻种子蛋白的提取；TCA-丙酮沉淀法能引起蛋白质的变化和损失，同样不适于野生稻种子储藏蛋白的提取和双向电泳分析；LY-SDS 法和 LY-TB 法获得的蛋白条带比较全、条带数多，较适用于野生稻种子蛋白的提取，通过双向电泳可以正确、全面地反映野生稻种子储藏蛋白情况。

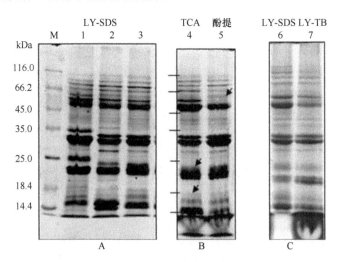

图 7-2-2　不同方法抽提的水稻种子总蛋白 SDS-PAGE 的比较

Fig. 7-2-2　The comparison SDS-PAGE of different protein extractions of the rice seed proteins

A. LY-SDS 裂解液提取的不同材料种子的总蛋白（1. 疣粒野生稻；2. 药用野生稻；3. 普通野生稻）；B、C. 不同方法抽提的普通野生稻的总蛋白（4. 普通野生稻，TCA-丙酮沉淀法抽提，LY-TB 重溶；5. 普通野生稻，酚法抽提，LY-TB 重溶；6. LY-SDS 法抽提；7. 普通野生稻，LY-TB 法抽提）

A. The LY-SDS extraction of total proteins（1. *O. granulata*；2. *O. officinalis*；3. *O. rufipogon*）；B、C. The different extractions of *O. rufipogon* total proteins（4. *O. rufipogon*，TCA-Acetone precipitation，LY-TB dissolution；5. *O. rufipogon*，Phenol extraction，LY-TB dissolution；6. LY-SDS extraction；7. *O. rufipogon*，LY-TB extraction）

（二）云南野生稻种子储藏总蛋白条带带型与栽培稻的差异

云南野生稻种子储藏总蛋白的条带带型与栽培稻的具有明显差异。疣粒野生稻、药用野生稻、普通野生稻、滇陇 201 和合系 35 的总蛋白条带数依次为 16、17、18、19、

17（图 7-2-3）。虽然 5 个材料种子储藏蛋白条带数量上差别不大，但在蛋白条带带型上，云南野生稻与栽培稻种子蛋白存在明显的差异。在云南野生稻中，普通野生稻的蛋白条带带型与栽培稻蛋白条带较为相似，其次是药用野生稻，蛋白条带带型差异最大的是疣粒野生稻。与两个栽培稻相比（图 7-2-3A），普通野生稻和疣粒野生稻的 57 kDa 谷蛋白前体表达量明显增加。

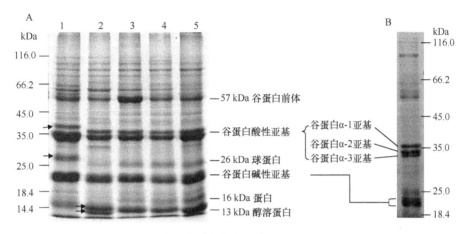

图 7-2-3　云南野生稻与栽培稻种子总蛋白的 SDS-PAGE 分析

Fig. 7-2-3　The SDS-PAGE analysis of total protein in seeds of Yunnan wild rice species and cultivated rice

A. 云南野生稻和栽培稻的 SDS-PAGE 分析；B. 单独显示了谷蛋白酸性亚基的 3 种亚基条带，以及谷蛋白碱性亚基的分离情况

1. 疣粒野生稻；2. 药用野生稻；3. 普通野生稻；4. 籼稻滇陇 201；5. 粳稻合系 35

A. The SDS-PAGE of Yunnan wild rice and cultivated rice；B. The protein bands of glutelin acidic subunit and basic subunit were showed separately

1. *O. granulata*；2. *O. officinalis*；3. *O. rufipogon*；4. *O. sativa indica* Dianlong 201；5. *O. sativa japonica* Hexi 35

云南疣粒野生稻的谷蛋白酸性亚基与其他 4 个供试材料具有明显的差异性。比较谷蛋白酸性亚基（图 7-2-3B）发现，疣粒野生稻的谷蛋白酸性亚基区 α-1 亚基缺失，但出现了一条约 40 kDa 的新蛋白条带（图 7-2-3A，1 号泳道箭头所示），除此之外，α-2 和 α-3 亚基表达量明显高于其他供试材料；同时在谷蛋白碱性亚基区，疣粒野生稻的蛋白质表达量也比其他材料高。

云南野生稻的球蛋白和醇溶蛋白与栽培稻存在明显的差异。在疣粒野生稻中，26 kDa 球蛋白条带缺失，但在 26 kDa 上方出现一条新的蛋白条带（图 7-2-3A，1 号泳道箭头所示），13 kDa 醇溶蛋白表达量明显降低。在药用野生稻中，26 kDa 蛋白表达量明显下降，16 kDa 和 13 kDa 醇溶蛋白条带缺失，出现了两种特异表达的 14 kDa 和 12 kDa 蛋白（图 7-2-3A，2 号泳道箭头所示）。

通过云南野生稻与栽培稻种子储藏蛋白的 SDS-PAGE 分析，疣粒野生稻和栽培稻的谷蛋白酸性亚基区和醇溶蛋白的蛋白条带带型与其他供试材料具有明显的差异。疣粒野生稻和药用野生稻新蛋白条带的出现及差异蛋白条带可能代表新蛋白，而疣粒野生稻醇溶蛋白表达量的降低和药用野生稻醇溶蛋白条带的缺失暗示了云南野生稻是一种高谷蛋白低醇溶蛋白的品种。另外，有趣的是，疣粒野生稻、药用野生稻、合系栽培粳稻的谷粒是椭圆的，它们都具有 32 kDa 蛋白，而普通野生稻和栽培籼稻滇陇 201 谷粒都是细长的，它们都没有 32 kDa 蛋白，那么 32 kDa 蛋白是否与谷粒形状建成有关，这一现象值得今后探索。

（三）云南野生稻种子储藏蛋白的 2-DE 分析

1. 种子储藏蛋白 2-DE 蛋白点的检出数

用 ImageMaster 2D Platinum 软件对种子储藏蛋白 2-DE 图谱的蛋白点数进行分析，蛋白点检出个数由多到少依次是：疣粒野生稻（458）＞药用野生稻（344）＞普通野生稻（338）＞籼稻滇陇 201（300）＞粳稻合系 35（258）（表 7-2-2），很明显，云南野生稻的蛋白点数比两个栽培稻材料多。谷蛋白酸性亚基主要集中在 26～45 kDa，这个区域也是 2-DE 胶图中蛋白表达量最高的区域，对这个区域的蛋白点数进行统计发现，检出蛋白点数最多的仍然是疣粒野生稻（174），最少的是合系 35（表 7-2-2）。这表明了云南野生稻的种子储藏蛋白种类比栽培稻的多。

表 7-2-2　5 个水稻材料种子储藏蛋白 2-DE 图谱的检出蛋白点数
Table 7-2-2　The detected spot number of 2-DE seed storage proteins of five rice materials

蛋白类型	普通野生稻	药用野生稻	疣粒野生稻	滇陇 201	合系 35
总蛋白点数	338	344	458	300	258
*谷蛋白区蛋白点数	119	144	174	125	91

*在 2-DE 图谱中，谷蛋白在 26～45 kDa 含量最多，故取这个区域比较

*The glutelin of 26～45 kDa in 2-4 DE was chosen to compare for its most contents

2. 种子蛋白 2-DE 胶图的差异分析

云南野生稻和供试栽培稻的双向电泳图谱（图 7-2-4）显示，5 个材料的蛋白表达谱存在明显的差异。在云南野生稻中，普通野生稻的 2-DE 图谱与两个栽培稻的最相似，而药用野生稻和疣粒野生稻的 2-DE 图谱和两个栽培稻的差异性较大，尤其是疣粒野生稻。除此之外，疣粒野生稻整体蛋白点表达量高于其他材料，说明疣粒野生稻的蛋白质含量相对较高，这一结果与 SDS-PAGE（图 7-2-3）分析结果一致。

通过 ImageMaster 2D Platinum 软件分析发现，普通野生稻和栽培稻匹配的蛋白点最多，而疣粒野生稻与栽培稻蛋白点匹配度比较低（表 7-2-3）。在谷蛋白区的蛋白点匹配情况也是普通野生稻和栽培稻匹配率最高，疣粒野生稻与栽培稻的匹配蛋白点最少（表 7-2-3）。这说明了普通野生稻与栽培稻的蛋白类型相似性高，而疣粒野生稻与栽培稻的蛋白类型差异较大。

根据云南野生稻和供试栽培稻材料的 2-DE 图（图 7-2-4）比较分析，把云南野生稻和供试栽培稻种子储藏蛋白主要的差异分成了 5 个区：（Ⅰ）谷蛋白酸性亚基区、（Ⅱ）谷蛋白前体区、（Ⅲ）谷蛋白碱性亚基区、（Ⅳ）水溶性蛋白区、（Ⅴ）球蛋白区。

三、云南野生稻种子储藏蛋白的 2-DE 谱分区比较

云南野生稻与栽培稻 5 个蛋白区，即（Ⅰ）谷蛋白酸性亚基区、（Ⅱ）谷蛋白前体区、（Ⅲ）谷蛋白碱性亚基区、（Ⅳ）水溶性蛋白区、（Ⅴ）球蛋白区的表达差异详见图 7-2-5～图 7-2-9。

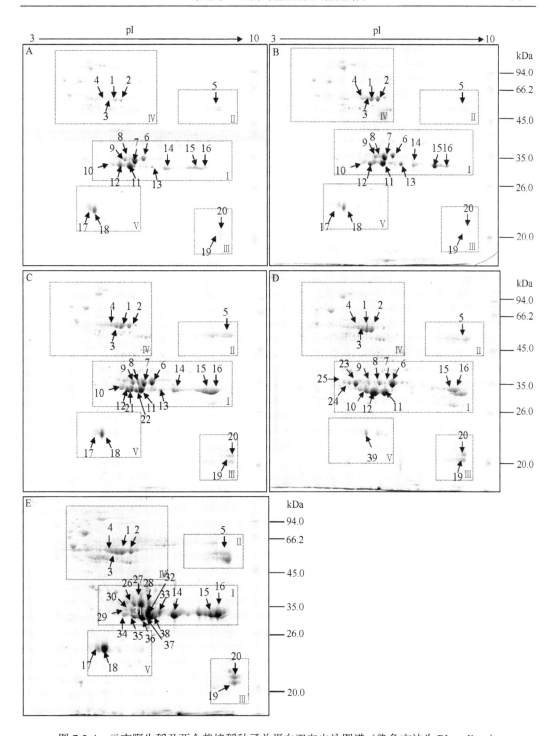

图 7-2-4　云南野生稻及两个栽培稻种子总蛋白双向电泳图谱（染色方法为 Blue-sliver）
Fig. 7-2-4　The two-dimensional gel electrophoresis profiles of total proteins in mature seeds of Yunnan wild rice species and two cultivated rice，Blue-sliver dyeing
A. 粳稻合系 35；B. 籼稻滇陇 201；C. 普通野生稻；D. 药用野生稻；E. 疣粒野生稻
A. *O. sativa japonica* Hexi 35；B. *O. sativa indica* Dianlong 201；C. *O. rufipogon*；D. *O. officinalis*；E. *O. granulata*

表 7-2-3　云南野生稻与栽培稻种子储藏蛋白 2-DE 匹配蛋白点数

Table 7-2-3　The seed storage protein matching spots on 2-DE map between Yunnan wild rice species and two cultivated rice

材料 Materials	蛋白匹配点数 The NO. of protein matching spots	合系 35 Hexi 35	滇陇 201 Dianlong 201	普通野生稻 O. rufipogon
普通野生稻 O. rufipogon	总蛋白匹配点数	165 对	151 对	—
	谷蛋白区匹配点数	56 对，12 个蛋白点上调	71 对，33 个蛋白点上调	—
药用野生稻 O. officinalis	总蛋白匹配点数	87 对	89 对	77 对
	谷蛋白区匹配点数	42 对，33 个蛋白点上调	38 对，21 个蛋白点上调	46 对，24 个蛋白点上调
疣粒野生稻 O. granulata	总蛋白匹配点数	80 对	76 对	81 对
	谷蛋白区匹配点数	36 对，12 个蛋白点上调	34 对，11 个蛋白点上调	37 对，10 个蛋白点上调

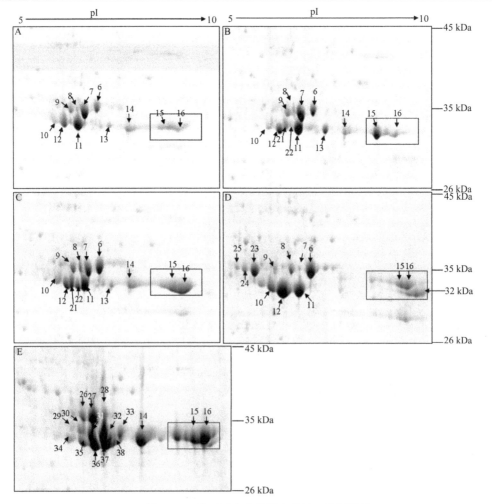

图 7-2-5　种子蛋白中谷蛋白酸性亚基区差异

Fig. 7-2-5　The different of glutelin aicd subunit area in seed proteins

相关蛋白点以数字和箭头显示，3 种云南野生稻中表达量明显增加的点用方框所示

A. 粳稻合系 35；B. 籼稻滇陇 201；C. 普通野生稻；D. 药用野生稻；E. 疣粒野生稻

The compared protein spots were indicated with the corresponding numbers and arrows，at which some noticeably increased spots in the three wild rice species were framed

A. *O. sativa japonica* Hexi 35；B. *O. sativa indica* Dianlong 201；C. *O. rufipogon*；D. *O. officinalis*；E. *O. granulata*

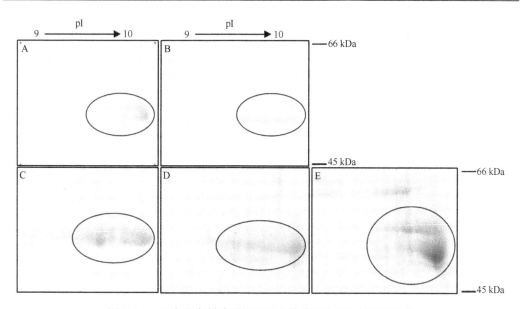

图 7-2-6　云南野生稻种子的谷蛋白前体表达量比栽培稻的高
Fig. 7-2-6　The expression of glutelin precursors is higher in wild rice species than that of cultivated rice
圆圈内表示 5 个材料差异表达的蛋白区
A. 粳稻合系 35；B. 籼稻滇陇 201；C. 普通野生稻；D. 药用野生稻；E. 疣粒野生稻
The circles indicated the different expression of protein in five materials
A. *O. sativa japonica* Hexi 35；B. *O. sativa indica* Dianlong 201；C. *O. rufipogon*；D. *O. officinalis*；E. *O. granulata*

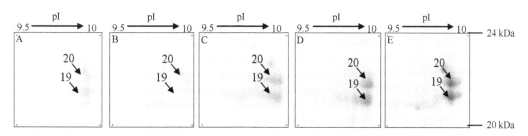

图 7-2-7　5 个材料的谷蛋白碱性亚基区比较
Fig. 7-2-7　Comparison of glutelin basic subunits among five materials
云南野生稻蛋白点（数字和箭头所示）的表达量比栽培稻高
A. 粳稻合系 35；B. 籼稻滇陇 201；C. 普通野生稻；D. 药用野生稻；E. 疣粒野生稻
The protein expression of corresponding protein spots，indicated with arrows and numbers，were higher in wild rice species than that of cultivated rice
A. *O. sativa japonica* Hexi 35；B. *O. sativa indica* Dianlong 201；C. *O. rufipogon*；D. *O. officinalis*；E. *O. granulata*

（一）云南野生稻在谷蛋白酸性亚基区（Ⅰ）出现新的蛋白点

谷蛋白酸性亚基区（Ⅰ）的分子质量范围分布在 26～45 kDa 区域，pI 为 5.0～10.0，是整个 2-DE 图谱中表达量最高、差异最明显的区域（图 7-2-5）。云南野生稻和栽培稻的谷蛋白具有明显的差异，尤其是药用野生稻和疣粒野生稻，这两种野生稻在这个区域的表达量明显高于其他材料，而且存在大量差异的蛋白点。云南野生稻谷蛋白酸性亚基区具体差异如下。

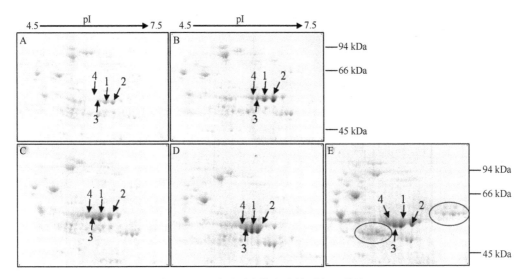

图 7-2-8　种子蛋白的水溶性蛋白区差异
Fig. 7-2-8　The different of water-soluble protein in seed proteins
椭圆圈内为疣粒野生稻水溶性蛋白中两组特异蛋白，云南野生稻 4 个蛋白点表达量比栽培稻材料高
A. 粳稻合系 35；B. 籼稻滇陇 201；C. 普通野生稻；D. 药用野生稻；E. 疣粒野生稻
Two unique groups of proteins were present in water-soluble protein in *O. granulata*. The expression of four protein spots，
indicated with arrows and numbers，were higher in Yunnan wild rice species than that of cultivate rice
A. *O. sativa japonica* Hexi 35；B. *O. sativa indica* Dianlong 201；C. *O. rufipogon*；D. *O. officinalis*；E. *O. granulata*

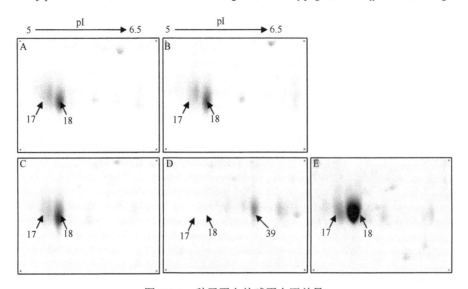

图 7-2-9　种子蛋白的球蛋白区差异
Fig. 7-2-9　The different of globulin in seed proteins
药用野生稻中缺失了蛋白点 17 和 18，但出现了新的蛋白点 39
A. 粳稻合系 35；B. 籼稻滇陇 201；C. 普通野生稻；D. 药用野生稻；E. 疣粒野生稻
There were no protein spots 17 and 18，and a specific protein spot（39）was present in *O. officinalis*
A. *O. sativa japonica* Hexi 35；B. *O. sativa indica* Dianlong 201；C. *O. rufipogon*；D. *O. officinalis*；E. *O. granulata*

1. 普通野生稻表达量增加的 6 个蛋白点

在谷蛋白酸性亚基区，与两个栽培稻种子储藏蛋白相比，普通野生稻有 6 个表达量

增加的蛋白点（7-2-5C），它们分别是蛋白点 9（pI 6.71，34 kDa）、蛋白点 8（pI 6.88，34 kDa）、蛋白点 6（pI 7.36，35 kDa）、蛋白点 10（pI 6.30，35 kDa）、蛋白点 12（pI 6.54，34 kDa）和 14（pI 8.11，34 kDa）。除此之外，在普通野生稻中有 2 个特异表达蛋白点（7-2-5C），分别是蛋白点 21（pI 6.68，34 kDa）和蛋白点 22（pI 6.83，34 kDa），虽然在籼稻滇陇 201 中也有这两个蛋白点（7-2-5B），但表达量明显比普通野生稻的低。这说明与两个栽培稻材料相比，普通野生稻种子的谷蛋白酸性亚基表达量较高。

2. 药用野生稻谷蛋白酸性亚基区差异蛋白

与其他材料相比，药用野生稻的谷蛋白酸性亚基缺失了蛋白点 7、蛋白点 13 和蛋白点 14，同时出现了 3 个药用野生稻特有的蛋白点（7-2-5D），分别是蛋白点 25（pI 5.54，34 kDa）、蛋白点 24（pI 5.72，34 kDa）和蛋白点 23（pI 5.95，34 kDa），并出现了小片约 32 kDa 蛋白区（7-2-5D 箭头所示）。与栽培稻材料相比，蛋白点 6（pI 7.36，35kDa）、蛋白点 10（pI 6.32，33 kDa）和蛋白点 12（pI 6.58，31 kDa）的表达量增加。

3. 疣粒野生稻谷蛋白酸性亚基区差异蛋白

在 5 个材料中，疣粒野生稻的谷蛋白酸性亚基区域的蛋白点最复杂，完全不同于其他材料，并可以大致排成 3 小片区域（图 7-2-5E），分别为 37 kDa 分子质量的蛋白点 26（pI 6.65，37 kDa）、蛋白点 27（pI 6.90，37 kDa）和蛋白点 28（pI 7.22，37 kDa）；34~35 kDa 分子质量的蛋白点 29（pI 6.55，35 kDa）、蛋白点 30（pI 6.66，35 kDa）、蛋白点 31（pI 6.86，34 kDa）、蛋白点 32（pI 7.13，34 kDa）和蛋白点 33（pI 7.50，34 kDa）；31~33 kDa 分子质量的蛋白点 34（pI 6.64，33 kDa）、蛋白点 35（pI 6.96，32 kDa）、蛋白点 36（pI 7.12，31 kDa）、蛋白点 37（pI 7.18，31 kDa）和蛋白点 38（pI 7.39，32 kDa）。而其他材料中相应区域的蛋白质只能大致排成两小片区域，且蛋白点的数量也比疣粒野生稻的少。除此之外，疣粒野生稻的蛋白点 14（pI 8.11，34 kDa）、蛋白点 15（pI 9.28，34 kDa）和蛋白点 16（pI 9.54，34 kDa）表达量明显增加。这一结果与 SDS-PAGE（图 7-2-3）得到的疣粒野生稻在谷蛋白酸性亚基区的条带带型的明显变化及亚基表达量增加的结果相一致。该研究分析表明，疣粒野生稻种子中谷蛋白酸性亚基不仅在蛋白点数量和表达量上明显增加，而且蛋白类型也明显不同于其他材料，其中可能有新的谷蛋白出现。

（二）云南野生稻谷蛋白前体区（Ⅱ）差异

谷蛋白前体区（Ⅱ）分子质量范围在 45~66 kDa，pI 范围为 9.0~10.0。该区域中，云南野生稻谷蛋白表达量明显高于两个栽培稻材料（图 7-2-6），这说明云南野生稻种子中谷蛋白前体表达量比栽培稻的高，尤其是普通野生稻和疣粒野生稻，这一结果和 SDS-PAGE（图 7-2-3）结果相符合。

（三）疣粒野生稻谷蛋白碱性亚基区（Ⅲ）蛋白表达量最高

谷蛋白碱性亚基区（Ⅲ）分子质量范围在 20~24 kDa，pI 范围为 9.5~10.0。云南野生稻蛋白点 19（pI 9.95，23 kD）和蛋白点 20（pI 9.95，22 kD）的表达量比两个供试栽培稻的高，尤其是疣粒野生稻（图 7-2-7）。这表明云南野生稻的谷蛋白亚基表达量高于栽培稻，其中疣粒野生稻的谷蛋白亚基表达量最高。这一结果与 SDS-PAGE 研究分析（图 7-2-3）相一致。

（四）疣粒野生稻水溶性蛋白区（Ⅳ）的两组特异蛋白

水溶性蛋白区（Ⅳ）分子质量为 62 kDa，pI 为 4.5～7.5。与栽培稻相比，云南野生稻水溶性蛋白区中有 4 个表达量明显增加的连续蛋白点，与 SDS-PAGE 研究结果相一致（图 7-2-3），因此说明，云南野生稻的 62 kDa 蛋白表达量比栽培稻高。与其他材料相比，疣粒野生稻在水溶性蛋白区出现了两组新蛋白（图 7-2-8E 椭圆圈所示）。

（五）药用野生稻球蛋白区（Ⅴ）特异蛋白点

5 个材料的球蛋白区（Ⅴ）具有明显的差异。在疣粒野生稻的球蛋白区中，蛋白点 17（pI 5.44，24 kDa）和蛋白点 18（pI 5.65，24 kDa）表达量明显上调，但在药用野生稻中，相应位置上缺少蛋白点 17 和蛋白点 18，而出现了一个特异蛋白点 39（pI 6.27，24 kDa）（图 7-2-9）。

四、云南野生稻差异蛋白点的 LC/ESI-MS/MS 鉴定

5 个供试材料的谷蛋白酸性亚基区差异最明显，因此对其中差异比较明显的 6 种蛋白取点后进行 LC/ESI-MS/MS 鉴定分析，这些蛋白点包括普通野生稻蛋白点 21 和蛋白点 22，药用野生稻蛋白点 11 和蛋白点 23，疣粒野生稻蛋白点 14 和蛋白点 27（图 7-2-5）。鉴定结果详见表 7-2-4。

表 7-2-4　云南野生稻谷蛋白酸性亚基区差异蛋白的 LC/ESI-MS/MS 鉴定
（搜索数据库为 *Oryza sativa japonica*）

Table 7-2-4　LC/ESI-MS/MS identification of the different proteins in glutelin aicd subunit of Yunnan wild rice species（*Oryza sativa japonica* database）

品种 Species	蛋白点 Protein spots	数据库序列号 ID of database	蛋白名称 Protein name	*理论 pI/Mr/Da Theoretical pI/Mr	*实际 pI/Mr/Da Actual pI/Mr	鉴定肽段数 Identification of peptide number
普通野生稻	21	BAD33512	假定蛋白	8.21/29 986.11	6.68/34 000	2
	22	EAZ13943	假定蛋白 OsJ_003768	9/29 819.11	6.83/34 000	2
药用野生稻	11	EAZ25138	假定蛋白 OsJ_008621	6.49/23 679.04	6.99/34 000	2
	23	P07730	谷蛋白 A2 类前体	8.93/56 306.23	5.95/34 000	1
疣粒野生稻	14	EAZ37999	假定蛋白 OsJ_021482	7.28/98 083.5	6.90/37 000	3
	27	BAD33512	假定蛋白	8.21/29 986.11	8.11/34 000	2

注：pI 为等电点，Mr 为分子质量。理论 pI/Mr 为数据库结果，实际 pI 为软件算出，实际分子质量为估算出

Note：PI is isoelectric point，Mr is Molecular weight. Theoretical pI/Mr is from the database. Practical PI is calculated by software. Practical Molecular weight is estimated

表 7-2-4 可见，鉴定的 6 个云南野生稻差异蛋白点中，药用野生稻种子的特异性蛋白点 23 为谷蛋白 A2 类前体，其余的 5 个蛋白点为假定蛋白。LC/ESI- MS/MS 鉴定的蛋白点 MW 或 pI 有一个理论值和实际值，蛋白质质谱分析（理论值）数据来源于肽片段比对，而实际数据往往是通过蛋白修饰产物或剪接后获得的。通过质谱分析鉴定的药用野生稻特异蛋白点 23 实际分子质量/等电点值为 34 kDa/5.95，为谷蛋白 type-A 亚基范围。因此，推测

药用野生稻特异蛋白点 23 是谷蛋白 type-A 前体经不同剪接方式获得的新亚基蛋白。

水稻数据库所搜索到的蛋白质种类多于玉米数据库，但从水稻数据库获得的蛋白检出率比较低，6 个鉴定的蛋白点仅有药用野生稻的特异蛋白点 23 被鉴定为谷蛋白前体，其余 5 个为假定蛋白。而在同为禾本科植物的玉米中获得了比较高的检出率，蛋白点 21 为磷脂类合成蛋白酶类，蛋白点 14 和蛋白点 27 为 ATP 合成酶类亚基，蛋白点 11 为细胞色素单加氧酶。这暗示云南野生稻种子储藏蛋白为新的蛋白类型，迄今对其研究认识较少。

五、云南野生稻种子储藏蛋白差异蛋白点的鉴定

将云南野生稻 2-DE 图谱与数据库及 Xie 等（2006）研究的种子胚乳 2-DE 图谱比较，我们鉴定了云南野生稻种子储藏蛋白的一些蛋白点（表 7-2-5）。同时发现云南野生稻与 Xie 等报道的 3 种水稻胚乳 2-DE 具有一些共有蛋白点，且云南野生稻与 3 种栽培稻种子胚乳的 2-DE 图基本相似，可以找到很多相对应的蛋白点。其中，共有的蛋白点有谷蛋白酸性亚基区的蛋白点 14、蛋白点 15 和蛋白点 16，谷蛋白前体区的蛋白点 5，水溶性蛋白区的蛋白点 1、蛋白点 2、蛋白点 3、蛋白点 4，以及球蛋白区的蛋白点 17 和蛋白点 18（图 7-2-10 箭头所示，表 7-2-6）。

表 7-2-5　云南野生稻与 3 种水稻种子胚乳共有的蛋白点

Table 7-2-5　The endosperm protein spots of three cultivated rice which are shared by Yunnan wild rice species

蛋白点编号 Spot no.[a]	gi 号 gi no.[a]	登录号 Accession no.[b]	等电点 pI Calc.[c]/Obs.[d]	相对分子质量 MW Calc./Obs.	蛋白质名称 Protein name
1	gi|297424	CAA46294	8.34/6.698	66 994/63 452	Glycogen（starch）synthase
2	gi|297424	CAA46294	8.34/6.698	66 994/63 888	Glycogen（starch）synthase
3	gi|297424	CAA46294	8.34/6.698	66 994/63 019	Glycogen（starch）synthase
4	gi|297424	CAA46294	8.34/6.698	66 994/63 452	Glycogen（starch）synthase
5	gi|50902034	XP_463450	9.09/9.613	56 782/58 447	Glutelin type I precursor
6	gi|31455453	BAC77349	6.60/7.435	36 038/38 623	Glutelin
7	gi|225710	1311273A	8.93/7.103	56 727/38 491	Glutelin
8	gi|225710	1311273A	8.93/6.731	56 727/37 967	Glutelin
9	gi|7436606	S65073	8.35/6.464	39 141/38 097	Fructose-bisphosphate aldolase
10	gi|100680	D34332	8.81/6.124	56 390/37 451	Glutelin 22 precursor-rice
11	gi|100680	D34332	8.81/6.375	56 390/36 439	Glutelin 22 precursor-rice
12	gi|100680	D34332	8.81/6.593	56 390/36 066	Glutelin 22 precursor-rice
13	gi|50907885	XP_465431	8.96/7.759	57 426/36 815	Glutelin
14	gi|50906685	XP_464831	9.11/8.277	56 411/36 314	Putative glutelin type-B 2 precursor
15	gi|50906685	XP_464831	9.11/9.038	56 411/36 066	Putative glutelin type-B 2 precursor
16	gi|50906685	XP_464831	9.11/9.402	56 411/36 190	Putative glutelin type-B 2 precursor
17	gi|51038053	AAT93857	7.48/5.816	21 497/26 142	Alpha-globulin
18	gi|51038053	AAT93857	7.48/6.213	21 497/25 522	Alpha-globulin
19	gi|34900098	NP_911395	8.06/8.35	18 423/15 219	Seed allergen RAG2

a. NCBI 数据库 gi 号；b. NCBI 数据库登录号；c. Cale 为数据库的值；d. Obs. 实验值

a. gi no. of NCBI database；b. Accession no. of NCBI database；c. Cale. is a value on the database；d. Obs. is a value on the experiment

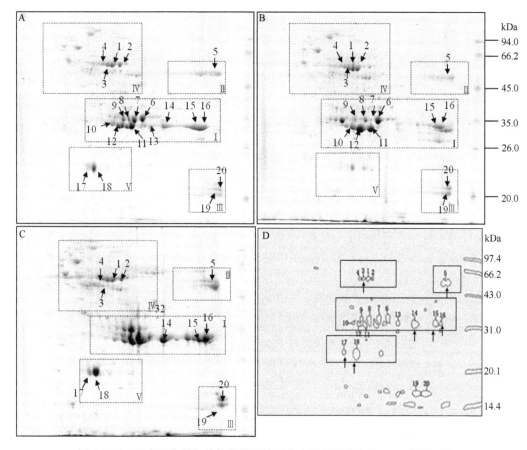

图 7-2-10　云南野生稻与其他栽培稻种子共有种子蛋白点的 2-DE 图谱对比

Fig. 7-2-10　The comparison of 2-DE pattern in seed proteins between Yunnan wild rice species and the other cultivated rice

A. 普通野生稻；B. 药用野生稻；C. 疣粒野生稻；*D. 3 种栽培稻品种

*D 图为 Xie 等获得的 3 种栽培稻种子胚乳蛋白点，其中标注区域为各种野生稻的主要差异区与 Xie 等获得的图谱对应区域

A. *O. rufipogon*；B. *O. officinalis*；C. *O. granulata*；*D. The three kinds of cultivated rice

*D. The common protein spots in seed endosperm of the three kinds of cultivated rice in the study of Xie et al.

表 7-2-6　云南野生稻种子与栽培稻种子胚乳蛋白对应的共同点

Table 7-2-6　The common spots of protein corresponds in seeds between Yunnan wild rice species and endosperm protein spots of cultivated rice

蛋白区域 Protein region	蛋白点 Protein spot	蛋白名称 Protein name
谷蛋白酸性亚基区（Ⅰ）	14、15、16	Putative glutelin type-B 2 preursor
谷蛋白前体区（Ⅱ）	5	Glutelin type Ⅰ preursor
水溶性蛋白区（Ⅳ）	1、2、3、4	Glycogen（starch）synthase
球蛋白区（Ⅴ）	17、18	Alpha-globulin

　　通过结合云南野生稻 SDS-PAGE、2-DE 图谱、LC/ESI-MS/MS 鉴定，以及 Xie 等研究的种子胚乳蛋白 2-DE 图谱，综合分析了云南野生稻差异表达蛋白点（表 7-2-7），对云南野生稻中与 Xie 等研究共有的蛋白点进行比较：①在谷蛋白酸性亚基区（Ⅰ），云南野

生稻蛋白点 14（除药用野生稻缺失蛋白点 14）、蛋白点 15、蛋白点 16 与 Xie 等鉴定的蛋白点 14、蛋白点 15 和蛋白点 16 处于相应位置（图 7-2-5，图 7-2-11），这 3 个蛋白点鉴定为 56 kDa 谷蛋白 type-B2 型前体假定蛋白。②在谷蛋白前体区（Ⅱ），云南野生稻表达量明显增加的区域中的蛋白点 5 与 Xie 等鉴定的蛋白点 5 相似（图 7-2-6，图 7-2-11），为 56 kDa 谷蛋白 Ⅰ 型前体；③在水溶性蛋白区（Ⅳ），通过 2-DE 图谱发现云南野生稻中表达量明显增加的 4 个点分别与 Xie 等鉴定的蛋白点 1、蛋白点 2、蛋白点 3、蛋白点 4 相匹配（图 7-2-8，图 7-2-11），均为糖原（淀粉）合成酶蛋白；④在球蛋白区（Ⅴ），云南普通野生稻和疣粒野生稻蛋白点 17 和蛋白点 18 分别与 Xie 等鉴定的蛋白点 17 和蛋白点 18 相对应（图 7-2-9，图 7-2-11），为 26 kDa 球蛋白，而药用野生稻缺失这两个蛋白点，出现了一个新的蛋白点 39（图 7-2-9）。

表 7-2-7 云南野生稻中差异蛋白点的综合比较

Table 7-2-7 The comprehensive comparison of the specific protein spots of Yunnan wild rice species

差异 Difference	SDS-PAGE	2-DE 图谱 2-DE map	*与 Xie Z S et al. 2-DE 图谱对应蛋白点鉴定 The identification of protein spots corresponded to 2-DE map of Xie Z S et al.	质谱 LC/ESI-MS/MS
谷蛋白酸性亚基区（Ⅰ）	疣粒野生稻在 24～35 kDa 蛋白表达量比其他材料高	34 kDa pI 8.0～9.5 处，疣粒野生稻蛋白点 14、蛋白点 15 和蛋白点 16 表达水平比其他材料高	与其相对应的蛋白点 15 和蛋白点 16 鉴定为 56 kDa 谷蛋白 B2 型前体	蛋白点 15 和蛋白点 16：未鉴定 蛋白点 14 假定蛋白
	疣粒野生稻缺失谷蛋白酸性亚基 α-1，出现 40 kDa 新蛋白条带	药用野生稻出现特异表达蛋白点 23（34 kDa，pI 5.72）和蛋白点 24（34 kDa，pI 5.54）；药用野生稻缺失蛋白点 7（35 kDa，pI 7.22）、蛋白点 13（34 kDa，pI 7.58）和蛋白点 14（34 kDa，pI 8.11）	没有与其对应蛋白点	蛋白点 23：56 kDa 谷蛋白 A2 型前体 蛋白点 24：未鉴定
		普通野生稻中检测到了两个独特蛋白点：蛋白点 21（34 kDa，pI 6.68）和蛋白点 22（34 kDa，pI 6.83）	没有与其对应蛋白点	蛋白点 21 和蛋白点 22：假定蛋白
谷蛋白前体区（Ⅱ）	疣粒野生稻和普通野生稻 57 kDa 谷蛋白前体表达量比其他材料高	云南野生稻在 57 kDa pI 9.0～10 表达水平比栽培稻高	与其对应的蛋白点 5 鉴定为 56 kDa 谷蛋白 Ⅰ 型前体	无
水溶性蛋白区（Ⅳ）	云南野生稻 62 kDa 蛋白表达量比其他材料高	在 62 kDa pI 4.5～7.5，云南野生稻 4 个连续蛋白点 1、蛋白点 2、蛋白点 3 和蛋白点 4 表达量高于栽培稻	与其对应的 4 个蛋白点鉴定为糖原（淀粉）合成酶	4 个蛋白点：未鉴定
		疣粒野生稻出现了两组特异蛋白	没有与其对应的蛋白区域	
球蛋白区（Ⅴ）	疣粒野生稻 26 kDa 蛋白条带缺失，出现了新的 28 kDa 蛋白条带	疣粒野生稻蛋白点 18 表达量明显比其他材料高	与其对应的蛋白点 17 和蛋白点 18 鉴定为 21 kDa α 球蛋白，实际蛋白质分子质量为 26 kDa	蛋白点 17 和蛋白 18：未鉴定
	药用野生稻 26 kDa 蛋白条带很弱，表达量极低	药用野生稻缺失蛋白点 17（24 kDa，pI 5.44）和蛋白点 18（24 kDa，pI 5.65），同时出现新的蛋白点 39（24 kDa，pI 6.27）		

*为参考 Xie 等（2006）鉴定的胚乳蛋白结果分析

* is the analysis by referenced the identified endosperm proteins of Xie ZS et al.

在 LC/ESI-MS/MS 鉴定中，多数云南野生稻差异蛋白点在水稻数据库中没有得到鉴定，但在玉米库中获得了比较好的鉴定，并根据以前研究的 2-DE 图谱显示云南野生稻的这些差异蛋白应该为储藏蛋白，这也从另一个角度说明在云南野生稻中存在一些新的完全不同的谷蛋白类型或者谷蛋白前体。

第三节　云南野生稻种子蛋白质的遗传和稻米品质影响

一、云南野生稻种子储藏蛋白的表达差异与遗传家谱关系

利用蛋白的表达差异来进行遗传家谱的分析很早就有相关报道了，传统的方法是通过 SDS-PAGE 进行蛋白质分析，而近年来也有人利用蛋白质组学双向电泳研究来进行遗传家谱的分析。本研究对云南 3 种野生稻和两种栽培稻种子储藏蛋白进行 SDS-PAGE 分析，发现普通野生稻的蛋白条带类型与籼稻滇陇 201 最相似。普通野生稻 2-DE 图谱兼有籼稻滇陇 201 和粳稻合系 35 的蛋白点，但更偏向于籼稻滇陇 201。在谷蛋白亚基集中区域，普通野生稻谷蛋白的亚基类型要比合系 35 和滇陇 201 的多，蛋白点数量上也比栽培稻的多，在这个区域的普通野生稻蛋白点和滇陇 201 蛋白点有 71 对匹配，远远大于与合系 35 的匹配（56 对）。本研究通过 2-DE 图谱印证了传统分类中所说的普通野生稻没有出现籼粳分化，但在蛋白质一维和二维上发现普通野生稻蛋白表达模式和籼稻的更为接近。通过 SDS-PAGE 分析和 2-DE 比较，药用野生稻、疣粒野生稻与栽培稻的种子储藏蛋白具有极大差异，尤其是疣粒野生稻。这一研究结果也符合传统遗传学上它们存在的差异性。

二、云南野生稻差异表达蛋白对稻米品质的影响

水稻稻米的品质改良主要是增加赖氨酸和蛋白质的含量。水稻种子储藏蛋白主要是醇溶蛋白和谷蛋白，醇溶蛋白中亮氨酸的含量很丰富，赖氨酸和含硫氨基酸的含量则很少，而谷蛋白的赖氨酸含量较高。醇溶蛋白和谷蛋白分别储于两种不同的蛋白体 PB-Ⅰ与 PB-Ⅱ中（O'Farrell，1975）。含醇溶蛋白的 PB-Ⅰ不能被人体胃蛋白酶消化，而富含谷蛋白的 PB-Ⅱ则易被消化（Granier，1988）。所以，提高水稻稻米营养品质主要是提高其谷蛋白、清蛋白和球蛋白等这些由优良氨基酸组成的营养丰富的又不影响其食味的蛋白质，同时减少其导致食味降低而又几乎不为肠胃所吸收的醇溶蛋白。谷蛋白既容易被人体吸收又含有较高的赖氨酸，因此提高谷蛋白含量是改善大米营养品质的重要途径。

在对云南野生稻和两种供试栽培稻种子储藏蛋白含量的测定中发现，影响蛋白含量差异主要是由谷蛋白含量导致的。对云南野生稻种子总蛋白的分析鉴定发现，变化最大的基本都是谷蛋白和谷蛋白前体。在云南野生稻中，不同的谷蛋白前体表达量普遍增加，而且在野生稻中存在众多新的谷蛋白，这些都为我们改善稻米品质提供了材料。普通野生稻中可能存在与栽培稻中类似的谷蛋白前体的上调，可以从中发掘其相关基因的调控元件。药用野生稻 26 kDa 蛋白表达量很低，13 kDa 醇溶蛋白条带缺失，出现了新的 14 kDa 和 12 kDa 两种特异蛋白，这些均为我们培育高谷蛋白和低或无醇溶蛋白的水稻品种提供

了基础材料。疣粒野生稻谷蛋白含量高而醇溶蛋白含量较低，是理想的改良栽培水稻蛋白营养品质的基因源，同时其谷蛋白亚基区可能存在很多新的谷蛋白和谷蛋白前体类型。到目前为止，在栽培稻中，并没有通过突变获得高谷蛋白低醇溶蛋白的品种，因此，药用野生稻和疣粒野生稻对于改良稻米营养品质是不可多得的好材料。

参 考 文 献

Cheng Z Q, Huang X Q, Zhang Y Z, Qian J, Yang M Z, Wu C J, Liu J F. 2005. Diversity in the content of some nutritional components in husked seeds of three wild rice species and rice varieties in Yunnan Province of China. J Integr Plant Biol, 47: 1260-1270.

Granier F. 1988. Extraction of plant proteins for two-dimensional electrophoresis. Electrophoresis, 9(11): 712-718.

O'Farrell P H. 1975. High resolution two-dimensional electrophoresis of proteins. J Biol Chem, 250(10): 4007-4021.

Xie Z S, Wang J Q, Cao M L, Zhao C F, Zhao K, Shao J M, Lei T T, Xu N Z, Liu S Q. 2006. Pedigree analysis of an elite rice hybrid using proteomic approach. Proteomics, 6: 474-486.

第八章　云南野生稻淀粉合成关键酶及其基因

直链淀粉的含量是评价水稻品质的重要指标之一。直链淀粉为线形大分子，是由α-1,4 糖苷键连接而成的线性多聚糖，聚合度一般是 500～5000 个葡萄糖单位，相对分子质量为 105～106。有些直链淀粉也含有少量α-1,6 糖苷键，但平均每个分子只有 2～8 个分支，每 100 个葡萄糖残基中分支数不到 1 个。直链淀粉通常卷曲成螺旋形，每一转有 6 个葡萄糖单位。支链淀粉以 9～10 nm 的簇状结构串联排列，是由α-1,4 糖苷键和分支点上 5%～6%的α-1,6 糖苷键共同连接而成的具有高度分支的多聚糖，平均聚合度为 104～106 个葡萄糖单位，分支的间隔是 20～26 个葡萄糖单位，分支链长为 3～100 个葡萄糖单位。淀粉的合成是一个十分复杂的过程，需要多种酶的参与，在水稻灌浆期，ADPG 焦磷酸化酶（EC 2.7.7.21，ADP-Gppase，ADPGP）、可溶性淀粉合成酶（EC 2.4.1.21，soluble starch synthase，SSS）、颗粒凝结型淀粉合成酶（EC 2.4.1.11，granule bound starch synthase，GBSS）和淀粉分支酶（EC 2.4.1.18，starch branching enzyme，Q 酶）对水稻籽粒中淀粉合成和积累起着重要的调节作用。关于水稻灌浆过程中不同类型品种间籽粒淀粉合成代谢的关键酶活性变化差异及其与淀粉积累和灌浆充实的关系、灌浆成熟期温度对稻米蒸煮食味品质的影响等方面，在国内外已有很多研究报道。除此之外，灌浆成熟期温度对籽粒淀粉合成代谢的关键酶活性和稻米淀粉黏滞性特征谱（RVA 谱）特性的影响也有研究报道（金正勋等，2001；唐湘如和余铁桥，1991；程方民等，2001）。

对直链淀粉含量起重要决定作用的是淀粉合成酶 GBSS，由 *Waxy* 基因又称蜡质基因编码。目前对 *Waxy* 基因表达调控的研究主要集中在内含子剪切、顺式作用元件的调控作用分析和反式作用因子对 *Waxy* 基因表达作用等方面（耿俊丽等，2005）。水稻 *Waxy* 基因第 1 内含子中由于个别碱基不同，会形成完全不同的 RNA 茎环结构，从而引起其 RNA 二级结构和稳定性的变化，因此可能会产生剪接位点的变化、RNA 降解速度的增加，最终降低稻米直链淀粉含量（蔡秀玲等，2000）。

本研究以云南野生稻和 4 种地方栽培稻为材料，初步探讨了云南野生稻在灌浆早期、中期和晚期中 4 种淀粉合成关键酶（ADPG 焦磷酸化酶、可溶性淀粉合成酶、颗粒凝结型淀粉合成酶、淀粉分支酶）的活性变化。同时根据王宗阳等（1991，1993）已发表的水稻 *Waxy* 基因序列，设计多对引物，从云南野生稻中分离克隆 *Waxy* 基因序列，并进行测序分析。根据已公开发表的水稻 *Waxy* 基因序列对云南野生稻 *Waxy* 基因的内含子和外显子进行界定，最后将所有外显子连接起来，为以后分离克隆该功能基因提供序列信息，为云南野生稻的 *Waxy* 基因序列同国际基因数据库中相关序列的比较与利用奠定了基础。同时我们以云南当地选育的优质品种滇陇 201 作为对照，通过比较云南野生稻和优质栽培稻滇陇 201 的 *Waxy* 基因序列，在差异之处分别设计 3 对特异引物，用于云南野生稻与栽培稻杂交后代的分子标记辅助选育，从而大大加快培育优良品种的进程。本研究对分离克隆的云南野生稻 *Waxy* 基因进行调控表达研究，从分子水平和蛋白质水平上阐述该基因在云南野生稻及栽培稻中转录、翻译、表达和调控的整套机制。

第一节　云南野生稻淀粉合成关键酶活性分析

ADPG 焦磷酸化酶（ADPGP）、可溶性淀粉合成酶（SSS）、颗粒凝结型淀粉合成酶（GBSS）、淀粉分支酶（Q 酶）等是控制水稻籽粒淀粉合成代谢及影响淀粉品质的关键酶，它们在栽培稻、小麦、玉米等作物中的研究较多，但野生稻中对上述 4 种直链淀粉合成关键酶的研究还未见报道。我们选择了云南 3 种野生稻，即普通野生稻（*Oryza rufipogon*）、疣粒野生稻（*Oryza granulata*）和药用野生稻（*Oryza officinalis*），以及 4 种地方栽培稻为材料，初步探讨 4 种关键酶（ADPGP、SSS、GBSS、Q 酶）在野生稻灌浆早期、中期和晚期与淀粉含量的关系，尤其是与直链淀粉含量的关系，并试图弄清在云南野生稻中直链淀粉的含量是否主要是由 GBSS 酶的活性不同而引起的。

一、云南野生稻淀粉合成关键酶活性的测定

（一）淀粉合成关键酶活性测定研究材料

云南野生稻材料：普通野生稻、药用野生稻、疣粒野生稻。
栽培稻：4 种直链淀粉含量较高的地方栽培稻，品种如表 8-1-1 所示。

表 8-1-1　云南野生稻和部分栽培稻直链淀粉含量
Table 8-1-1　Amylose content in seeds of different Yunnan wild rice species and cultivated rice

样品 Samples	普通野生稻 *O. rufipogon*	药用野生稻 *O. officinalis*	疣粒野生稻 *O. granulata*	后 736/KM670 Hou 736/KM670	展 6 Zhan 6	滇超 6 Dianchao 6	合系 41 Hexi 41
直链淀粉含量/%	11.99±0.3	9.7±0.2	11.28±0.2	15.5±0.1	18.0±0.2	16.9±0.3	19.23±0.2

所有材料均种植于云南省元江县农业技术推广站试验田，在相同的自然条件下培育（水稻灌浆及成熟时期的月平均气温为 26.4～28.6℃），生长期间进行一致的田间管理。

（二）淀粉合成关键酶活性测定研究方法

取样方法：于开花后 10 天、20 天、30 天分别选取 5 株长势一致的云南野生稻和 4 个地方栽培稻植株，在每植株上分别取穗中上部灌浆一致的籽粒 20～25 粒。液氮速冻后，分别储存于–70℃冰箱，至材料取全后进行酶活性测定。

1. 酶活性测定方法

每个样品各 20 粒籽粒，分别提取粗酶液，进行 4 种淀粉合成关键酶的活性测定。其中每个样品重复测试 2 次，共测试 4 种关键酶在 3 个开花时期的活性，每种酶活性测定 3 次，即每个样品的每种酶在同一时期共获得 9 个数据，然后用 Excel 软件计算其标准偏差值和平均值并作图，用 SPSS 13.0 软件进行相关性分析。

2. 粗酶液的提取

籽粒去壳称重，加 5 mL 提取液 [含 100 mmol/L Tricine-NaOH（pH 7.5），8 mmol/L MgCl$_2$，2 mmol/L EDTA，12.5%（V/V）丙三醇，1%（W/V）PVP-40，50 mmol/L β-巯基乙醇] 磨成匀浆，4℃，3000 g 离心 10 min，收集上清液置于冰中，作为粗酶液备用。沉淀用 5 mL 提取液重新悬浮以备淀粉合成酶测定。

3. 酶活性的测定

测定方法按 Nakamura 等（1989）方法进行。

ADPG 焦磷酸化酶（ADPGP）活性的测定：取 20 μL 粗酶液加入 110 μL 反应液中 [反应液含终浓度 100 mmol/L Hepes-NaOH（pH 7.5），1.2 mmol/L ADPG，3 mmol/L PPi，5 mmol/L MgCl$_2$，4 mmol/L DTT]，30℃反应 20 min，沸水中终止反应 30 s，4℃，10 000 g 离心 10 min；取上清液 100 μL 加 5.2 μL 比色液（5.76 mmol/L NADP，0.08 unit 磷酸葡萄糖变位酶，0.07 unit Glucose-6-phosphate dehydrogenase：6-磷酸葡萄糖脱氢酶），30℃反应 10 min，测定 340 nm 波长下的 OD 值。

可溶性淀粉合成酶（SSS）活性的测定：取 20 μL 粗酶液加入 36 μL 反应液 [反应液含终浓度为 50 mmol/L Hepes-NaOH（pH=7.5），1.6 mmol/L ADPG，0.7 mg 支链淀粉，15 mmol/L DTT]。30℃反应 20 min，沸水中终止反应 30 s，冰浴冷却；加 20 μL 反应液 [含 50 mmol/L Hepes-NaOH（pH 7.5），4 mmol/L PEP，200 mmol/L KCl，10 mmol/L MgCl$_2$，1.2 unit 丙酮酸激酶]，30℃反应 20 min，沸水中终止反应，4℃，10 000 g 离心 10 min。取上清液 60 μL 与 43 μL 反应液 [50 mmol/L Hepes-NaOH（pH=7.5），10 mmol/L 葡萄糖，20 mmol/L MgCl$_2$，2 mmol/L NADP，1.4 unit 己糖激酶，0.35 unit 6-磷酸葡萄糖脱氢酶]，30℃反应 10 min，测定 340 nm 波长下的 OD 值。

颗粒凝结型淀粉合成酶（GBSS）活性的测定：取 20 μL 沉淀悬浮液，其余操作步骤与可溶性淀粉合成酶活性的测定方法一样。

淀粉分支酶（Q 酶）活性的测定采用 Li 等（1997）方法：去壳籽粒 0.1 g，加入 2.5 mL 0.05 mol/L 柠檬酸缓冲液（pH 7.0）并在冰浴中研磨，然后 4℃，18 000 g，离心 20 min，上清液即为酶液。取酶液 150 μL，加入 150 μL 0.2 mol/L 柠檬酸缓冲液（pH 7.0）、75 μL 0.1 mol/L EDTA、40 μL 7.5 g/L 可溶性淀粉，在 37℃水浴中加热 40 min，再加 24 μL 碘液显色 10 min，测定 660 nm 波长下的 OD 值。以零时为对照，Q 酶活性以 OD$_{660}$ 下降的百分率表示：$\Delta OD_{660}=$（零时 OD$_{660}-t$ 时 OD$_{660}$）/ 零时 OD$_{660}\times100\%$。

二、淀粉合成关键酶活性分析

（一）淀粉合成关键酶活性测定分析

1. ADPG 焦磷酸化酶活性分析

ADPG 焦磷酸化酶在云南野生稻中的变化趋势与 4 种栽培稻的基本相同，均呈单峰曲线变化。除合系 41 外，ADPG 焦磷酸化酶活性在灌浆中期都达到峰值，然后逐渐下降。

在药用野生稻和疣粒野生稻中，ADPG焦磷酸化酶活性比4种栽培稻的要高。特别是在药用野生稻中，ADPG焦磷酸化酶活性几乎比栽培稻高1.5~2倍，且整个药用野生稻灌浆期的ADPG焦磷酸化酶活性都保持在较高水平，而疣粒野生稻灌浆末期的ADPG焦磷酸化酶活性下降较快。元江普通野生稻与4种栽培稻的ADPG焦磷酸化酶活性几乎在同一水平，它们之间的差异不明显（图8-1-1）。这可能表示药用野生稻和疣粒野生稻的灌浆速率较高，从而使这两种野生稻在短时间内就能够完成灌浆。

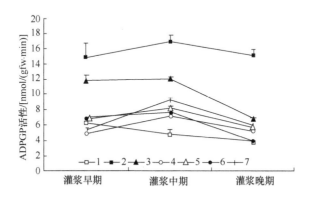

图 8-1-1　云南野生稻和栽培稻籽粒中不同灌浆期ADPGP活性比较
Fig. 8-1-1　The comparison of ADPGP ability in different filling stages of Yunnan wild rice species and cultivated rice
1. 普通野生稻；2. 药用野生稻；3. 疣粒野生稻；4. 展6；5. 滇超6；6. 合系41；7. 后736/KM670
1. *O. rufipogon*；2. *O. officinalis*；3. *O. granulata*；4. Zhan 6；5. Dianchao 6；6. Hexi 41；7. Hou 736/KM670

2. 可溶性淀粉合成酶活性变化分析

可溶性淀粉合成酶活性在灌浆早期、中期、晚期的变化趋势与ADPG焦磷酸化酶活性变化趋势存在明显的不同。除合系41的可溶性淀粉合成酶活性峰值出现在中期及展6的峰值出现在后期外，其余供试材料的峰值都出现在灌浆早期，然后开始逐渐下降。在云南野生稻中，可溶性淀粉合成酶活性变化趋势与4种云南地方栽培稻相同，但酶活性整体要低于栽培稻，疣粒野生稻和药用野生稻中表现得尤为明显（图8-1-2）。普通野

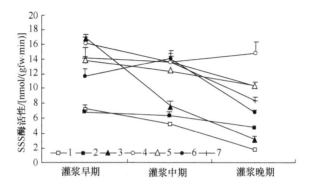

图 8-1-2　云南野生稻和栽培稻不同灌浆期SSS酶活性比较
Fig. 8-1-2　The comparison of SSS enzyme ability in different filling stages of Yunnan wild rice species and cultivated rice
1. 普通野生稻；2. 药用野生稻；3. 疣粒野生稻；4. 展6；5. 滇超6；6. 合系41；7. 后736/KM670
1. *O. rufipogon*；2. *O. officinalis*；3. *O. granulata*；4. Zhan 6；5. Dianchao 6；6. Hexi 41；7. Hou 736/KM670

生稻灌浆早期的可溶性淀粉合成酶的活性与 4 种栽培稻的相当，但是在灌浆中期却下降到与疣粒野生稻和药用野生稻相当的水平。在灌浆中期和晚期，云南野生稻的可溶性淀粉合成酶明显低于 4 种栽培稻。通过对 7 个供试材料可溶性淀粉合成酶活性的测定，没有发现可溶性淀粉合成酶与直链淀粉含量存在相关性。

3. 淀粉分支酶活性变化分析

淀粉分支酶（Q 酶）在云南野生稻和 4 种地方栽培稻中表现出的变化趋势基本相同。该酶活性在灌浆早期较低（除了药用野生稻和展 6 外），然后逐渐升高，在灌浆中期达到峰值后逐渐下降，其变化趋势呈单峰曲线。药用野生稻和疣粒野生稻在灌浆中期时，淀粉分支酶活性明显高于栽培稻和元江普通野生稻，药用野生稻的淀粉分支酶尤为突出，其在灌浆早期和中期淀粉分支酶活性都维持在较高水平，然后迅速下降。通过对云南 3 种野生稻和 4 种栽培稻的淀粉分支酶活性的测定，没有发现淀粉分支酶与直链淀粉含量存在相关性（图 8-1-3）。

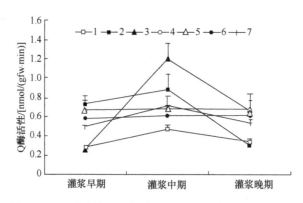

图 8-1-3　云南野生稻和栽培稻 Q 酶不同灌浆期活性比较
Fig. 8-1-3　The comparison of Q enzyme ability in different filling stages of Yunnan wild rice species and cultivated rice
1. 普通野生稻；2. 药用野生稻；3. 疣粒野生稻；4. 展 6；5. 滇超 6；6. 合系 41；7. 后 736/KM670
1. *O. rufipogon*；2. *O. officinalis*；3. *O. granulata*；4. Zhan 6；5. Dianchao 6；6. Hexi 41；7. Hou 736/KM670

4. 颗粒凝结型淀粉合成酶活性变化分析

颗粒凝结型淀粉合成酶活性在云南野生稻和 4 种地方栽培稻中变化趋势相同。灌浆早期比较低然后升高，达到峰值后又开始下降。云南野生稻颗粒凝结型淀粉合成酶的活性明显低于栽培稻，其中药用野生稻表现极为突出。通过 SPSS 13.0 软件对颗粒凝结型淀粉合成酶与直链淀粉含量进行相关性分析表明：7 个供试材料的颗粒凝结型淀粉合成酶与其对应的直链淀粉的含量都呈正相关，其中药用野生稻呈显著相关（$r=0.947\,38$）。在 3 种野生稻中，元江普通野生稻直链淀粉含量最高，疣粒野生稻次之，药用野生稻最低。这 3 种野生稻的颗粒凝结型淀粉合成酶的活性大小也是如此：元江普通野生稻颗粒凝结型淀粉合成酶活性最高，疣粒野生稻次之，药用野生稻最低（图 8-1-4）。这表明在云南野生稻中直链淀粉的含量是由颗粒凝结型淀粉合成酶控制的。

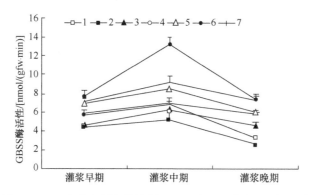

图 8-1-4　云南野生稻和栽培稻 GBSS 酶不同灌浆期活性比较

Fig. 8-1-4　The comparison of GBSS enzyme ability in different filling stages of Yunnan wild rice species and cultivated rice

1. 普通野生稻；2. 药用野生稻；3. 疣粒野生稻；4. 展 6；5. 滇超 6；6. 合系 41；7. 后 736/KM670

1. *O. rufipogon*；2. *O. officinalis*；3. *O. granulata*；4. Zhan 6；5. Dianchao 6；6. Hexi 41；7. Hou 736/KM670

（二）可溶性淀粉合成酶和淀粉分支酶活性的相关分析

对云南野生稻和 4 种地方栽培稻的可溶性淀粉合成酶（SSS）和淀粉分支酶（Q 酶）在灌浆早期、中期、晚期的活性进行比较分析，发现 SSS 和 Q 酶活性的变化存在下列变化趋势：若 SSS 的活性高，Q 酶的活性就较低；若 SSS 的活性低，则 Q 酶的活性就较高，即 SSS 和 Q 酶的活性呈相反变化趋势（图 8-1-5～图 8-1-7）。同时分别对 SSS 和 Q 酶活性进行相关性分析，发现其相关系数在不同野生稻间也存在较大差异（表 8-1-2）。其中在灌浆早期和中期，SSS 和 Q 酶呈负相关，疣粒野生稻灌浆早期呈极显著负相关（−0.963 01），灌浆中期除了普通野生稻外其他材料也都呈显著负相关。在灌浆晚期中普通野生稻和后 736/KM670 呈显著负相关，而疣粒野生稻呈极显著负相关（−0.967 425）。

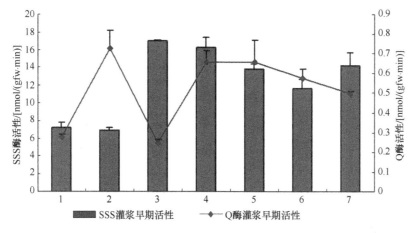

图 8-1-5　灌浆早期 SSS 和 Q 酶活性比较

Fig. 8-1-5　The comparison of SSS and Q enzyme activities in the early filling stage

1. 普通野生稻；2. 药用野生稻；3. 疣粒野生稻；4. 展 6；5. 滇超 6；6. 合系 41；7. 后 736/KM670

1. *O. rufipogon*；2. *O. officinalis*；3. *O. granulata*；4. Zhan 6；5. Dianchao 6；6. Hexi 41；7. Hou 736/KM670

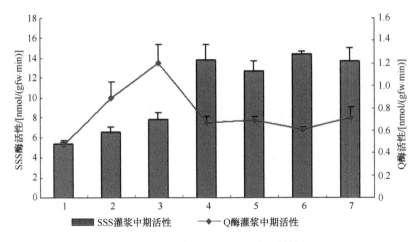

图 8-1-6　灌浆中期 SSS 和 Q 酶活性比较

Fig. 8-1-6　The comparison of SSS and Q enzyme activities in the middle filling stage

1. 普通野生稻；2. 药用野生稻；3. 疣粒野生稻；4. 展 6；5. 滇超 6；6. 合系 41；7. 后 736/KM670

1. *O. rufipogon*；2. *O. officinalis*；3. *O. granulata*；4. Zhan 6；5. Dianchao 6；6. Hexi 41；7. Hou 736/KM670

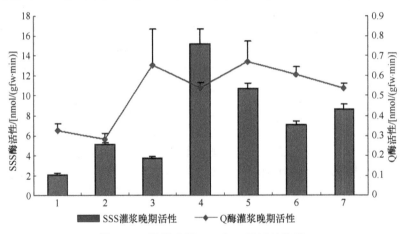

图 8-1-7　灌浆晚期 SSS 和 Q 酶活性比较

Fig. 8-1-7　The comparison of SSS and Q enzyme activities in the late filling stage

1. 普通野生稻；2. 药用野生稻；3. 疣粒野生稻；4. 展 6；5. 滇超 6；6. 合系 41；7. 后 736/KM670

1. *O. rufipogon*；2. *O. officinalis*；3. *O. granulata*；4. Zhan 6；5. Dianchao 6；6. Hexi 41；7. Hou 736/KM670

表 8-1-2　SSS 和 Q 酶活性之间的相关系数

Table 8-1-2　The correlation coefficients between SSS and Q activity

	样品 Samples	可溶性淀粉合成酶（SSS）						
		普通野生稻 *O. rufipogon*	药用野生稻 *O. officinalis*	疣粒野生稻 *O. granulata*	后 736/KM670 Hou 736/KM670	展 6 Zhan 6	滇超 6 Dianchao 6	合系 41 Hexi 41
Q 酶	灌浆早期	−0.621 4	−0.856 32	−0.963 01	−0.566 639	−0.342 446	−0.384 244	−0.361 31
	灌浆中期	−0.123 06	−0.852 42	−0.892 01	−0.871 005	−0.857 387	−0.874 91	−0.861 82
	灌浆晚期	−0.933 2	−0.868 46	−0.967 425	−0.879 356	−0.638 27	0.537 323	0.493 37

三、云南野生稻淀粉合成酶的特点

目前一些栽培稻和其他作物如小麦灌浆过程中各种淀粉合成酶活性的变化已有报

道。ADPG 焦磷酸化酶（ADPGP）催化淀粉粒中淀粉合成的第一步反应，被认为是淀粉生物合成的限速酶。ADPGP 与籽粒淀粉积累速率、籽粒灌浆速率呈显著正相关（Li et al.，2001）。对小麦（Kumar and Simgh，1980）和玉米（Doehlert，1993；Doehlert and Lambert，1991）的研究认为，ADPGP 活性与淀粉积累速率显著相关，而和直链或支链淀粉含量无关。本研究结果表明，在云南 3 种野生稻中也未发现 ADPGP 活性与直链淀粉含量的关系。依据可溶性淀粉合成酶（SSS）的功能，SSS 的活性峰值出现的时期应较 ADPGP 活性晚或同时出现，然而很多研究报道，水稻中 SSS 的活性峰值大多出现在开花后第 5 天左右，此后逐渐下降。在 Ahmadi 和 Baker（2001）及钟连进等（2005）的研究中发现，SSS 活性峰值出现的时间要早于颗粒凝结型淀粉合成酶（GBSS）。在小麦中 SSS 的活性也在开花早期达到峰值，此后一直下降。Cheng 等（2005）研究发现，SSS 活性峰值出现在开花后 15 天左右，但早于 ADPGP，也早于 GBSS。在本研究中，除了合系 41 之外，SSS 酶活性的峰值都出现在灌浆早期，此后活性开始下降。在云南 3 种野生稻中，可溶性淀粉合成酶活性整体要低于栽培稻，并且在疣粒野生稻和药用野生稻中表现尤为明显。在灌浆的中期和晚期，云南野生稻的可溶性淀粉合成酶活性明显地低于 4 种栽培稻。

GBSS 与 SSS 作用于相同的底物——ADPG，但 GBSS 的活性峰值出现在灌浆中期，时间基本上与 ADPGP 相同。这种现象说明 SSS 可能还具有其他作用，如在淀粉合成的早期催化其他步骤。目前在栽培稻、玉米、马铃薯中的研究表明 GBSS 活性与直链淀粉含量呈正相关。本研究对 GBSS 的活性测定表明，野生稻直链淀粉含量低于栽培稻，同样 GBSS 的活性也明显低于栽培稻，而且在云南野生稻之间也表现出同直链淀粉含量的相关性，说明 GBSS 同样是野生稻控制籽粒中直链淀粉含量最重要的酶。

本研究中淀粉分支酶（Q 酶）在云南野生稻和栽培稻中呈相同的变化趋势，不同材料不同时期 Q 酶的变化没有明显的规律。Q 酶与 SSS 相同，与直链淀粉或支链淀粉的关系不是很明显，但是将处于同一灌浆期的不同材料的 SSS 和 Q 酶进行比较可以发现，在同一时期的 SSS 与 Q 酶活性变化趋势相反。在疣粒野生稻灌浆早期和中期，其 SSS 和 Q 酶活性呈极显著负相关，而药用野生稻也呈显著负相关。在 Cheng 的报道中，高温下 SSS 和 Q 酶活性变化规律与本研究结果非常吻合。根据这几种现象猜测 SSS 可能具有另外的功能，在淀粉合成的前期起到重要的作用，这也暗示着 Q 酶在支链淀粉的合成过程中可能存在某种反馈调节的机制，共同影响支链淀粉的含量。

第二节　云南野生稻淀粉合成酶 *Waxy* 基因的研究分析

Waxy 基因又称蜡质基因，编码结合在淀粉粒上的淀粉合成酶（GBSS），是直链淀粉合成的关键酶。本研究根据王宗阳等（1991，1993）已发表的水稻 *Waxy* 基因序列设计多对引物，从云南野生稻中分离克隆了 *Waxy* 基因的序列，为云南野生稻 *Waxy* 基因序列同国际基因数据库中相关序列的比较与利用奠定了基础。云南野生稻的 *Waxy* 基因测序后，根据已公开发表的水稻 *Waxy* 基因序列对云南野生稻 *Waxy* 基因进行内含子和外显子的界定，最后将所有外显子连接起来，为以后分离克隆 *Waxy* 基因提供序列信息。同时我们选择云南当地选育的优质品种滇陇 201 作为对照，通过比较云南野生稻和优质栽培稻滇陇 201 的 *Waxy* 基因序列，在差异之处分别设计 3 对特异引物，

可以用于云南野生稻与栽培稻之间杂交后代的分子标记辅助选育，大大加快培育优良品种的进程。本研究对分离克隆的云南野生稻 *Waxy* 基因进行调控表达研究，从分子水平和蛋白质水平上阐述了该基因在云南野生稻及栽培稻中转录、翻译、表达和调控的整套机制。

一、云南野生稻淀粉合成酶 *Waxy* 基因的克隆

（一）研究材料

云南野生稻：普通野生稻（*Oryza rufipogon*），药用野生稻（*Oryza officinalis*）和疣粒野生稻（*Oryza granulata*），种植于云南省元江县农科所试验田。

栽培稻：滇陇 201（农业部优质稻品种），该品种糊化温度 7.00，胶稠度 77.00 mm，直链淀粉含量 11.00%～13.00%，蛋白质含量 10.30%，是云南省目前的三大骨干籼型优质软米品种之一。种植于云南省玉溪县农科所试验田。

（二）淀粉合成酶 *Waxy* 基因的克隆

1. 技术路线

淀粉合成酶 *Waxy* 基因的克隆技术路线如图 8-2-1 所示。

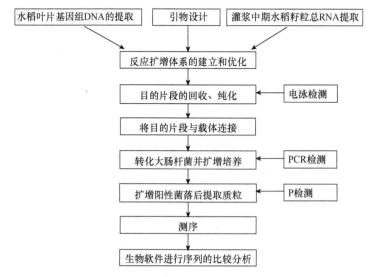

图 8-2-1　淀粉合成酶 *Waxy* 基因克隆技术路线

Fig. 8-2-1　The cloning technique route of *Waxy* gene

2. 淀粉合成酶 *Waxy* 基因的克隆

1）水稻叶片 DNA 的提取及引物设计

DNA 的提取：分别取 0.20 g 的普通野生稻、药用野生稻、疣粒野生稻和滇陇 201 的水稻幼嫩叶片采用 CTAB 法进行基因组 DNA 的提取。

引物设计： 参考 NCBI 中栽培稻（X53694）和野生稻（X64108）的 *Waxy* 序列，将 *Waxy* 基因分成 4 部分，同时参考文献报道的引物，设计多对引物。引物序列、位置如图 8-2-2 和图 8-2-3 所示。

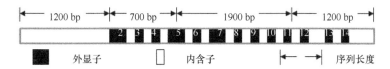

图 8-2-2　引物在 *Waxy* 基因中的位置

Fig. 8-2-2　The position of primers in *Waxy* gene

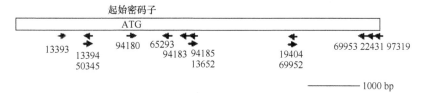

图 8-2-3　引物位置

Fig. 8-2-3　The position of primers

第一部分扩增的引物序列如下：

　　primer 13393 F：5′-GCTTCACTTCTCTGCTTGTG-3′

　　primer 13394 R：5′-ATGATTTAACGAGAGTTGAA-3′

　　primer 50345 F：5′-TTCAACTCTCGTTAAATCAT-3′

　　primer 65293 R：5′-ATCAAGAACAGTTGAAGACG-3′

　　primer 94183 R：5′-CTCACCCTCTCGTACCTGTC-3′

第二部分扩增的引物序列如下：

　　primer 94180 F：5′-ATGTCGGCTCTCACCACGTC-3′

　　primer 94185 R：5′-TCGACTCCACGCTTGTAGCA-3′

第三部分扩增的引物序列如下：

　　primer 13652 F：5′-AAGGTTGCAGACAGGTACGA-3′

　　primer 19404 R：5′-GATGAGATGAGCAAGCGGCG-3′

第四部分扩增的序列引物如下：

　　primer 69952 F：5′-CTCAAGAGCATGGAGGAGAA-3′

　　primer 69953 R：5′-AGCACACCCAGAAGAGTACAA-3′

　　primer 22431 R：5′-CTTAAGCACACCCAGAAGAG-3′

　　primer 97319 R：5′-CAGCATCAGACTTATTAGCC-3′

TAIL-PCR 扩增： 由于 *Waxy* 基因第一内含子在不同水稻品种之间的变化较大，因此我们选择了用热不对称交错 PCR（TAIL-PCR）方法进行扩增。其中兼并引物（primer AD）的设计参考 Sun 等（2004）的研究。

兼并引物（AD）：5′-NTCAGSTWTSGWGWT-3′

嵌套引物如下：

　　primer 1（P1）：5′-GCTTCTCGTCACTCTGAGGGATGATGCGTC-3′

primer 2（P2）：5'-TGGTCTACGGGGCTTGAGG-3'

primer 3（P3）：5'-AGGAGGAGAGCTGGGACGTG-3'

2）灌浆中期水稻籽粒总 RNA 的提取及 cDNA 的获得

在普通野生稻、药用野生稻、疣粒野生稻和栽培稻滇陇 201 的灌浆期（开花后 5～15 天），分别采用改良的异硫氰酸胍法、TRIZOL 法、SDS 法和 CTAB 法提取它们籽粒的总 RNA。采用 TIANGEN 公司的 TIANScript M-MLV 反转录酶进行反转录获得 4 个材料的 cDNA。

3）扩增目的片段的回收及转化

PCR 产物经琼脂糖凝胶电泳后，目的基因片段采用北京博大泰克生物基因技术有限责任公司的胶回收试剂盒进行回收，利用 TIANGEN PGM-T Vector 克隆试剂盒将目的基因与 PGM-T 载体连接后转化大肠杆菌 DH5α 感受态细胞。

3. 测序与分析

测序由昆明明技科技有限公司采用 Beckman Coulnter 测序仪器完成。序列分析采用 BioXM 2.0、DNAMAN 4.0、DNASSIST 1.0 和 DNASIS 2.01 等软件进行分析。

二、云南野生稻 *Waxy* 基因克隆分析

（一）云南野生稻 DNA 与 RNA 的提取

1. 云南野生稻基因组 DNA 的提取

分别提取滇陇 201、云南野生稻，以及野生稻与栽培稻杂交后代 F_1 的基因组 DNA，并经紫外分光光度计检测分析，其 OD_{260}/OD_{280} 在 1.8～1.9，从电泳图（图 8-2-4）中可以看出，DNA 无降解，能满足该实验的要求。

2. 灌浆中期云南野生稻籽粒 RNA 的提取

分别采用改良的异硫氰酸胍法、TRIZOL 法、SDS 法和 CTAB 法提取云南野生稻及滇陇 201 籽粒的总 RNA（图 8-2-5，图 8-2-6），通过紫外分光光度计测定 RNA 在 260 nm 和 280 nm 波长下的 OD 值，分析 RNA 的纯度（表 8-2-1）。

对于药用野生稻，改良的异硫氰酸胍法提取的 28S rRNA 与 18S rRNA 条带整齐清晰，无拖尾，而且前者条带的亮度约为后者的两倍，而 SDS 法提取的条带不够清晰，有降解现象，CTAB 法提取效果一般；对于普通野生稻，SDS 法和改良的异硫氰酸胍法提取的 28S 与 18S rRNA 条带都整齐清晰，无明显降解，且前者条带的亮度均约为后者的两倍；对于疣粒野生稻，CTAB 法所得 RNA 带型不明显，而改良的异硫氰酸胍法和 SDS 法所得 28S rRNA 和 18S rRNA 条带均较完整，且降解较少。对于栽培稻滇陇 201，采用异硫氰酸胍法和 TRIZOL 法均能得到完整带型 RNA，而 SDS 法和 CTAB 法提取效果不佳。

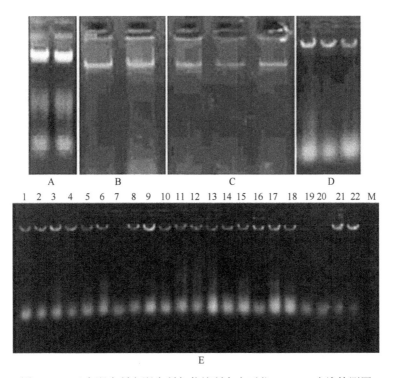

图 8-2-4 云南野生稻和野生稻与栽培稻杂交后代 F₁ DNA 电泳检测图

Fig. 8-2-4 DNA electrophoresis of Yunnan wild rice species and F₁ between wild rice species and cultivated rice

A. 滇陇 201；B. 普通野生稻；C. 药用野生稻；D. 疣粒野生稻；E. 野生稻与栽培稻杂种后代；M. DNA Marker DL1500

A. Dianlong 201；B. *O. rufipogon*；C. *O. officinalis*；D. *O. granulata*；E. The generations from hybridization F₁ between wild rice species and cultivated rice；M. DNA Marker DL1500

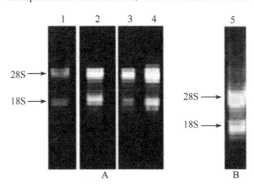

图 8-2-5 水稻籽粒 RNA 的异硫氰酸胍法和 TRIZOL 法提取效果图

Fig. 8-2-5 The extraction effect of isothiocyanate and TRIZOL in rice grain RNA

A. 改良的异硫氰酸胍法提取；B. 改良的 TRIZOL 法提取

1. 药用野生稻；2. 滇陇 201；3. 疣粒野生稻；4. 普通野生稻；5. 滇陇 201

A. Improved isothiocyanate method；B. Improved TRIZOL

1. *O. officinalis*；2. Dianlong 201；3. *O. granulata*；4. *O. rufipogon*；5. Dianlong 201

（二）云南野生稻 *Waxy* 基因的克隆分析

1. 普通野生稻 *Waxy* 基因及编码区扩增

用引物 primer 50345 和 primer 65293 进行 PCR 扩增，获得普通野生稻 *Waxy* 基因的

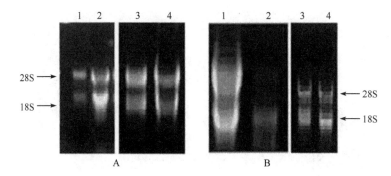

图 8-2-6　水稻籽粒 RNA 的 SDS CTAB 提取效果图

Fig. 8-2-6　The extraction effect of SDS and CTAB in rice grain RNA

A. SDS 提取；B. CTAB 提取

1. 普通野生稻；2. 滇陇 201；3. 疣粒野生稻；4. 药用野生稻

A. SDS method；B. CTAB method

1. *O. rufipogon*；2. Dianlong 201；3. *O. granulata*；4. *O. officinalis*

表 8-2-1　总 RNA 的浓度与 A_{260}/A_{280} 值

Table 8-2-1　Concentration and ratio of A_{260}/A_{280} of total RNA

取样组织 Samples	改良的异硫氰酸胍法 Improved isothiocyanate method		改良的 TRIZOL 法 Improved TRIZOL method		SDS 法 SDS method		CTAB 法 CTAB method	
	浓度/（μg/μL） Concentration	A_{260}/A_{280}	浓度/（μg/μL） Concentration	A_{260}/A_{280}	浓度/（μg/μL） Concentration	A_{260}/A_{280}	浓度/（μg/μL） Concentration	A_{260}/A_{280}
普通野生稻	1.1963±0.0021	1.9768±0.0011	—	—	0.9695±0.0017	1.9938±0.0026	0.6026±0.0015	1.7520±0.0012
药用野生稻	0.9358±0.0015	1.9386±0.0023	—	—	1.1098±0.0010	1.7563±0.0027	1.0591±0.0016	1.8243±0.0017
疣粒野生稻	1.1892±0.0018	1.8628±0.0025	—	—	1.2086±0.0014	1.9267±0.0022	0.8073±0.0029	1.6928±0.0021
滇陇 201	1.2008±0.0009	1.9918±0.0013	1.2108±0.0026	1.9486±0.0028	1.3882±0.0011	1.7079±0.0014	0.9885±0.0020	1.5981±0.0011

注："—"表示没有测定

Note："—" is no determination

片段，翻译起始密码子 ATG 从 791 bp 开始至下游引物位置共 1180 bp（图 8-2-7A），与原来已经获得的序列拼接得到普通野生稻 *Waxy* 基因的全长结构基因 4285 bp（表 8-2-2）。而以

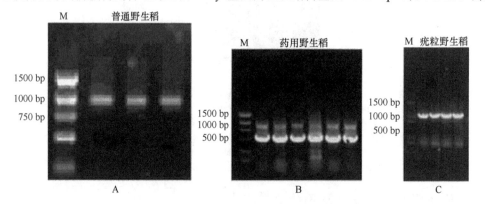

图 8-2-7　云南野生稻 *Waxy* 基因扩增结果

Fig. 8-2-7　Electrophoresis result of *Waxy* gene amplification from wild rice species

A. 普通野生稻；B. 药用野生稻；C. 疣粒野生稻

A. *O. rufipogon*；B. *O. officinalis*；C. *O. granulata*

表 8-2-2　云南野生稻 *Waxy* 基因及编码区长度
Table 8-2-2　The length of *Waxy* gene and encoding region of Yunnan wild rice species

样品 Samples	得到的全结构基因长度/bp The length of whole structural gene	编码区长度/bp The length of coding region
普通野生稻	4285	2054
药用野生稻	3733	2063
疣粒野生稻	3342	2043

Oligo(dT)$^+$锚定引物,反转录出 cDNA 链作为模板,再以引物 primer 94180 和 primer 13652 进行了 RT-PCR,从普通野生稻中得到 500 bp 左右的 cDNA 的片段(图 8-2-8),与之前的第二部分拼接得到普通野生稻的 *Waxy* 基因全部编码区的序列,共 2054 bp(表 8-2-2)。

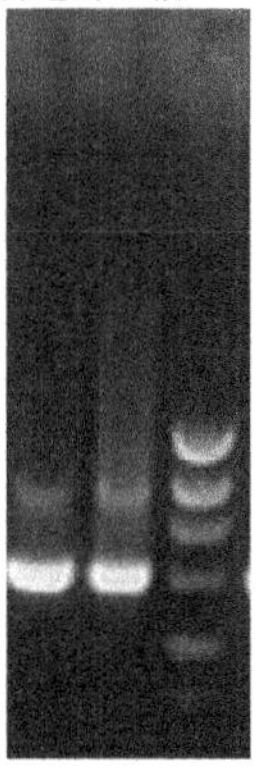

2. 药用野生稻 *Waxy* 基因扩增结果

用兼并引物 AD 与 3 个嵌套引物 primer 1(P1)、primer 2(P2)、primer 3(P3)分别组合,利用 TAIL-PCR 经过 3 轮热不对称交错 PCR 扩增得到 515 bp 5′端非编码区(图 8-2-7B),与原来已经获得的序列拼接得到药用野生稻 *Waxy* 基因的全长结构基因 3733 bp(表 8-2-2)。

3. 疣粒野生稻 *Waxy* 基因扩增结果

用引物 primer 97319 和 primer 65292,在 55℃的最佳退火温度下,PCR 扩增出疣粒野生稻 *Waxy* 基因的片段,从第三段开始至下游引物位置共 1150 bp(图 8-2-7C),与原来已经获得的序列拼接得到疣粒野生稻 *Waxy* 基因的全长结构基因 3342 bp(表 8-2-2)。

图 8-2-8　普通野生稻 *Waxy* 基因编码区 RT-PCR 电泳结果
Fig. 8-2-8　The RT-PCR electrophoresis result of encoding sequence of *Waxy* gene from *O. rufipogon*

三、云南野生稻 *Waxy* 基因 DNA 序列分析

(一) *Waxy* 基因 ATG 翻译起始至末端的 DNA 序列对比结果

从 GenBank 上选取 6 个有代表性的已报道的 *Waxy* 基因(表 8-2-3),选取 *Waxy* 基因 ATG 翻译起始至末尾序列与得到的云南野生稻 *Waxy* 基因该部分序列进行比对。

表 8-2-3　从 GenBank 上选取的 *Waxy* 基因信息
Table 8-2-3　The information of *Waxy* gene chosen from GenBank

基因登录号 Gene Number	拉丁名 Latin name	类型 Type
D10472	*Oryza glaberrima*	非洲野生稻
AF141954	*Oryza sativa* ssp. *japanica*	栽培粳稻
X53694	*Oryza sativa japonica*	栽培粳稻
X64108	*Oryza nivara*	泥瓦拉野生稻
DQ280674	*Oryza rufipogon*	普通野生稻
X65183	*Oryza sativa* ssp. *indica*	栽培籼稻

Waxy 基因 ATG 翻译起始至末尾序列对比结果如下。

```
X53694         ATGTCGGCTCTCACCACGTCCCAGCTCGCCACCTCGGCCACCGGCTTCGGCATCGCCGAC    60
D10472         ------------------------------------------------------------t---    60
X64108         ------------------------------------------------------------    60
X65183         ------------------------------------------------------------    60
DQ280674       ------------------------------------------------------------    60
AF141954       ------------------------------------------------------------    60
Dianlong 201   ------------------------------------------------------------    60
O. rufipogon   ------------------------------------------------------------    60
O. officinalis ------------------------------------------------------------    60
O. granulata   ------------------------------------------------------------t---    60

X53694         AGGTCGGCGCCGTCGTCGCTGCTCCGCCACGGGTTCCAGGGCCTCAAGCCCCGCAGCCCC    120
D10472         ------------------------------------------------------------    120
X64108         ----------------t--------------------------------t----a    120
X65183         ------------------------------------------------------------    120
DQ280674       ------------------------------------------------------------    120
AF141954       ------------------------------------------------------------    120
Dianlong 201   ------------------------------------------------------------    120
O. rufipogon   --------------------------------------a---------------------    120
O. officinalis ----------------t--------------------------------t----a    120
O. granulata   -------------a--------t----------g--------g----a    120

X53694         GCCGGCGGCGACGCGACGTCGCTCAGCGTGACGACCAGCGCGCGCGCGACGCCCAAGCAG    180
D10472         ------------------------------------------------------------    180
X64108         --------g----at-a--c--------------------------------------    180
X65183         ------------------------------------------------------------    180
DQ280674       ------------------------------------------------------------    180
AF141954       ------------------------------------------------------------    180
Dianlong 201   ------------------------------------------------------------    180
O. rufipogon   -----------------------------------a-----------t---------    180
O. officinalis --------g----at-a--c----------------a----t--------------    180
O. granulata   --------g----ga...--c--------a-----------------a--t    177

X53694         CAGCGGTCG...GTGCAGCGTGGCAGCCGGAGGTTCCCCTCCGTCGTCGTGTACGCCACC    237
D10472         -----------...------------------------------------------    237
X64108         -----------...------c-------------------------------------    237
X65183         -----------...------------------------------------------    237
DQ280674       -----------...------c-------------------------------------    237
AF141954       -----------...------------------------------------------    237
Dianlong 201   -----------...------a-------------------------------------    237
O. rufipogon   -----------...------c-------------------------------------    237
O. officinalis -----------...------c-------------------------------------    237
O. granulata   --a-------tcg-----a--c----------------------------------    237

X53694         GGCGCCGGCATGAACGTCGTGTTCGTCGGCGCCGAGATGGCCCCCTGGAGCAAGACCGGC    297
D10472         ------------------------------------------------------------    297
X64108         ------------------------------------------------------------    297
X65183         ------------------------------------------------------------    297
DQ280674       ------------------------------------------------------------    297
AF141954       ------------------------------------------------------------    297
Dianlong 201   ------------------------------------------------------------    297
O. rufipogon   ------------------------------------------------------------    297
O. officinalis ------------------------------------------------------------    297
O. granulata   ---------------c-------------------a--t-----------------    297

X53694         GGCCTCGGTGACGTCCTCGGTGGCCTCCCCCCTGCCATGGCTGTAAGC.ACACACAAA.C    355
D10472         ----------------------------------------------.----------.-    355
X64108         ----------------------------------------------...----------a-    354
X65183         ----------------------------------------------a.----------.-    355
```

```
DQ280674     -------------------------------------------.---------a-    356
AF141954     -------------------------------------------.---------.-    355
Dianlong 201 -------------------------------------------gc--------.-    356
O. rufipogon -------------------------------------------.---------a-    356
O. officinalis -----------------------------------------...--------a-    354
O. granulata -------c---------------------------------...--------a-    354

X53694       TTCGATCGCTCGTCGTCGCTGACCGTCGTCGTCTTCAACTGTTCTTGATCATCGCATTGG    415
D10472       ------------------------------------------------------------    415
X64108       ------------tct........-ac-------------------------c-t------c    405
X65183       ------------------------------------------------------------    415
DQ280674     ------------.............a-----------------------------------    400
AF141954     ------------------------------------------------------------    415
Dianlong 201 -----------------t------------------------------------------    416
O. rufipogon -------------.............a----------------------------------    400
O. officinalis -----------ct........-ac-------------------------c-t------c    405
O. granulata -----------ct........-ac-------------------------c-t------c    405

X53694       ATGGATGTGTAATGTTGTGTTCTTGTGTTCTTTGCAGGCGAATGGCCACAGGGTCATGGT    475
D10472       ------------------------------------------------------------    475
X64108       --------c-------------.--------------.----------------a------    463
X65183       ------------------------------------------------------------    475
DQ280674     ------t-c-----------------------------.----------------------    459
AF141954     ------------------------------------------------------------    475
Dianlong 201 ------------------------------------------------------------    476
O. rufipogon ------t-c-----------------------------.----------------------    459
O. officinalis --------c-------------.--------------.----------------a------    463
O. granulata --------c-------------.--------------.-----------------------    463

X53694       GATCTCTCCTCGGTACGACCAGTACAAGGACGCTTGGGATACCAGCGTTGTGGCTGAGGT    535
D10472       ------------------------------------------------------------    535
X64108       --------------------------------c-----c---------------------    523
X65183       ------------------------------------------------------------    535
DQ280674     ------------------------------------------------------------    519
AF141954     ------------------------------------------------------------    535
Dianlong 201 ------------------------------------------------------------    536
O. rufipogon -----------------------------------------------------a--    519
O. officinalis a-----------c-----------------c-----c---------------------    523
O. granulata ------------c-----------------c-----------------------------    523

X53694       AGGAGCATATGCGTGATCAGATCATCACAAGATCGATTAGCTTTAGATGATTTGTTACAT    595
D10472       ------------------------------------------------------------    595
X64108       ---------..--------...---------g--a--a------------c----    578
X65183       ------------------------------------------------------------    595
DQ280674     -------c..----------------------------g---------------------    577
AF141954     ------------------------------------------------------------    595
Dianlong 201 ------------------------------------------------------------    596
O. rufipogon -------c..----------------------------g---------------------    577
O. officinalis -------..--------...---------g--a--a------------c----    578
O. granulata -------..--------g--...---------g--a--a------------c----    578

X53694       TTCGCAAGATTTTAACCCAAGTTTTTGTG...GTGCAATTCATTGCAGATCAAGGTTGCA    652
D10472       ---------------------------...------------------------------    652
X64108       ----------------.---c----ctg-------c-a----------------------    637
X65183       ---------------------------...------------------------------    652
DQ280674     ---------------------------...------------------------------    634
AF141954     ---------------------------...------------------------------    652
Dianlong 201 ---------------------------...------------------------------    653
O. rufipogon ---------------------------...------------------------------    634
O. officinalis ----------------.--------ctg-------c-a----------------------    637
O. granulata ----------------.--------ctg-------c-a----------------------    637
```

```
X53694        GACAGGTACGAGAGGGTGAGGTTTTTCCATTGCTACAAGCGTGGAGTCGACCGTGTGTTC    712
D10472        ------------------------------------------------------------    712
X64108        --------------------------------------------------t---------    697
X65183        ------------------------------------------------------------    712
DQ280674      ------------------------------------------------------------    694
AF141954      ------------------------------------------------------------    712
Dianlong 201  ------------------------------------------------------------    713
O. rufipogon  ------------------------------------------------------------    694
O. officinalis ------------------------------------------------------t------   697
O. granulata  -----------------a--------c--t------a--------t--------------    697

X53694        ATCGACCATCCGTCATTCCTGGAGAAGGTG...GAGTCATCATTAGTTTACCTTTTTTGT    769
D10472        -----------------------------...----------------------------    769
X64108        -----------------------------...-t--------c-----------.--    753
X65183        -----------------------------...----------------------------    769
DQ280674      g------------g-----c---------...--------c--------c---.--    750
AF141954      -----------------------------...----------------------------    769
Dianlong 201  --g--------------------------...----------------------------    770
O. rufipogon  g------------g---------------...--------c--------c---.--    750
O. officinalis ----------------------------...-t--------c-----------    753
O. granulata  --t----------g---------------ctt--------c-----c-a-----..-    755

X53694        TTTTACTGAATTATTAACAGTGCATTTAGCAGTTGGACTGAGCTT.AGCTTCCACTGGTG    828
D10472        --------------------------------------------.---------------    828
X64108        --------------...---------------------------.--t--t---------    809
X65183        --------------------------------------------.---------------    828
DQ280674      --------------------------------------------t--t--t------    810
AF141954      --------------------------------------------.---------------    828
Dianlong 201  --------------------------------------------.---------------    829
O. rufipogon  --------------------------------------------t--t--t------    810
O. officinalis -----------...-----c-------------------c----.--t--t------   809
O. granulata  -ac---------a.g------t-------------c-t----.--t--t------    813

X53694        ATTT.CAGGTTTGGGGAAAGACCGGTGAGAAGATCTACGGACCTGACACTGGAGTTGATT    887
D10472        ----.------c------------------------------------------------    887
X64108        ----t-------------------------------------------c-----    869
X65183        ----.-------------------------------------------------------    887
DQ280674      ----.-------------------------------------------c-----    869
AF141954      ----.-------------------------------------------------------    887
Dianlong 201  ----.-------------------------------------------------------    888
O. rufipogon  ----.-------------------------------------------c-----    869
O. officinalis ---.------------------------------------------c-----    868
O. granulata  ----.-------------------------------------------------------    872

X53694        ACAAAGACAACCAGATGCGTTTCAGCCTTCTTTGCCAGGTCAGTGATTACTTCTATCTGA    947
D10472        ------------------------------------------------g-----    947
X64108        ---g-----------------------------------------a---------    929
X65183        ------------------------------------------------------------    947
DQ280674      ---g-------------------------------------------g-----    929
AF141954      ------------------------------------------------------------    947
Dianlong 201  ------------------------------------------------------------    948
O. rufipogon  ---g-------------------------------------------g-----    929
O. officinalis ---g------------------------------------------g-----    928
O. granulata  ---g------------c-a----------------------------g-----    932

X53694        TGATGGTTGGAAGCATCACGAGTTTACCATAGTATGTATGGATTCATAACTAATTCGTGT    1007
D10472        ------------------------------------------------------------    1007
X64108        -a----------------c-a--c-----------------------------t--    989
X65183        ------------------------------------------------------------    1007
DQ280674      -----------------a--t---a------------...............------t---    972
AF141954      ------------------------------------------------------------    1007
Dianlong 201  ------------------------------------------------------------    1008
```

```
O. rufipogon    ----------------t---a--------................--------t---        972
O. officinalis  -a--------------------c-a--c--------------------------t---        988
O. granulata    ----t-gatt-g----------c-a--g---c---------------------t--c        992

X53694          ATTGATGCTACC.TGCAGGCAGCACTCGAGGCTCCTAGGATCCTAAACCTCAACAACAAC      1066
D10472          -------------..-------------------c----------------------         1065
X64108          -------------..-----------------------------------------         1047
X65183          -------------..-----------------------------------------         1066
DQ280674        -------------..-----------------------------------------         1030
AF141954        -------------..-----------------------------------------         1065
Dianlong 201    -------------..-----------------------------------------         1066
O. rufipogon    -------------..----------------------------t------------         1030
O. officinalis  --g----------..-----------------------------g-----------        1046
O. granulata    -.a-----tcg-tt------------------------------------------        1051

X53694          CCATACTTCAAAGGAACTTATGGTGAGTTACAATTGATCTCAAGATCTTATAACTTTC..      1124
D10472          --------------------------------------------------------..        1123
X64108          -----------------------------c---g------------------.------..     1104
X65183          ------------------------------t------------------------..         1124
DQ280674        --------------------------------------------.-------------..      1087
AF141954        ------------------------------t------------------------..         1123
Dianlong 201    --------------------------------------------------------..        1124
O. rufipogon    --------------------------------------------.-------------..      1087
O. officinalis  -----------------------------c---g------------------.------..     1103
O. granulata    --------tcc---c----c------agt--ca-c-agt--t-c-a--ct--ca-tga        1111

X53694          TTCGAAGG....AATCCATGATGATC...AGACTAATTCCTTCCGGTTTGTTACTGACAA      1177
D10472          --------....------------...----------------------------        1176
X64108          --------....-g-----c-g....-ctg-----tt--t--t--g--------t---      1156
X65183          --------....------------...----------------------------        1177
DQ280674        --------....-g-----c-g....-ctg-----t----t-------------t---      1139
AF141954        --------....-----------...----------------------------        1176
Dianlong 201    --------....------------...----------------------------        1177
O. rufipogon    --------....-g-----c-g....-ctg-----t----t-------------t---      1139
O. officinalis  --------....-g--t--c-g....-ctg-----tt--t--t--g--------t---      1155
O. granulata    -ctc---atctt----tt-ct-cgaagaa-cga-g--cgtact-at--ctg-----c---    1171

X53694          .CAGGTGAGGATGTTGTGTTCGTCTGCAACGACTGGCACACTGGCCCACTGGCGAGCTAC      1236
D10472          .--------------------------------------------------------        1235
X64108          a----------------------------------------------c---------       1216
X65183          .--------------------------------------------------------        1236
DQ280674        a--------------------------------------------------------        1199
AF141954        .--------------------------------------------------------        1235
Dianlong 201    .--------------------------------------------------------        1236
O. rufipogon    a--------------------------------------------------------        1199
O. officinalis  a----------------------------------------------c---------       1215
O. granulata    .-----------------------------------------------c--c-----       1230

X53694          CTGAAGAACAACTACCAGCCCAATGGCATCTACAGGAATGCAAAGGTCTATGC..TTGTT      1294
D10472          -----------------------------------------------------..-----     1293
X64108          --------------------------------------------t------tt-----       1276
X65183          -----------------------------------------------------..-----     1294
DQ280674        -----------------------------------------------------..-----     1257
AF141954        -----------------------------------------------------..-----     1293
Dianlong 201    -------------------c-at------------------------------..-----     1294
O. rufipogon    -----------------------------------------------------..c-----     1257
O. officinalis  -----------------------------------------------gt-----ct-----    1275
O. granulata    -----------------------------------------------t-t--..-----      1288

X53694          CTTGCC...ATACC.AACTCAAAT.CT........GCATGCACACTGCATT.CTGTTCA      1339
D10472          -----...-----.--.--.......----------------------------------.     1338
X64108          ----t-...--t--t-tg-ttg-a...........atcc-tg-------.t------         1320
```

```
X65183          ————...————.————————.—........————————————.————————   1339
DQ280674        ————...————.————————.—........————————————.————————   1302
AF141954        ————...————.————————.—........————————————.————————   1338
Dianlong 201    ————...————.————————.—........————————————.————————   1339
O. rufipogon    tc————c..————c————————t—........————————c———t—————   1306
O. officinalis  ————t—...—t—t—tg—ttg—a...........atcc—tg————————.t—————  1319
O. granulata    ————t—atac——t—tct———c—t—c—catgtttgaaatt————————.t—————  1347

X53694          GAAACTGACTGTCTGAATCTTTTTCACTGCAGGTTGCTTTCTGCATCCACAACATCTCCT   1399
D10472          ——————————————————————————————————————————————————————————   1398
X64108          ——————————————g—g————.————t————————————————————————————————   1379
X65183          ——————————————————————————————————————————————————————————   1399
DQ280674        ——————————————————————————————————————————————————————————   1362
AF141954        ——————————————————————————————————————————————————————————   1398
Dianlong 201    ——————————————————————————————————————————————————————————   1399
O. rufipogon    ——————————————————————————————————————————————————————————   1366
O. officinalis  ————c———————a—g—g————.————t————————————————————————————————   1378
O. granulata    ————actgact—t—c——g———...————..——————————————————————————————   1402

X53694          ACCAGGGCCGTTTCGCTTTCGAGGATTACCCTGAGCTGAACCTCTCCGAGAGGTTCAGGT   1459
D10472          ——————————————————————————————————————————————————————————   1458
X64108          ————————g——————————c—————————————————————————————a——   1439
X65183          ——————————————————————————————————————————————————————————   1459
DQ280674        ——————————————————————————————————————————————————————————   1422
AF141954        ——————————————————————————————————————————————————————————   1458
Dianlong 201    ——————————————————————————————————————————————————————————   1459
O. rufipogon    ——————————————————————————————————————————————————————————   1426
O. officinalis  ————————g——————————c—————————————————————————————————   1438
O. granulata    ——————————————————————c—t—————————————————————————————————   1462

X53694          CATCCTTCGATTTCATCGACGGGTATGAGTAAGATTCTAAGAGTAACTTACTGTCAATTC   1519
D10472          ——————————————————————————————————————————————————————————   1518
X64108          ——————————————————————————————a————a——tc————————————t   1499
X65183          ——————————————————————————————————————————————————————————   1519
DQ280674        ——————————————————————————————————————————————————————————   1482
AF141954        ——————————————————————————————————————————————————————————   1518
Dianlong 201    ——————————————————————————————————————————————————————————   1519
O. rufipogon    ——————————————————————————————————————————————————————————   1486
O. officinalis  ——————————————————————————————a————a——tc————————————t   1498
O. granulata    ——————————————————....................————c———ttg——t   1501

X53694          GCCATATATCGATTCAATCCAAGATCCTTTTGAGCTGACAACCCTGCACTACTGTCCATC   1579
D10472          ——————————————————————————————————————————————————————————   1578
X64108          ————....——g——————g.————.————.————————t——t   1552
X65183          ——————————————————————————————————————————————————————————   1579
DQ280674        ——————————————————————————————————————————————————————————   1542
AF141954        ——————————————————————————————————————————————————————————   1578
Dianlong 201    ——————————————————————————————————————————————————————————   1579
O. rufipogon    ——————————————————————————————————————————————————————————   1546
O. officinalis  ————....——g——————g.————.————t—.————————t——t   1551
O. granulata    ————....t—c——c—t—.————t———.——g——t——t................   1538

X53694          GTTCAAATCCGGTTAAATTTCAGGTATGACACGCCGGTGGAGGGCAGGAAGATCAACTGG   1639
D10472          ——————————————————————————————————————————————————————————   1638
X64108          tc——g—.————————t——c——————————————a—————   1611
X65183          ——————————————————————————————————————————————————————————   1639
DQ280674        ——————————————————————————————————————————————————————————   1602
AF141954        ——————————————————————————————————————————————————————————   1638
Dianlong 201    ——————————————————————————————————————————————————————————   1639
O. rufipogon    ——————————————————————————————————————————————————————————   1606
O. officinalis  —c——g—.————————t——c——————————a—————   1610
O. granulata    —a—t—gt——aatg—ggc——————————a——a————————g————————   1598
```

```
X53694        ATGAAGGCCGGAATCCTGGAAGCCGACAGGGTGCTCAC.........CGTGAGCCCGTAC        1690
D10472        ---------------------------------------.........-------------        1689
X64108        --------t--t----------t-----------------.........-------------        1662
X65183        ---------------------------------------.........-------------        1690
DQ280674      ---------------------------------------.........-------------        1653
AF141954      ---------------------------------------.........-------------        1689
Dianlong 201  ---------------------------------------.........-------------        1690
O. rufipogon  ---------------------------------------aggtggcca-------------        1666
O. officinalis --------t--t----------t----------------.........-------------        1661
O. granulata  -----a--t-------------t-----------c-----.........---c--t--a---        1649


X53694        TACGCCGAGGAGCTCATCTCCGGCATCGCCAGGGGATGCGAGCTCGACAACATCATGCGG        1750
D10472        -----------------------------------------------------------        1749
X64108        ----------------------------------------------------------a        1722
X65183        -----------------------------------------------------------        1750
DQ280674      -----------------------------------------------------------        1713
AF141954      -----------------------------------------------------------        1749
Dianlong 201  -----------------------------------------------------------        1750
O. rufipogon  -----------------------------------------------------------        1726
O. officinalis ----------------------------------------------------------a        1721
O. granulata  ---------------------t-----t-------------------------------c        1709


X53694        CTCACCGGCATCACCGGCATCGTCAACGGCATGGACGTCAGCGA...........GTGG        1798
D10472        -------------------------------------------...........---        1797
X64108        -------------------------------------------...........---        1770
X65183        -------------------------------------------...........---        1798
DQ280674      -------------------------------------------...........---        1761
AF141954      -------------------------------------------...........---        1797
Dianlong 201  -------------------------------------------aaacgtcagcga---        1810
O. rufipogon  -------------------------------------------...........---        1774
O. officinalis -------------------------------------------...........---        1769
O. granulata  --g----------------------------------------...........---        1757


X53694        GATCCT.AGCAAGGACAAGTACATCACCGCCAAGTACGACGCAACCACGGTAAGAACGAA        1857
D10472        -----c.----------------------------------------------------        1856
X64108        -----.--------------------a------------------g--c...--        1826
X65183        -----c.----------------------------------------------------        1857
DQ280674      -----c.----------------------------------------------------        1820
AF141954      -----c.----------------------------------------------------        1856
Dianlong 201  -----cc---g-a--g-------------------------------------------        1870
O. rufipogon  -----c.----------------------------------------------------        1833
O. officinalis -----.---------------g-----------------------g--c...--        1825
O. granulata  -----.-----------------t--------------------a--g-c---c        1816


X53694        TGCATTCTTCACAAGATATGCAATCTGAATTTTCTTTGAAAAAGAAATTATCATCTGTCA        1917
D10472        -----------------------------------------------------------        1916
X64108        ---.............a-g--g---..-c----------ag--c..----------        1867
X65183        -----------------------------------------------------------        1917
DQ280674      --------------------------------------c--------------------        1880
AF141954      -----------------------------------------------------------        1916
Dianlong 201  ------------------g----------------------------------------        1930
O. rufipogon  -----------------------------------------------------------        1893
O. officinalis ----.............a-g-cg---..-c----------a--tc..----------        1866
O. granulata  c-atc..........-caag-a--cga-c----cc--g--c......-------t-        1858


X53694        CTTCTTGATTGATTCTGACAAGGCAAGAATGAGTGACAAATTTCAGGCAATCGAGGCGAA        1977
D10472        -----------------------------------------------------------        1976
X64108        ------c----------------at---c---c---.---------c------------        1926
X65183        -----------------------------------------------------------        1977
DQ280674      -----------------------------------------------------------        1940
AF141954      -----------------------------------------------------------        1976
```

```
Dianlong 201   ————————————————————————————————————————————————————————   1990
O. rufipogon    ————————————————————————————————————————————————————————   1953
O. officinalis  ——————————————t———————a——c——c———.————————————c————————     1925
O. granulata    ...—c————————————————————————ca—......————————c——a———      1908

X53694         GGCGCTGAACAAGGAGGCGTTGCAGGCGGAGGCGGGTCTCCCGGTCGACAGGAAAATCCC   2037
D10472         ——————————————————————————————————————t————————————————————   2036
X64108         ——————————————————————a——g—t————————c———g——————————————————   1986
X65183         ——————————————————————————————————————t————————————————————   2037
DQ280674       ——————————————————————————————————————t————————————————————   2000
AF141954       ——————————————————————————————————————t————————————————————   2036
Dianlong 201   ——————————————————————————————————————t————————————————————   2050
O. rufipogon    ——————————————————————————————————————t————————————————————   2013
O. officinalis  ————————————————————————g—t————————c————————————————————     1985
O. granulata    ————————————————————t—g—t————————c————————————————————       1968

X53694         ACTGATCGCGTTCATCGGCAGGCTGGAGGAACAGAAGGGCCCTGACGTCATGGCCGCCGC   2097
D10472         ——————————————————————————————————————————————————————————   2096
X64108         g——————————————————————————————————c——————————————————————   2046
X65183         ——————————————————————————————————t———————————————————————   2097
DQ280674       ——————————————————————————————————————————————————————————   2060
AF141954       ——————————————————————————————————t———————————————————————   2096
Dianlong 201   ——————————————————————————————————————————————————————————   2110
O. rufipogon    ——————————————————————————————————————————————————————————   2073
O. officinalis  g——————————————————————————————————c——————————————————————   2045
O. granulata    c————————t————————————————————————c——————————————————————   2028

X53694         CATCCCGGAGCTCATGCAGGAGGACGTCCAGATCGTTCTTCTGGTATAATATAATACACT   2157
D10472         ——————————————————————————————————————————————————————————   2156
X64108         ——————————————————a————————————————t——————t—.........—       2097
X65183         ——————————————————————————————————————————————————————————   2157
DQ280674       ——————————————————————————————————————————————————————————   2120
AF141954       ——————————————————————————————————————————————————————————   2156
Dianlong 201   ——————————————————————————————————————————————————————————   2170
O. rufipogon    ——————————————————————————————————————————————————————————   2133
O. officinalis  ——————————————————a————————————————————t—.........—         2096
O. granulata    ——t————————————————a——t———————————c——cgcatc......——         2082

X53694         ACAAGACACACTTGCACGATATGCCAAAAATTCAGAACAAATTCAGTGGCAAAAAAAAAA   2217
D10472         ——————————————————————————————————————————......              2209
X64108         ——g———..————————t———t—————————.————————......                 2147
X65183         ——————————————————————————————————————————————————————————   2217
DQ280674       ——————————————————————————————————————————......              2173
AF141954       ——————————————————————————————————————————————————————————   2216
Dianlong 201   ——————————————————————————————————————————————————————————   2230
O. rufipogon    ——————————————————————————————————————————......              2186
O. officinalis  ——g———..————————t———————————.————————......                   2146
O. granulata    —t—ca—g——..———————...——c—g————————.————c——————......          2128

X53694         CTCGAATATTAGGGAAGGACCTAATAATATCAAATAATTAGAAGGGGTGAGGCTTTGAAC   2277
D10472         .........................................................—   2209
X64108         .........................................................—   2147
X65183         ——a——————————a————————...————————————————————————————————   2274
DQ280674       .........................................................—   2173
AF141954       ——a——————————a————————...————————————————————————————————   2273
Dianlong 201   ——a——————————a————————...————————————————————————————————   2287
O. rufipogon    .........................................................—   2186
O. officinalis  .........................................................—   2146
O. granulata    .........................................................—   2128

X53694         CCAGATCGTCTAGTCCACCACCTTGTGGAGTTAGCCGGAAGACCTCTGAGCATTTCTCAA   2337
D10472         .........................................................—   2209
```

```
X64108          ....................................................  2147
X65183          ---g--a----c----------a--c---------g-------------g-  2334
DQ280674        ..................................................  2173
AF141954        ---g--a----c----------a--c---------g-------------g-  2333
Dianlong 201    ---g--a----c------------c---------g-c--------------  2347
O. rufipogon    ..................................................  2186
O. officinalis  ..................................................  2146
O. granulata    ..................................................  2128

X53694          TTCAGTGGCAAATGATGTGTATAATTTTGATCCGTGTGTG....TTTCAGGGTACTGGAA  2393
D10472          ..........----------------------------.....-------------  2253
X64108          ..........-----gc-gatg-a-aat-tga-c---.....--g-----------  2191
X65183          ---------------------------------------.....------------  2390
DQ280674        ..........----------g----------------tgtg---------------  2221
AF141954        ---------------------------------------.....------------  2389
Dianlong 201    ---------------------------------------.....------------  2403
O. rufipogon    ..........----------g------------------.....------------  2230
O. officinalis  ..........-----gc-gatg-a-aat-tga-c---.....--g-----------  2190
O. granulata    ..........----ct-gg--.....--taa-c-a--......-----c--c--c-  2164

X53694          AGAAGAAGTTCGAGAAGCTGCTCAAGAGCATGGAGGAGAAGTATCCGGGCAAGGTGAGGG  2453
D10472          -----------------------------------------------------------  2313
X64108          ---------------------------------------------c--c----------  2251
X65183          -----------------------------------------------------------  2450
DQ280674        -----------------------------------------------------------  2281
AF141954        -----------------------------------------------------------  2449
Dianlong 201    -----------------------------------------------------------  2463
O. rufipogon    -----------------------------------------------------------  2290
O. officinalis  ---------------------------------------------c--c----------  2250
O. granulata    ------------t-----a----------gc-----------caa--------a-  2224

X53694          CCGTGGTGAAGTTCAACGCGCCGCCTTGCTCATCTCATCATGGCCGGAGCCGACGTGCTCG  2513
D10472          -----------------------------------------------------------  2373
X64108          -----------------------g----c------------------------------  2311
X65183          -----------------------------------------------------------  2510
DQ280674        -----------------------------------------------------------  2341
AF141954        -----------------------------------------------------------  2509
Dianlong 201    -----------------------------------------------------------  2523
O. rufipogon    -----------------------------------------------------------  2350
O. officinalis  -----------------------g----c------------------------------  2310
O. granulata    -----------------------g----c-a----------------------------  2284

X53694          CCGTCCCCAGCCGCTTCGAGCCCTGTGGACTCATCCAGCTGCAGGGGATGAGATACGGAA  2573
D10472          -----------------------------------------------------------  2433
X64108          -----------------------------------------------------------  2371
X65183          -----------------------------------------------------------  2570
DQ280674        -----------------------------------------------------------  2401
AF141954        -----------------------------------------------------------  2569
Dianlong 201    -----------------------------------------------------------  2583
O. rufipogon    -----------------------g-----------------------------------  2410
O. officinalis  -----------------------------------------------------------  2370
O. granulata    -----a------------------c----------------------------------  2344

X53694          CGGTATACAAT.....TTCCATCTATCAATTCGATTGTTCGATTTCATCTTTGTGCAATG  2628
D10472          -----------.....-------------------------------------------  2488
X64108          -------atccaa...-a-t-caaca--gccatt-cca--a---cg--tg--tgatttca  2428
X65183          -----------.....-------------------------------------------  2625
DQ280674        ----------acaat-c------------------------------------------  2461
AF141954        -----------.....-------------------------------------------  2624
Dianlong 201    -----------------------------------------------------------  2638
O. rufipogon    ----------acaat-c------------------------------------------  2470
O. officinalis  -------atccag...-a-t-caaca--gccatt-cca--a---cg--tg--tgatttca  2427
```

```
O. granulata    ————c—.................——c—————————c—tcc—c......————c—          2381

X53694          CAATGCAATTGCAAATGCAAATGCATGATGATT.TTCCTTGTTGATTTCTCCAGCCCTGT    2687
D10472          ————.................——————————.——————————————————          2535
X64108          tct——tg..........c————————.—————————gt————          2476
X65183          ——————————————————————————————.———————————————————          2684
DQ280674        ——————————......——t————————.———————c——————          2514
AF141954        ——————————————————————————.——————————————————————          2683
Dianlong 201    —————————————c—————————.——————————————————          2697
O. rufipogon    ——————————......——t————————.———————c——————          2523
O. officinalis  tct——tg..........c————————.—————————gt————          2475
O. granulata    ——tcatg——c.......——gtg——tca——t—aa————————a———...——g——          2431

X53694          GCTTGCGCGTCCACCGGTGGGCTCGTGGACACGGTCATCGAAGGCAAGACTGGTTTCCAC    2747
D10472          ————————————————————————————————————————————————————          2595
X64108          ————————————————————————————————————————————————————          2536
X65183          ————————————————————————————————————————————————————          2744
DQ280674        ————————————————————————————————————————————————————          2574
AF141954        ————————————————————————————————————————————————————          2743
Dianlong 201    ————————————————————————————————————————————————————          2757
O. rufipogon    ————————————————————————————————————————————————————          2583
O. officinalis  ————————————————————————————————————————————————————          2535
O. granulata    ————————————————a————c————a————————————a————          2491

X53694          ATGGGCCGTCTCAGCGTCGACGTAAGCCTATACATTT..........ACATAACAATC.    2795
D10472          ——————————————a———————————.——————..........——————————.          2643
X64108          ——————————————————————————ctt—c—agtatctccca——cc——ttg—ga          2596
X65183          ——————————————————————————————.—..........——————————.          2792
DQ280674        ——————————————————————a———tccatccgtcccaaa—t————g——tt          2634
AF141954        ——————————————————————————————.—..........——————————.          2791
Dianlong 201    ——————————————————————————————.—..........————g——.          2805
O. rufipogon    ——————————————————————a———tccatccgtcccaaa—t————g——tt          2643
O. officinalis  ——————————————————————————ctt—c—agtatctccca——cc———tg—gc          2595
O. granulata    ——————————————————————————cacaaccctatc.....———ttt—gctc          2546

X53694          .......................A..GATAT.GACACATCCTAATACCGAT          2820
D10472          .......................—..————.————————————          2668
X64108          aatgtctgagactaatacttc..ttccgtcc.taaa———.a——gaccat—g—atat——c    2652
X65183          .......................—..————.—————t————          2817
DQ280674        agaact.................—..————.————————————          2665
AF141954        .......................—..————.—————t————          2816
Dianlong 201    .......................—..————.————————————          2830
O. rufipogon    agaact.................—..————.————c————          2674
O. officinalis  aaggtctcagactaatactccccctcccgtccctaaa———.a——gaccatcg—atat——c   2654
O. granulata    acaccacctaaggtagtgtttgaaagaccttctggtt———t—gtggca—gc——a—g——g    2606

X53694          AAGTC..........GGTACACTACTAC....ACATTTAC.ATGGTTGCTGGTTATATG     2864
D10472          ————..........————————....————.————————————          2712
X64108          —ta—tttagtatcagta——tac———atat—t————.————————c———          2711
X65183          ——————————————a————t.ac————.————————————          2864
DQ280674        —t—.................————....————.————————————          2709
AF141954        ——————..........a—————....————.————————————          2860
Dianlong 201    ————..........————————....————.————————————          2874
O. rufipogon    —t——.................————....————.————————————          2718
O. officinalis  —cag—ttagtatcggta———tac———atat—t————.——.—.——c———          2711
O. granulata    ——aatt.......attaac——gtg—t——attaggt———a—t—taaaa——a—aa—a—g—     2659

X53694          GTTTTTTTTGGCAGTGCAAGGTGGTGGAGCCAAGCGACGTGAAGAAGGTGGCG.GCCACCC  2923
D10472          ——————————————————————————————————————————.————          2771
X64108          —g———.——————————————————————————c——————————a——          2769
X65183          ————————————————————————————————————————————          2923
DQ280674        ——————.——————————————————————————————————.          2767
```

```
AF141954        ------------------------------------------------.------        2919
Dianlong 201    ------------------------------------------------.------        2933
O. rufipogon    ------.-----------------------------------------------        2776
O. officinalis  -g---..------c--....------------------c----------.a-----        2764
O. granulata    -a-c----t-att-ttt--agatacttt-t-gaaa-tt-ttgt--aaaaa--ta-g-t-    2719

X53694          TGAAGCGCGCCATCAAGGTCGTCGGCACGCCGGCGTACGAGGAGATGGTCAGGAACTGCA   2983
D10472          ------------------------------------------------------------   2831
X64108          ------g-------a--------------------a-c-----------------------   2829
X65183          ------------------------------------------------------------   2983
DQ280674        ------------------------------------------------------------   2827
AF141954        ------------------------------------------------------------   2979
Dianlong 201    ----------------------------------a-------------------------   2993
O. rufipogon    ------------------------------------------------------------   2836
O. officinalis  ------g-------a--------------------a-c-----------------------   2824
O. granulata    a-t--tttaag-agc-t-ctaa-aaa-aa-ga-t-a-ta-.-cc--cc---ta-g-a-tt   2778

X53694          TGAACCAGGACCTCTCCTGGAAGGTATAAATTACGAAACAAA.TTTAACCCAAACATATA   3042
D10472          -------------------------------------------.----------------   2890
X64108          ------------------------------cc-..a--a------tt--------g-----   2887
X65183          -------------------------------------------.----------------   3042
DQ280674        -------------------------------------------.---g------------   2886
AF141954        -------------------------------------------.----------------   3038
Dianlong 201    -----------------------------------------a------------------   3053
O. rufipogon    -----------------------.---------.----------.----------------   2893
O. officinalis  ------------------------------cc-..a--a------tt--.----------   2881
O. granulata    ccg-a--ctgt--aag----ct-c--c-c..-g-.-tgt-c-c--gc-tggtgttg-t--  2835

X53694          CT.ATATACTCCC.TCCGCTTCTAAATATTCAACGCCGTTGTCTTTTTAAATATGTTTG   3100
D10472          --.---------.-----------------------c-----------------------   2948
X64108          -..................-----------------------------------------   2888
X65183          --.---------.------------------------------a----------------   3100
DQ280674        --.---------.-----------g---a---ac------a------a----         2944
AF141954        --.---------.------------------------------a----------------   3096
Dianlong 201    --.---------.------------------------------a----            3111
O. rufipogon    --t-------c------------g-----ac------a------a----             2953
O. officinalis  -...........................................................   2882
O. granulata    a.........-tc-tt-gaat-g-ga-c-tgt---t----c-a---gctccca--gca    2885

X53694          ACCATTCGTCTTATTAAAAAAA.TTAAATAATTATAAATTCTTTTCCTATCATTTGATTC   3159
D10472          --g----a------------..------------------------------------   3006
X64108          ............................................................   2888
X65183          --g----------------.---------------------a-----------------   3159
DQ280674        --g--a------------t---g------t------------------------------   3004
AF141954        --g----------------------------------------a----------------   3155
Dianlong 201    --g--------------------------------------------------------   3170
O. rufipogon    --g--a------------t---g------t--------------------------c-   3013
O. officinalis  ............................................................   2882
O. granulata    -..gg-g--ggagcc--gtg-cg-cc-ga-gg-ggcg-.......-c-c-c-gaagcg-   2935

X53694          ATTGTTAAATATACTTATATGTATACATATAGTTTTACATATTTCATAAAATTTTTTGAA   3219
D10472          ---------------------------------------------g--------       3066
X64108          ............................................................   2888
X65183          ----------------------------------------------g-------------   3219
DQ280674        -------------------------a------------------g---c-a--        3064
AF141954        ----------------------------------------------g-------------   3215
Dianlong 201    -----------------c------------------------g------------      3230
O. rufipogon    ------------------------a------------------g---c-a--         3073
O. officinalis  ............................................................   2882
O. granulata    gcca-c--ggtcgtcggc-c-ccgg-g--c-ac....g-g--ggtcagg--c-gca---   2991

X53694          CAAGACGAACGGTCAAACATGTGCTAAAAA.GTTAACGGTGTCGAATATTCAGAAACGGA   3278
```

```
D10472         ——g——————————————————.—————————————t—————————————————  3125
X64108         ..........................................................  2888
X65183         ————————————————————————.————————————————————————————————  3278
DQ280674       t——————————t——t——————————a—————————————————————————————  3124
AF141954       ————————————————————————.————————————————————————————————  3274
Dianlong 201   ——————g————————————————.————————————————————————————————  3289
O. rufipogon   t——————————t——t——————————a—————————————————————————————  3133
O. officinalis ..........................................................  2882
O. granulata   -c--gacct-tcctgg-.-g--a-g----c-aaca-c-aa--ccttgc--cc-ta......  3043


X53694         GGGAGTATAAACGTCTTGTTCAGAA.GTTCAGAGATTCACCTGTCTGATGCTGATGATGA  3337
D10472         ——————————————————.———————————.——————————————————————————  3183
X64108         ..........——————————c——.——g————————t————cg-a——————————g  2935
X65183         ————————————————————————————.————————————————————————————  3337
DQ280674       ——t——————————————————————————————————————————————————————  3183
AF141954       ——————————————————————————.————————————————————————————————  3333
Dianlong 201   ——————————————————————————.————————————————————————————————  3348
O. rufipogon   ——————————————————————————————————————————————————————————  3192
O. officinalis ..........——————————.——g————————t————cg-a——————————g  2929
O. granulata   ..cgc-tagtt-agaaa————————a————ttc————tct-t-c——————c——g——g  3101


X53694         TTAATTG....TTTGCAACATGGATTTCAGGGGCCTGCGAAGAACTGGGAGAATGTGCTC  3393
D10472         ——————————....———————————————————————————————————————————  3239
X64108         ——gtg-tg...————.......————————————a———————————————————t-g  2990
X65183         ——————————....———————————————————————————————————————————  3393
DQ280674       ——————ataa——————t———————————————————————————————————g  3243
AF141954       ——————————....———————————————————————————————————————————  3389
Dianlong 201   ——————————....———————————————————————————————————————————  3404
O. rufipogon   ——————ataa——————t———————————————————————————————————g  3252
O. officinalis --gtg-tg...————————..————————————a———————————————————g  2984
O. granulata   g-g.......————————g-t...-g——————————————a——————————————t--t  3150


X53694         CTGGGCCTGGGCGTCGCCGGCAGCGCGCCGGGGATCGAAGGCGACGAGATCGCGCCGCTC  3453
D10472         ——————————————————————————————————————————————————————————  3299
X64108         t——————————————g——a——————g—————————g————————————————  3050
X65183         ——————————————————————————————————————————————————————————  3453
DQ280674       ——————————————————————————————————————————————————————————  3303
AF141954       ——————————————————————————————————————————————————————————  3449
Dianlong 201   ——————————————————————————————————————————————————————————  3464
O. rufipogon   ——————————————————————————————————————————————————————————  3312
O. officinalis t——————————————g—————————g—————————g————————————————  3044
O. granulata   ——————————g——a——g-t-a———————————————g————————————————  3210


X53694         GCCAAGGAGAACGTGGCTGCTCCTTGAAGAGCCTGAGATCTACATATGGAGTGATTAATT  3513
D10472         ——————————————————————————————————————————————————————————  3359
X64108         ——————————————————————g——————————..——t————————a——..-g—  3106
X65183         ——————————————————————————————————————————————————————————  3513
DQ280674       ——————————————————————————————————————————————————————————  3363
AF141954       ——————————————————————————————————————————————————————————  3509
Dianlong 201   ——————————————————————————————————————————————————————————  3524
O. rufipogon   ——————————————————————————————————————t——————————————  3372
O. officinalis ——————————————————————————————————..——t————————a——..-g-  3100
O. granulata   ——————————————————————att-acct..gcag————c——ag......  3263


X53694         AATATA..GCAGTATATGGATGAGAGACGAATGAACCAGTGGTTTGTTTGTTGTAGTGAA  3571
D10472         ————————..————————————————————————————————————————————  3417
X64108         -g————......——gg——ag.at————t——————————————————————————  3159
X65183         ————————..————————————————————————————————————————————  3571
DQ280674       ————————..————————————————————————————————————————————  3421
AF141954       ————————..————————————————————————————————————————————  3567
Dianlong 201   ————————..————————————————————————————————————————————  3582
O. rufipogon   ——————ta——————————————————————————————————————————————  3432
```

```
O. officinalis  -g----......-gg---ag.at----ta--------------------------------   3153
O. granulata    -g--c-................tg--t--c--------....c--------------g-     3302


X53694          TTTGTAGCTATAGCCAATTATATAGGCT.AATAAGTTTGATGTTGTACTCTTCTGGGTGT   3630
D10472          ----------------------------.------------------------------   3476
X64108          -.-----------.-------.------.-------------------------------   3216
X65183          ----------------------------.------------------------------   3630
DQ280674        ----------------------------.------------------------------   3480
AF141954        ----------------------------.------------------------------   3626
Dianlong 201    ---------------------------c--------------------------------   3642
O. rufipogon    ----------------------------.-----a-------c--------c--------   3491
O. officinalis  --.----------.-------.------.----------------------------a-   3210
O. granulata    -g.--------c----...t--------.----------------a--.............   3342


X53694          GCTTAAGTATCTTATCGGACCCTGAATTTATGTGTGTGGCTTATTGCCAATAATATTAAG   3690
D10472          -----------------------------------------------------------   3536
X64108          ------------.-----.....--------------------------------------   3271
X65183          -----------------------------------------------------------   3690
DQ280674        -----------------------------------------------------------   3540
AF141954        -----------------------------------------------------------   3686
Dianlong 201    -------------.............................................   3649
O. rufipogon    ---.......................................................   3494
O. officinalis  ---.......................................................   3213
O. granulata    ..........................................................   3342


X53694          TAATAAAGGGTTTATTTATATTATTATATATGTTATATTATACTTCCCCTGTTCCATATTA   3750
D10472          ------------------------------------------c--------g--------   3596
X64108          -------------------------------------c-cc.........---ag-tc--   3321
X65183          ------------------------------------------c----------------   3750
DQ280674        ------------------------------------------c----------------   3600
AF141954        ------------------------------------------c----------------   3746
Dianlong 201    ..........................................................   3649
O. rufipogon    ..........................................................   3494
O. officinalis  ..........................................................   3213
O. granulata    ..........................................................   3342


X53694          TACCATGCCATTTTTGTTTTATGCCAAGTCAAACTT.TTTATATTTAACCAAATTTATAA   3809
D10472          -g------------------------------.--------------------------   3655
X64108          -ttt---t----g-----c-at--c--------c----g--g-t-----c----      3381
X65183          -g------------------------------.--------------------------   3809
DQ280674        --------------------------------.--------------------------   3659
AF141954        -g------------------------------.--------------------------   3805
Dianlong 201    ..........................................................   3649
O. rufipogon    ..........................................................   3494
O. officinalis  ..........................................................   3213
O. granulata    ..........................................................   3342


X53694          AAATAAATATAGCAACATTTGTAATACTGAACTATTTTTTTGTTAGACAGACTGTCAAAA   3869
D10472          -----------------------------------------------..----------   3713
X64108          --t-...-----tg---c-ac--c-ca--a------c..----a-tta---a-tg--t   3436
X65183          -----------------------------------------------..----------   3867
DQ280674        -----------------------------------------------------------   3719
AF141954        -----------------------------------------------------------   3865
Dianlong 201    ..........................................................   3649
O. rufipogon    ..........................................................   3494
O. officinalis  ..........................................................   3213
O. granulata    ..........................................................   3342


X53694          CTTAAAATTATAGGTACTA.TATTTGTCTCAAAATATAATAACTTTTAGTTATGTATCTGG   3928
D10472          -------------------.---------t------------------------------   3772
X64108          a-at.......................................................   3440
X65183          ------------------------a-----------------t................   3909
```

```
DQ280674      ————————————————————.——————————————————————————     3778
AF141954      ————————————————————.——————————————————————————     3924
Dianlong 201  ...................................................  3649
O. rufipogon  ...................................................  3494
O. officinalis ...................................................  3213
O. granulata  ...................................................  3342


X53694        GTATGTGTCTGTCTATATGTGTAGCTAAAAGTTGTTTTGTGTCAAAAAAAATGTTATTAT  3988
D10472        ———————————————c—————————————.........——————————————        3801
X64108        ...................................................  3440
X65183        ...................................................  3909
DQ280674      ——————————————————————————————————————————————————  3838
AF141954      ——————————————————————c——t——————————————.. —————————  3982
Dianlong 201  ...................................................  3649
O. rufipogon  ...................................................  3494
O. officinalis ...................................................  3213
O. granulata  ...................................................  3342


X53694        ATTTTTTTTATAAATTTATTTAAGTTTGAAGGAGCAGTAGTTTGACTCAGGATAAGATGT  4048
D10472        ...................................................  3801
X64108        ...................................................  3440
X65183        ...................................................  3909
DQ280674      ——————————————————————————————————————————————————  3898
AF141954      ——————————————————————————————————————————————————a——  4042
Dianlong 201  ...................................................  3649
O. rufipogon  ...................................................  3494
O. officinalis ...................................................  3213
O. granulata  ...................................................  3342


X53694        AAAATAATTTATAATATACTCTCTCGTCCCATTTTAAATGCAACCAAAACTTTGATCGTT  4108
D10472        ...................................................  3801
X64108        ...................................................  3440
X65183        ...................................................  3909
DQ280674      ——————————————————————————————————————————————————  3958
AF141954      ——————————————————————————————.———————————————————  4069
Dianlong 201  ...................................................  3649
O. rufipogon  ...................................................  3494
O. officinalis ...................................................  3213
O. granulata  ...................................................  3342


X53694        TATCTTATTTATTTTTTTATAATTAATACTTTTATTGTTATGAGATAATAAAACATGAAT  4168
D10472        ...................................................  3801
X64108        ...................................................  3440
X65183        ...................................................  3909
DQ280674      ——————————————————————————————————————————————————  4018
AF141954      ...................................................  4069
Dianlong 201  ...................................................  3649
O. rufipogon  ...................................................  3494
O. officinalis ...................................................  3213
O. granulata  ...................................................  3342


X53694        AGTACTTTATACATGACTTATGTTTTTAATTTTTTTAAATAAAACGAATGATTAAAATTA  4228
D10472        ...................................................  3801
X64108        ...................................................  3440
X65183        ...................................................  3909
DQ280674      ——————————————————————————————————————————————————  4078
AF141954      ...................................................  4069
Dianlong 201  ...................................................  3649
O. rufipogon  ...................................................  3494
O. officinalis ...................................................  3213
O. granulata  ...................................................  3342
```

```
X53694        TGCACGAAAAATTATAGTTGCACTTAAAATGTGACGGAGGGAGTGGATACGAAGGAACTA    4288
D10472        ............................................................    3801
X64108        ............................................................    3440
X65183        ............................................................    3909
DQ280674      ------------------------------------------------------------    4138
AF141954      ............................................................    4069
Dianlong 201  ............................................................    3649
O. rufipogon  ............................................................    3494
O. officinalis ...........................................................    3213
O. granulata  ............................................................    3342


X53694        GGT.........................................................    4291
D10472        ............................................................    3801
X64108        ............................................................    3440
X65183        ............................................................    3909
DQ280674      -tcctgttaaatatcctgttcgtgtgtttttgaggttgtggctctggttgatcagatgcc    4198
AF141954      ............................................................    4069
Dianlong 201  ............................................................    3649
O. rufipogon  ............................................................    3494
O. officinalis ...........................................................    3213
O. granulata  ............................................................    3342


X53694        ............................................................    4291
D10472        ............................................................    3801
X64108        ............................................................    3440
X65183        ............................................................    3909
DQ280674      actgtcattactagtgctccatatatcgtacgtctgtctacgtcaagttcaggtaggtca    4258
AF141954      ............................................................    4069
Dianlong 201  ............................................................    3649
O. rufipogon  ............................................................    3494
O. officinalis ...........................................................    3213
O. granulata  ............................................................    3342


X53694        ............................................................    4291
D10472        ............................................................    3801
X64108        ............................................................    3440
X65183        ............................................................    3909
DQ280674      tcagttgatagtccagttggtgtgtggcttatggctgtggaggtaacaaggtgtggatcata    4318
AF141954      ............................................................    4069
Dianlong 201  ............................................................    3649
O. rufipogon  ............................................................    3494
O. officinalis ...........................................................    3213
O. granulata  ............................................................    3342


X53694        ............................................................    4291
D10472        ............................................................    3801
X64108        ............................................................    3440
X65183        ............................................................    3909
DQ280674      ccaaccattggccgatacaagtcacctcaaggtttttagatacagaatcataattggattc    4378
AF141954      ............................................................    4069
Dianlong 201  ............................................................    3649
O. rufipogon  ............................................................    3494
O. officinalis ...........................................................    3213
O. granulata  ............................................................    3342


X53694        ............................................................    4291
D10472        ............................................................    3801
X64108        ............................................................    3440
X65183        ............................................................    3909
DQ280674      cacaatcttttactacctctgtcctaaaataagtgcagccatagatatccgtatttagcg    4438
AF141954      ............................................................    4069
Dianlong 201  ............................................................    3649
```

O. rufipogon	....	3494
O. officinalis	....	3213
O. granulata	....	3342
X53694	....	4291
D10472	....	3801
X64108	....	3440
X65183	....	3909
DQ280674	ctttgactatccgtcttatttgaaaaatttataaaaaatattaaaaaaattagtcacaca	4498
AF141954	....	4069
Dianlong 201	....	3649
O. rufipogon	....	3494
O. officinalis	....	3213
O. granulata	....	3342
X53694	....	4291
D10472	....	3801
X64108	....	3440
X65183	....	3909
DQ280674	taaagtaatattcatgttttatcatctaataacaataaaaataataaacataatcttttt	4558
AF141954	....	4069
Dianlong 201	....	3649
O. rufipogon	....	3494
O. officinalis	....	3213
O. granulata	....	3342
X53694	....	4291
D10472	....	3801
X64108	....	3440
X65183	....	3909
DQ280674	tcaaataagacgaacggtcaaacgttgaacatgaacagtgctaaaattgcacttattttg	4618
AF141954	....	4069
Dianlong 201	....	3649
O. rufipogon	....	3494
O. officinalis	....	3213
O. granulata	....	3342
X53694	....	4291
D10472	....	3801
X64108	....	3440
X65183	....	3909
DQ280674	ggacggagggagtacctcttctttataatgcaagaattttataaggata	4667
AF141954	....	4069
Dianlong 201	....	3649
O. rufipogon	....	3494
O. officinalis	....	3213
O. granulata	....	3342

　　通过 *Waxy* 基因序列构建的聚类树（图 8-2-9），以及它们之间的两两相似性关系值（表 8-2-4），可以看出云南野生稻的 *Waxy* 基因序列与栽培稻的有较大差异，且在野生稻之间也存在一定的差异。从表 8-2-4 和图 8-2-9 来看，*Waxy* 基因聚类树从总体上可以分为两大类：第一大类中，云南普通野生稻和新加坡报道的普通野生稻（DQ 280674）聚成一组，然后与栽培稻、滇陇 201 共同聚成一个大类；第二大类中，云南药用野生稻和尼瓦拉野生稻（X64108）聚在一起，然后同云南疣粒野生稻聚在一起。该研究结果表明，云南普通野生稻同栽培稻的亲缘关系最近，药用野生稻次之，而疣粒野生稻同栽培稻的亲缘关系最远。在几种栽培稻之间，*Waxy* 基因的相似性非常高，两两相似性在 90.0% 以上（表 8-2-4）。

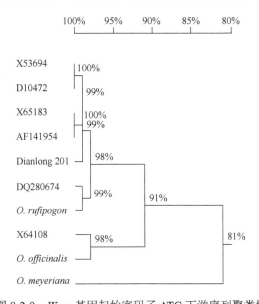

图 8-2-9　*Waxy* 基因起始密码子 ATG 下游序列聚类树

Fig. 8-2-9　Homology tree of *Waxy* gene including downstream sequence from ATG

表 8-2-4　*Waxy* 基因起始密码子 ATG 下游序列两两相似性值

Table 8-2-4　Homology matrix of *Waxy* including downstream sequence from ATG

材料编号 Material No.	X53694	D10472	X64108	X65183	DQ280674	AF141954	Dianlong 201	*O. rufipogon*	*O. officinalis*	*O. granulata*
X53694	100%									
D10472	99.5%	100%								
X64108	90.9%	90.8%	100%							
X65183	99.4%	99.5%	90.8%	100%						
DQ280674	98.3%	98.0%	90.7%	98.1%	100%					
AF141954	99.4%	99.5%	90.9%	99.9%	98.2%	100%				
Dianlong 201	99.2%	99.3%	91.3%	99.3%	97.9%	99.3%	100%			
O. rufipogon	97.8%	97.7%	91.1%	97.7%	99.4%	97.8%	97.5%	100%		
O. officinalis	91.6%	91.4%	98.4%	91.4%	91.3%	91.5%	91.2%	91.0%	100%	
O. granulata	80.1%	80.1%	83.2%	80.1%	80.0%	80.1%	79.8%	79.6%	83.1%	100%

　　通过 *Waxy* 基因的同源比对发现，云南野生稻 *Waxy* 基因内含子区均有一段缺失的碱基序列。其中，在普通野生稻 1000 bp 左右的位置处有一段 17 bp 的缺失（图 8-2-10），在疣粒野生稻的 1535 bp 左右的位置处有一段 22 bp 的缺失（图 8-2-11），在药用野生稻的 3250 bp 左右的位置处有一段 251 bp 的缺失（图 8-2-12），这些缺失的片段均位于 *Waxy* 基因的内含子区。除此之外，在云南野生稻中一个明显的特征就是 *Waxy* 基因起始密码子下游 2320 bp 左右的位置处有一段 139 bp 共同的缺失区，其缺失位置也是位于内含子区（图 8-2-13）。滇陇 201 与其余水稻 *Waxy* 基因最明显的差异在 1850 bp 左右有一个 12 bp 的插入片段（AAACGTCAGCGA）（图 8-2-14），在栽培稻、野生稻中均无此变化，且此片段的插入位点正好位于 *Waxy* 基因的编码区之内，插入片段为三联体密码子的整数倍，造成 4 个新的氨基酸（KRQR）的插入。

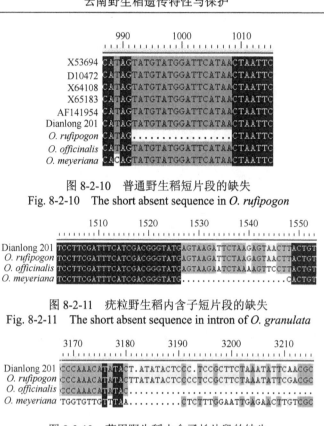

图 8-2-10　普通野生稻短片段的缺失
Fig. 8-2-10　The short absent sequence in *O. rufipogon*

图 8-2-11　疣粒野生稻内含子短片段的缺失
Fig. 8-2-11　The short absent sequence in intron of *O. granulata*

图 8-2-12　药用野生稻内含子长片段的缺失
Fig. 8-2-12　The long absent sequence in intron of *O. officinalis*

图 8-2-13　云南野生稻内含子长片段的缺失
Fig. 8-2-13　The long absent sequence in intron of Yunnan wild rice species

图 8-2-14　滇陇 201 外显子短片段的插入
Fig. 8-2-14　The insertion in exon of Dianlong 201

（二）云南野生稻 *Waxy* 基因编码区序列比较结果

```
X53694          ATGTCGGCTCTCACCACGTCCCAGCTCGCCACCTCGGCCACCGGCTTCGGCATCGCCGAC   60
D10472          ------------------------------------------------------t---   60
X64108          ------------------------------------------------------------   60
X65183          ------------------------------------------------------------   60
DQ280674        ------------------------------------------------------------   60
AF141954        ------------------------------------------------------------   60
O. rufipogon    ------------------------------------------------------------   60
O. officinalis  ------------------------------------------------------------   60
O. granulata    ------------------------------------------------------t---   60

X53694          AGGTCGGCGCCGTCGTCGCTGCTCCGCCACGGGTTCCAGGGCCTCAAGCCCCGCAGCCCC   120
D10472          ------------------------------------------------------------   120
X64108          -----------------------t-----------------------t----a      120
X65183          ------------------------------------------------------------   120
DQ280674        -----------------------------------------------------.      120
AF141954        ------------------------------------------------------------   120
O. rufipogon    ---------------------------------------a--------            120
O. officinalis  -------------------------t---------------------t----a      120
O. granulata    ------------a--------t----------------g--------g----a      120

X53694          GCCGGCGGCGACGCGACGTCGCTCAGCGTGACGACCAGCGCGCGCGCGACGCCCAAGCAG   180
D10472          ------------------------------------------------------------   180
X64108          --------g----at-a-c-----------------------------------------   180
X65183          ------------------------------------------------------------   180
DQ280674        ------------------------------------------------------------   180
AF141954        ------------------------------------------------------------   180
O. rufipogon    ----------------------------------------a--------t          180
O. officinalis  --------g----at-a-c----------------------a---t--------------   180
O. granulata    --------g---ga...--c--------a---------------a--t           177

X53694          CAGCGGTCG...GTGCAGCGTGGCAGCCGGAGGTTCCCCTCCGTCGTCGTGTACGCCACC   237
D10472          ---------...------------------------------------------------   237
X64108          ---------...-----------c------------------------------------   237
X65183          ---------...------------------------------------------------   237
DQ280674        ---------...-----------c------------------------------------   237
AF141954        ---------...------------------------------------------------   237
O. rufipogon    ---------...-----------c------------------------------------   237
O. officinalis  ---------...-----------c------------------------------------   237
O. granulata    --a------tcg----a--c----------------------------------------   237

X53694          GGCGCCGGCATGAACGTCGTGTTCGTCGGCGCCGAGATGGCCCCCTGGAGCAAGACCGGC   297
D10472          ------------------------------------------------------------   297
X64108          ------------------------------------------------------------   297
X65183          ------------------------------------------------------------   297
DQ280674        ------------------------------------------------------------   297
AF141954        ------------------------------------------------------------   297
O. rufipogon    ------------------------------------------------------------   297
O. officinalis  ------------------------------------------------------------   297
O. granulata    ------------------c------------------a--t-------------------   297

X53694          GGCCTCGGTGACGTCCTCGGTGGCCTCCCCCCCTGCCATGGCTGCGAATGGCCACAGGGTC   357
D10472          ------------------------------------------------------------   357
X64108          ---------------------------------------------------------a--   357
X65183          ------------------------------------------------------------   357
DQ280674        ------------------------------------------------------------   357
AF141954        ------------------------------------------------------------   357
O. rufipogon    ------------------------------------------------------------   357
O. officinalis  ---------------------------------------------------------a--- 357
```

O. granulata	———————c——	357
X53694	ATGGTGATCTCTCCTCGGTACGACCAGTACAAGGACGCTTGGGATACCAGCGTTGTGGCT	417
D10472	——	417
X64108	——————————————————————————————————————c————c————————————————	417
X65183	——	417
DQ280674	——	417
AF141954	——	417
O. rufipogon	——	417
O. officinalis	———a———————————c———————————————————c————c————————————————————	417
O. granulata	—————————————————————c———————————————————c——————————————————	417
X53694	GAGATCAAGGTTGCAGACAGGTACGAGAGGGTGAGGTTTTTCCATTGCTACAAGCGTGGA	477
D10472	——	477
X64108	——	477
X65183	——	477
DQ280674	——	477
AF141954	——	477
O. rufipogon	——a———	477
O. officinalis	——	477
O. granulata	——————————————————————————————————a———————c——t—————a————————	477
X53694	GTCGACCGTGTGTTCATCGACCATCCGTCATTCCTGGAGAAGGTTTGGGGAAAGACCGGT	537
D10472	——c————————————————	537
X64108	——t———	537
X65183	——	537
DQ280674	——————————————————g——————————————g————c————————————————————	537
AF141954	——	537
O. rufipogon	——————————————————g——————————————g————c————————————————————	537
O. officinalis	——t———	537
O. granulata	——t———————————————t————————————g————————————————————————————	537
X53694	GAGAAGATCTACGGACCTGACACTGGAGTTGATTACAAAGACAACCAGATGCGTTTCAGC	597
D10472	——	597
X64108	——————————————————————————————c———————g—————————————————————	597
X65183	——	597
DQ280674	——————————————————————————————c———————g—————————————————————	597
AF141954	——	597
O. rufipogon	——————————————————————————————c———————g—————————————————————	597
O. officinalis	——————————————————————————————c———————g—————————————————————	597
O. granulata	——————————————————————————————————————g————————c—a——————————	597
X53694	CTTCTTTGCCAGGCAGCACTCGAGGCTCCTAGGATCCTAAACCTCAACAACAACCCATAC	657
D10472	——————————————————————————————c—————————————————————————————	657
X64108	———————————.........———	648
X65183	——	657
DQ280674	———————————...........———	645
AF141954	——	657
O. rufipogon	——————————————————————————————————t—————————————————————————	657
O. officinalis	——	657
O. granulata	——	657
X53694	TTCAAAGGAACTTATGGTGAGGATGTTGTGTTCGTCTGCAACGACTGGCACACTGGCCCA	717
D10472	——	717
X64108	——	708
X65183	——	717
DQ280674	——	705
AF141954	——	717
O. rufipogon	——	717
O. officinalis	——	717
O. granulata	———tcc———c————c——c	717

```
X53694        CTGGCGAGCTACCTGAAGAACAACTACCAGCCCAATGGCATCTACAGGAATGCAAAGGTT    777
D10472        ------------------------------------------------------------    777
X64108        ---c--------------------------------------------------------    768
X65183        ------------------------------------------------------------    777
DQ280674      ------------------------------------------------------------    765
AF141954      ------------------------------------------------------------    777
O. rufipogon  ------------------------------------------------------------    777
O. officinalis ---c-------------------------------------------------------    777
O. granulata  ---c--------------------------------------------------------    777

X53694        GCTTTCTGCATCCACAACATCTCCTACCAGGGCCGTTTCGCTTTCGAGGATTACCCTGAG    837
D10472        ------------------------------------------------------------    837
X64108        --------------------------g-------------------c-------------    828
X65183        ------------------------------------------------------------    837
DQ280674      ------------------------------------------------------------    825
AF141954      ------------------------------------------------------------    837
O. rufipogon  ------------------------------------------------------------    837
O. officinalis -------------------------g-------------------c-------------    837
O. granulata  ----------------------------------------------c-t----------    837

X53694        CTGAACCTCTCCGAGAGGTTCAGGTCATCCTTCGATTTCATCGACGGGTATGA......C    891
D10472        -----------------------------------------------......-    891
X64108        ---------------------------a------------------------......-    882
X65183        -----------------------------------------------......-    891
DQ280674      -----------------------------------------------......-    879
AF141954      -----------------------------------------------......-    891
O. rufipogon  ---------------------------------------------------gtatga-    897
O. officinalis -----------------------------------------------......-    891
O. granulata  -----------------------------------------------......-    891

X53694        ACGCCGGTGGAGGGCAGGAAGATCAACTGGATGAAGGCCGGAATCCTGGAAGCCGACAGG    951
D10472        ------------------------------------------------------------    951
X64108        ------a-----------------------t--t------------t------------    942
X65183        ------------------------------------------------------------    951
DQ280674      ------------------------------------------------------------    939
AF141954      ------------------------------------------------------------    951
O. rufipogon  ------------------------------------------------------------    957
O. officinalis ------a-----------------------t--t------------t------------    951
O. granulata  -a---a---------g-------------a-t-------------t------------    951

X53694        GTGCTCACCGTGAGCCCGTACTACGCCGAGGAGCTCATCTCCGGCATCGCCAGGGGATGC    1011
D10472        ------------------------------------------------------------    1011
X64108        ------------------------------------------------------------    1002
X65183        ------------------------------------------------------------    1011
DQ280674      ------------------------------------------------------------    999
AF141954      ------------------------------------------------------------    1011
O. rufipogon  ------------------------------------------------------------    1017
O. officinalis ------------------------------------------------------------    1011
O. granulata  --c---------c-t--a-------------------t----t--------------    1011

X53694        GAGCTCGACAACATCATGCGGCTCACCGGCATCACCGGCATCGTCAACGGCATGGACGTC    1071
D10472        ------------------------------------------------------------    1071
X64108        --------------------a---------------------------------------    1062
X65183        ------------------------------------------------------------    1071
DQ280674      ------------------------------------------------------------    1059
AF141954      ------------------------------------------------------------    1071
O. rufipogon  ------------------------------------------------------------    1077
O. officinalis --------------------a---------------------------------------    1071
O. granulata  ------------------c--g--------------------------------------    1071

X53694        AGCGAGTGGGATCCTAGCAAGGACAAGTACATCACCGCCAAGTACGACGCAACCACGGCA    1131
D10472        -----------------c------------------------------------------    1131
```

```
X64108        ------------------------------------------a------------------c   1122
X65183        -----------------c--------------------------------------------   1131
DQ280674      -----------------c--------------------------------------------   1119
AF141954      -----------------c--------------------------------------------   1131
O. rufipogon  -----------------c--------------------------------------------   1137
O. officinalis -------------------------------------g----------------------c   1131
O. granulata  ------------------------------------------t-------------a--c      1131

X53694        ATCGAGGCGAAGGCGCTGAACAAGGAGGCGTTGCAGGCGGAGGCGGGTCTCCCGGTCGAC   1191
D10472        ---------------------------------------------------------t---   1191
X64108        -----------------------------------a----------g--t------------   1182
X65183        ---------------------------------------------------------t---   1191
DQ280674      ---------------------------------------------------------t---   1179
AF141954      ---------------------------------------------------------t---   1191
O. rufipogon  ---------------------------------------------------------t---   1197
O. officinalis -------------------------------------------------g--t----------   1191
O. granulata  ---a--------------------------------------t---g--t------------   1191

X53694        AGGAAAATCCCACTGATCGCGTTCATCGGCAGGCTGGAGGAACAGAAGGGCCCTGACGTC   1251
D10472        ------------------------------------------------------------   1251
X64108        c-----g---g-------------------------------------------c------   1242
X65183        ---------------------------------------------------t---------   1251
DQ280674      ------------------------------------------------------------   1239
AF141954      ---------------------------------------------------t---------   1251
O. rufipogon  ------------------------------------------------------------   1257
O. officinalis c-----------g----------------------------------------c------   1251
O. granulata  c-----------c-------t----------------------------------c------   1251

X53694        ATGGCCGCCGCCATCCCGGAGCTCATGCAGGAGGACGTCCAGATCGTTCTTCTGGGTACT   1311
D10472        ------------------------------------------------------------   1311
X64108        ----------------------------a------------------t---------     1302
X65183        ------------------------------------------------------------   1311
DQ280674      ------------------------------------------------------------   1299
AF141954      ------------------------------------------------------------   1311
O. rufipogon  ------------------------------------------------------------   1317
O. officinalis ---------------------------------------a--------------------   1311
O. granulata  ----------------t----------------------a---t-----------c--c--c   1311

X53694        GGAAAGAAGAAGTTCGAGAAGCTGCTCAAGAGCATGGAGGAGAAGTATCCGGGCAAGGTG   1371
D10472        ------------------------------------------------------------   1371
X64108        -------------------------------------------------c--c---------   1362
X65183        ------------------------------------------------------------   1371
DQ280674      ------------------------------------------------------------   1359
AF141954      ------------------------------------------------------------   1371
O. rufipogon  ------------------------------------------------------------   1377
O. officinalis -------------------------------------------------c--c---------   1371
O. granulata  --c-----------t------a---------gc-------------caa-------       1371

X53694        AGGGCCGTGGTGAAGTTCAACGCGCCGCCTTGCTCATCTCATCATGGCCGGAGCCGACGTG   1431
D10472        ------------------------------------------------------------   1431
X64108        --------------------------g-----c---------------------------   1422
X65183        ------------------------------------------------------------   1431
DQ280674      ------------------------------------------------------------   1419
AF141954      ------------------------------------------------------------   1431
O. rufipogon  ------------------------------------------------------------   1437
O. officinalis -------------------------g-----c---------------------------   1431
O. granulata  --a-----------------------g-----c-a-------------------------   1431

X53694        CTCGCCGTCCCCAGCCGCTTCGAGCCCTGTGGACTCATCCAGCTGCAGGGGATGAGATAC   1491
D10472        ------------------------------------------------------------   1491
X64108        ------------------------------------------------------------   1482
X65183        ------------------------------------------------------------   1491
```

```
DQ280674      --------------------------------------------------------------  1479
AF141954      --------------------------------------------------------------  1491
O. rufipogon  --------------------------g---------------------------------  1497
O. officinalis -------------------------------------------------------------  1491
O. granulata  -------------a-------------------------c---------------------  1491


X53694        GGAACGCCCTGTGCTTGCGCGTCCACCGGTGGGCTCGTGGACACGGTCATCGAAGGCAAG  1551
D10472        --------------------------------------------------------------  1551
X64108        --------------------------------------------------------------  1542
X65183        --------------------------------------------------------------  1551
DQ280674      --------------------------------------------------------------  1539
AF141954      --------------------------------------------------------------  1551
O. rufipogon  --------------------------------------------------------------  1557
O. officinalis -------------------------------------------------------------  1551
O. granulata  ------------g------------------------a-----c--------a--------  1551


X53694        ACTGGTTTCCACATGGGCCGTCTCAGCGTCGACTGCAAGGTGGTGGAGCCAAGCGACGTG  1611
D10472        ----------------------------a--------------------------------  1611
X64108        --------------------------------------------------------------  1602
X65183        --------------------------------------------------------------  1611
DQ280674      --------------------------------------------------------------  1599
AF141954      --------------------------------------------------------------  1611
O. rufipogon  --------------------------------------------------------------  1617
O. officinalis -------------------------------------------------------------  1611
O. granulata  -----a----------------------------------------t-----c--------  1611


X53694        AAGAAGGTGGCGGCCACCCTGAAGCGCGCCATCAAGGTCGTCGGCACGCCGGCGTACGAG  1671
D10472        --------------------------------------------------------------  1671
X64108        c-----------a-----------g---------a-----------------a-c------  1662
X65183        --------------------------------------------------------------  1671
DQ280674      --------------------------------------------------------------  1659
AF141954      --------------------------------------------------------------  1671
O. rufipogon  --------------------------------------------------------------  1677
O. officinalis c-----------a-----------g---------a-----------------a-c------  1671
O. granulata  c-----------a---------------------a-----------------a-c------  1671


X53694        GAGATGGTCAGGAACTGCATGAACCAGGACCTCTCCTGGAAGGGGCCTGCGAAGAACTGG  1731
D10472        --------------------------------------------------------------  1731
X64108        ----------------------------------------------a--------------  1722
X65183        --------------------------------------------------------------  1731
DQ280674      --------------------------------------------------------------  1719
AF141954      --------------------------------------------------------------  1731
O. rufipogon  --------------------------------------------------------------  1737
O. officinalis -----------------------------------------a-------------------  1731
O. granulata  -----------------------------------------a-------------------  1731


X53694        GAGAATGTGCTCCTGGGCCTGGGCGTCGCCGGCAGCGCGCCGGGGATCGAAGGCGACGAG  1791
D10472        --------------------------------------------------------------  1791
X64108        ----------t-gt------------g---a------g--------g---  1782
X65183        --------------------------------------------------------------  1791
DQ280674      --------------g------------------------------------------------  1779
AF141954      --------------------------------------------------------------  1791
O. rufipogon  --------------g------------------------------------------------  1797
O. officinalis -------------gt-----------g----------g----------g---  1791
O. granulata  -------t--t--------g---a---g-t-a------------------g---  1791


X53694        ATCGCGCCGCTCGCCAAGGAGAACGTGGCTGCTCCTTGA....................  1830
D10472        -------------------------------------....................  1830
X64108        -------------------------------------....................  1821
X65183        -------------------------------------....................  1830
DQ280674      -------------------------------------....................  1818
AF141954      -------------------------------------....................  1830
```

```
O. rufipogon      ——————————————————————agagcctgagatctatatatg  1857
O. officinalis    ——————————————————————agagcctgaga..tatatatg  1849
O. granulata      ——————————————————————agaatttacct..gcagtatg  1849

X53694            ..............................................  1830
D10472            ..............................................  1830
X64108            ..............................................  1821
X65183            ..............................................  1830
DQ280674          ..............................................  1818
AF141954          ..............................................  1830
O. rufipogon      gagtgattaattaatatatagcagtatatggatgagagacgaatgaaccagtggtttgtt  1917
O. officinalis    gagtaat..agtagtatatgg......atgagatgagataaatgaaccagtggtttgtt  1900
O. granulata      cagtagt.....agtacatgg.........atgaacgaaccagt....cgtt  1883

X53694            ..............................................  1830
D10472            ..............................................  1830
X64108            ..............................................  1821
X65183            ..............................................  1830
DQ280674          ..............................................  1818
AF141954          ..............................................  1830
O. rufipogon      tgttgtagtgaatttgtagctatagccaattatatataggctaataaatttgatgctg.tac  1976
O. officinalis    tgttgtagtgaatt.gtagctatagcca.ttatataggctaataagtttgatgttg.tac  1957
O. granulata      tgttgtagtggatg.gtagctatcgcca...ttataggctaataagtttgatgatgatgt  1939

X53694            ..............................................  1830
D10472            ..............................................  1830
X64108            ..............................................  1821
X65183            ..............................................  1830
DQ280674          ..............................................  1818
AF141954          ..............................................  1830
O. rufipogon      tcttccgggtgtgcttaagtatcttatcggacccttaaaaaaaaaa...aaaaaaaaaag  2033
O. officinalis    tcttctgggtatgcttaagtatcggaccctgaatttatgtgtgtggcttattgccaataa  2017
O. granulata      acttgtgagtgtgcttaagtactggaccctggatttgtgtgtatggcg..tattgccaataa  1997

X53694            ..............................................  1830
D10472            ..............................................  1830
X64108            ..............................................  1821
X65183            ..............................................  1830
DQ280674          ..............................................  1818
AF141954          ..............................................  1830
O. rufipogon      gat.ccggtacctctagatcag...........................  2054
O. officinalis    tat.taagtaataaagggtttattatattaaaaaaaaaaaaaaaaaaggatccggtacct  2076
O. granulata      taagtaagtaataaagggtttattattatataaaaaaaaaaaaaaa.ggatccggtacct  2056
X53694            .........                                          1830
D10472            .........                                          1830
X64108            .........                                          1821
X65183            .........                                          1830
DQ280674          .........                                          1818
AF141954          .........                                          1830
O. rufipogon      .........                                          2054
O. officinalis    ctagatcag                                          2085
O. granulata      ctagatcag
```

对云南野生稻的 *Waxy* 基因和已经报道的 *Waxy* 基因编码区进行聚类（图 8-2-15），以及它们之间的两两相似性关系值（表 8-2-5）分析，其 *Waxy* 基因编码区序列的比较结果同其 DNA 序列比较结果基本一致。从表 8-2-5 和图 8-2-15 中可以看出，云南野生稻中仍然是普通野生稻与栽培稻亲缘关系最近，与栽培稻聚成一个大组，相似性为 99.0% 左右，而药用野生稻仍和 X64108 聚在一起，疣粒野生稻的位置仍然处在进化树的最外层。

从图 8-2-15 与图 8-2-9 的比较来看，*Waxy* 基因外显子的差异明显变小。药用野生稻与栽培稻 DNA 序列的相似性为 91.0%左右，而编码区的相似性则达到 97.0%左右；药用野生稻与疣粒野生稻 DNA 序列的相似性为 81.0%左右，而编码区的相似性则达到 94.0%左右（通过后面的氨基酸比较可以更清楚地看到这一点）。通过 DNA 和编码区的比对可以看出，DNA 比对的相似性要低于编码区序列的相似性，这说明在 *Waxy* 基因中的变异位置多发生在内含子区域。例如，在云南野生稻 *Waxy* 基因内含子区 1000 bp 左右、1540 bp 左右、1850 bp 左右、2300 bp 左右、3200 bp 左右等位置发生的短片段或长片段的缺失、插入、替换，其中替换的区域大多是转换，少数发生颠换而导致基因的变异。因此，云南野生稻 *Waxy* 基因的编码区虽然存在某些碱基的差异，但是与 *Waxy* 基因的内含子序列相比，其编码区的差异就显得极小了。

表 8-2-5　*Waxy* 基因全部编码区序列两两相似性值
Table 8-2-5　Homology matrix of *Waxy* coding region

材料编号 Material No.	X53694	D10472	X64108	X65183	DQ280674	AF141954	*O. rufipogon*	*O. officinalis*	*O. granulata*
X53694	100%								
D10472	99.7%	100%							
X64108	97.1%	96.9%	100%						
X65183	99.8%	99.7%	97.0%	100%					
DQ280674	99.5%	99.4%	97.1%	99.6%	100%				
AF141954	99.8%	99.7%	97.0%	100.0%	99.6%	100%			
O. rufipogon	99.2%	99.1%	96.8%	99.2%	99.7%	99.2%	100%		
O. officinalis	97.2%	97.0%	99.3%	97.2%	97.2%	97.2%	94.6%	100%	
O. granulata	94.2%	94.1%	94.8%	94.1%	94.2%	94.1%	90.8%	93.5%	100%

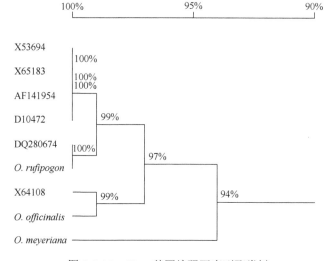

图 8-2-15　*Waxy* 基因编码区序列聚类树
Fig. 8-2-15　Homology tree of *Waxy* coding region

在普通野生稻 DNA 的 893～898 bp 位置处，多出 6 个核苷酸（图 8-2-16），刚好在其编码区内，因此与其他的水稻（如 X65183、D10472、AF141954、X53694）相比正好多两个氨基酸（YE）。普通野生稻的 *Waxy* 基因编码 611 个氨基酸，而 X64108 和 DQ280674 分别编码 606 个和 605 个氨基酸（见后面的氨基酸比对）。

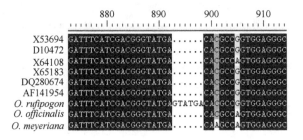

图 8-2-16　普通野生稻多的两个密码子

Fig. 8-2-16　The two more codons in *O. rufipogon*

（三）翻译起始 ATG 密码子上游的基因序列比较

```
X53694         ......CTTCTCTGCTTGTGTTGTTCTGTTGTTCATCAGGAAGAACATCTGCAAGGTATA    54
D10472         ..................................................................     0
X64108         ctgacgtgcgggg--agcgtac--gtgcg--cc-cg--t-tcatcg-cac-gccc-cccg    60
X65183         gcttca------------------------------------------------------    60
DQ280674       gcttca----------------------------------------------t-----    60
AF141954       gcttca------------------------------------------------------    60
Dianlong 201   gcttca------------------------------------------------------    60
O. rufipogon   ..................................................................     0
O. officinalis ..................................................................     0

X53694         CATATATGTTTATAATTCTTTGTTTCCCCTCTTATTCAGATCGATCACATGCATCTTTCA   114
D10472         ..................................................................     0
X64108         ggaccgg--aat-gtgatcgc-cgggattcacgcaa-g-cg-t-ca-ata---c-ccg-t   120
X65183         ------------------------------------------------------------   120
DQ280674       ------------------------------------------------------------   120
AF141954       ------------------------------------------------------------   120
Dianlong 201   ------------------------------------------------------------   120
O. rufipogon   ..................................................................     0
O. officinalis ..................................................................     0

X53694         TTGCTCGTTTTTCCTTACAAGTAGTCTCATACATGCTAATTTCTGTAAGGTGTTGGGCTG   174
D10472         ..................................................................     0
X64108         cct---acca------catcacttctctg-ct--ctc--gacacaa-taact-ca-t--c   180
X65183         ------------------------a-----------------------------------   180
DQ280674       -----------------------------g------------------------------   180
AF141954       ------------------------a-----------------------------------   180
Dianlong 201   ---------------------------..-------------------------------   178
O. rufipogon   ..................................................................     0
O. officinalis ..................................................................     0

X53694         GAAATTAATTAATTAATTAATT....GACTTGCCAAGATCCATATATAT..........   219
D10472         ..................................................................     0
X64108         tctc-ctc-ctc-ctgc-gtc-a.ct-ctagta--c--at-----c-ggcagtgaagag   239
X65183         ------------------aatt-----------------.........   229
DQ280674       c------------------...-----------t-----atatatatata   236
AF141954       ------------------aatt-----------------.........   229
Dianlong 201   -------------------...-----------.........   223
O. rufipogon   ..................................................................     0
O. officinalis ..................................................................     0

X53694         ...GTCCTGATATTAAATCTTCGTTCGTTATGTTTGGTTAGGCTGATCAATGTTATTCTA   276
D10472         ..................................................................     0
```

```
X64108        atc-at-gatcca-cc---caaaggttcaccag--aca-tta-ctt---t-c---a-t-c    299
X65183        ...----------------------------------------g-----------         286
DQ280674      tat------------------------c-------------------g-------------   296
AF141954      ...------------------------------------------g-------------    286
Dianlong 201  ...---------------------------------------------------------   280
O. rufipogon  ...........................................................     0
O. officinalis ...........................................................    0


X53694        GAGTCTAGAGAAACACACCCAGGGGTTTTCCAACTAGCTCCACAAGATGGTGGGCTAGCT    336
D10472        ...........................................................      0
X64108        tcc-tcgttt-g-tgtcgattattag----attaatt-ct---t-cc-ca-atatggat-   359
X65183        ------------t--------------g--------------------------------    346
DQ280674      -----------------------------g-----------------------------a-  356
AF141954      ------------t--------------g--------------------------------    346
Dianlong 201  ---------------------------g-------------------------------    340
O. rufipogon  ...........................................................      0
O. officinalis ...........................................................    0


X53694        GACCTAGATTTGAAGTCTCACTCCTTATAATTATTTTATATTAGATCATTTTCTAATATT    396
D10472        ...........................................................      0
X64108        -tt.g----c-ttcc-t--ttgtt-at----gcacggg-g-atatatc-ccctc-g-t--   418
X65183        -----------.-------------t--c--------g---------------------    405
DQ280674      -----g---c--gac---------t----c--g------------------c--------    416
AF141954      --.-------.----------t--c-------g--------------------------    404
Dianlong 201  -----------------------t--c-------g------------------------   400
O. rufipogon  ...........................................................      0
O. officinalis ...........................................................    0


X53694        CGTGTCTTTTTTTATTCTAGAGTCTAGATCTTGTGTTCAACTC.TCGTTAAATCATGTCT    455
D10472        ...........................................................      0
X64108        ttgtg-ggcg--ggca-g--aat--at-tact-tc----gat.c---acgtgt-aa-aa    477
X65183        t-c------------------------------------.-------------------    464
DQ280674      ---c------------------------------------.------------------   475
AF141954      t-c------------------------------------.-------------------    463
Dianlong 201  t-c---c---------------------------------c------------------   460
O. rufipogon  .........................---------.------------------           24
O. officinalis ...........................................................    0


X53694        CTCGCCACTGGAGAAACAGATCAGGAGGGTTTATTTTGGGTATAGGTCAAAGCTAAGATT    515
D10472        ...........................................................      0
X64108        ac-a-a---a--tcttgtt--gtttcatcaggcgccct-a-gctat--t-gatct----c   537
X65183        ----------------------------------------------------------    524
DQ280674      --t------------g---------------------------------------g--    535
AF141954      ----------------------------------------------------------    523
Dianlong 201  ----------------------------------------------------------   520
O. rufipogon  --t------------g------------------------------t-------g--       84
O. officinalis ...........................................................    0


X53694        GAAATTCACAAATAGTAAAA.TCAGAATCCAACCAATTTTAGTAGCCGAGTTGGTCAAAG    574
D10472        ...........................................................      0
X64108        ttgtg-gtg-cc-c------...tt-tg--tct-ggcac--c-gtgga-acg-a----ga   594
X65183        -------------------.-------------------------------------     583
DQ280674      ----c---------------a--------------------------------------   595
AF141954      -------------------.-------------------------------------     582
Dianlong 201  -----c-------------.-------------------------------------    579
O. rufipogon  -----c--------------a-------------------------------------      144
O. officinalis ...........................................................    0


X53694        GAAAATGTATATAGCTAGATTTATTGTTTTGGCAAAAAAAAA.TCTGAATATGCAAAATA    633
D10472        ...........................................................      0
X64108        -ggtt-a-t-tgttac--c-ca-ag---gat-tcc-c---t-....-t-g-gt------    650
X65183        ------------------------------------------.---------------    642
```

```
DQ280674      ----------------t-------g-----------------t-tt-------------------    655
AF141954      ------------------------------------------------.---------------    641
Dianlong 201  ------------------------------------------------..--------------    637
O. rufipogon  ----------------t-------g-----------------t-tt-------------------    204
O. officinalis ..............................................................    0

X53694        CTT. GTATATCTTTGTATTAAGAAGATGAAAATAAGTAGCAGAAAATTAAAAAATGGATT     692
D10472        ..............................................................    0
X64108        -ac..cca--tc-a---c-tgagtctatt---ag------t-t-t-cg-tgtt-ta-at--     708
X65183        ---.----------------------------------------------------------    701
DQ280674      ---a-------a----------------------------------t-------------a     715
AF141954      ---.----------------------------------------------------------    700
Dianlong 201  ---.----------------------------------------------------------    696
O. rufipogon  ---a-------a----------------------------------t-------------a     264
O. officinalis .........................................................-tcg    4

X53694        ATATTTCCTGGG...CTAAAAGAATTGTTGATTTGGCACAATTAAATTCAGTGTCAAGGT     749
D10472        ..............................................................    0
X64108        g-tgc-----ta..tt-tttttcg-gaa-acgca-at-a--ggctcg-gta-c-a-gaag     766
X65183        ------------...---------------------------------------------c     758
DQ280674      ------------ggg------------------g-----g--------------------c     775
AF141954      ----a-------...---------------------------------------------c     757
Dianlong 201  ------------...---------------------------------------------c     753
O. rufipogon  ------------ggg------------------g-----g--------------------c     324
O. officinalis catgc---c--c..cgcc-tg-cg-gtcc-cgggaatt-g-----ggagg--a-ctgg-ac    62

X53694        TTTGTGCAAGAATTCAGTGTGAAGGAATAGATTCTCTTCAAAACAATTTAATCATTCATC     809
D10472        ........                                                         51
X64108        g-gaa..--t-g-tgtc-aat-ca--a-----ct-aaaat---ggc-cc---c-t--gc--    824
X65183        ------------------------------------------------------------    818
DQ280674      -----------------c-t-------------------ta---c-----------------    835
AF141954      ------------------------------------------------------------    817
Dianlong 201  ------------------------------------------------------------    813
O. rufipogon  -----------------c-t-------------t-----c--ta---c---. ------t     383
O. officinalis g-gaa..--t-g-tgtc-aat-ca--a-----ct-aaaat---ggc-cc---c-t--gc--    120

X53694        TGATCTGCTCAAAGCTCTGTGCATCTCCGGGTGCAACGGCCAGGATATTTATTGTGCAGT     869
D10472        ------------------------------------------------------------    111
X64108        atc-tc.....-g-tg-a--a-g-agt----.at-tttattctag---ca.--t-tt.-     875
X65183        ------------------------------------------------------------    878
DQ280674      ------------------------------------------------------------    895
AF141954      ------------------------------------------------------------    877
Dianlong 201  ------------------------------------------------------------    873
O. rufipogon  -agatc.....-----t--.-g-t-----.--cg--a-gaat----.....------     431
O. officinalis atc-tc.....-g-tg-a--a-g-agt----.at-tttattctag---ca.--t-tttt-    173

X53694        AAAAAAATGTCATATCCCCTAGCCACCCAAGAAACTGCTCCTTAAGTCCTTATAAGCACA     929
D10472        ----------------------------------------c-------------------    171
X64108        ---g--a--a-a--tg-tct-a-c--a--ag--t-a-c--.......---c-a-ca--t-     929
X65183        ------------------------------------------------------------    938
DQ280674      ------------------------------------------------------------    955
AF141954      ------------------------------------------------------------    937
Dianlong 201  ---------------------------------g--------c-----------------    933
O. rufipogon  -------a--...--tt--ct--.-----..g--------.-----.------.-----     482
O. officinalis ------a--a-a--tg-tct-a-c--a--ag--t-a-c--......---c-a-ca--t-     227

X53694        TATGGCATTGTAATATATATGTTTGAGTTTTAGCGA. CAATTTTTTT........AAAAA     980
D10472        ---------------------------------.-------.......-----         222
X64108        ---a---g-c--....--ga----ac-.--a--...........-----g         972
X65183        ------------------------------------------------------------     989
DQ280674      ---------------------------------.-------.......-----        1006
AF141954      ---------------------------------.-------.......-----         988
```

```
Dianlong 201    ------------------------------------a---------.......-----        985
O. rufipogon    --.-a-----t------gt---------.--t------taaaaaaa-----              540
O. officinalis  ---a-----g--c--....--ga-----ac-..--a---..........---g            270

X53694          CTTTTGGTCCTT...TTTATGAACG...TTTTAAGTTTCAC.......TGTCTTTTTTTT       1027
D10472          -----------...----------t-...-------------.......----------        269
X64108          ----g-t-taa-....--g-a---t..t--ca--a---agaaaatatt-aaa--c--g--       1026
X65183          ------------...----------------------------------------------      1036
DQ280674        ------------...----------------------------------------------      1053
AF141954        ------------...----------------------------------------------      1035
Dianlong 201    ------------...----------------------------------------------      1032
O. rufipogon    ---g-t-t---aat---t---gcggt-----------tt-atgttgg-t-t--------        600
O. officinalis  ---g-t-taa-....--g-a---t..t--cag-a---ggaaaatatt-aaa--c--g--       324

X53694          T......CGAATTTTAAATG.TAGCTT.CAAATTCTAATCCCCAATCCAAATT.GTAATA       1078
D10472          -.....----------------.------.------------------------.-----       320
X64108          -aattttt-g---c-----.--t---.g-ct--tag--a-tg-g-at-----.a---cc       1083
X65183          -.....------------------.------------------------------.----       1087
DQ280674        -.....------------------.------------------------------.----       1104
AF141954        -.....------------------.------------------------------.----       1086
Dianlong 201    -t.....----------------.------.g----------------------------       1084
O. rufipogon    -c.....g-------------g------t----c-------------g---t-------       655
O. officinalis  -a..tttt-g---c-----.--t---.g-cc---ag--a-tg-g--t-----.a---cc       379

X53694          AACTTCAATTCTCCTAATTAACATCTT..AATTCATTTATTTGAAAACCAGTTCAAATTC      1136
D10472          ------------------------------..----------------------------      378
X64108          ----.....c------....-g-----c.----tg--.....-c---------------       1130
X65183          ------------------------------.------------------------------     1145
DQ280674        ------------------------------.------------------------------     1162
AF141954        ------------------------------.------------------------------     1144
Dianlong 201    ------------------------------.----------------------c---       1142
O. rufipogon    -------------------g-c---tt-----------c-------------------       715
O. officinalis  ----.....c------....-g-----c.----g--...-c---------------       426

X53694          TTTTAGG.....CTCACCAAACCTTAAACAATTC...AATTCAGTGCAGAGATCTTCCAC      1188
D10472          -------.....-------------------...------------------------        430
X64108          -g-----ctcac-ctg-t-gt-tgct-ga-ca--act-----------tc---------     1190
X65183          -------.....------------------...---------------------------      1197
DQ280674        -------.....------------------...---------------------------      1214
AF141954        -------.....------------------...---------------------------      1196
Dianlong 201    -------.....------------------...---------------------------      1194
O. rufipogon    ------g....-t------t-c-----tca.-------------------------        770
O. officinalis  -g-----ctcac-ctg-t-gt-tgct-ga-ca--act-----------tc---------     486

X53694          AG.AACAGCTAGACAACCACC............                                1208
D10472          --c---------------.............                                  451
X64108          --c-g----a---g--ga-cgtgtgcaccacc                                 1224
X65183          --c---------------.............                                  1218
DQ280674        --c---------------.............                                  1235
AF141954        --c---------------.............                                  1217
Dianlong 201    --c---------------.............                                  1215
O. rufipogon    --c--------g-----.............                                   791
O. officinalis  --c-g----a---g--ga-cgtgtgcaccacc                                 520
```

　　我们分别从滇陇 201、普通野生稻、药用野生稻中分离克隆了 *Waxy* 基因翻译起始 ATG 的上游片段，片段大小分别为 1215 bp、791 bp 和 520 bp，其中疣粒野生稻的 ATG 上游序列没有获得。通过序列的比较、聚类分析，其结果同 DNA 和编码区的比较结果基本是一致的，同样是普通野生稻与栽培稻的亲缘关系最近，药用野生稻次之（表 8-2-6，图 8-2-17）。

表 8-2-6　*Waxy* 基因翻译起始密码子 ATG 上游序列两两相似性值

Table 8-2-6　**Homology matrix of *Waxy* including upstream sequence from ATG**

材料编号 Material No.	X53694	D10472	X64108	X65183	DQ280674	AF141954	Dianlong 201	*O. rufipogon*	*O. officinalis*
X53694	100%								
D10472	99.6%	100%							
X64108	43.7%	62.2%	100%						
X65183	99.2%	99.6%	44.0%	100%					
DQ280674	96.9%	98.4%	42.5%	97.0%	100%				
AF141954	99.1%	99.6%	44.0%	99.9%	96.9%	100%			
Dianlong 201	98.9%	98.7%	43.9%	99.3%	96.7%	99.3%	100%		
O. rufipogon	90.7%	86.9%	50.8%	90.9%	93.3%	90.7%	90.6%	100%	
O. officinalis	58.7%	62.6%	90.7%	59.0%	58.4%	59.0%	59.1%	58.5%	100%

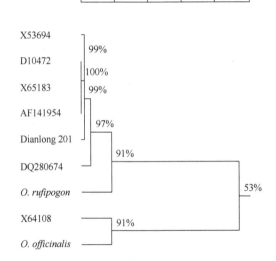

图 8-2-17　*Waxy* 基因翻译起始密码子 ATG 上游序列聚类树

Fig. 8-2-17　Homology tree of *Waxy* including upstream sequence from ATG

（四）云南野生稻内含子和外显子的界定

将云南野生稻的编码区序列与其 DNA 的序列进行比对，并对它们的外显子和内含子进行界定。结果显示：普通野生稻外显子区域有一个 9 bp 的内含子序列（AGGTGGCCA）插入，因此普通野生稻的 13 个内含子将其 *Waxy* 基因分成 14 个外显子，然而在药用野生稻、疣粒野生稻和栽培稻中都没有 9 bp 的短内含子序列插入（图 8-2-18）。在药用野生稻中，利用得到的编码区序列同 DNA 序列比较，界定出药用野生稻 *Waxy* 基因的外显子和内含子，同时获得了起始密码子到终止子的整个可读框序列。比较结果显示药用野生稻从翻译起始 ATG 开始共有 14 个外显子，比 GenBank 中报道的水稻 13 个外显子也多一个，并且在药用野生稻 mRNA 的 1585～1592 bp 位置组成了一个仅有 8 bp（TGCAAGGT）的非常短的外显子（图 8-2-19）。这一段 8 bp 的短的外显子序列在不同种水稻的 mRNA 上是保守的。

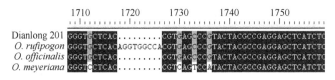

图 8-2-18 普通野生稻的短内含子
Fig. 8-2-18 A short intron in *O. rufipogon*

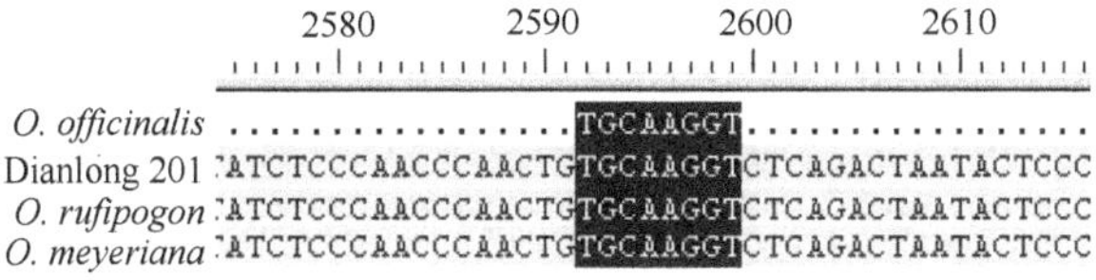

图 8-2-19 药用野生稻的短外显子
Fig. 8-2-19 A short exon in *O. officinalis*

从云南野生稻的内含子和外显子的界定结果来看，云南野生稻与栽培稻（X53694）*Waxy* 基因外显子的长度十分相似，并且它们之间有很高的核苷酸顺序同源性。相反，相应的内含子区长度则不相同。其 DNA 的顺序同源程度也比较低。值得注意的是在普通野生稻中有一个短的内含子，而在药用野生稻中有一短的外显子。在云南野生稻 *Waxy* 基因中，前 7 个内含子的顺序是一致的，并且核苷酸数也有一定的保守性；云南野生稻 *Waxy* 基因的最后一个外显子都要比栽培稻长（其中，普通野生稻最后一个外显子长 274 bp，药用野生稻最后一个外显子长 258 bp，疣粒野生稻最后一个外显子长 224 bp）（表 8-2-7）；普通野生稻和药用野生稻第 5 个内含子核苷酸数均为 91 个；云南 3 种野生稻长度最长的内含子均为第 12 个内含子（表 8-2-8）。

表 8-2-7 *Waxy* 基因外显子数目及长度
Table 8-2-7 The number and length of *Waxy* gene exon

样品 Samples	总数 Number	No.1	No.2	No.3	No.4	No.5	No.6	No.7	No.8	No.9	No.10	No.11	No.12	No.13	No.14
栽培稻	13	*	352	81	99	90	64	101	110	244	177	192	87	129	114
普通野生稻	14	339	81	99	89	68	98	117	72	170	77	191	87	127	274
药用野生稻	14	340	80	101	89	68	97	115	239	177	191	87	8	122	258
疣粒野生稻	13	*	340	80	101	89	68	99	112	240	177	190	8	127	224

注：*表示长度未定，No.是外显子的编号，长度单位符号为 bp

Note: * means the sequence length is undetermined. No. Number of exon. The sequence length unit is bp

表 8-2-8 *Waxy* 基因内含子数目及长度
Table 8-2-8 The number and length of *Waxy* gene intron

样品 Samples	总数 Number	No.1	No.2	No.3	No.4	No.5	No.6	No.7	No.8	No.9	No.10	No.11	No.12	No.13
栽培稻	12	*	113	107	96	99	92	90	121	117	243	106	109	357
普通野生稻	13	97	105	96	81	91	94	115	9	117	104	105	126	363
药用野生稻	13	101	104	92	98	91	90	113	94	92	97	36	126	107
疣粒野生稻	12	*	101	104	96	99	101	99	77	89	83	79	369	110

注：*表示长度未定，No.是内含子的编号，长度单位符号为 bp

Note: *means the sequence length is undetermined. No. Number of intron. The sequence length unit is bp

将元江普通野生稻 *Waxy* 基因的外显子拼接成 EST 序列,其编码区序列长 1833 bp,终止密码子 TGA 位于 1834~1836 bp 的位置,并在终止密码子前(1535~1539 bp)找到了该编码区的加尾信号序列 AATAAA。

将药用野生稻 *Waxy* 基因的 14 个外显子拼接成 EST 序列,其编码区序列长 1827 bp,终止密码子 TGA 位于 1827~1829 bp 的位置,该编码区的加尾信号序列 AATAAA 在终止密码子 TGA 的后面 194 个碱基位置(2025~2029 bp)。

疣粒野生稻 *Waxy* 基因的编码区序列长 1827 bp,终止密码子 TGA 位于 1827~1829 bp 的位置,并发现在终止密码子 TGA 后面还有 5 个 TGA 终止密码子,这是否会更加有效地终止翻译的过程还需要更进一步的研究。疣粒野生稻 *Waxy* 基因编码区的加尾信号序列 AATAAA 出现在终止密码子 TGA 后面(2006~2010 bp)。

四、云南野生稻 *Waxy* 基因编码的 GBSS 蛋白

(一)云南野生稻 GBSS 蛋白序列比较

从 GenBank 中选取 5 个(表 8-2-9)已知直链淀粉含量的 *Waxy* 的氨基酸序列与云南野生稻 *Waxy* 的蛋白序列(根据外显子界定的结果推导得到 GBSS 蛋白的氨基酸序列)进行比较。

表 8-2-9　GenBank 中已知直链淀粉含量的 *Waxy* 基因
Table 8-2-9　*Waxy* gene that amylase content already known from GenBank

基因登录号 Gene ID	材料 Samples	直链淀粉含量 Amylose content
X53694	Hanfeng 6366	21%
X65183	Xiandao 232	高
AF515481	L202	23%~28%
AF515482	Lemont	18%~23%
AF515483	Toro 2	14%~18%

```
X53694          MSALTTSQLATSATGFGIADRSAPSSLLRHGFQGLKPRSPAGGDATSLSVTTSARATPKQ     60
X65183          ------------------------------------------------------------     60
AF515481        ------------------------------------------------------------     60
AF515482        ------------------------------------------------------------     60
AF515483        ------------------------------------------------------------     60
O. rufipogon    ------------------------------s------------------t--m----     60
O. officinalis  --------------------------------------------s-----------     60
O. granulata    --------------------------m--------------gs.--m--------     59

X53694          QRS.VQRGSRRFPSVVVYATGAGMNVVFVGAEMAPWSKTGGLGDVLGGLPPAMAANGHRV    119
X65183          ----.-------------------------------------------------------    119
AF515481        ----.-------------------------------------------------------    119
AF515482        ----.-------------------------------------------------------    119
AF515483        ----.-------------------------------------------------------    119
O. rufipogon    ----.-------------------------------------------------------    119
O. officinalis  ----.-------------------------------------------------------    119
O. granulata    ----s-------------------------------------------------------    119

X53694          MVISPRYDQYKDAWDTSVVAEIKVADRYERVRFFHCYKRGVDRVFIDHPSFLEKVWGKTG    179
```

```
X65183        --------------------------------------------------------  179
AF515481      --------------------------------------------------------  179
AF515482  ·   --------------------------------------------------------  179
AF515483      --------------------------------------------------------  179
O. rufipogon  -----------------------------------------------------v--  179
O. officinalis  ------h-------------------------------------------------  179
O. granulata  --------------------------------------------------------  179


X53694        EKIYGPDTGVDYKDNQMRFSLLCQAALEAPRILNLNNNPYFKGTYGEDVVFVCNDWHTGP  239
X65183        --------------------------------------------------------  239
AF515481      --------------------------------------------------------  239
AF515482      ----------------------------------------s---------------  239
AF515483      --------------------------------------------------------  239
O. rufipogon  --------------------------------------------------------  239
O. officinalis  --------------------------------------------------------  239
O. granulata  -----------------l----------------------s-p-------------  239


X53694        LASYLKNNYQPNGIYRNAKVAFCIHNISYQGRFAFEDYPELNLSERFRSSFDFIDG..YD  297
X65183        -----------------------------------------------------..--  297
AF515481      -----------------------------------------------------..--  297
AF515482      -----------------------------------------------------..--  297
AF515483      -----------------------------------------------------..--  297
O. rufipogon  ----------------------------------------------------ye--  299
O. officinalis  -p---------------------------------------------------..--  297
O. granulata  -p----------------------------------------f----------..--  297


X53694        TPVEGRKINWMKAGILEADRVLTVSPYYAEELISGIARGCELDNIMRLTGITGIVNGMDV  357
X65183        --------------------------------------------------------  357
AF515481      --------------------------------------------------------  357
AF515482      --------------------------------------------------------  357
AF515483      --------------------------------------------------------  357
O. rufipogon  --------------------------------------------------------  359
O. officinalis  ------------------s-------------------------------------  357
O. granulata  k---g-------------s-------------------------------------  357


X53694        SEWDPSKDKYITAKYDATTAIEAKALNKEALQAEAGLPVDRKIPLIAFIGRLEEQKGPDV  417
X65183        -----------------------------------------------------s--  417
AF515481      --------------------------------------------------------  417
AF515482      --------------------------------------------------------  417
AF515483      --------------------------------------------------------  417
O. rufipogon  --------------------------------------------------------  419
O. officinalis  --------------a-----------------------------------------  417
O. granulata  ----------------v---------k---------------v-------------  417


X53694        MAAAIPELMQEDVQIVLLGTGKKKFEKLLKSMEEKYPGKVRAVVKFNAPLAHLIMAGADV  477
X65183        --------------------------------------------------------  477
AF515481      --------------------------------------------------------  477
AF515482      --------------------------------------------------------  477
AF515483      --------------------------------------------------------  477
O. rufipogon  --------------------------------------------------------  479
O. officinalis  -----------------n--------------------------------------  477
O. granulata  -----------------n---------------m---a----n--------------h-------  477


X53694        LAVPSRFEPCGLIQLQGMRYGTPCACASTGGLVDTVIEGKTGFHMGRLSVDCKVVEPSDV  537
X65183        --------------------------------------------------------  537
AF515481      --------------------------------------------------------  537
AF515482      --------------------------------------------------------  537
AF515483      --------------------------------------------------------  537
O. rufipogon  -------g------------------------------------------------  539
O. officinalis  --------------------------------------------------------  537
O. granulata  ---t----------------------------i-----------------------  537
```

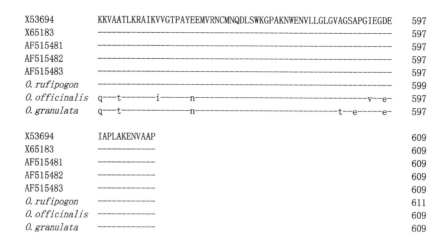

通过对云南野生稻与栽培稻的 *Waxy* 的氨基酸序列进行同源比对及聚类分析（图 8-2-20）可以看出，在蛋白质水平上仍然是普通野生稻与栽培稻的亲缘关系最近，药用野生稻次之，疣粒野生稻与栽培稻的亲缘关系最远。根据云南野生稻与栽培稻编码区序列的对比结果，疣粒野生稻与栽培稻 *Waxy* 基因的 DNA 序列相似性在 80.0%左右，而蛋白质相似性达到 94.6%以上（表 8-2-10）。其余两种云南野生稻与栽培稻的 *Waxy* 基因在基因组水平和蛋白质水平的比较结果和疣粒野生稻的情况基本一致。因此，在 *Waxy* 基因编码区中的变异比蛋白质中的变异更大，同时说明变异的碱基中含有较多的沉默突变，基因中密码子的突变并没有改变其编码的氨基酸。从云南野生稻与栽培稻的氨基酸序列的比较中可以发现，一共有 38 个氨基酸位点发生了变异，其中 3 个突变位点中有两个氨基酸的改变，一个位点有 3 个氨基酸发生了变异，其余的突变位点都是其中的一个氨基酸发生了变异。在普通野生稻的氨基酸序列的 296～297 aa 位置处发生 Y 和 E 两个氨基酸的插入（图 8-2-21），与前面提到普通野生稻编码区有 6 个核苷酸（图 8-2-16）的插入相

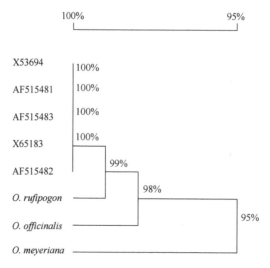

图 8-2-20　GBSS 蛋白序列聚类图

Fig. 8-2-20　Homology tree of GBSS protein

一致。在药用野生稻中都是发生氨基酸的替换突变，而在疣粒野生稻中有一个氨基酸的替换（A-G）和一个 S 氨基酸的缺失（图 8-2-22）。通过云南野生稻与栽培稻的氨基酸序列的比较，发现野生稻 *Waxy* 的氨基酸序列的 45 aa 和 295 aa 这两个位置是变异相对比较集中的区域。

表 8-2-10　GBSS 蛋白的氨基酸序列两两相似性值
Table 8-2-10　Homology matrix of GBSS sequence

X53694	100%							
X65183	99.8%	100%						
AF515481	100.0%	99.8%	100%					
AF515482	99.8%	99.7%	99.8%	100%				
AF515483	100.0%	99.8%	100.0%	99.8%	100%			
O. rufipogon	99.2%	99.0%	99.2%	99.0%	99.2%	100%		
O. officinalis	98.0%	97.9%	98.0%	97.9%	98.0%	97.2%	100%	
O. granulata	95.4%	95.2%	95.4%	95.2%	95.4%	94.6%	96.1%	100%

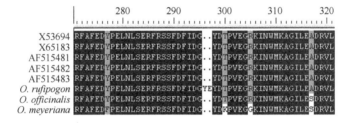

图 8-2-21　普通野生稻蛋白序列差异较大区
Fig. 8-2-21　The great discrepancy of GBSS protein in *O. rufipogon*

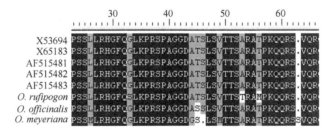

图 8-2-22　疣粒野生稻蛋白序列差异较大区
Fig. 8-2-22　The great discrepancy of GBSS protein in *O. granulata*

从氨基酸的组成来看，在云南野生稻和栽培稻的 *Waxy* 基因编码的蛋白质氨基酸中，C、F 和 W 这 3 个氨基酸残基数目完全相同（表 8-2-11）。药用野生稻、疣粒野生稻和栽培稻的 *Waxy* 基因编码的 GBSS 蛋白均由 609 个氨基酸残基组成，而普通野生稻 GBSS 蛋白则由 611 个氨基酸组成，多了 Y、E 两个氨基酸。普通野生稻 *Waxy* 基因编码的蛋白质分子质量为 66.78 kDa，等电点是 8.22；药用野生稻 *Waxy* 基因编码的蛋白质分子质量为 66.48 kDa，等电点是 8.36；疣粒野生稻 *Waxy* 基因编码的蛋白质分子质量为 66.63 kDa，等电点是 8.37。

表 8-2-11　　GBSS 蛋白中氨基酸组成

Table 8-2-11　　Amino acid composition in GBSS protein

样品 Samples	A	C	D	E	F	G	H	I	K	L	M	N	P	Q	R	S	T	V	W	Y
X53694	61	10	33	35	22	56	8	30	39	47	17	24	34	17	33	34	29	50	8	22
O. rufipogon	60	10	33	35	22	56	8	29	39	47	18	24	34	17	33	35	29	51	8	23
O. officinalis	59	10	31	35	22	56	9	30	38	47	17	26	35	18	33	36	28	50	8	21
O. granulata	54	10	31	35	23	57	9	31	39	45	18	27	35	18	32	37	29	50	8	21

在云南野生稻和栽培稻中，*Waxy* 基因编码的 GBSS 蛋白中碱性氨基酸残基数都是 80 个（表 8-2-11）。普通野生稻和栽培稻 *Waxy* 基因编码的 GBSS 蛋白质都有 109 个酸性氨基酸残基，而药用野生稻和疣粒野生稻分别有 110、111 个酸性氨基酸残基。云南野生稻 GBSS 蛋白酸性氨基酸残基数的变化是否会导致其直链淀粉含量的变化呢？这有待进一步的研究。

（二）云南野生稻 GBSS 蛋白二级结构预测

利用 DNASISI 软件对云南野生稻和栽培稻（X53694）GBSS 蛋白的二级结构进行预测发现：普通野生稻 GBSS 蛋白的结构域与栽培稻的十分相似，而药用野生稻和疣粒野生稻 GBSS 蛋白的二级结构同栽培稻相比则有明显的差异（图 8-2-23）。药用野生稻在氨基酸序列的中部出现 α-螺旋、β-折叠，β-折叠比栽培稻长，后部出现较多的 β-折叠，而在栽培稻中对应的区域则是 α-螺旋的二级结构元件。疣粒野生稻 GBSS 比栽培稻多了一个 β-折叠二级结构元件，在疣粒野生稻前端有一个卷曲，而栽培稻中则是 α-螺旋结构二级结构元件。疣粒野生稻的二级结构与栽培稻之间差异最大，药用野生稻次之。

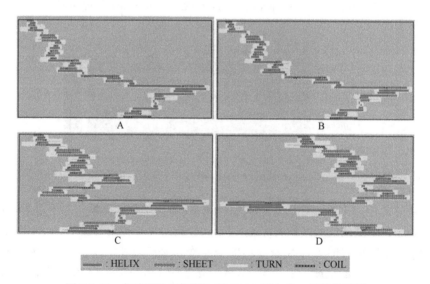

▬▬ : HELIX　　···· : SHEET　　▬ : TURN　　······ : COIL

图 8-2-23　栽培稻及云南野生稻 GBSS 蛋白的二级结构预测

Fig. 8-2-23　The prediction of second structure of GBSS protein in cultivated rice and Yunnan wild rice species

A. 栽培稻 X53694；B. 普通野生稻；C. 药用野生稻；D. 疣粒野生稻

A. X53694；B. *O. rufipogon*；C. *O. officinalis*；D. *O. granulata*

（三）云南野生稻 GBSS 蛋白高级结构预测

　　将云南野生稻 GBSS 的氨基酸序列通过 NCBI 进行 BLAST，发现其存在 Glycosyl transferase group 5 和 Glycosyl transferase group 1 两个保守结构域（图 8-2-24），在栽培稻中也有这两个保守结构域。其中 Glycosyl transferase group 5 区域在 84~345 aa，它具有淀粉合成酶催化结构域（starch synthase catalytic domain）的催化活性，以 ADPG 为底物，催化形成淀粉。Glycosyl transferase group 1 保守结构域在 385~566 aa，它是将活化的糖底物（以 UDP、ADP、GDP 或 CMP 相连接的糖）转移到已有的糖原上的结构域。这表明云南野生稻 GBSS 氨基酸的变异不会对结构域的形成有较大影响，但可能会引起高级结构的变化。从两个保守结构域的三维结构（图 8-2-25）来看，它们的三维结构具有明显的差异，因此推测它们各自结构域在合成淀粉中发挥的作用也不同。

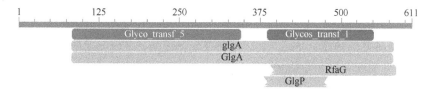

图 8-2-24　云南野生稻 GBSS 蛋白的两个保守结构域

Fig. 8-2-24　Two conserved domain of GBSS in Yunnan wild rice species

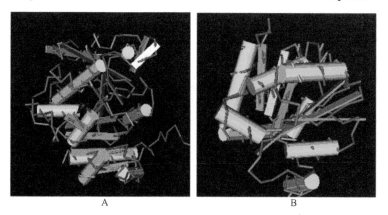

图 8-2-25　云南野生稻 GBSS 蛋白的三维结构

Fig. 8-2-25　The three-dimensional structure of GBSS in Yunnan wild rice species

A. Glycosyl transferase group 5；B. Glycosyl transferase group 1

五、云南野生稻 *Waxy* 基因的利用探讨

　　根据获得的云南野生稻 *Waxy* 基因的 DNA 序列及编码区序列，在云南野生稻和滇陇 201 的 *Waxy* 基因差异的区域分别设计特异引物，可以用于云南野生稻与栽培稻之间杂交后代的分子标记辅助选育，进而加快育种的进程。目前，我们仅仅用普通野生稻与栽培稻的杂交后代来检测 primer P1 和 primer P2 的有效性，而药用野生稻和疣粒野生稻的特异引物只是用栽培稻基因组为材料进行检测，没有用这两种野生稻与栽培稻的杂交后代进行检测，所以 primer Y1 和 primer Y2，primer U1 和 primer U2 这两对引物的有效性可

以用这两种野生稻与栽培稻的杂交后代进一步进行检测。

通过本研究，我们成功地分离克隆了云南野生稻 *Waxy* 基因的全部结构基因和全部编码区序列，包括 *Waxy* 基因 mRNA 3'端的加尾信号 AATAAA 序列和 Poly（A）序列。获得了药用野生稻和普通野生稻 *Waxy* 基因 5'端非编码区序列，但遗憾的是，本研究没有获得疣粒野生稻该部分的 DNA 序列，对于该部分的克隆可通过文库构建或继续尝试 TAIL-PCR，设计多个兼并引物，进行克隆。云南野生稻 *Waxy* 基因 5'端非编码区的获得，将使我们能更清楚地了解 *Waxy* 基因是否有其他调控方式，为下一步继续研究并利用 *Waxy* 基因进行改良水稻品质奠定基础。因此，有了 *Waxy* 基因的 DNA、mRNA 和氨基酸序列，我们可以尝试定点突变技术、基因敲除、基因敲入等方法来改变 GBSS 蛋白酶的活性，从而控制直链淀粉的含量；也可以通过转基因的方式，将云南野生稻的优异基因导入栽培稻，或者利用 mRNA，构建反义基因（anti-gene），通过 anti-RNA 或 RNAi 使基因沉默或基因抑制的方法来降低栽培稻的直链淀粉含量；也可以利用云南野生稻 *Waxy* 基因特有的序列设计特异引物作为分子标记，用来筛选云南野生稻和栽培稻杂交后代中具有纯合的野生稻 *Waxy* 基因的植株，从而加快水稻品质的改良。本研究对改良栽培稻直链淀粉含量这一重要品质具有很重要的意义，而且获得的研究结果为以后的实际应用奠定了坚实的基础。

参 考 文 献

蔡秀玲, 王宗阳, 刑彦彦, 张景六, 洪孟民. 2000. 水稻蜡质基因第一内含子碱基突变引起其 RNA 二级结构的可能变化. 植物生理学报, 26(1): 59-63.

程方民, 蒋德安, 吴平, 石春海. 2001. 早籼稻籽粒灌浆过程中淀粉合成酶的变化及温度效应特征. 作物学报, 27(2): 201-206.

耿俊丽, 胡芳名, 张党权. 2005. 蜡质基因研究进展. 中南林学院学报, 25(4): 101-104.

金正勋, 秋太权, 孙艳丽, 金学泳. 2001. 结实期温度对稻米理化特性及淀粉谱特性的影响. 中国农业气象, 22(2): 1-5.

唐湘如, 余铁桥. 1991. 灌浆成熟期温度对稻米品质及有关生理生化特性的影响. 湖南农学院报, 17(1): 1-9.

王宗阳, 武志亮, 邢彦彦, 郑霏琴, 郭小丽, 张伟国, 洪孟民. 1991. 水稻蜡质基因分子特性的研究. 中国科学(B 辑), (8): 824-829.

王宗阳, 郑霏琴, 高继平, 王小全, 吴敏, 张景六, 洪孟民. 1993. 水稻蜡质基因中两种类似转座因子的顺序. 中国科学(B 辑), 23(6): 595-603.

钟连进, 程方民, 张国平, 孙宗修. 2005. 灌浆结实期不同温度下早籼稻米淀粉链长分布与结构特征差异分析. 中国农业科学, 38(2): 272-276.

Ahmadi A, Baker D A. 2001. The effect of water stress on the activities of key regulatory enzymes of the sucrose to starch pathway in wheat. Plant Growth Regulation, 35: 81-91.

Cheng F M, Zhong L J, Zhao N C, Liu Y, Zhang G P. 2005. Temperature induced changes in the starch components and biosynthetic enzymes of two rice varieties. Plant Growth Regulation, 46: 87-95.

Doehlert D C. 1993. Sink strength: dynamic with source strength. Plant Cell Environ, 16: 1027-1028.

Doehlert D C, Lambert R J. 1991. Metabolic characteristics associated with starch, protein, and oil deposition in developing maize kernels. Crop Sci, 31: 151-157.

Kumar R, Simgh R. 1980. The relationship of starch metabolism to grain size in wheat. Phyto Chemistry, 19: 2299-2302.

Li T G, Shen B, Chen N, Luo Y K. 1997. Effect of Q-enzyme on the chalkiness formation of rice grain. Acta Agronomica Sinica, 23(3): 338-344.

Li Y G, Yu Z W, Jiang D, Yu S L. 2001. Studies on the changes of the synthesis of sucrose in the flag leaf and starch in the grain and relates enzymes of high-yielding wheat. Acta Agronomica Sinica, 27(2): 157-164.

Nakamura Y, Yuki K, Park S, Ohya T. 1989. Carbohydrate metabolism in the developing endosperm of rice grains. Plant Cell Physiol, 30(6): 833-839.

Sun B Y, Piao H L, Pank S H, Han C D. 2004. Selection of optimal primers for TAIL-PCR in identifying Ds flanking sequences from Ac/Ds insertion rice lines. Chinese Journal of Biotechnology, 20(6): 821-826.

第九章　云南野生稻抗病功能基因分离

我国稻作育种的总目标是培育半矮秆、高产、优质、多抗性的新品种和新组合，其中提高抗病性是非常重要的目标之一。目前虽然从一些物种中分离到了很多抗病基因，如 *Xa1*、*Pi-b*、*Prf*、*I2c-1*、*Cf-9*、*Pto*、*Xa21* 等。但是，由于致病生物的致病性与品种抗病性具有共进化的关系（何光存，1998），因此，作物的抗病、抗虫育种研究，还需要引入新的抗性基因，尤其是要认识、发掘野生稻的抗病基因。

第一节　云南野生稻 NBS-LRR 类及 STK 类抗病基因的研究

近年来，对具有核酸结合位点及富含亮氨酸重复蛋白类（NBS-LRR）抗病基因同源序列的研究已有不少报道，如从水稻（Chen，1999；Mago et al.，1999）、大麦（Leister et al.，1999）、大豆（Yu et al.，1996）等植物中获得了一些该类抗病基因同源 DNA 片段，且有的已定位到含抗病基因的特定染色体区域，成为抗病基因的候选基因。具有 NBS-LRR 结构的抗病基因是最大的一类抗病基因，在水稻中可能就有 750～1500 个编码 NBS 结构域的基因（Meyers et al.，1999），从遗传多样性丰富的云南野生稻中也许可得到更多的新的 NBS-LRR 类抗病基因同源序列。另外，对另一类抗病基因，即丝氨酸/苏氨酸蛋白激酶类（STK）抗病基因同源序列的研究报道尚少，而此类抗病基因也是一类重要的抗病基因，如抗白叶枯病的 *Xa21* 基因。因此，本研究以云南野生稻为材料，从中克隆 NBS-LRR 类及 STK 类抗病基因同源序列，并对其氨基酸序列进行聚类分析和同源性比较分析，为进一步克隆新的 NBS-LRR 类及 STK 类抗病基因奠定基础；探讨同一个抗病基因的结构在不同种野生稻之间的差异，尝试从分子水平上分析云南野生稻之间可能的亲缘关系。

一、云南野生稻 NBS-LRR 类和 STK 类抗病基因同源序列的克隆

（一）克隆抗病基因同源序列材料

普通野生稻（*Oryza rufipogon*）、药用野生稻（*Oryza officinaLis*）和疣粒野生稻（*Oryza granulata*）。3 种野生稻均来自中国云南西双版纳州的景洪地区。

（二）抗病基因同源序列分离克隆方法

1. 云南野生稻 DNA 的提取

取适量上述 3 种野生稻的叶片，分别置于研钵中，加入液氮研磨成粉状，然后采用

CTAB 法提取总 DNA。

2. 引物合成和 NBS-LRR 类及 STK 类抗病基因同源序列的克隆

参照杨勤忠等（2001）根据 NBS-LRR 类和 STK 类抗病基因的氨基酸保守区域设计的简并引物序列，委托 GIBICO 公司合成 8 个简并引物，其中有 3 对引物能扩增出目的带，其引物序列如下。

NBS-LRR 类的扩增引物如下。

上游引物 N1：5′-GGIGGINTIGGIAARACIAC-3′

下游引物 N2：5′-AIISHIARIGGIARICC-3′

上游引物 T1：5′-GGIGGIWSIGGIAARACIAC-3′

下游引物 T2：5′-GCIGCIARIGGRTTICC-3′

STK 类的扩增引物如下。

上游引物 KF：5′-TTYGGITCIGTITAYMRIGG-3′

下游引物 KR：5′-AYICCRWARCTRTAIAYRTC-3′

NBS-LRR 类的上游引物是根据保守区-GG（L/I/V/M/S）GKTT 设计，下游引物是根据保守区-G（L/N）PL（A/T/S）（L/V）设计；STK 类的上游引物是根据保守区-FG（K/V/I/S）VY（K/R）G 设计，下游引物是根据保守区-D（V/I）YS（F/Y）G（V/I/M）设计。上述引物序列中的混合碱基代码是：R=A/G，S=C/G，H=A/T/C，W=A/T，Y=C/T，M=A/C，N=A/T/G/C，"I" 为次黄嘌呤。

扩增到的目的条带采用 PCR 产物回收试剂盒进行回收，然后将其连接到 pGEM-T 载体上，通过电击转化大肠杆菌 DH5α 感受态细胞，经过 IPTG、X-Gal 和 Amp 的筛选获得阳性克隆菌落，提取质粒后进行测序。

3. 测序及序列分析

测序试剂为 BigDye terminatorv 2.0，测序仪是 ABI PRISM 377-96。将所得序列用 BLAST 输入 GenBank 数据库，进行同源序列搜索，然后用 DNASIS 和 DNASSIST 软件进行聚类分析和比较。

二、云南野生稻 NBS-LRR 类和 STK 类抗病基因同源序列的对比分析

（一）云南野生稻抗病基因同源序列的克隆

对根据 NBS-LRR 类抗病基因保守区域设计的两对简并引物 N1/N2、T1/T2 进行 PCR 扩增反应，从普通野生稻、药用野生稻中分别扩增到大小约 500 bp 的预期片段，疣粒野生稻只有 N1/N2 引物能扩增到预期片段（图 9-1-1A、B），将所有扩增得到的片段分别克隆到 pGEM-T 载体上，通过重组克隆的检测，共获得 75 个阳性重组克隆。

以根据 STK 类抗病基因保守区域设计的简并引物 KF/KR，分别以 3 种野生稻 DNA 作为模板，进行 PCR 扩增反应，均扩增到大小约 500 bp 的预期片段（图 9-1-1C），将所有扩增得到的片段分别克隆到 pGEM-T 载体上，经鉴定共获得 21 个阳性重组克隆。

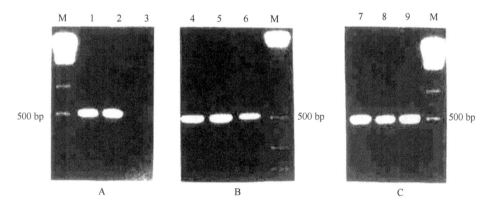

图 9-1-1　抗病基因同源片段的扩增结果

Fig. 9-1-1　Amplification results of resistance gene analogues

A、B、C. 分别为 T1/T2、N1/N2、KF/KR 引物的扩增结果；M. 100 bp ladder DNA 标准分子质量；

1、4、7. 普通野生稻；2、5、8. 药用野生稻；3、6、9. 疣粒野生稻

A，B，C. The amplification results of using N1/N2，T1/T2，KF/KR primer，respectively；M. 100 bp ladder

DNA Marker；1，4，7. *O. rufipogon*；2，5，8. *O. officinalis*；3，6，9. *O. granulata*

（二）云南野生稻抗病基因同源序列的序列分析

对 96 个阳性克隆的测序结果进行分析，发现用 N1/N2、T1/T2 引物扩增得到的 75 个克隆子的核苷酸序列中，只有 63 个能推导出完整的氨基酸序列，且这些完整氨基酸序列中均具有 NBS-LRR 类抗病基因所特有的保守结构域（图 9-1-2），如 kinase-1a、kinase-2、kinase-3a 及跨膜区域（transmembrance domain）等，说明本研究共获得 63 个 NBS-LRR 类抗病基因的同源片段；同时，发现用 KF/KR 引物扩增得到的 21 个克隆子的核苷酸序列中，只有 15 个能推导出完整的氨基酸序列，且这些完整氨基酸序列中均具有丝氨酸/苏氨酸蛋白激酶所共有的特征区域（图 9-1-3），如催化亚区Ⅱ（特征序列：V/IAV/IK）和亚区Ⅷ（特征序列：GT/SXGYL/IA/DP）及蛋白激酶的其他催化区（Ⅰ、Ⅱ、Ⅲ、Ⅳ等），说明共获得 15 个 STK 类抗病基因的同源片段。

（三）云南野生稻抗病基因同源序列氨基酸聚类分析

对云南 3 种野生稻中的 NBS-LRR 类抗病基因同源序列，分别进行氨基酸序列聚类分析，结果表明，普通野生稻可分为 7 类，药用野生稻可分为 2 类、疣粒野生稻可分为 6 类。将 3 种野生稻中得到的 15 类 NBS-LRR 类抗病基因同源序列的代表序列（GenBank 登录号为 AY169495～AY169509），再进行氨基酸序列的二次聚类分析（图 9-1-4），发现普通野生稻中的 *TR19* 与药用野生稻中的 *TO12* 代表序列同属一类，且两者的氨基酸序列具有 100% 的同源性，因此，本研究从云南 3 种野生稻中共获得 14 类 NBS-LRR 类抗病基因同源序列；同时，把所获得的抗病基因同源序列与已报道的相应同源序列也进行了聚类分析（图 9-1-4），未发现相同的序列。

对云南 3 种野生稻中的 STK 类抗病基因同源序列，分别进行氨基酸序列聚类分析，结果表明在普通野生稻中的可分为 4 类，药用野生稻及疣粒野生稻中的均各分为 1 类，将 33 种野生稻中得到的 6 类 STK 类抗病基因同源序列的代表序列，再进行氨基酸序列

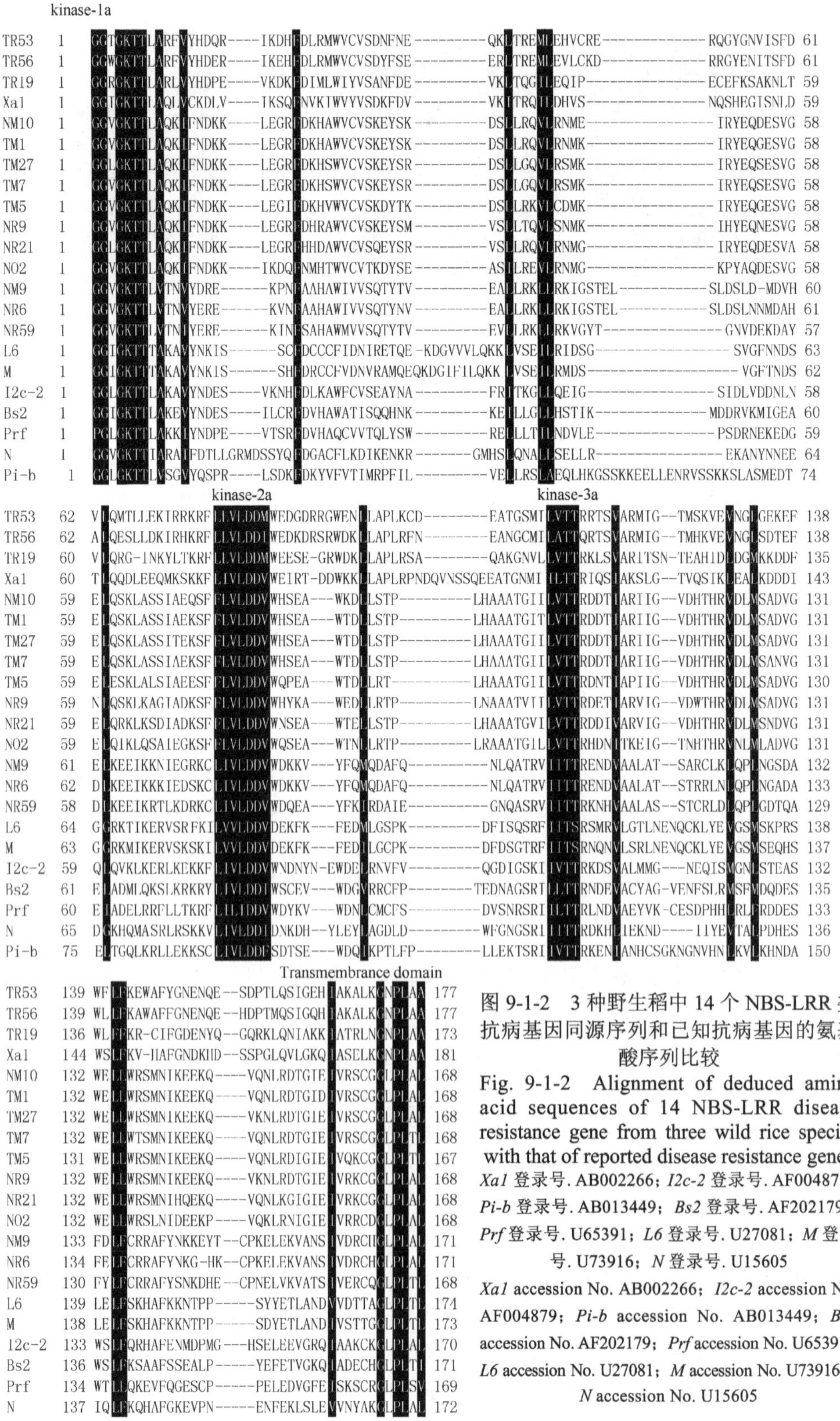

kinase-1a

```
TR53    1  GGIGKTTLARFVYHDQR----IKDHFDLRMWVCVSDNFNE---------QKLTREMIEHVCRE----------RQGYGNVISFD  61
TR56    1  GGVGKTTLARFVHDER-----IKEHFDLRMWVCVSDYFSE---------ERLTREMIEVLCKD----------RRGYENITSFD  61
TR19    1  GGRGKTTLARLVYHDPE----VKDKFDIMLWIYVSANFDE---------VKLTQGILEQIP-----------ECEFKSAKNLT  59
Xa1     1  GGIGKTTLAQLVCKDLV----IKSQFNVKIWVYVSDKFDV---------VKITRQIIDHVS-----------NQSHEGTSNLD  59
NM10    1  GGVGKTTLAQKIFNDKK----LEGRFDKHAWVCVSKEYSK---------DSLLRQVLRNME-----------IRYEQDESVG  58
TM1     1  GGVGKTTLAQKIFNDKK----LEGRFDKHAWVCVSKEYSK---------DSLLRQVLRNMK-----------IRYEQGESVG  58
TM27    1  GGLGKTTLAQKIFNDKK----LEGRFDKHSWVCVSKEYSR---------DSLLGQVLRSMK-----------IRYEQSESVG  58
TM7     1  GGVGKTTLAQKIFNDKK----LEGRFDKHSWVCVSKEYSR---------DSLLGQVLRSMK-----------IRYEQGESVG  58
TM5     1  GGVGKTTLAQKIFNDKK----LEGIFDKHVWVCVSKDYTK---------DSLLRKVLCDMK-----------IRYEQGESVG  58
NR9     1  GGVGKTTLAQKIFNDKK----LEGRFDHRAWVCVSKEYSM---------VSLLTQVLSNMK-----------IHYEQNESVG  58
NR21    1  GGLGKTTLAQKIFNDKK----LEGRHHDAWVCVSQEYSR---------VSLLRQVLRNMG-----------IRYEQDESVA  58
NO2     1  GGVGKTTLAQKIFNDKK----IKDQFNMHTWVCVTKDYSE---------ASILREVLRNMG-----------KPYAQDESVG  58
NM9     1  GGVGKTTLVTNVYDRE-----KPNFAAHAWIVVSQTYTV---------EALLRKLLRKIGSTEL----------SLDSLD-MDVH  60
NR6     1  GGVGKTTLVTNVYERE-----KVNFAAHAWMVVSQTYTV---------EALLRKLLRKIGSTEL----------SLDSLNNMDAH  61
NR59    1  GGVGKTTLVTNVYERE-----KINESAHAWMVVSQTYTV---------EVLLRKLLRKVGYT----------GNVDEKDAY  57
L6      1  GGIGKTTIAKAVYNKIS----SCFDCCCFIDNIRETQE-KDGVVVLQKKLVSEIIRIDSG-----------SVGFNNDS  63
M       1  GGIGKTTIAKAVYNKIS----SHFDRCCFVDNVRAMQEQKDGIFILQKKLVSEIIRMDS-----------VGFTNDS  62
I2c-2   1  GGLGKTTLAKAVYNDES----VKNHFDLKAWFCVSEAYNA---------FRITKGLLQEIG-----------SIDLVDDNLN  58
Bs2     1  GGIGKTTLAKEVYNDES----ILCRFDVHAWATISQQHNK---------KEILLGLLHSTIK----------MDDRVKMIGEA  60
Prf     1  GGLGKTTLAKKLYNDPE----VTSRFDVHAQCVVTQLYSW---------RBULLTIINDVLE----------PSDRNEKEDG  59
N       1  GGVGKTTIARAIFDTLLGRMDSSYQFDGACFLKDIKENKR---------GMHSLQNLLSELLR----------EKANYNNEE  64
Pi-b    1  GGLGKTTLVSGVYQSPR----LSDKFDKYVFVTIMRPFIL---------VELLRSLAEQLHKGSSKKEELLENRVSSKKSLASMEDT  74
```

kinase-2a　　　　　　　　　　　　　　　　　　　　kinase-3a

```
TR53    62  VLQMTLLEKIRRKRFLLVLDDMWEDGDRRGWENLLAPLKCD----EATGSMILVTTRRTSVARMIG--TMSKVEVNGLGEKEF  138
TR56    62  ALQESLLDKIRHKRFLLVLDDIWEDKDRSRWDKLLAPLRFN----EANGCMILATTQRTSVARMIG--TMHKVEVNGLSDTEF  138
TR19    60  VLQRG-1NKYLTKRFLLVLDDMWEESE-GRWDKLLAPLRSA----QAKGNVLLVTTRKLSVARITSN-TEAHIDLDGMKKDDF  135
Xa1     60  TLQQDLEEQMKSKKFLLVLDDVWEIRT-DDWKKLLAPLRPNDQVNSSQEEATGNMILTTRIQSDAKSLG--TVQSIKLEALKDDDI  143
NM10    59  ELQSKLASSIAEQSFFLVLDDVWHSEA---WKDLLSTP----LHAAATGILLVTTRDDTIARIIG--VDHTHRVDLVSADVG  131
TM1     59  ELQSKLASSIAEKSFFLVLDDVWHSEA---WTDLLSTP----LHAAATGITLVTTRDDTIARIIG--VDHTHRVDLVSADVG  131
TM27    59  ELQSKLASSITEKSFFLVLDDVWHSEA---WTDLLSTP----LHAAATGIILVTTRDDTIARIIG--VDHTHRVDLVSADVG  131
TM7     59  ELQSKLASSIAEKSFFLVLDDVWHSEA---WTDLLSTP----LHAAATGIILVTTRDDTIARIIG--VDHTHRVDLVSANVG  131
TM5     59  ELESKLALSIAEESFFLVLDDVWQPEA---WTDLLRT----LHAAATGIILVTTRDNTIAPIIG--VDHTHRVDLVSADVG  130
NR9     59  NLQSKLKAGIADKSFFLVLDDVWHYKA---WEDLLRTP----LNAAATGVILVTTRDETIARVIG--VDWTHRVDLVSADVG  131
NR21    59  FLQRKLKSDIADKSFFLVLDDVWNSEA---WTDLLSTP----LHAAATGVILVTTRDDIMARVIG--VDHTHRVDLVSNDVG  131
NO2     59  ELQIKLQSAIEGKSFFLVLDDVWQSEA---WTNLLRTP----LRAAATGILLVTTRHDNITKEIG--TNHTHRVNLMLADVG  131
NM9     61  EDKEEIKKNIEGRKCLIVLDDVWDKKV---YFQMQDAFQ----NLQATRVIITTRENDVAALAT--SARCLKLQPLNGSDA  132
NR6     62  DIKEEIKKKIEDSKCLIVLDDVWDKKV---YFQMQDAFQ----NLQATRVIITTRENDVAALAT--STRRLNLQPLNGADA  133
NR59    58  DIKEEIKRTLKDRKCLIVLDDVWDQEA---YFKIRDAIE----GNQASRVIITTRKNHVAALAS--STCRLDLQPLGDTQA  129
L6      64  GQRKTIKERVSRFKILVLVLDDVDEKFK---FEDVLGSPK----DFISQSRFIITSRSMRVLGTLNENQCKLYEVGSMSKPRS  138
M       63  GQRKMIKERVNKKSKILVLVLDDVDEKFK---FEDILGCPK----DFDSGTRFIITSRNQNVLSRLNEQCKLYEVGSMSEQHS  137
I2c-2   59  QLQVKLKERLKEKKFLIVLDDVWNDNYN-EWDEDRNVFV----QGDIGSKIVTTRKDSVALMMG--NEQISMGNLSTEAS  132
Bs2     61  FDADMLQKSLRRKRYLIVLDDIWSCEV---WDGVRRCFP----TEDNAGSRILLTTRNDFVACYAG--VENFSLRMSFMDQDES  135
Prf     60  ETADELRRFLLTKRFLILVLDDVWDYKV---WDNLCMCIFS----DVSNRSRILLRLNDVAEYVK--CESDPHHIRLIRDDES  133
N       65  DCKHQMASRLRSKKVLIVLDDIDNKDH---YLEYLAGDLD----WFGNGSRILITTRDKHFIEKND--IIYEVTALPDHES  136
Pi-b    75  ELTGQLKRLLEKKSCLIVLDDSDTSE---WDQLKPTLFP----LLEKTSRILTRKENIANHCSGKNGNVHNLKVLKHNDA  150
```

Transmembrane domain

```
TR53   139  WFLFKEWAFYGNENQE--SDPTLQSIGEHLAKALKCNPLAA  177
TR56   139  WLLFKAWAFFGNENQE--HDPTMQSIGQHLAKALKCNPLAA  177
TR19   136  WLFFKR-CIFGDENYQ--GQRKLQNIAKKLATRLNCNPLAA  173
Xa1    144  WSLFKV-HAFGNDKIID--SSPGLQVLGKQLASELKCNPLAA  181
NM10   132  WELFWRSMNIKEEKQ---VQNLRDTGIELVRSCGGLPLAI  168
TM1    132  WELFWRSMNIKEEKQ---VQNLRDTGIDLVRSCGGLPLAI  168
TM27   132  WELFWRSMNIKEEKQ---VKNLRDTGIELVRSCGGLPLAI  168
TM7    132  WELFWTSMNIKEEKQ---VQNLRDTGIELVRSCGGLPITI  168
TM5    131  WELFWRSMNIKEEKQ---VQNLRDTGIELVQKCGGLPITI  167
NR9    132  WELFWRSMNIKEEKQ---VKNLRDTGIELVRKCGGLPLAI  168
NR21   132  WELFWRSMNIHQEKQ---VQNLKGIGIELVRKCGGLPLAI  168
NO2    132  WELFWRSLNIDEEKP---VQKLRNIGIELVRRCDGLPLAI  168
NM9    133  FDLFCRRAFYNKKEYT--CPKELEVKANSLVDRCHGLPLAI  170
NR6    134  FELFCRRAFYNKG-HK--CPKELEKVANSLVDRCHGLPLAI  171
NR59   130  FYLFCRRAFYSNKDHE--CPNELVKVATSLVERCQGLPITI  168
L6     139  LELFSKHAFKKNTPP---SYYETLANDVVDTTALGLPITI  174
M      138  LELFSKHAFKKNTPP---SDYETLANDVSTTGGLPITI  173
I2c-2  133  WSLFQRHAFENMDPMG--HSELEEVGRQLAAKCKGLPLAL  170
Bs2    136  WSLFKSAAFSSEALP----YEFETVRDQLADECHGLPLTI  171
Prf    134  WTLLQKEVFQGESCP---PELEDVGFEISKSCRGLPLSV  169
N      137  IQLFKQHAFGKEVPN---ENFEKLSLEVVNYAKGLPLAEL  172
```

图 9-1-2　3 种野生稻中 14 个 NBS-LRR 类抗病基因同源序列和已知抗病基因的氨基酸序列比较

Fig. 9-1-2　Alignment of deduced amino acid sequences of 14 NBS-LRR disease resistance gene from three wild rice species with that of reported disease resistance genes

Xa1 登录号：AB002266；*I2c-2* 登录号：AF004879；*Pi-b* 登录号：AB013449；*Bs2* 登录号：AF202179；*Prf* 登录号：U65391；*L6* 登录号：U27081；*M* 登录号：U73916；*N* 登录号：U15605

Xa1 accession No. AB002266；*I2c-2* accession No. AF004879；*Pi-b* accession No. AB013449；*Bs2* accession No. AF202179；*Prf* accession No. U65391；*L6* accession No. U27081；*M* accession No. U73916；*N* accession No. U15605

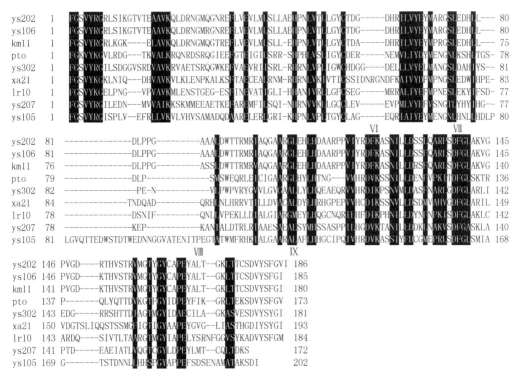

图 9-1-3　3 种野生稻中 6 个 STK 类抗病基因同源序列和已知抗病基因的氨基酸序列比较
Fig. 9-1-3　Alignment of deduced amino acid sequences of 6 STK disease resistance gene analogues from three wild rice species with that of reported disease resistance genes

Xa21 登录号. U37133；*Lr10* 登录号. U51330；*Pto* 登录号. U59316

Xa21 accession No. U37133；*Lr10* accession No. U51330；*Pto* accession No. U59316

的二次聚类分析（图 9-1-5），未发现同属一类的同源序列；同时把所获得的 6 类 STK 类抗病基因同源序列与已报道的相应同源序列也进行了聚类分析（图 9-1-5），发现从疣粒野生稻中克隆的 *KM11* 序列与已报道疣粒野生稻中克隆的 *R1* 序列（AF290411）完全相同。因此，本研究共获得 5 类 STK 类抗病基因同源序列（Genbank 登录号为 AF510990、AF510991、AF510998、AF510999 和 AY113701）。

（四）云南野生稻抗病基因同源序列氨基酸同源性比较分析

应用 BLAST 搜索数据库，将得到的 14 类 NBS-LRR 类抗病基因同源序列与已报道的 NBS-LRR 类抗病基因同源序列，进行氨基酸同源性比较分析，未发现有与之相同的同源序列，但发现有 2 条同源序列与已报道的水稻中的两个该类抗病基因同源序列有 98.2% 的高度同源性，即 *NR9*（AY169495）与 *YR23*（AF220745）、*TR19*（AY169504）与 *YR14*（AF220738）；而与周玮斌等（2001）从普通野生稻中克隆到的 4 个 NBS-LRR 类抗病基因同源序列（OSNBA1～OSNBA4，AF159884～AF159887）之间的同源性相当低（图 9-1-4）；同时，与其他物种，如大豆中的该类抗病基因同源序列（Yu et al.，1996）相比，其氨基酸同源性也很低，还不到 15%。与已知功能的 NBS-LRR 类抗病基因进行比较，发现其同源性都很低（图 9-1-2），同源性最高的是 *TR19*（AY169504），但它与白叶枯病抗性基因 *Xa1*（AB002266）的氨基酸同源性也只有 24.4%。

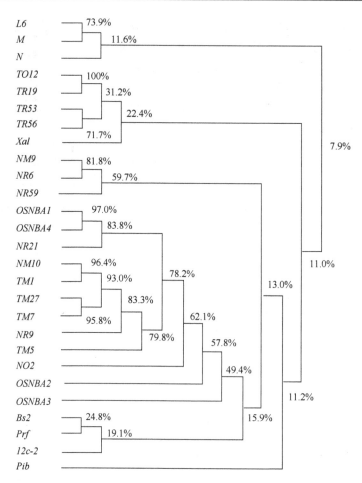

图 9-1-4　3 种野生稻中的 NBS-LRR 类抗病基因同源序列与已克隆的该类同源序列的聚类分析

Fig. 9-1-4　Phylogenetic tree based on the alignment of amino acid sequences of NBS-LRR resistance gene analogues from three wild rice species and reported homologous segments

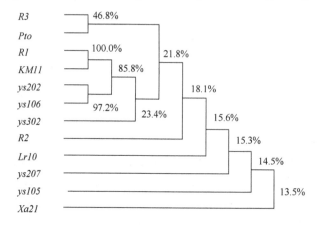

图 9-1-5　云南 3 种野生稻中 STK 类抗病基因同源序列与已克隆的该类同源序列的聚类分析

Fig. 9-1-5　Phylogenetic tree based on the alignment of amino acid sequences of STK resistance gene analogues from three wild rice species and reported homologous segments

对 5 类 STK 类抗病基因同源序列的氨基酸同源比较分析，未发现有与之相同的同源序列，且它们与已克隆到的 STK 类抗病基因的同源性都很低，甚至与从疣粒野生稻中克隆的该类抗病基因同源序列 *R2*（AF290412）和 *R3*（AF290413）的同源性也很低（图 9-1-5）。与已知功能的 STK 类抗病基因进行比较，发现同源性最高的 *ys302*（AF510989）与西红柿抗假单孢菌的 *Pto* 基因（U59316）的同源性也只有 23.4%，而与水稻白叶枯病抗性基因 *Xa21*（U37133）的同源性只有 13.5%，与小麦抗锈病基因 *Lr10*（U51330）的同源性只有 15.6%。

三、云南野生稻 NBS-LRR 类和 STK 类抗病基因同源序列的研究价值

本研究以云南野生稻为材料来克隆抗病基因同源片段，在比对分别来源于 3 种野生稻中抗病基因同源序列及进行氨基酸序列聚类分析时，发现从普通野生稻、药用野生稻中克隆到的同一类同源序列 *TR19*、*TO12*，两者之间的核苷酸及氨基酸序列的同源性为100%，即属于同一类同源片段的基因结构，在这两种野生稻之间是无差异的，有可能*TR19*、*TO12* 为来自这两种野生稻内的同一基因；另外，用 BLAST 搜索数据库，发现从栽培稻（*Oryza sativa*）（U37133）中得到的水稻抗白叶枯病基因 *Xa21* 的核苷酸及氨基酸序列，与从长雄野生稻（*Oryza longistaminata*）（U72723）中克隆到的 *Xa21* 基因的核苷酸及氨基酸序列的同源性也为 100%。本研究对云南野生稻中同一类抗病基因同源片段的序列分析结果一致，由此推测在野生稻中某些同一抗病基因同源片段的基因结构不存在种间差异，同时栽培稻与野生稻中某些同一抗病基因的基因结构也无差异，但在其他物种中是否如此，还需要进一步的研究。

在对所克隆到的抗病基因同源序列进行氨基酸同源性比较分析时，发现它们与目前已克隆且功能确定的抗病基因的氨基酸同源性都相当低，其中 14 类 NBS-LRR 类抗病基因同源序列与水稻中克隆到的 NBS-LRR 类抗病基因，即抗白叶枯病基因 *Xa1*、抗稻瘟病基因 *Pi-b* 的同源性最高也只有 24.4%、13.0%；5 类 STK 类抗病基因同源序列与水稻中克隆到的 STK 类抗病基因，即抗白叶枯病基因 *Xa21* 的同源性最高也只有 13.5%。另外，虽然发现有 2 条 NBS-LRR 类抗病基因同源序列 *NR9*、*TR19* 分别与从栽培稻中克隆的该类抗病基因同源序列 *YR23*、*YR14* 均有高达 98.2%的同源性，但是 *YR23*、*YR14* 这两条同源序列也是未知功能且未经定位的。根据前面的推论，即栽培稻与野生稻中同一抗病基因的基因结构是无差异的，因此通过氨基酸同源性比较分析，未能找到与笔者所克隆到的抗病基因同源序列有对应关系的抗病基因，这暗示了所获得的这些抗病基因同源序列可能是目前尚未发现的新的抗病基因同源序列。植物的许多抗病基因都是成簇地位于染色体上，如在第 11 号染色体 *Xa21* 位点附近，除了 *Xa21* 基因，至少还有编码抗病毒、细菌、真菌蛋白的 7 个主效基因和 1 个数量性状基因，它们存在于 30 cM 范围内（万丙良和张献龙，1998），还有 *Pto*、*M*、*Cf-9* 和 *N* 基因也均是簇状基因家族的成员，所以通过定位分析就可以得到更具体的信息。

本研究从云南野生稻中克隆到了 14 类 NBS-LRR 类抗病基因同源序列及 5 类 STK 类抗病基因同源序列，并进行了序列分析，为下一步更深入、更系统的研究及克隆云南野生稻抗病基因奠定了良好的基础。

第二节 云南野生稻抗稻瘟病基因 *Pi-ta*

Pi-ta 基因以基因对基因的方式介导了对产生无毒基因 *avr-Pi-ta* 的稻瘟病病原菌的抗性。通过基于作图的克隆策略，Bryan 等于 2000 年成功地克隆了该基因。*Pi-ta* 基因与 12 号染色体的着丝粒紧密连锁，编码 928 个氨基酸残基组成胞内受体蛋白。该基因产物含有一个位于中部的核苷酸结合位点（NBS）区域和一个位于 C 端的富亮氨酸（LRD）区域（Grant et al.，1995；Bent et al.，1994；Salmeron et al.，1996；Bryan et al.，2003；Jia et al.，2002）。不同于其他的富亮氨酸重复区域（LRR），*Pi-ta* 中的 LRR 是一个被高度打断且长度不等的基于 LXXLXXLXXLX 共同特征的区域。Bryan 等（2003）的研究表明，单拷贝的 *Pi-ta* 基因无论在抗性还是敏感性的水稻品种中均有少量的组成型表达。敏感性水稻品种中所带有的等位基因 *Pi-ta⁻* 与抗性水稻品种中所具有的 *Pi-ta⁺* 基因仅有一个氨基酸残基的差别，在第 918 位点处，抗性品种为丙氨酸而非抗性品种为丝氨酸。转基因实验也证实 *Pi-ta⁺* 与 *avr-Pi-ta* 能引起抗病性反应，而 *Pi-ta⁻* 与 *avr-Pi-ta* 间无抗性反应发生。*Pi-ta* 基因是从栽培稻中克隆的，云南野生稻中是否存在该基因，以及野生稻中的 *Pi-ta* 基因的抗稻瘟病功能如何？既然单一氨基酸的改变就能使 *Pi-ta* 基因的功能丧失，那么野生稻中的 *Pi-ta* 基因是否具有新的抗病特性呢？本研究分别从云南野生稻中克隆了 *Pi-ta* 基因，并对其进行序列比对分析，旨在探讨云南野生稻是否存在 *Pi-ta* 基因和序列之间的差异，以及该差异与其抗稻瘟病功能的关系。

一、云南野生稻抗稻瘟病基因 *Pi-ta* 的克隆

（一）克隆抗稻瘟病基因 *Pi-ta* 材料

野生稻材料：景洪红芒型普通野生稻（*Oryza rufipogon*）、景洪直立型普通野生稻、元江普通野生稻、东乡普通野生稻、药用野生稻（*Oryza officinalis*）、疣粒野生稻（*Oryza granulata*）、小粒野生稻（*Oryza minuta*），以及长雄野生稻（*Oryza longistaminata*）。

栽培稻（*Oryza sativa*）：合系 35、IR72。

（二）抗稻瘟病基因 *Pi-ta* 的分离克隆方法

1. 云南野生稻 DNA 的提取

取上述 3 种野生稻的叶片，分别置于研钵中，加入液氮研磨成粉状，然后采用 CTAB 法提取总 DNA。

2. 引物的设计及 *Pi-ta* 基因的克隆

为研究云南野生稻中抗稻瘟病基因 *Pi-ta*，依据所发表的栽培稻中的该基因序列，针对该基因两个外显子合成了两对特异性引物。

P1：5′-TCTGATCTTCAGCTAGCGC-3′

P2：5′-GATTCATGGCTCGATCGA-3′

P3：5′-ACGAAGTACTAAATGTTC-3′

P4：5′-CCTCTACTCTGAAGACG-3′

P5：5′-CAGGTGTAAGTCAATAGAGGAG-3′

P6：5′-CTCAGTATGGGTATTTGGCGAT-3′

扩增到的目的条带采用 PCR 产物回收试剂盒进行回收，然后将其连接到 pGEM-T 载体上，通过电击转化大肠杆菌 DH5α 感受态细胞，经过 IPTG、X-Gal 和 Amp 的筛选获得阳性克隆菌落，提取质粒后进行测序。

3. 云南野生稻 *Pi-ta* 基因的测序分析

重组克隆送生工生物工程（上海）股份有限公司进行测序。序列比较、分析等采用 DNASIS、DNASIST、DNASTAR 等软件完成。

二、云南野生稻中 *Pi-ta* 基因第一外显子同源序列

（一）云南不同品种、不同来源野生稻及其他野生稻和栽培稻中 *Pi-ta* 基因的克隆及比对分析

以 P1/P2 引物分别从不同野生稻及栽培稻中 PCR 扩增 *Pi-ta* 基因的第一外显子（图 9-2-1）。从景洪红芒型普通野生稻、直立型普通野生稻、元江普通野生稻、东乡普通野生稻、栽培稻（合系 35 及 IR72），以及长雄野生稻中均能扩增得到约 1100 bp 的目的片段；而在药用野生稻、疣粒野生稻及小粒野生稻中均未扩增得到同样大小的片段；疣粒野生稻中虽然未得到 1100 bp 的目的片段，但有一条约 1000 bp 的特异性扩增片段。

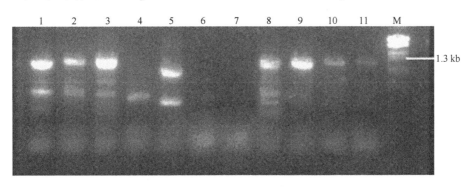

图 9-2-1　从不同种、类型的野生稻及栽培稻中 PCR 扩增 *Pi-ta* 基因第一外显子同源序列

Fig. 9-2-1　PCR products amplified from different type of wild rice species and cultivated rice genomic DNA

1. 景洪红芒型普通野生稻；2. 景洪直立型普通野生稻；3. 元江普通野生稻；4. 景洪药用野生稻；5. 耿马疣粒野生稻；6. 药用野生稻（景洪，宽叶型）；7. 小粒野生稻；8. 长雄野生稻；9. 东乡普通野生稻；10. 栽培稻（合系 35 号）；11. 栽培稻（IR72）；M. PBR322 *Eco*R I /*Hind* III 标准分子质量

1. Red awn type of Jinghong *O. rufipogon*；2. Erect type of Jinghong *O. rufipogon*；3. Yuanjiang *O. rufipogon*；4. Jinghong *O. officinalis*；5. Gengma *O. granulata*；6. Broad leaf type of Jinghong *O. officinalis*（Broad leaf）；7. *O. minuta*；8. *O. longistaminata*；9. Dongxiang *O. rufipogon*；10. *O. sativa*（strain. Hexi 35）；11. *O. sativa*（strain. IR72）；M. The PBR322 *Eco*R I /*Hind* III　Markers

　　将从云南野生稻扩增到的 *Pi-ta* 基因目的 DNA 片段回收纯化并连接到 pGEM-T 载体上。重组质粒分别进行测序，所得序列用相关软件进行分析。不同来源的 *Pi-ta* 基因第一外显子序列推导的氨基酸序列比较见图 9-2-2，疣粒野生稻中获得的特异性扩增片段与 *Pi-ta* 基因的第一外显子无任何同源性。

PTA1	1	MAPAVSASQG VIMRSLTSKL DSLLLQPPEP PPPAQPSSLR KGERKKILLL	50
PTA31	1	MAPAVSASQG VIMRSLTSKL DSLLLQPPEP PPPAQPSSLR KGERKKILLL	50
PTA32	1	MAPAVSASQG VIMRSPTSKL DSLLLQPPEP PPPAQPSSLR KGERKKILLL	50
PTA5	1	MAPAVIASQG VIMRSLTSKL DSLLLQPPEP PPPAQPSSLR KGERKKILLL	50
PTA9	1	MAPAVSASQG VIMRSLTSKL DSLLLQPPEP PPPAQPSSLR KGERKKILLL	50
PTAX	1	MAPAVIASQG VIMRSLTSKL DSLLLQPPEP PPPAQPSSLR KGERKKILLL	50

PTA1	51	RGDLRHLLDD YYLLVEPPSD TAPPPDSTAA CWAKEVRELS YDVDDFLDEL	100
PTA31	51	RGDLRHLLDD YYLLVEPPSD TAPPPDSTAA CWAKEVRELS YDVDDFLDEL	100
PTA32	51	RGDLRHLLDD YYLLVEPPSD TAPPPDSTAA CWAKEVRELS YDVDDFLDEL	100
PTA5	51	RGDLRHLLDD YYLLVEPPSD TAPPPDSTAA CWAKEVRELS YDVDDFLDEL	100
PTA9	51	RGDLRHLLDD YYLLVEPPSD TAPPPDSTAA CWAKEVRELS YDVDDFLDEL	100
PTAX	51	RGDLRHLLDD YYLLVEPPSD TAPPPDSTAA CWAKEVRELS YDVDDFLDEL	100

PTA1	101	TTQLLHHRGG GDGSSTAGAK KMISSMIARL RGELNRRRWI ADEVTLFRAR	150
PTA31	101	TTQLLHHRGG GDGSSTAGAK KMISSMIARL RGELNRRRWI ADEVTLFRAR	150
PTA32	101	TTQLLHHRGG GDGSSTAGAK KMISSMIARL RGELNRRRWI ADEVTLFRAR	150
PTA5	101	TTQLLHHRGG GDGSSTAGAK KMISSMIARL RGELNRRRWI ADEVTLFRAR	150
PTA9	101	TTQLLHHRGG GDGSSTASAK KMISSMIARL RGELNRRRWI ADEVTLFRAR	150
PTAX	101	TTQLLHHRGG GDGSSTAGAK KMISSMIARL RGELNRRRWI ADEVTLFRAR	150

PTA1	151	VKEAIRRHES YHLGRRTSSS RPREEDDDDD REDSDGNERR RFLSLTFGMD	200
PTA31	151	VKEAIRRHES YHLGRRTSSS RPREEDDDDD REDSAGNERR RFLSLTFGMD	200
PTA32	151	VKEAIRRHES YHLGRRTSSS RPREEVDDDD REDSAGNERR RFLSLTFGMD	200
PTA5	151	VKEAIRRHES YHLGRRTSSS RPREEDDDDD REDSAGNERR RFLSLTFGMD	200
PTA9	151	VKEAIRRHES YHLGRRTSSS RPREEDDDDD REDSAGNERR RFLSLTFGMD	200
PTAX	151	VKEAIRRHES YHLGRRTSSS RPREEDDDDD REDSAGNERR RFLSLTFGMD	200

PTA1	201	DAAVHGQLVG RDISMQKLVR WLADGEPKLK VASIVGSGGV GKTTLATEFY	250
PTA31	201	DAAVHGQLVG RDISMQKLVR WLADGEPKLK VASIVGSGGV GKTTLATEFY	250
PTA32	201	DAAVHGQLVG RDISMQKLVR WLADGEPKLK VASIVGSGGV GKTTLATEFY	250
PTA5	201	EAAVHGQLVG RDISIQKLVR WLADGEPKLK VASIVGSGGV GKTTLATEFY	250
PTA9	201	DAAVHGQLVG RDISMQKLVR WLADGEPKLK VASIVGSGGV GKTTLATEFY	250
PTAX	201	DAAVHGQLVG RDISMQKLVR WLADGEPKLK VASIVGSGGV GKTTLATEFY	250

PTA1	251	RLHGRRLDAP	FDCRAFVRTP	RKPDMTKILT	DMLSQLRPQH	QHQSSDVWEV	300
PTA31	251	RLHGRRLDAP	FDCRAFVRTP	RKPDMTKILT	DMLSQLRPQH	QHQSSDVWEV	300
PTA32	251	RLHGRRLDAP	FDCRAFVRTP	RKPDMTKILT	DMLSQLRPQH	QHQSSDVWEV	300
PTA5	251	RLHGRRLDAP	FDCRAFVRTP	RKPDMTKILT	DMLSQLRPQH	QHQSSDVWEV	300
PTA9	251	RLHGRRLDAP	FDCRAFVRTP	RKPDMTKILT	DMLSQLRPQH	QHQSSDVWEV	300
PTAX	251	RLHGRRLDAP	FDCRAFVRTP	RKPDMTKILT	DMLSQLRPQH	QHQSSDVWEV	300

PTA1	301	DRLLETIRTH	LQDKR.....	....	....	....	350
PTA31	301	DRLLETIRTH	LQDKR.....	....	....	....	350
PTA32	301	DRLLETIRTH	LQDKR.....	....	....	....	350
PTA5	301	DRLLETIRTH	LQDKR.....	....	....	....	350
PTA9	301	DRLLETIRTH	LQDKR.....	....	....	....	350
PTAX	301	DRLLETIRTH	LQDKR.....	....	....	....	350

图 9-2-2　不同来源的 *Pi-ta* 基因第一外显子之间氨基酸序列比较

Fig. 9-2-2　The alignment of the amino acid sequences deduced from the *Pi-ta* gene extron 1 homologs from different wild rice and cultivation rice

PTA1. 景洪红芒型普通野生稻；PTA31. 长雄野生稻；PTA32. 东乡普通野生稻；PTA5. 景洪直立型普通野生稻；
PTA9. 元江普通野生稻；PTAX. 报道的栽培稻序列（基因库编号为 AF207842）

PTA1. Red awn type of Jinghong *O. rufipogon*；PTA31. *O. longistaminata*；PTA32. Dongxiang *O. rufipogon*；PTA5. Erect type of Jinghong *O. rufipogon*；PTA9. Yuanjiang *O. rufipogon*；PTAX. Reported *O. sativa*（accession NO. AF207842）

（二）云南野生稻与栽培稻 *Pi-ta* 基因第一外显子同源序列的差异分析

将云南野生稻 *Pi-ta* 基因第一外显子同源序列和栽培稻 *Pi-ta* 基因第一外显子核苷酸序列推导的氨基酸序列进行聚类分析（该聚类分析由 DNASIS 软件完成）。在我们所克隆的野生稻 *Pi-ta* 基因第一外显子序列及报道的栽培稻该片段序列间只有 10 个不同的核苷酸位点，同源性超过 99%，其中 7 个导致了氨基酸残基的改变（图 9-2-2，表 9-2-1）。基于所克隆的野生稻 *Pi-ta* 基因第一外显子的核苷酸序列与栽培稻该序列的聚类树分析见图 9-2-3；所克隆的野生稻 *Pi-ta* 基因第一外显子同源序列及栽培稻 *Pi-ta* 推导基因氨基酸序列的聚类分析见图 9-2-4。

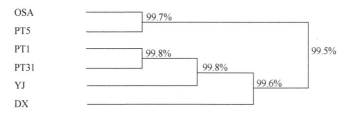

图 9-2-3　云南野生稻 *Pi-ta* 基因第一外显子同源序列和栽培稻 *Pi-ta* 基因第一外显子核苷酸序列的类聚结果

Fig. 9-2-3　Phylogenetic tree based on the alignment of *Pi-ta* gene first extron DNA sequences from different wild rice species and reported *O. sativa*

OSA. 栽培稻；PT5. 景洪直立型普通野生稻；PT1. 景洪红芒型普通野生稻；PT31. 长雄野生稻；
YJ. 元江普通野生稻；DX. 东乡普通野生稻

OSA. *O. sativa*；PT5. Erect type of Jinghong *O. rufipogon*；PT1. Red awn type of Jinghong *O. rufipogon*；
PT31. *O. longistaminata*；YJ. Yuanjiang *O. rufipogon*；DX. Dongxiang *O. rufipogon*

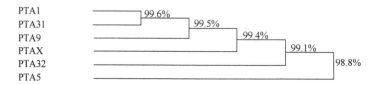

图 9-2-4　云南野生稻 *Pi-ta* 基因第一外显子同源序列及栽培稻 *Pi-ta* 基因第一外显子核苷酸序列推导的氨基酸序列的聚类分析结果

Fig. 9-2-4　Phylogenetic tree based on the alignment of from amino acid sequences *Pi-ta* gene first extron DNA sequence deduced from different wild rice species and reported *Oryza sativa*

PTAX. 栽培稻；PTA5. 景洪直立型普通野生稻；PTA1. 景洪红芒型普通野生稻；PTA31. 长雄野生稻；

PTA9. 元江普通野生稻；PTA32. 东乡普通野生稻

PTAX. *O. sativa*；PTA5. Erect type of Jinghong *O. rufipogon*；PTA1. Red awn type of Jinghong *O.rufipogon*；

PTA31. *O. longistaminata*；PTA9. Yuanjiang *O. rufipogon*；PTA32. Dongxiang *O. rufipogon*

表 9-2-1　克隆的野生稻 *Pi-ta* 基因与报道的栽培稻 *Pi-ta* 基因的第一外显子 DNA 序列差异

Table 9-2-1　The different codes and the corresponding amino acid residues in *Pi-ta* gene extron 1 from different wild rice and cultivation rice

位点（从起始密码子开始）Sites（start from the ATG）	景洪红芒型普通野生稻 Red awn type of Jinghong *O. rufipogon*	景洪直立型普通野生稻 Erect type of Jinghong *O. rufipogon*	元江普通野生稻 Yuanjiang *O. rufipogon*	长雄野生稻 *O. longistaminata*	东乡野生稻 Dongxiang *O. rufipogon*	栽培稻 *O. sativa*
17	AGT（Ser）	ATT（Ile）	AGT（Ser）	AGT（Ser）	AGT（Ser）	ATT（Ile）
47	CTG（Leu）	CTG（Leu）	CTG（Leu）	CTG（Leu）	CCG（Pro）	CTG（Leu）
352	GGT（Gly）	GGT（Gly）	GAT（Ser）	GGT（Gly）	GGT（gly）	GGT（Gly）
384	GCC（Ala）	GCG（Ala）	GCC（Ala）	GCC（Ala）	GCG（Ala）	GCC（Ala）
527	GAC（Asu）	GAC（Asu）	GAC（Asu）	GAC（Asu）	GTC（Val）	GAC（Asu）
554	GAC（Asu）	GCC（Ala）	GCC（Ala）	GCC（Ala）	GCC（Ala）	GCC（Ala）
603	GAC（Asu）	GAA（Glu）	GAC（Asu）	GAC（Asu）	GAC（Asu）	GAC（Asu）
645	ATG（Met）	ATT（Ile）	ATG（Met）	ATG（Met）	ATG（Met）	ATG（Met）
687	CTC（Leu）	CTC（Leu）	CTC（Leu）	CTC（Leu）	CTA（Leu）	CTC（Leu）

注：加框加阴影表示差异的核苷酸位点和差异的氨基酸残基；阴影表示差异的核苷酸位点

Note：Shadow with frame. Different nucleotide site and amino acid；Shadow. Different nucleotide site

Pi-ta 基因是一个 NBS-LRR 类稻瘟病抗性基因，其结构及我们所克隆片段在该基因中的位置见图 9-2-5。

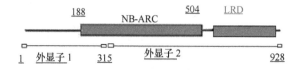

图 9-2-5　基于 PFAM 10.0 软件分析的 Pi-ta 蛋白的结构图

Fig. 9-2-5　The structure of Pi-ta protein based on amino acid sequence and the software of PFAM 10.0

所克隆的片段为 945 bp，编码 315 个氨基酸残基，其中有 381 bp、127 个氨基酸位于核苷酸结合位点（NBS）区域。从序列整体看，发生改变的 10 个核苷酸似乎随机地分布于所克隆的序列内，但若结合该基因的结构分析，这些变化位点也并不是随机的。有 3 个位点位于 NBS（占所克隆序列的 0.8%）区域内，其中两个导致了氨基酸残基的改变 [在景洪直立型普通野生稻中为异亮氨酸（Ile）和谷氨酸（Glu），而在其他野生稻和栽培稻品种的相应位点分别为蛋氨酸（Met）和天冬氨酸（Asu）]，但这两对氨基酸在决定蛋白质结构和功能方面的特性均非常相近。这种氨基酸间的转变对蛋白质结构和功能的改变很小。而其他区域中碱基的替换率相对较高，有 7 个核苷酸的变异（占所有克隆序列的 1.1%），导致了 5 个氨基酸残基的变化。改变的氨基酸在决定蛋白质结构和功能的特性方面差异非常大（丝氨酸与异亮氨酸；亮氨酸与脯氨酸；甘氨酸与丝氨酸；天冬氨酸与缬氨酸；丙氨酸与天冬氨酸）。这些氨基酸的改变将会导致蛋白质结构和功能的改变。说明保持 NBS 区域结构的保守性对于 *Pi-ta* 基因的正常功能是非常必需的。这也从另一个角度说明了 NBS 区域的重要性使其在进化上表现出相对较高的稳定性。

（三）不同来源云南野生稻 *Pi-ta* 基因第一外显子同源序列及分子进化的探讨

普通野生稻与栽培稻有着最近的亲缘关系，栽培稻起源于普通野生稻在很大程度上已获得共识（王象坤和孙传清，1996）。在通过 PCR 扩增野生稻中的 *Pi-ta* 基因的第一外显子的实验结果中充分证实了这一点。*Pi-ta* 基因存在于我们所涉材料的所有普通野生稻中，包括景洪不同类型的普通野生稻、元江普通野生稻、东乡普通野生稻及非洲的长雄野生稻，但经多次实验均未从云南的药用野生稻、疣粒野生稻及小粒野生稻中扩增获得目的 DNA 片段。我们所设计的 PCR 引物是基于栽培稻中所克隆的 *Pi-ta* 基因的 DNA 序列，说明普通野生稻包括非洲的长雄野生稻间有着较近的亲缘关系，而与药用野生稻、疣粒野生稻及小粒野生稻等亲缘关系相对较远。不同来源、不同品种间普通野生稻及其与亚洲栽培稻间的亲缘关系鲜有报道且存在较大的分歧。不同来源及品种中 *Pi-ta* 基因片段的克隆及序列分析，为研究普通野生稻间及其与栽培稻间的亲缘关系，以及 *Pi-ta* 基因本身的分子进化提供了新的线索和依据。

依据所克隆的基因片段核苷酸序列的聚类分析，可将我们所涉及的稻类分为三组。第一组包括亚洲栽培稻和景洪直立型普通野生稻；第二组包括元江普通野生稻、景洪红芒型普通野生稻和长雄野生稻；第三组包括东乡普通野生稻。说明在所涉及的普通野生稻中，景洪直立型普通野生稻与栽培稻间有着最近的亲缘关系，而东乡普通野生稻与栽培稻的亲缘关系相对较远。云南普通野生稻与长雄野生稻均具有较近的亲缘关系。依据所克隆的 *Pi-ta* 基因序列，我们假设存在有一个共同的序列，这一序列是所有我们所涉及的所有普通野生稻、栽培稻及长雄野生稻的共同原始序列，即将差异的核苷酸还原为出现频率最多的核苷酸残基。有趣的是这一假设的原始序列恰好是长雄野生稻的该片段序列。这暗示了云南普通野生稻的 *Pi-ta* 基因极可能来源于长雄野生稻。对云南野生稻中另一个抗病基因（水稻抗白叶枯病基因 *Xa21*）的研究也有类似的发现。*Xa21* 基因源于长雄野生稻，通过导入栽培稻后被克隆出来，依据该基因序列设计引物从不同普通野生稻中 PCR 扩增 *Xa21* 基因，发现来自云南不同地方及东乡野生稻中均能扩增得到 *Xa21* 基因片段，而栽培稻中均无该基因的存在。该研究也进一步说明长雄野生稻与云南的普通野生稻间有着较近的亲缘关系。依据所克隆 DNA 的核苷酸序列的同源性，我们所涉及的野生稻及栽培稻中推测的 *Pi-ta* 基因的遗传距离如图 9-2-6 所示。

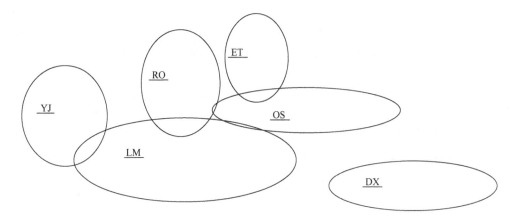

图 9-2-6　依据 *Pi-ta* 基因第一外显子的核苷酸序列间的差异，推测的不同野生稻与栽培稻及
Pi-ta 基因本身的遗传距离图

Fig. 9-2-6　The genetic distance of *Pi-ta* gene from different wild rice and *O. sativa* base
on the variation in *Pi-ta* genes

YJ. 元江普通野生稻；RO. 景洪红芒型普通野生稻；ET. 景洪直立型普通野生稻；OS. 栽培稻；
DX. 东乡普通野生稻；LM. 长雄野生稻

YJ. Yuanjiang *O. rufipogon*；RO. Red awn type of Jinghong *O. rufipogon*；ET. Erect type of Jinghong
O. rufipogon；OS. *O. sativa*；DX. Dongxiang *O. rufipogon*；LM. *O. longistaminata*

三、云南元江普通野生稻中的 *Pi-ta* 基因

（一）元江普通野生稻 *Pi-ta* 同源基因编码框序列的克隆与分析

　　大量的调查和研究表明，元江普通野生稻是我国迄今发现的分布海拔（750 m）最高的普通野生稻，因气候生态环境独特，其生境周围均无栽培稻种植，所以被认为是原始性最好、较纯的普通野生稻，在中国栽培稻的演化研究中具有重要的地位，也是研究和发掘野生稻抗逆基因的良好材料。而对于稻瘟病，我们所作的抗性鉴定及文献报道的稻瘟病抗性鉴定均表明，元江普通野生稻对稻瘟病的抗性很弱，甚至高感。*Pi-ta* 基因是一个对稻瘟病具有广谱抗性的基因，Bryan 等（2003）的研究结果表明，从栽培稻中抗性品种和感病品种中获得的 *Pi-ta* 基因间仅有一个氨基酸的差异。是否元江普通野生稻对稻瘟病高度敏感的特性也与该基因的差异有关呢？为寻求这一答案，进一步研究 *Pi-ta* 基因结构与功能的相互关系，我们克隆了元江普通野生稻中 *Pi-ta* 基因的编码框序列，并进行了序列分析。以 P1/P2 引物从元江普通野生稻的基因组 DNA 中可以扩增获得约 1100 bp 的片段，即 *Pi-ta* 基因的第一个外显子（图 9-2-7A）。而以 P3/P4 为引物我们从元江普通野生稻的基因组 DNA 中扩增得到了约 2000 bp 的特异性片段，即 *Pi-ta* 基因的第二外显子（图 9-2-7B）。

　　本研究将扩增到的第二外显子 DNA 片段经纯化后连接到 pGEM-T 载体后转化大肠杆菌 DH5α 菌株，阳性重组子送上海博亚生物技术有限公司进行测序。元江普通野生稻 *Pi-ta* 基因推导的氨基酸序列与报道的栽培稻该序列比对见图 9-2-8。

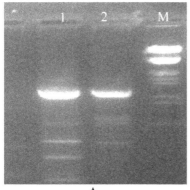 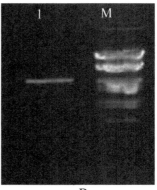

A B

图 9-2-7　元江普通野生稻基因组 DNA *Pi-ta* 基因扩增结果

Fig. 9-2-7　Amplification results of *Pi-ta* gene extron 1 and extron 2 alleles from Yuanjiang
O. rufipogon genomic DNA

A. *Pi-ta* 基因第一外显子扩增结果；B. *Pi-ta* 基因第二外显子扩增结果；M. PBR322 *Eco*R I /HindⅢ标准分子质量

A. PCR results of extron 1 by using primers of P1/P2；B. Amplification result of extron 2 using P3/P4 primers；M. the
PBR322 *Eco*R I /HindⅢ　Markers

| PTA12 | 1 | MRSLTSKLDS LLLQPPEPPP PAQPSSLRKG ERKKILLLRG DLRHLLDDYY | 50 |
| PTSATI | 1 | MRSLTSKLDS LLLQPPEPPP PAQPSSLRKG ERKKILLLRG DLRHLLDDYY | 50 |

| PTA12 | 51 | LLVEPPSDTA PPPDSTAACW AKEVRELSYD VDDFLDELTT QLLHHRGGGD | 100 |
| PTSATI | 51 | LLVEPPSDTA PPPDSTAACW AKEVRELSYD VDDFLDELTT QLLHHRGGGD | 100 |

| PTA12 | 101 | GSSTA[S]AKKM ISSMIARLRG ELNRRRWIAD EVTLFRARVK EAIRRHESYH | 150 |
| PTSATI | 101 | GSSTA[G]AKKM ISSMIARLRG ELNRRRWIAD EVTLFRARVK EAIRRHESYH | 150 |

| PTA12 | 151 | LGRRTSSSRP REEDDDDDRE DSAGNERRRF LSLTFGMDDA AVHGQLVGRD | 200 |
| PTSATI | 151 | LGRRTSSSRP REEDDDDDRE DSAGNERRRF LSLTFGMDDA AVHGQLVGRD | 200 |

| PTA12 | 201 | ISMQKLVRWL ADGEPKLKVA SIVGSGGVGK TTLATEFYRL HGRRLDAPFD | 250 |
| PTSATI | 201 | ISMQKLVRWL ADGEPKLKVA SIVGSGGVGK TTLATEFYRL HGRRLDAPFD | 250 |

| PTA12 | 251 | CRAFVRTPRK PDMTKILTDM LSQLRPQHQH QSSDVWEVDR LLETIRTHLQ | 300 |
| PTSATI | 251 | CRAFVRTPRK PDMTKILTDM LSQLRPQHQH QSSDVWEVDR LLETIRTHLQ | 300 |

| PTA12 | 301 | DKRYFIIIED LWASSMWDIV SRGLPDNNSC SRILITTEIE PVALACCGYN | 350 |
| PTSATI | 301 | DKRYFIIIED LWASSMWDIV SRGLPDNNSC SRILITTEIE PVALACCGYN | 350 |

| PTA12 | 351 | SEHIIKIDPL GDDVSSQLFF SGVVGQGNEF PGHLTEVSHD MIKKCGGLPL | 400 |
| PTSATI | 351 | SEHIIKIDPL GDDVSSQLFF SGVVGQGNEF PGHLTEVSHD MIKKCGGLPL | 400 |

```
PTA12    401 AITITARHFK SQLLDGMQQW NHIQKSLTTS NLKKNPTLQG MRQVLNLIYN    450

PTSATI   401 AITITARHFK SQLLDGMQQW NHIQKSLTTS NLKKNPTLQG MRQVLNLIYN    450


PTA12    451 NLPHCLKACL LYLSIYKEDY IIRKANLVRQ WMAEGFINSI ENKVMEEVAG    500

PTSATI   451 NLPHCLKACL LYLSIYKEDY IIRKANLVRQ WMAEGFINSI ENKVMEEVAG    500


PTA12    501 NYFDELVGRG LVQPVDVNCK NEVLSCVVHH MVLNFIRCRS IEENFSITLD    550

PTSATI   501 NYFDELVGRG LVQPVDVNCK NEVLSCVVHH MVLNFIRCKS IEENFSITLD    550


PTA12    551 HSQTTVRHAD KVRRLSLHFS NAHDTTPLAG LRLSQVRSMA FFGQVKCMPS    600

PTSATI   551 HSQTTVRHAD KVRRLSLHFS NAHDTTPLAG LRLSQVRSMA FFGQVKCMPS    600


PTA12    601 IADYRLLRVL ILCFWADQEK TSYDLTSISE LLQLRYLKIT GNITVKLPEK    650

PTSATI   601 IADYRLLRVL ILCFWADQEK TSYDLTSIFE LLQLRYLKIT GNITVKLPEK    650


PTA12    651 IQGLQHLQTL EADARATAVL LDIVHTQCLL HLRLVLLDLL PHCHRYIFTS    700

PTSATI   651 IQGLQHLQTL EADARATAVL LDIVHTQCLL HLRLVLLDLL PHCHRYIFTS    700


PTA12    701 IPKWTGKLNN LRILNIAVMQ ISQDDLDTLK GLGSLTALSL LVRTAPAQRI    750

PTSATI   701 IPKWTGKLNN LRILNIAVMQ ISQDDLDTLK GLGSLTALSL LVRTAPAQRI    750


PTA12    751 VAANEGFGSL KYFMFVCTAP CMTFVEGAMP SVQRLNLRFN ANEFKEYDSK    800

PTSATI   751 VAANEGFGSL KYFMFVCTAP CMTFVEGAMP SVQRLNLRFA NEFKQYDSK     800


PTA12    801 ETGLEHLVAL AEISARIGGT DDDESNKTEV ESALRTAIRK HPTPSTLMVD    850

PTSATI   801 ETGLEHLVAL AEISARIGGT DDDESNKTEV ESALRTAIRK HPTPSTLMVD    850


PTA12    851 IQWVDWIFGA EGRDLDEDLA QQDDHGYGFF ILFPGYNLQG LLSFFLSLPW    900

PTSATI   851 IQWVDWIFGA EGRDLDEDLA QQDDHGYGFF ILFPGYNLQG LLSFFLSLPW    900


PTA12    901 LLSLPSMHLQ PDLMIV*... .......... .......... ..........    950

PTSATI   901 LLSLPAMHLQ PDLMIV*... .......... .......... ..........    950
```

图 9-2-8　元江普通野生稻与栽培稻 *Pi-ta* 基因推导的氨基酸序列比对
（方框内为有差异的氨基酸残基）

Fig. 9-2-8　The alignment of the *Pi-ta* amino acid sequences from Yuanjiang *O. rufipogon* and *O. sativa*
（within the frame are different amino acids）

PTA12. 元江普通野生稻；PTSATL. 栽培稻（登录号. AF207842）

PTA12. Yuanjiang *O. rufipogon*；PTSATL. *O. sativa*（accession NO. AF207842）

（二）元江普通野生稻与栽培稻 *Pi-ta* 基因所推导的氨基酸序列间的差异分析

所克隆的元江普通野生稻 *Pi-ta* 基因与报道的栽培稻中该基因具有极高的同源性（核苷酸序列间的同源性为 99.7%；氨基酸序列间的同源性为 99.3%）。其中有 7 个核苷酸的差异，导致了 5 个氨基酸残基的改变（图 9-2-8）。在改变的 5 个氨基酸残基中，其中 3 个位于该基因的 LRD 结构域，两个位于其他的未知区域。在 NBS 结构域内未发现差异的氨基酸残基。元江普通野生稻和栽培稻中差异的 *Pi-ta* 基因氨基酸序列及其在蛋白质结构域中分布的位置，以及差异氨基酸对蛋白质空间结构的影响见表 9-2-2。

表 9-2-2　元江普通野生稻与栽培稻 *Pi-ta* 基因序列中差异的氨基酸残基比较
Table 9-2-2　The difference amino acids between the *Pi-ta* gene deduced amino acid sequences of Yuanjiang *O. rufipogon* and *O. sativa*

差异位点 Differential site	氨基酸 Amino acid		差异氨基酸位于蛋白质的结构域 The position of different amino acid in protein domain	差异氨基酸对蛋白质结构的影响性质 The effect of different amino acid of on protein structure
	栽培稻 Cultivated rice	元江普通野生稻 Yuanjiang *O.rufipogon*		
106	甘氨酸（Gly）	丝氨酸（Ser）	未知	相似
549	赖氨酸（Lys）	精氨酸（Arg）	未知	相似
629	苯丙氨酸（Phe）	丝氨酸（Ser）	LRD	差异
796	天冬氨酸（Asp）	谷氨酸（Glu）	LRD	相似
916	丙氨酸（Ala）	丝氨酸（Ser）	LRD	差异

（三）元江普通野生稻与所报道的栽培稻 *Pi-ta* 基因推导氨基酸序列预测的蛋白质二级结构差异与功能分析

利用 DNASIS 分析软件对来自云南元江普通野生稻的 *Pi-ta* 同源基因，以及报道的栽培稻 *Pi-ta* 基因推导的氨基酸序列进行二级结构预测分析。发现在羧基端有一个很大的差异，元江普通野生稻 Pi-ta 蛋白明显比来自栽培稻的该蛋白质的二级结构多了一个"TURN"（转折）（图 9-2-9）。这一差异仅仅是由于该位置的一个氨基酸差异的结果（栽培稻为丙氨酸而元江普通野生稻为丝氨酸）。丙氨酸在栽培稻中的这一位置帮助肽链形成一段连续的"HELIX"（螺旋），而丝氨酸在元江普通野生稻中，帮助肽链形成一个"TURN"，将连续的"HELIX"打断。此外，629 位点的氨基酸差异（栽培稻中为苯丙氨酸，而元江普通野生稻中为丝氨酸）也在两者 Pi-ta 蛋白的二级结构中造成了较小的差异，苯丙氨酸在栽培稻的这一位置帮助肽链形成一段"HELIX"结构，而丝氨酸在元江普通野生稻中帮助肽链在相应位置形成了一段"COIL"（随机卷曲）结构（图 9-2-9）。其他的氨基酸差异均未对 Pi-ta 蛋白的二级结构造成明显的影响。

总之，元江普通野生稻不抗稻瘟病，而从其中克隆到的 *Pi-ta* 基因同源基因，将其命名为 *Pi-ta⁻* 基因，即不抗稻瘟病基因。

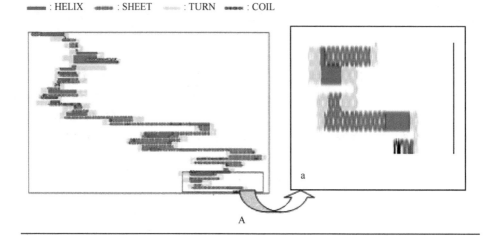

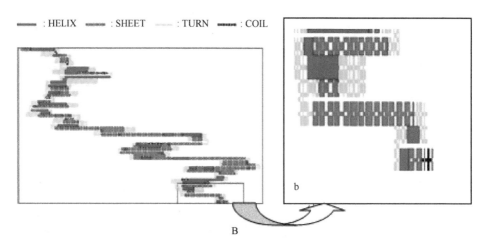

图 9-2-9　元江普通野生稻 *Pi-ta* 同源基因与栽培稻 *Pi-ta* 基因推导的氨基酸序列预测的二级结构比较
Fig. 9-2-9　Comparison of the putative *Pi-ta* protein secondary structures of Yuanjiang
O. rufipogon and *O. sativa*

A. 栽培稻 *Pi-ta* 基因推导氨基酸序列预测的二级结构，a. 差异部位的放大图；B. 元江普通野生稻 *Pi-ta* 基因同源序
列推导的氨基酸序列预测的蛋白质二级结构，b. 差异部位的放大图

A. The predicted secondary structure of *Pi-ta* protein from *O. sativa*，a. the expanded figure of the different part；B. The predicted
secondary structure of *Pi-ta* allele protein from Yuanjiang *O. rufipogon*，b. the expanded figure of the different part

四、云南直立型普通野生稻 *Pi-ta* 基因的研究

对云南野生稻进行稻瘟病抗性的鉴定，发现景洪普通野生稻大部分抗不同病害（梁
斌等，1999；彭绍裘等，1982），而本研究的前期鉴定结果表明景洪直立紫秆普通野生稻
高抗稻瘟病，其内是否具有抗病的 *Pi-ta* 基因呢？为此本研究从景洪直立紫秆普通野生稻
中克隆了该基因完整的编码框、内含子及部分非编码区（untranslated region，UTR）序
列，并对获得的序列进行了分析。

（一）直立型普通野生稻 *Pi-ta* 基因分段的克隆

以景洪直立紫秆普通野生稻总 DNA 为模板，用 P1/P2、P3/P4 和 P5/P6 三对引物分

段扩增 *Pi-ta* 基因。用 P1/P2 引物可扩增获得包含第一外显子的约 1000 bp 的 DNA 片段（图 9-2-10，1）；用 P3/P4 引物 PCR 扩增包含内含子和第二外显子的约 3000 bp 大小的 DNA 片段（图 9-2-10，2）；用 P5/P6 引物可扩增获得包括部分第二外显子和部分 3′ 非编码区的约 1500 bp 的 DNA 片段（图 9-2-10，3）。将扩增出来的目的片段分别克隆到 pGM-T 载体上，对重组克隆进行 PCR 扩增鉴定。将重组的阳性克隆抽提质粒，进行测序分析。

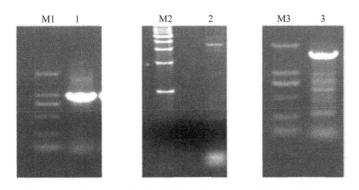

图 9-2-10 景洪直立紫秆普通野生稻中 *Pi-ta* 基因分段扩增结果
Fig. 9-2-10 The amplification results of *Pi-ta* gene from erect purple type of Jinghong *O. rufipogon*
1、2、3. P1/P2、P3/P4、P5/P6 引物在紫秆野生稻中扩增结果；M1、M3. DL2000 Maker；M2. 1 kb DNA ladder
1，2，3. The amplification results by using primers of P1/P2，P3/P4 and P5/P6，respectively；
M1、M3. DL2000 Maker；M2. 1 kb DNA ladder

（二）直立型普通野生稻 *Pi-ta* 基因序列的分析

将分段扩增出来的 *Pi-ta* 基因 DNA 片段进行克隆及测序，测序结果用 DNAMAN 6.0 软件进行拼接和分析。*Pi-ta* 基因的同源性分析发现，景洪直立型普通野生稻与社糯（Yashiro-mochi）的同源性为 99.86%，共有 4 个核苷酸的差异，并导致 3 个氨基酸残基的改变；3 个差异的氨基酸残基都是非极性 R 基氨基酸突变的结果，其中 222 位点的 Leu→Gln 和 641 位点的 Phe→Ser 都是由非极性 R 基氨基酸突变为不带电荷的极性 R 基氨基酸。景洪直立型普通野生稻与元江普通野生稻的同源性为 99.78%，共有 6 个核苷酸的差异（表 9-2-3）。景洪直立紫秆普通野生稻 *Pi-ta* 基因的内含子与栽培稻社糯 *Pi-ta* 基因内含子的同源性达到 99.59%，共有 6 个核苷酸的变化（表 9-2-4）。这 6 个核苷酸中有 5 个发生了转换（transition），其结果使直立型普通野生稻 *Pi-ta* 基因内含子中的 G/C 含量比栽培稻多出了 5 个，而在这 5 个转换中又有 4 个是 C→T 和 G→A 型突变，有科学家将假基因与同源功能基因相比较，发现这种由 C→T 和 G→A 的转换占明显的优势（黄志华和薛庆中，2006），我们猜测这种突变在 *Pi-ta* 基因的演化中可能具有一定的作用。

（三）景洪直立紫秆普通野生稻 *Pi-ta*⁺ 等位基因推导的氨基酸残基二级结构的分析

从景洪普通野生稻中分离得到的 *Pi-ta* 基因同源基因，与从栽培稻中分离的抗病基因保守结构域的 DNA 序列相似，并且景洪直立型普通野生稻高抗稻瘟病，因此将其中获得的 *Pi-ta* 同源基因命名为 *Pi-ta*⁺。

表 9-2-3　　景洪直立紫秆普通野生稻与栽培稻社糯及元江普通野生稻的 cDNA 序列差异及推导的相应氨基酸残基序列差异

Table 9-2-3　　The difference of cDNA sequence and deduced amino acid residues among Jinghong erect type of *O. rufipogon*, cultivar Yashiro-mochi and Yuanjiang *O. rufipogon*

DNA 多态性位点 The site of DNA polymorphism	栽培稻社糯 Cultivar Yashiro-mochi		景洪直立紫秆普通野生稻 Erect purple type of Jinghong *O. rufipogon*		元江普通野生稻 Yuanjiang *O. rufipogon*	
	核苷酸 Nucleotide	氨基酸残基 Amino acid	核苷酸 Nucleotide	氨基酸残基 Amino acid	核苷酸 Nucleotide	氨基酸残基 Amino acid
191	T	Leu[64*]	C	Pro[64]	T	Leu[64]
352	G	Gly[118]	G	Gly[118]	A	Ser[118]
384	G	Ala[128]	C	Ala[128]	C	Ala[128]
665	T	Leu[222]	A	Gln[222]	T	Leu[222]
3115	A	Lys[551]	A	Lys[551]	G	Arg[551]
3385	T	Phe[641]	C	Ser[641]	C	Ser[641]
3885	C	Gln[808]	C	Gln[808]	G	Glu[808]
4215	G	Ala[918]	G	Ala[918]	T	Ser[918]

注：Leu[64*] 表示 *Pi-ta* 基因编码氨基酸的第 64 位是亮氨酸

Note：Leu[64*] represents 64 site is leucine in the deduced amino acid of *Pi-ta* gene

表 9-2-4　　云南景洪直立紫秆普通野生稻与栽培稻社糯 *Pi-ta* 基因内含子的差异

Table 9-2-4　　The difference of *Pi-ta* gene intron between erect type of Yunnan Jinghong *O. rufipogon* and cultivar Yashiro-mochi

核苷酸多态性位点 The site of nucleotide polymorphism	栽培稻社糯 Cultivar Yashiro-mochi	景洪直立紫秆普通野生稻 Erect purple type of Jinghong *O. rufipogon*
976	T	C
1121	T	G
1124	A	G
1129	A	G
1149	C	T
1690	A	G

　　通过 DNASIS 2.5 软件对景洪直立紫秆普通野生稻 *Pi-ta*[+] 等位基因推导的氨基酸残基二级结构进行预测。发现景洪直立紫秆普通野生稻与栽培稻社糯 Pi-ta 蛋白二级结构相同，即使在 3 个氨基酸多态性位点也没有螺旋（HELIX）、转折（TURN）、片层（SHEET）、卷曲（COIL）的改变。由于蛋白质的结构与其功能具有直接相关性，故很有可能景洪直立紫秆普通野生稻 *Pi-ta* 基因具有抗稻瘟病的功能。但是元江普通野生稻 PITA 蛋白的 LRD 区的 551 位点附近和 918 位点附近均与景洪直立紫秆普通野生稻和栽培稻社糯 Pi-ta 蛋白二级结构不同：元江普通野生稻的 551 位点附近为卷曲，而景洪直立紫秆普通野生稻和栽培稻社糯该位点附近为螺旋；元江普通野生稻 918 位点附近比景洪直立紫秆普通野生稻和栽培稻社糯多出一个转折结构，这可能是元江普通野生稻 *Pi-ta* 基因不抗稻瘟病的原因。

五、云南野生稻 *Pi-ta* 同源基因及其分子进化

（一）云南野生稻中 *Pi-ta* 基因的差异分析

　　Pi-ta 基因是从栽培稻中克隆的一个对水稻稻瘟病病原菌（*Magnaporthe grisea*）具有

广谱抗性的基因，是目前水稻中克隆的有利用价值的抗稻瘟病基因。稻瘟病病原菌中与该基因进行互作的无毒基因（*avr-Pi-ta*）也被克隆，使该基因成了研究抗病基因与病原菌无毒基因相互作用机制的模型之一。另外被大量用于该方面研究的植物基因有来源于番茄抗霜霉菌（*Pseudomonas syringae* pathovar tomato）的 *Pto* 基因，以及来源于拟南芥菜抗 *Pseudomonas syringae* 菌株的 *RPS2* 基因等。Bryan 等的研究表明，单拷贝的 *Pi-ta* 基因无论在抗性和敏感性的水稻品种中均有少量的组成型表达。敏感性水稻品种中所带有的等位基因 *Pi-ta*⁻ 与抗性水稻品种中所具有的 *Pi-ta*⁺ 基因仅有一个氨基酸残基的差别，在第 918 位点处，抗性品种为丙氨酸而非抗性品种为丝氨酸。转基因实验也证实 *Pi-ta*⁺ 与 *avr-Pi-ta* 能引起抗病性反应，而 *Pi-ta*⁻ 与 *avr-Pi-ta* 间无抗性反应发生。说明 *Pi-ta* 基因的功能在水稻品种间存在显著差异。那么，在云南野生稻中是否存在具有新的功能特性的 *Pi-ta* 同源基因呢？研究发现，我们可以从云南不同来源、不同类型的普通野生稻中及东乡普通野生稻、长雄野生稻、栽培稻中可以扩增获得 *Pi-ta* 基因片段，而从小粒野生稻及云南的药用野生稻、疣粒野生稻中却未得到预期大小的目的 DNA 片段。这从分子水平上证明，栽培稻与普通野生稻之间有较近的亲缘关系。序列分析进一步表明，普通野生稻、长雄野生稻与栽培稻的该基因序列具有极高的同源性，但也存在差异，这些差异是否能改变该基因的功能有待进一步的探索。

（二）元江普通野生稻 *Pi-ta*⁻ 等位基因与感稻瘟病的关系

根据 Bryan 等的研究结果及对元江普通野生稻中克隆的 *Pi-ta* 同源基因完整的编码框序列分析表明，来源于元江普通野生稻的该同源基因与来源于稻瘟病敏感性品种的 *Pi-ta* 基因类似，应属于 *Pi-ta*⁻ 等位基因。*Pi-ta*⁻ 基因与 *avr-Pi-ta* 不能引起抗病性反应。这与梁斌等（1999）对云南野生稻所作的抗稻瘟病抗性评价结果相吻合。鉴定结果表明，景洪普通野生稻病级严重度达 7 级，病斑孢子层级 5 级；元江普通野生稻病级严重度达 8 级，病斑孢子层级 7 级；疣粒野生稻发病最迟，病级发展缓慢，病级严重度 3 级，病斑孢子层级 1 级。元江普通野生稻是对稻瘟病最敏感的普通野生稻，这极可能与元江普通野生稻中含有一个 *Pi-ta*⁻ 等位基因而非 *Pi-ta*⁺ 基因有关。

从元江普通野生稻中获得的 *Pi-ta* 基因推导的氨基酸序列中，与栽培稻的该序列相比仅仅有 5 个氨基酸残基的差异，除了上述的 Ser 与 Ala 间的差异位于该基因的 LRD 区域外，其他的 4 个差异氨基酸两个位于 LRD 区域，另外两个位于 NBS 和 LRD 区域以外的其他区域。这也进一步说明 NBS 区域对 *Pi-ta* 基因功能的重要性。虽然 *Pi-ta*⁻ 基因与 *avr-Pi-ta* 间不能发生抗病性反应，但该基因在敏感水稻中有一定量的组成型表达，可能也在行使其他我们尚未认识到的功能。

依据 Flor 的基因对基因假说及目前对基因互作机制的研究，抗病基因与无毒基因互作中的相互识别、信号转导及相应的抗病反应过程均是以抗病基因和无毒基因产物的结构为基础的。LRR 结构域与分子间的特异性识别及其信号转导有关，元江普通野生稻由于其 *Pi-ta* 同源基因产物在 LRD 区域内与 *Pi-ta*⁺ 蛋白的结构差异破坏了 *Pi-ta* 产物与 *avr-Pi-ta* 产物间的特异性识别过程而成为稻瘟病敏感材料。从不同水稻及野生稻材料中获得的 *Pi-ta* 同源基因及抗病分析，不仅将有利于获得有利用价值的水稻抗稻瘟病新基因，而且也有助于我们更深入地研究该基因的结构与功能的相互关系。LRR 结构域是抗病基因产物与无毒基因产物间特异性识别的区域，大多数含有 LRR 结构域的植物抗病基因的基本框架是一致的，即 LXXLXXLXXLX（N/C/T）X（X）LXXIPXX。因此亮氨酸骨架可能为分子识别提供了一个场所，而亮氨酸间的"X"可能是导致特异识别的主要因素。Pi-ta 蛋白中虽然存在一些不典型的 LRR 区域，但 Jia 等（2000）的研究表明，Pi-ta 蛋白的 LRD 区域与 avr-Pi-ta 直接结合，介导防御反应的区域。

（三）直立型普通野生稻 *Pi-ta*⁺ 基因与抗稻瘟病的关系

梁斌等（1999）采用自然诱发法鉴定云南普通野生稻（景洪和元江的普通野生稻）对稻瘟病的抗性。结果发现，景洪白芒型和红芒型普通野生稻病级严重度达 7 级，病斑孢子层级 5 级，属于高感稻瘟病群体，但未鉴定过景洪直立紫秆普通野生稻对稻瘟病的抗性。黄兴奇与程在全课题组曾在 2001 年和 2002 年分别用 8 个稻瘟病代表性菌株对景洪直立紫秆普通野生稻进行稻瘟病鉴定，发现其高抗稻瘟病。这可能与景洪直立紫秆普通野生稻存在 *Pi-ta*⁺ 等位基因有关。我们还发现，即使在形态上最相近的景洪直立绿秆普通野生稻，也只存在感病的 *Pi-ta*⁻ 等位基因。

从景洪直立紫秆普通野生稻中克隆的 *Pi-ta*⁺ 等位基因与社糯的 *Pi-ta* 基因推导的氨基酸序列的 918 关键位点均为丙氨酸，并且它们的 Pi-ta 蛋白二级结构也相同。但是两者在编码区有 4 个氨基酸的差异，并导致 3 个氨基酸残基的改变，在这 3 个改变的氨基酸残基中有两个（第 222 位和第 641 位）是由非极性的 R 基氨基酸突变成不带电荷的极性氨基酸，这种改变是否影响其蛋白质的理化性质及功能，并最终在对稻瘟病抗菌谱和抗性的大小上存在差异，还有待进一步通过多种稻瘟病菌菌系接种实验或转基因实验进行抗性验证。

本研究确证了景洪直立紫秆普通野生稻中含有 *Pi-ta*⁺ 等位基因。利用王忠华等（2005）建立的水稻抗稻瘟病基因 *Pi-ta* 的共显性分子标记所用的 3 个引物 YL155、YL183、YL200 序列，用软件 DNASSIST 2.0 在我们克隆的景洪直立紫秆普通野生稻全序列中比对，发现能找到 YL155 和 YL200 完全匹配的序列，而不能找到 YL183 完全匹配的序列，这也从另一个侧面证明景洪直立型普通野生稻含有抗稻瘟病主效基因 *Pi-ta*。由于普通野生稻与栽培稻同属 AA 基因组型，不存在严重的生殖隔离，遗传物质的交流相对比较容易（张武汉等，2006），故可以利用远缘杂交的手段将景洪直立紫秆普通野生稻的 *Pi-ta*⁺ 等位基因导入栽培稻，也可以利用基因工程手段直接将获得的 *Pi-ta*⁺ 等位基因导入不含有抗病 *Pi-ta* 基因的品种中，以提高其抗稻瘟病能力。

第三节　云南野生稻抗稻瘟病基因 *Pi-b*

Pi-b 基因产物可能与非致病性稻瘟病小种特异性的无毒基因产物在胞内相互作用（Jones and Parnisk，1997）。云南野生稻中是否存在有 *Pi-b* 基因，该基因在云南不同野生稻中的状况及其可能的功能特性尚无人报道。本研究分析了云南不同来源的普通野生稻、药用野生稻、疣粒野生稻及其他野生稻中 *Pi-b* 基因的存在状况，并克隆了其中的部分序列，对其进行了生物信息学的研究分析。

一、云南野生稻抗稻瘟病基因 *Pi-b* 的克隆

（一）克隆抗稻瘟病基因 *Pi-b* 材料

野生稻材料：云南药用野生稻（*Oryza officinalis*）、云南宽叶型药用野生稻；元江普通野生稻（*Oryza rufipogon*）、景洪白芒型普通野生稻、景洪直立型普通野生稻、景洪红芒型普通野生稻；云南疣粒野生稻（*Oryza granulata*）；东乡普通野生稻、小粒野生稻（*Oryza minuta*）及长雄野生稻（*Oryza longistaminata*）。

栽培稻材料：品种 IR72、IR36、合系 35。

（二）抗稻瘟病基因 *Pi-b* 分离克隆方法

1. 野生稻 DNA 的提取

取上述材料的叶片，分别置于研钵中，加入液氮研磨成粉状，然后采用 CTAB 法提取总 DNA。

2. *Pi-b* 基因扩增引物的设计及克隆

为研究云南野生稻中抗稻瘟病基因 *Pi-b*，依据所报道的栽培稻中该基因的序列，针对该基因 3 个外显子，设计了 3 对特异性的引物，委托生工生物工程（上海）股份有限公司合成。

Pi-b11：5′-ATGGAGGCGACGGCGCTGAG-3′

Pi-b12：5′-CTTGTCGTAGAATGCGTA-3′

Pi-b21：5′-GGTTCCCAAATTATAGAG-3′

Pi-b22：5′-CTTCTCACTCAAGAGGCACA-3′

Pi-b31：5′-GTATTTGAGGAGGCTACAT-3′

Pi-b32：5′-TCAGGTAATGATGGGTTGGTTTG-3′

扩增到的目的条带采用 PCR 产物回收试剂盒进行回收，然后将其连接到 pGEM-T 载体上，通过电击转化大肠杆菌 DH5α 感受态细胞，经过 IPTG、X-Gal 和 Amp 的筛选获得阳性克隆菌落，提取质粒后进行测序。

3. 云南野生稻 *Pi-b* 基因的测序分析

重组克隆送生工生物工程（上海）股份有限公司进行序列分析。序列比较、分析等采用 DNASIS、DNASIST、DNASTAR 等软件完成。

二、云南野生稻 *Pi-b* 基因第一外显子同源序列的克隆及研究分析

（一）云南不同野生稻及其他野生稻和栽培稻 *Pi-b* 基因的克隆

本研究对 *Pi-b* 基因第一个外显子利用引物 Pi-b11/Pi-b12 PCR 扩增可得到约 1000 bp 的 DNA 片段。利用该引物对不同野生稻及栽培稻基因组 DNA 进行该基因的扩增，发现

Pi-b 基因或片段存在于所有的云南野生稻包括云南药用野生稻、普通野生稻、疣粒野生稻，以及东乡普通野生稻、长雄野生稻和小粒野生稻中，但 PCR 反应中存在较多的非特异性扩增（图 9-3-1）。因此，*Pi-b* 基因是一个稻属作物中普遍存在的一个抗稻瘟病基因。利用 Pi-b11/Pi-b12 引物进行 *Pi-b* 基因第一外显子的 PCR 扩增时，除目的 DNA 片段外，还具有很多的非特异性扩增片段，对少数扩增效率较高的扩增片段进行克隆及序列分析后，未发现与目的片段具有高同源性的序列存在。由于该引物扩增结果的多态性，该引物可用于进行稻属作物的 RAPD 分析，研究种内或间进化。

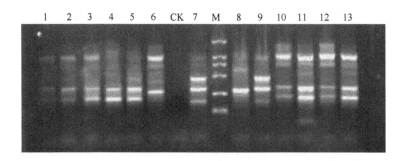

图 9-3-1　云南野生稻及栽培稻中 *Pi-b* 基因第一外显子的 PCR 扩增

Fig. 9-3-1　The amplification of *Pi-b* gene extron 1 from different species of wild rice species and cultivated rice

1. 栽培稻（品种 IR72）；2. 栽培稻（IR36）；3. 栽培稻（合系 35）；4. 东乡普通野生稻；5. 小粒野生稻；6. 长雄野生稻；CK. 阴性对照；7. 云南宽叶型药用野生稻；M. DL2000 DNA Makers；8. 疣粒野生稻；9. 药用野生稻；10. 元江普通野生稻；11. 景洪白芒型普通野生稻；12. 景洪直立型普通野生稻；13. 景洪红芒型普通野生稻

1. Cultivar（IR72）；2. Cultivar（IR36）；3. Cultivar（Hexi 35）；4. Dongxiang *O. rufipogon*；5. *O. minuta*；6. *O. longistaminata*；CK. Negative control；7. Broad leaf type of Yunnan *O. officinalis*；M. DL2000 DNA Makers；8. *O. granulata*；9. *O. officinalis*；10. Yuanjiang *O. rufipogon*；11. White awn type of Jinghong *O. rufipogon*；12. Erect type of Jinghong *O. rufipogon*；13. Red awn type of Jinghong *O. rufipogon*

（二）不同云南野生稻及栽培稻中 *Pi-b* 基因第一外显子同源序列

将来自不同野生稻的 *Pi-b* 基因第一外显子 DNA 片段进行回收、连接、转化进行克隆，重组质粒进行测序。不同品种、不同来源的云南野生稻，以及栽培稻的 *Pi-b* 基因第一外显子核苷酸序列的比较见图 9-3-2。

pba321	1	ATGGAGGCGACGGCGCTGAGTGTGGGCAAATCCGTGCTGAATGGAGCGCTTGGCTACGCAAAAT	64
pbaYJ	1	ATGGAGGCGACGGCGCTGAGTGTGGGCAAATCCGTGCTGAATGGAGCGCTTGGCTACGCAAAAT	64
pba20	1	GGCGACGGCGCTGAGTGTGGGCAAATCCGTGCTGAATGGAGCGCTTGGCTACGCAAAAT	59
pbaYY	1	ATGGAGGCGACGGCGCTGAGTGTGGGCAAATCCGTGCTGAATGGAGCGCTTGGCTATGCAAAAT	64
pba31	1	ATGGAGGCGACGGCGCTGAGTGTGGGCAAATCCGTGCTGAATGGAGCGCTTGGCTACGCAAAAT	64
pbaZL	1	ATGGAGGCGACGGCGCTGAGTGTGGGCAAATCTGTGCTGAATGGAGCGCTTGGCTACGCAAAAT	64
pbaB	1	ATGGAGGCGACGGCGCTGAGTGTGGGCAAATCTGTGCTGAATGGAGCGCTTGGCTACGCAAAAT	64
pbaSA	1	ATGGAGGCGACGGCGCTGAGTGTGGGCAAATCCGTGCTGAATGGAGCGCTTGGCTACGCAAAAT	64

pba321	65	CTGCATTTGCCGAGGAGGTGGCCTTGCAGCTTGGTATCCAGAAAGACCACACATTCATTGCAGA	128
pbaYJ	65	CTGCATTTGCCGAGGAGGTGGCCTTGCAGCTTGGTATCCAGAAAGACCGCACATTCATTGCAGA	128
pba20	60	CTGCATTTGCCGAGGAGGCGGCCTTGCAGCTTGGTATCCAGTAAGACCACACATTCGTTGCGGA	123
pbaYY	65	CTGCATTTGCCGAGGAGGCGGCCTTGCAGCTTGGTATCCAGAAAGACCACACATTCGTTGCGGA	128
pba31	65	CCGCATTTGCCGAGGAGGTGGCCTTGCAGCTTGGTATCCAGAAAGACCACACATTTGTTGCAGA	128
pbaZL	65	CTGCATTTGCTGAGGAGGTGGCCTTGCAGCTTGGTATCCAGAAAGACCACACATTCATTGCAGA	128
pbaB	65	CTGCATTTGCTGAGGAGGTGGCCTTGCAGCTTGGTATCCAGAAAGACCACACATTCATTGCAGA	128
pbaSA	65	CTGCATTTGCTGAGGAGGTGGCCTTGCAGCTTGGTATCCAGAAAGACCACACATTTGTTGCAGA	128

pba321	129	TGAGCTTGAGATGATGAGGTCTTTCATGATGGAGGCGCACGAGGAGCAAGATAACAACAAAGTG	192
pbaYJ	129	TGAGCTTGAGATGATGAGGTCTTTCATGATGGAGGCGCACGAGGAGCAAGATAACAACAAAGTG	192
pba20	124	TGAGCTTGAGATGATGAGGTCTTTCATGATGGAGGCGCACGAGGAGCAAGATAACAGCAAGGTG	187
pbaYY	129	TGAGCTTGAGATGATGAGGTCTTTCATGATGGAGGCGCACGAGGAGCAAGATAACAGCAAGGTG	192
pba31	129	TGAGCTTGAGATGATGAGGTCTTTCATGATGGAGGCGCACGAGGAGCAAGATAACAGCAAGGTG	192
pbaZL	129	TGAGCTTGAGATGATGAGGTCTTTCATGATGGAGGCGCACGAGGAGCAAGATAACAGCAAAGTG	192
pbaB	129	TGAGCTTGAGATGATGAGGTCTTTCATGATGGAGGCGCACGAGGAGCAAGATAACAGCAAAGTG	192
pbaSA	129	TGAGCTTGAGATGATGAGGTCTTTCATGATGGAGGCGCACGAGGAGCAAGATAACAGCAAGGTG	192

pba321	193	GTCAAGACTTGGGTGAAGCAAGTTCGTGACACTGCCTATGATGTTGAGGACAGCCTCCAGGATT	256
pbaYJ	193	GTCAAGACTTGGGTGAAGCAAGTTCGTGACACTGCCTATGATGTTGAGGACAGCCTCCAGGATT	256
pba20	188	GTCAAGACTTGGGTGAAGCAAGTCCGTGAAACTGCCTATGACGTTGAGGACAGCCTCCAGGATT	251
pbaYY	193	GTCAAGACTTGGGTGAAGCAAGTCCGTGAAACTGCCTATGACGTTGAGGACAGCCTCCAGGATT	256
pba31	193	GTCAAGACTTGGGTGAAGCAAGTCCGTGACACTGCCTATGACGTTGAGGACAGCCTCCAGGATT	256
pbaZL	193	GTCAAGACTTGGGTGAAGCAAGTCCGTGACACTGCCTATGACGTTGAGGACAGCCTCCAGGATT	256
pbaB	193	GTCAAGACTTGGGTGAAGCAAGTCCGTGACACTGCCTATGACGTTGAGGACAGCCTCCAGGATT	256
pbaSA	193	GTCAAGACTTGGGTGAAGCAAGTCCGTGACACTGCCTATGATGTTGAGGACAGCCTCCAGGATT	256

pba321	257	TTGCTGTTCATCTGAAGAGGCCATCCTGGTGGCGATTCCCTCGCACACTGCTCGAGCGGCGCCA	320
pbaYJ	257	TTGCTGTTCATCTGAAGAGGCCATCCTGGTGGCGATTCCCTCGCACACTGCTCGAGCGGCGCCA	320
pba20	252	TTGCTGTTCATCTGAAGAGTCCATCCTGGTGGCGATTCCCTCGCACGCTGCTTGAGCGGCGCCG	315
pbaYY	257	TTGCTGTTCATCTGAAGAGTCCATCCTGGTGGCGATTCCCTCGCACGCTGCTTGAGCGGCGCCG	320
pba31	257	TTGCTGTTCATCTGAAGAGGCCATCCTGGTGGAGATTCCCTCGCACACTGCTCGAGCGACGCCG	320
pbaZL	257	TTGCTGTTCATTTGAAGAGGCCATCCTGGTGGCGATTCCTCGTACGCTGCTCGAGCGGCGACCG	320
pbaB	257	TTGCTGTTCATTTGAAGAGGCCATCCTGGTGGCGATTTCCTCGTACGCTGCTCGAGCGGCACCG	320
pbaSA	257	TCGCTGTTCATCTTAAGAGGCCATCCTGGTGGCGATTTCCTCGTACGCTGCTCGAGCGGCACCG	320

```
pba321   321  TGTGGCCAAGCAGATGAAGGAGCTCAGGAACAAGGTCGAGGATGTCAGCCAGAGGAATGTGCGG  384
pbaYJ    321  TGTGGCCAAACAGATGAAGGAGCTCAGGAACAAGGTCGAGGATGTCAGCCA-------------  371
pba20    316  TGTGGCCAAGCAGATGAAGGAGCTCAGGAACAAGGTCGAGGATGTCAGCCAGAGGAATGTGCGG  379
pbaYY    321  TGTGGCCAAGCAGATGAAGGAGCTCAGGAACAAGGTCGAGGATGTCAGCCAGAGGAATGTGCGG  384
pba31    321  TGTGGCCAAGCAGATGAAGGAGCTCAGGAACAAGGTCGAGGATGTCAGCCAGAGGAATGTGCGG  384
pbaZL    321  TGTGGCCAAGCAGATGAAGGAGCTTAGGAACAAGGTCGAGGATGTCAGCCAGAGGAATGTGCGG  384
pbaB     321  TGTGGCCAAGCAGATGAAGGAGCTTAGGAACAAGGTCGAGGATGTCAGCCAGAGGAATGTGCGG  384
pbaSA    321  TGTGGCCAAGCAGATGAAGGAGCTTAGGAACAAGGTCGAGGATGTCAGCCAGAGGAATGTGCGG  384


pba321   385  TACCACCTCATCAAGGGCTTCAGCTCCAAGGCCACCATCACCT-CCGCTGAGCAAT-CTAGCGT  446
pbaYJ    372  --------------------------------------------------------------  371
pba20    380  TACCACCTCATCAAGGGCTCCAGCTCCAAGACCACCATCACCT-CCGCTGAGCAAT-CTAGCGT  441
pbaYY    385  TACCACCTCATCAAGGGCTCCAGCTCCAAGACCACCATCACCT-CCGCTGAGCAAT-CTAGCGT  446
pba31    385  TACCACCTCATCAAGGGCTCTGGCTCCAAGGCCACCATCACCTTCCGTTGAGCAATTCTAGCGT  448
pbaZL    385  TACCACCTCATCAAGGGCTCTG---CCAAGGCCACCATCAATT-CCGCTGAGCAAT-CTAGCGT  443
pbaB     385  TACCACCTCATCAAGGGCTCTG---CCAAGGCCCCCATCAATT-CCGCTGAGCAAT-CTAGCGT  443
pbaSA    385  TACCACCTCATCAAGGGCTCTG---CCAAGGCCACCATCAATT-CCACTGAGCAAT-CTAGCGT  443


pba321   447  TATTGCTGCAGCCATATTCGGCATTGACGATGC-AAGGCGTGCCGCAAAGCAAGATGATCAGAC  509
pbaYJ    372  ----------------ATTCGGCATTGACGATGC-AAGGCGTGCCGCAAAGCAAGATGATCAGAC  420
pba20    442  TATTGCTGCAGCCATATTCGGCATTGACGATGC-AAGGCGTGCCGCAAAGCAGGGCGATCAGAC  504
pbaYY    447  TATTGCTGCAGCCATATTCGGCATTGACGATGC-AAGGCGTGCCGCAAAGCAGGGCGATCAGAC  509
pba31    449  TATTGCTGCAGCCATATTCGGCATTGACGATGCCAAGGCGTGCCGCAAAGCAGGATGATCAGAC  512
pbaZL    444  TATTGCTACAGCCATATTCGGCATTGACGATGC-AAGGCGTGCCGCAAAGCAGGACAATCAGAC  506
pbaB     444  TATTGCTACAGCCATATTCGGCATTGACGATGC-AAGGCGTGCCGCAAAGCAGGACAATCAGAC  506
pbaSA    444  TATTGCTACAGCCATATTCGGCATTGACGATGC-AAGGCGTGCCGCAAAGCAGGACAATCAGAC  506


pba321   510  AGTGGATCTAGTCCAA----TCAACAATGAGGATCAGGACCTTAAAGTGATCCGCGGTATGGGG  569
pbaYJ    421  AGTGGATCTAGTCCAACTAATCAACAATGAGGATCAGGACCTTAAAGTGATC-GCGGTATGGGG  483
pba20    505  AGTGGATCTCGTCCAACTAATCAACAAGGAGGATCAGGACCTTAAAGTGATC-GCGGTCTGGGG  567
pbaYY    510  AGTGGATCTCGTCCAACTAATCAACAAGGAGGATCAGGACCTTAAAGTGATC-GCGGTCTGGGG  572
pba31    513  AGTGGATCTCGTCCAACTAATCAACAATGAGGATCAGGACCTTAAAGTGATC-GCGGTCTGGGG  575
pbaZL    507  AGTGGATCTTGTCCAACTAATCAGTGAGGATCAGGACCTAAAAGTGATC-GCGGTCTGGGG  569
pbaB     507  AGTGGATCTTGTCCAACTAATCACAGTGAGGATCAGGACCTAAAAGTGATC-GCGGTCTGGGG  569
pbaSA    507  AGTGGATCTTGTCCAACTAATCAACAGTGAGGATCAGGACCTAAAAGTGATC-GCGGTCTGGGG  569
```

pba321	570	AACAAGTGGTGATATGGG-ACAGATAAC-AATAATCAGGATGGCTTACGAGAACCCAGATGTTC	631
pbaYJ	484	AACAAGTGGTGATATGGG-CCAGATAAC-AATAATCAGGACGGCTTACGAGAACCCAGATGTTC	545
pba20	568	AACAAGTGGTGATATGGGGCCAAGCAACCAATAATCAGGACAGCTTACGAGAACCCAGATGTCC	631
pbaYY	573	AACAAGTGGTGATATGGG-CCAAACAAC-AATAATCAGGACAGCTTACGAGAACCCAGATGTCC	634
pba31	576	AACAAGTGGTGATATGGG-CCAAACAAC-AATAATCAGGACAGCTTACGAGAACCCAGATGTTC	637
pbaZL	570	AACAAGTGGTGATATGGG-CCAAACAAC-AATAATCAGGATGGCTTACAAGAACCCAGATGTCC	631
pbaB	570	AACAAGTGGTGATATGGG-CCAAACAAC-AATAATCAGGATGGCTTACAAGAACCCAGATGTCC	631
pbaSA	570	AACAAGTGGTGATATGGG-CCAAACAAC-AATAATCAGGATGGCTTATGAGAACCCAGATGTCC	631

pba321	632	AAATCAGATTCCCATGCCGTGCATGGGTAAGGGTGATTCATCCTTTCAATCCAAGGGACTTTGT	695
pbaYJ	546	AAATCAGATTCC-ATGCCGTGCATGGGTAAGGGTGATTCATCCTTTCAATCCAAGGGACTTTGT	608
pba20	632	AAATCAGCTTCCCATGCCGTGCTTGGGTAAGAGTGATGCATCCTTTCAGTCCAAGAGACTTTGT	695
pbaYY	635	AAATCAGCTTCCCATGCCGTGCTTGGGTAAGAGTGATGCATCCTTTCAGTCCAAGAGACTTTGT	698
pba31	638	AAATCAGATTTCCATGCCGTGCATGGGTAAGGGTGATGCATCCTTTCAGTCCAAGAAACTTTGT	701
pbaZL	632	AAATCAGATTCCCATGCCGTGCATGGGTAAGGGTGATGCATCCTTTCAGTCCAAGAGACTTTGT	695
pbaB	632	AAATCAGATTCCCATGCCGTGCATGGGTAAGGGTGATGCATCCTTTCAGTCCAAGAGACTTTGT	695
pbaSA	632	AAATCAGATTCCCATGCCGTGCATGGGTAAGGGTGATGCATCCTTTCAGTCCAAGAGACTTTGT	695

pba321	696	CCAGAGCTTGGTGAATCAGCTTCATGCAACCCAAGGGGTTGAAGCTCTGTTAGAGAAAGAGAAG	759
pbaYJ	609	CCAGAACTTGGTGAATCAGCTTCATGCAACCCAAGGGGTTGAAGCTCTGTTGGAGAAAGAGAAG	672
pba20	696	CCAGAGCTTGGTGAATCAGCTTCATGCAACCCAAGGGGTTGAAGCTCTGTTGGAGAAACAGAAG	759
pbaYY	699	CCAGAGCTTGGTGAATCAGCTTCATGCAACCCAAGGGGTTGAAGCTCTGTTGGAGAAACAGAAG	762
pba31	702	CCAGAGCTTGGTGAATCAGCTTCATGCAACCCAAGGGGTTGAAGCTCTGTTGGAGGAAGAGAAG	765
pbaZL	696	CCAGAGCTTGGTGAATCAGCTTCATGCAACCCAAGGGGTTGAAGCTCTGTTGGAGAAAGAGAAG	759
pbaB	696	CCAGAGCTTGGTGAATCAGCTTCATGCAACCCAAGGGGTTGAAGCTCTGTTGGAGAAAGAGAAG	759
pbaSA	696	CCAGAGCTTGGTGAATCAGCTTCATGCAACCCAAGGGGTTGAAGCTCTGTTGGAGAAAGAGAAG	759

pba321	760	ATAGAACAAGATTTAGCTAAGGAATTCAATGAATGTGTCAATGAAAGGAGTTGTCTAATTGTGC	823
pbaYJ	673	ATAGAACAAGATTTAGCTAAGGAATTCAATGAATGTGTCAATGAAAGGAGTTGTCTAATTGTGC	736
pba20	760	ACAGAACAAGATTTAGCTAAGGAATTCAATGAACGTGTCAATGATAGGAGGTGTCTAATCGTGC	823
pbaYY	763	ACAGAACAAGATTTAGCTAAGGAATTCAATGAACGTGTCAATGATAGGAGGTGTCTAATCGTGC	826
pba31	766	ACAGAACAAGAATTAGCTAAGGAATTCAATGAACATGTCAATGATAGGAGGTGTCTAATCGTGC	829
pbaZL	760	ACAGAACAAGATTTAGCTAAGGAATTCAATGGATGTGTGAATGACAGGAAGTGTCTAATTGTGC	823
pbaB	760	ACAGAACAAGATTTAGCTAAGGAATTCAATGGATGTGTGAATGACAGGAAGTGTCTAATTGTGC	823
pbaSA	760	ACAGAACAAGATTTAGCTAAGGAATTCAATGGATGTGTGAATGATAGGAAGTGTCTAATTGTGC	823

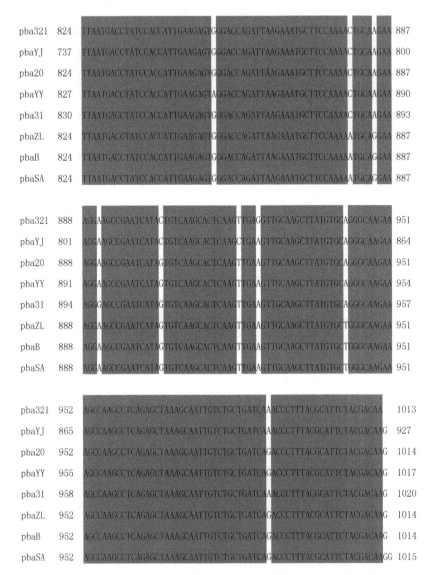

图 9-3-2　不同野生稻及栽培稻 *Pi-b* 基因第一外显子 DNA 序列比较

Fig. 9-3-2　The alignment of *Pi-b* gene extron 1 DNA sequences of different wild rice species and *O. sativa*

pba321. 东乡普通野生稻；pbaYJ. 元江普通野生稻；pba20. 云南疣粒野生稻；pbaYY. 云南药用野生稻；pba31. 长雄野生稻；pbaZL. 景洪直立型普通野生稻；pbaB. 景洪白芒型普通野生稻；pbaSA. 栽培稻

pba321. Dongxiang *O. rufipogon*；pbaYJ. Yuanjiang *O. rufipogon*；pba20. Yunnan *O. granulata*；pbaYY. Yunnan *O. officinalis*；Pba31. *O. longistaminata*；pbaZL. Erect type of Jinghong *O. rufipogon*；pbaB. White awn type of Jinghong *O. rufipogon*；pbaSA. Cultivated rice

与云南药用野生稻的 *Pi-b* 基因第一外显子 DNA 序列相比较，元江普通野生稻具有一个 87 bp 的核苷酸序列缺失，缺失数目是 3 的倍数，因此编码框也不受影响。而栽培稻、白芒型普通野生稻、直立型普通野生稻也有一个三联体密码子的缺失。该缺失密码子的位置也在元江普通野生稻 87 bp 核苷酸缺失序列的范围内。长雄野生稻与云南药用野生稻类似，但与药用野生稻相比，长雄野生稻在很小的范围内分别多出了 3 个碱基，而整个阅读框架不受任何影响，同样能编码完整的氨基酸序列。*Pi-b* 基因第一外显子的同源序列聚类分析发现（图 9-3-3），云南景洪的白芒型普通野生稻与直立型野生稻间的同源性最高，为 99.9%，栽培稻、白芒型普通野生稻及直立型普通野生稻间的同源性为 98.5%；其次，云南药用野生稻与长雄野生稻间也具有 94.6% 的同源性。依据 *Pi-b* 基因第一外显子的 DNA 序列，我们所涉及的云南野生稻与栽培稻和长雄野生稻可分为 3 组，即云南景洪的白芒型野生稻、直立型野生稻及栽培稻可成为一组，同源性达 98.5%；云南药用野生稻及长雄野生稻分为一组，同源性达 93.9%，余下的元江普通野生稻与东乡普通野生稻组成一组，同源性为 96.4%。三组间的同源性为 93.7%。

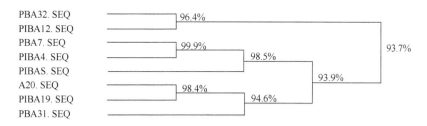

图 9-3-3 云南野生稻及栽培稻 *Pi-b* 基因第一外显子的同源序列聚类分析
Fig. 9-3-3 Phylogenetic tree based on the alignment of *Pi-b* gene first extron DNA sequences from different wild rice species and reported *Oryza sativa*

PBA32. 东乡普通野生稻；PIBA12. 元江普通野生稻；PBA7. 景洪白芒型普通野生稻；PIBA4. 景洪直立型普通野生稻；PIBAS. 栽培稻；A20. 疣粒野生稻；PIBA19. 药用野生稻；PBA31. 长雄野生稻

PIBA32. Dongxiang *O. rufipogon*；PIBA12. Yuanjiang *O. rufipogon*；PBA7. White awn type of Jinghong *O. rufipogon*；PIBA4. Erect type of Jinghong *O. rufipogon*；PIBAS. *O. sativa*；A20. *O. granulata*；PIBA19. *O. officinaLis*；PIBA31. *O. longistaminata*

景洪白芒型普通野生稻、直立型普通野生稻、元江普通野生稻、云南药用野生稻、长雄野生稻及栽培稻 *Pi-b* 基因第一外显子推导的氨基酸序列的类聚分析见图 9-3-4。长雄野生稻由于在 DNA 序列中分别在较短的距离内插入了 T、T、C，3 个碱基使氨基酸序列在这一段变异较大，其氨基酸序列的同源性与其他材料相比具有最低的同源性。与景洪白芒型普通野生稻相比，*Pi-b* 基因第一外显子序列推导的氨基酸序列间的同源性由高到低分别为：景洪白芒型普通野生稻—景洪直立型普通野生稻—栽培稻—云南药用野生稻—元江普通野生稻—长雄野生稻。

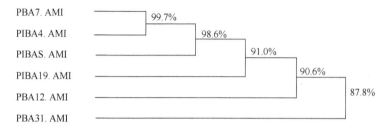

图 9-3-4 云南野生稻及栽培稻 *Pi-b* 基因第一外显子的 DNA 同源序列推导的氨基酸序列聚类分析
Fig. 9-3-4 Phylogenetic tree based on the alignment of *Pi-b* gene first extron DNA sequence deduced amino acid sequences from different wild rice species and reported *Oryza sativa*

PBA7. 景洪白芒型普通野生稻；PIBA4. 景洪直立型普通野生稻；PIBAS. 栽培稻；PIBA19. 云南药用野生稻；PBA12. 元江普通野生稻；PBA31. 长雄野生稻

PBA7. White awn type of Jinghong *O.rufipogon*；PIBA4. Erect type of Jinghong *O. rufipogon*；PIBAS. *O. sativa*；PIBA19. *O. officinaLis*；PBA12. Yuanjiang *O. rufipogon*；PBA31. *O. longistaminata*

（三）不同云南野生稻及栽培稻中 *Pi-b* 基因第一外显子推导的蛋白质二级结构

　　Pi-b 基因属于 NBS-LRR 类抗病基因（最大的抗病基因家族）。该基因符合经典的基因对基因理论，对稻瘟病病原菌的抗性具有生理小种的特异性（Wang et al.，1999）。*Pi-b*基因间氨基酸序列中的差异，将可能导致该基因结构和功能的差异，不同来源野生稻及栽培稻 *Pi-b* 基因第一外显子推导的氨基酸序列预测的二级结构见图 9-3-5 所示。景洪白芒型普通野生稻与直立型普通野生稻间的该序列二级结构最相近；长雄野生稻与云南药用野生稻间的该序列虽然核苷酸序列差异不大，但其氨基酸序列所预测的二级结构差异也较大，由于长雄野生稻与云南药用野生稻相比多出的 3 个核苷酸，造成了氨基酸残基的较大差异，在二级结构上引起了很大的差异，具有较多的"TURN"（图 9-3-5，表 9-3-1）。栽培稻与元江普通野生稻及其他野生稻间在二级结构上均有相对较大的差异。不同野生稻及栽培稻该序列中预测的各种结构区域数目见表 9-3-1。

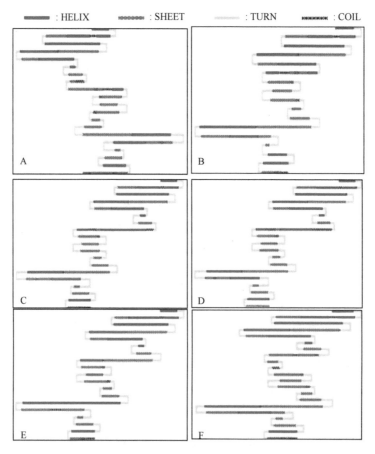

图 9-3-5　不同野生稻及栽培稻第一外显子 DNA 序列推导的氨基酸序列所预测的二级结构（EIISS）比较

Fig. 9-3-5　The comparation of the predicted secondary structures of the predicted amino acid sequences of *Pi-b* gene extron 1（EIISS）cloned from different wild rice species and cultivated rice

A. 栽培稻的 EIISS；B. 元江普通野生稻的 EIISS；C. 景洪直立型普通野生稻的 EIISS；D. 景洪白芒型普通野生稻的 EIISS；E. 云南药用野生稻的 EIISS；F. 长雄野生稻的 EIISS

A. EIISS of *O. sativa*；B. EIISS of Yuanjiang *O. rufipogon*；C. EIISS of erect type of *O. rufipogon*；D. EIISS of white awn type of *O. rufipogon*；E. EIISS of *O. officinaLis*；F. EIISS of *O. longistaminata*

表 9-3-1　不同野生稻 *Pi-b* 基因第一外显子推导氨基酸序列预测的各种二级结构单元的数目比较
Table 9-3-1　Numbers of different secondary structure units of *Pi-b* gene extron 1 cloned from different wild rice and the reported *O. sativa*

植物材料 Plant materials	拉丁名 Latin name	二级结构单元 Secondary structure units			
		HELIX	SHEET	TURN	COIL
栽培稻	*O. sativa*	16	19	19	4
元江普通野生稻	Yuanjiang *O. rufipogon*	15	16	16	4
景洪直立型普通野生稻	Erect type of Jinghong *O. rufipogon*	14	15	18	3
景洪白芒型普通野生稻	White awn type of Jinghong *O. rufipogon*	14	15	18	3
药用野生稻	*O. officinalis*	12	16	18	4
长雄野生稻	*O. longistaminata*	12	19	20	6

三、云南野生稻中 *Pi-b* 基因第二外显子的克隆及分析

（一）云南野生稻及其他野生稻和栽培稻第二外显子 DNA 序列的克隆

利用 Pi-b21/Pi-b22 引物，可以从一些不同的野生稻材料中 PCR 扩增得到 *Pi-b* 基因的约 750 bp 的第二外显子同源序列（图 9-3-6）。我们分别克隆了元江普通野生稻、景洪红芒型普通野生稻、长雄野生稻及景洪直立型普通野生稻中的该基因第二外显子同源片段，并进行了序列分析。不同野生稻与报道的栽培稻 *Pi-b* 基因第二外显子的核苷酸序列比较见图 9-3-7。与长雄野生稻、景洪红芒型普通野生稻相比，元江普通野生稻与景洪直立型普通野生稻的同一个位置上均有一个三联体密码子的缺失。长雄野生稻与景洪红芒型普通野生稻间的该序列具有 100% 的同源性，它们与栽培稻之间的该段序列有 99.8% 的同源性，仅有两个核苷酸的差异。而景洪直立型普通野生稻与元江普通野生稻间也只有两个核苷酸的差异。

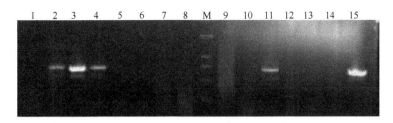

图 9-3-6　不同野生稻及栽培稻中 *Pi-b* 基因第二外显子同源序列的 PCR 扩增
Fig. 9-3-6　The amplification results of *Pi-b* gene extron 2 from different wild rice species and cultivated rice

1. 阴性对照；2. 景洪红芒型普通野生稻；3. 元江型普通野生稻；4. 景洪直立型普通野生稻；5. 景洪白芒型普通野生稻；6. 云南宽叶型药用野生稻；7. 云南疣粒野生稻；8. 云南疣粒野生稻；M. DL2000 Markers；9. 小粒野生稻；10. 药用野生稻；11. 长雄野生稻；12. 云南疣粒野生稻；13. 栽培稻（IR72）；14. 栽培稻（IR36）；15. 栽培稻（合系 35）

1. Negative control；2. Red awn type of Jinghong *O. rufipogon*；3. Yuanjiang *O. rufipogon*；4. Erect type of Jinghong *O. rufipogon*；5. White awn type of Jinghong *O. rufipogon*；6. *O. officinalis*；7. *O. granulata*；8. *O. granulata*；M. DL2000 Markers；9. *O. minuta*；10. *O. officinalis*；11. *O. longistaminata*；12. *O. granulata*；13. *O. sativa*（IR72）；14. *O. sativa*（IR36）；15. *O. sativa*（Hexi 35）

PI-BB12. SEQ　　1 GGTTCCCAAA TTATAGAGGA TTCAGTGAAG CCAGTGTCTA TCTCGGATGT　　50

PI-BB2. SEQ　　1 GGTTCCCAAA TTATAGAGGA TTCAGTGAAG CCAGTGTCTA TCTCGGATGT　　50

PI-BB31. SEQ　　1 GGTTCCCAAA TTATAGAGGA TTCAGTGAAG CCAGTGTCTA TCTCGGATGT　　50

PI-BB4. SEQ　　1 GGTTCCCAAA TTATAGAGGA TTCAGTGAAG CCAGGGTCTA TCTCGGATGT　　50

PI-BBS. SEQ　　1 GGTTCCCAAA TTATAGAGGA TTCAGTGAAG CCAGTGTCTA TCTCGGATGT　　50

PI-BB12. SEQ　　51 GGCCACCACA AGTACAAACA ATCATACAGT GGCCCATGGT GAGATTATAG　　100

PI-BB2. SEQ　　51 GGCCATCACA AGTACAAACA ATCATACAGT GGCCCATGGT GAGATTATAG　　100

PI-BB31. SEQ　　51 GGCCATCACA AGTACAAACA ATCATACAGT GGCCCATGGT GAGATTATAG　　100

PI-BB4. SEQ　　51 GGCCACCACA AGTACAAACA ATCATACAGT GGCCCATGGT GAGATTATAG　　100

PI-BBS. SEQ　　51 GGCCATCACA AGTACAAACA ATCATACAGT GGCCCATGGT GAGATTATAG　　100

PI-BB12. SEQ　　101 ATGATCAATC AATGGATGTT GATGAGAAG　--GTGGCTAG AAAGAGTCTT　　150

PI-BB2. SEQ　　101 ATGATCAATC AATGGATGCT GATGAGAAGA AGGTGGCTAG AAAGAGTCTT　　150

PI-BB31. SEQ　　101 ATGATCAATC AATGGATGCT GATGAGAAGA AGGTGGCTAG AAAGAGTCTT　　150

PI-BB4. SEQ　　101 ATGATCAATC AATGGATGTT GATGAGAAG　--GTGGCTAG AAAGAGTCTT　　150

PI-BBS. SEQ　　101 ATGATCAATC AATGGATGCT GATGAGAAGA AGGTGGCTAG AAAGAGTCTT　　150

PI-BB12. SEQ　　151 ACTCGCATTA GGATGAGTTT TGGTGCTTCG GAGGAATCAC AACTTATTGG　　200

PI-BB2. SEQ　　151 ACTCGCATTA GGACAAGTGT TGGTGCTTCG GAGGAATCAC AACTTATTGG　　200

PI-BB31. SEQ　　151 ACTCGCATTA GGACAAGTGT TGGTGCTTCG GAGGAATCAC AACTTATTGG　　200

PI-BB4. SEQ　　151 ACTCGCATTA GGATGAGTTT TGGTGCTTCG GAGGAATCAC AACTTATTGG　　200

PI-BBS. SEQ　　151 ACTCGCATTA GGACAAGTGT TGGTGCTTCG GAGGAATCAC AACTTATTGG　　200

图 9-3-7　云南不同普通野生稻与栽培稻及长雄野生稻 *Pi-b* 基因第二外显子部分 DNA 序列比较

Fig. 9-3-7　The alignment of partial *Pi-b* extron 2 homologs from different wild rice species and cultivated rice

PI-BB12. 元江普通野生稻；PI-BB2. 景洪红芒型普通野生稻；PI-BB31. 长雄野生稻；PI-BB4. 景洪直立型普通野生稻；PI-BBS. 栽培稻

PI-BB12. Yuanjiang *O. rufipogon*；PI-BB2. Red awn type of Jinghong *O. rufipogon*；PIBB31. *O. longistaminata*；PIBB4. Erect type of Jinghong *O. rufipogon*；PI-BBS. *O. sativa*

（二）不同野生稻 *Pi-b* 基因第二外显子同源序列的差异分析

　　云南药用野生稻、元江普通野生稻及栽培稻 *Pi-b* 基因第二外显子 DNA 序列的聚类分析见图 9-3-8；元江普通野生稻，景洪直立型普通野生稻，红芒型普通野生稻及栽培稻，长雄野生稻第二外显子 DNA 序列推导的氨基酸序列的类聚分析见图 9-3-9。

　　聚类分析发现，所克隆的云南野生稻、长雄野生稻与栽培稻的 *Pi-b* 基因的第二外显子的 DNA 与其推导的氨基酸序列的聚类分析结果非常吻合。长雄野生稻、景洪红芒型普通野生稻与栽培稻间有较高的同源性（99.6%），而景洪直立型普通野生稻与元江普通野生稻间也有较高的同源性（99.2%）。两组间的同源性为 95.4%。

　　Pi-b 基因存在于不同来源的普通野生稻、药用野生稻、疣粒野生稻及长雄野生稻、小粒野生稻中。从我们实验中所涉及的稻属不同种中均能 PCR 扩增到该基因的第

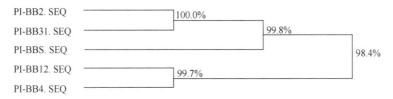

图 9-3-8　云南不同来源的普通野生稻与长雄野生稻及栽培稻 *Pi-b* 基因
第二外显子 DNA 序列的聚类分析

Fig. 9-3-8　Phylogenetic tree based on the alignment of *Pi-b* gene extron 2 DNA sequences from different wild rice species and reported *O. sativa*

PI-BB2. 景洪红芒型普通野生稻；PI-BB31. 长雄野生稻；PI-BBS. 栽培稻；PI-BB12. 元江普通野生稻；
PI-BB4. 景洪直立型普通野生稻

PI-BB2. Red awn type of Jinghong *O. rufipogon*；PI-BB31. *O. longistaminata*；PI-BBS. *O. sativa*；
PI-BB12. Yuanjiang *O. rufipogon*；PI-BB4. Erect type of Jinghong *O. rufipogon*

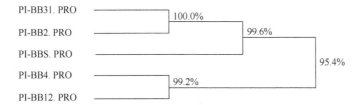

图 9-3-9　云南不同来源的普通野生稻与长雄野生稻及栽培稻 *Pi-b* 基因第二外显子 DNA 序列推导的氨基酸序列聚类分析

Fig. 9-3-9　Phylogenetic tree based on the alignment of *Pi-b* gene extron 2 DNA sequences deduce amino acid sequences from different wild rice species and reported *O. sativa*

PI-BB31. 长雄野生稻；PI-BB2. 景洪红芒型普通野生稻；PI-BBS. 栽培稻；PI-BB4. 景洪直立型
普通野生稻；PI-BB12. 元江普通野生稻

PI-BB31. *O. longistaminata*；PI-BB2. Red awn type of Jinghong *O. rufipogon*；PI-BBS. *O. sativa*；
PI-BB4. Erect type of Jinghong *O. rufipogon*；PI-BB12. Yuanjiang *O. rufipogon*

一外显子。而应用我们所设计的引物只能从部分材料中扩增获得 *Pi-b* 基因的第二外显子，一些材料中未扩增获得目的 DNA 片段，这可能与所设计的引物不具有通用性或引物区域的 DNA 序列在不同野生稻或栽培稻品种中存在差异有关。比较所克隆的药用野生稻、元江普通野生稻及栽培稻 *Pi-b* 基因的第一外显子的 DNA 序列，与药用野生稻相比，元江普通野生稻具有一个 87 bp 的缺失，而栽培稻、白芒型普通野生稻、直立型普通野生稻在该范围内也有一个密码子的缺失。栽培稻及普通野生稻中的 *Pi-b* 基因极有可能来源于药用野生稻，而栽培稻的 *Pi-b* 基因不太可能来源于元江普通野生稻，也暗示了栽培稻与元江普通野生稻之间可能不存在直接的起源关系。这一点从该基因的第二外显子 DNA 序列的同源性也可得到证实。*Pi-b* 基因第二外显子的同源性分析，表明长雄野生稻与云南景洪的红芒型普通野生稻具有 100%的同源性，暗示了两种野生稻间极其相近的亲缘关系，两种野生稻均可能是栽培稻的直接祖先，对 *Pi-ta* 基因第一外显子的研究也得到同样的结果。更多的证据有待发掘和进一步分析研究。

四、云南野生稻中 *Pi-b* 基因第三外显子的克隆及分析

应用 Pi-b31/Pi-b32 引物从景洪直立型普通野生稻和红芒型普通野生稻中扩增到了约

2000 bp 的 DNA 片段（图 9-3-10），并对直立型普通野生稻 *Pi-b* 基因第三外显子进行克隆和序列分析，与前面的两个外显子合并得到 *Pi-b* 基因完整的编码框序列。

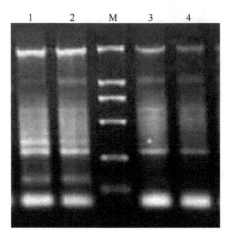

图 9-3-10　景洪直立型普通野生稻及红芒型普通野生稻中 *Pi-b* 基因第三外显子的 PCR 扩增

Fig. 9-3-10　The amplification results of *Pi-b* gene extron 3 from Yunnan wild rice

1、2. 景洪直立型普通野生稻；3、4. 景洪红芒型普通野生稻；M. DL2000 Markers

1, 2. The amplification results from erect type of Jinghong *O. rufipogon*；3, 4. The amplification results from red awn type of Jinghong *O. rufipogon*；M. the DL2000 DNA Markers

五、云南野生稻中 *Pi-b* 基因的研究意义

　　Pi-b 基因是第一个克隆的水稻抗稻瘟病基因，属于 NBS-LRR 类抗病基因家族中的一员，编码一个胞内蛋白，*Pi-b* 基因产物与相应的稻瘟病菌小种间的相互作用可能发生于细胞内（Wang et al., 1999）。我们分别从云南的药用野生稻、元江普通野生稻、景洪白芒型普通野生稻、直立型普通野生稻及长雄野生稻中克隆了该基因的第一外显子并进行了序列分析。序列比较发现，与其他野生稻和水稻相比，元江普通野生稻的该基因片段具有一个 87 bp 的缺失，此外在元江普通野生稻缺失片段的范围内，直立型普通野生稻、白芒型普通野生稻及栽培稻也有一个三联体密码子（GCT）的缺失。更为有趣的是，长雄野生稻的该基因片段与云南药用野生稻的该基因片段相比，在很短的区域内分别在 3 个不同的位置上多了一个碱基，分别为 T、T、C（图 9-3-7）。氨基酸序列预测分析表明，这 3 个多出的核苷酸并没有影响整个序列的编码框，可以完整翻译。值得一提的是所有的缺失或增加均是 3 的倍数。该基因片段推导的氨基酸序列的二级结构预测发现，除白芒型普通野生稻与直立型普通野生稻间几乎无二级结构上的差别外，其他材料间均有结构上的差异，这些差异是否能引起该基因功能上的差异有待深入研究。部分野生稻材料的该基因的第二个外显子序列也被克隆并进行了序列分析，与其他材料相比，元江普通野生稻和景洪直立型普通野生稻该 DNA 片段的同一位置有一个三联体密码子（AAG）的缺失。而长雄野生稻与景洪红芒型普通野生稻的该 DNA 序列具有 100% 的同源性。其他材料的外显子 1 和外显子 2 及外显子 3 正在克隆及进行序列分析，更多的序列将为我们提供更多的关于 *Pi-b* 基因及野生稻自身分子进化的信息。

第四节　云南野生稻抗白叶枯病基因 *Xa21*

水稻白叶枯病基因系统研究的进展虽然较快，但是迄今已知的抗病基因中，有些是抗谱很窄的基因，如 *Xa1*（黄玉）、*Xa10*（Cas209）、*Xa11*（IR944）、*Xa18*（IR24）等，只抗菲律宾或日本的个别小种，对我国绝大多数菌系不抗。*xa5*、*xa8*、*xa13*、*xa19* 和 *xa20* 等基因的抗谱虽然广，但因为是隐性基因，育种利用有一定的限制，更无法用于杂交水稻。过去一段时间内，在育种中一直集中利用 *Xa3* 和 *Xa4*（陆朝福等，1996；马伯军等，1999），而且我国水稻抗病育种所利用的抗原也都局限于这两个基因，但由于长时间大面积种植广抗谱单基因水稻品种，白叶枯病原小种的变异加速，这两个基因在生产上应用时逐渐丧失了抗性。因此要进一步发掘和利用其他稻种中尤其是野生稻中可能蕴藏的新基因。*Xa21* 基因是第一个从野生稻中被克隆出来的广谱抗白叶枯病基因，该基因的克隆是通过导入栽培稻后，从栽培稻中克隆的。云南野生稻特别是疣粒野生稻对水稻白叶枯病具有很强的抗性，但其中是否也存在该基因尚未见报道。

本研究根据已克隆的白叶枯病抗性基因 *Xa21* 外显子 2 序列设计特异性引物并对云南 3 种野生稻及其他稻种进行 PCR 扩增。结果表明，只有普通野生稻（景洪普通野生稻和元江普通野生稻）及长雄野生稻中扩增到了长 400 bp 的目的片段，而疣粒野生稻和药用野生稻及栽培稻中均没有扩增到目的片段。通过序列比较发现，所克隆的序列同长雄野生稻的氨基酸序列变化是随机的。

一、云南野生稻中抗白叶枯病基因 *Xa21* 的克隆

（一）抗白叶枯病基因 *Xa21* 克隆材料

野生稻材料：元江普通野生稻（*Oryza rufipogon*）、景洪白芒型普通野生稻、景洪普通野生稻（直立型）、景洪红芒型普通野生稻、东乡普通野生稻；云南药用野生稻（*Oryza officinalis*）；云南疣粒野生稻（*Oryza granulata*）；长雄野生稻（*Oryza longistaminata*）；小粒野生稻（*Oryza minuta*）。

栽培稻材料：合系 35、IR36。

（二）抗白叶枯病基因 *Xa21* 的克隆方法

1. 野生稻 DNA 的提取

取上述材料的叶片，分别置于研钵中，加入液氮研磨成粉状，然后采用 CTAB 法提取总 DNA。

2. 引物的设计及 *Xa21* 基因的克隆

为研究云南野生稻中的 *Xa21* 基因，依据报道的来源于长雄野生稻的抗白叶枯病基因 *Xa21* 的外显子 1 和外显子 2 序列设计 3 对 PCR 引物，从云南野生稻中克隆 *Xa21* 基因。

上游引物 Xa21（Ⅰ）：5′-ATGATATCACTCCCATTATTGCTCTTC-3′

上游引物 Xa21（A）：5′-CTCAAACAGAGTATGGCGTTGGGGCTC-3′

下游引物 Xa21（Ⅱ）：5′-TCAGAATTCAAGGCTCCCACCTTC-3′

上游引物 Xa21（C1）：5′-CTCTTTTAGCGGTTGTT-3′

下游引物 Xa21（C2）：5′-TCTGATGCAGAGTCAAGTG-3′

　　分别利用 Xa21（Ⅰ）/Xa21（Ⅱ）（扩增外显子 1 前半部分，Xa21（C1）/Xa21（C2）扩增外显子 1 后半部分）；Xa21（A）/Xa21（Ⅱ）引物从基因组 DNA 中 PCR 扩增 Xa21 基因的外显子 2。

3. 云南野生稻 Xa21 基因的测序分析

　　PCR 产物经回收纯化后进行连接、转化。重组克隆送生工生物工程（上海）股份有限公司进行序列分析。序列比较、分析等采用 DNASIS、DNASIST、DNASTAR 等软件完成。

二、云南野生稻 Xa21 基因

（一）不同野生稻及栽培稻 Xa21 基因的分析

　　通过对野生稻中 Xa21 基因同源序列的扩增发现，从元江普通野生稻和长雄野生稻中扩增出预期目的片段，在 4 份云南普通野生稻材料中，都扩增出 400 bp 的 Xa21 基因同源片段，但是从抗白叶枯病能力比普通野生稻更强的 5 份药用野生稻、疣粒野生稻中却没有扩增到 Xa21 基因或同源片段（图 9-4-1），说明药用野生稻和疣粒野生稻中可能没有 Xa21 基因，据此我们推测，云南药用野生稻和疣粒野生稻对白叶枯病的高抗原因是其具有新的抗性基因。

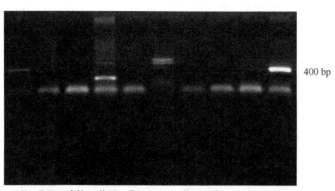

元普　药用　疣粒　药用　药用　M　药用　药用　合系35　长雄

图 9-4-1　云南野生稻和栽培稻用中 Xa21 基因的检测

Fig. 9-4-1　The detection of Xa21 gene in Yunnan wild rice species and cultivated rice

　　Xa21 基因有 2 个外显子组成，分 3 个片段进行分别克隆。外显子 1 前半部分 1361 bp，用引物对 Xa21（Ⅰ）/Xa21（Ⅱ）扩增时，从各种云南野生稻中都没有获得目的片段。外显子 1 后半部分 1547 bp，当用引物对 Xa21（C1）/Xa21（C2）扩增时也是从普通野生稻中获得了该片段。外显子 2 为 400 bp，当用引物对 Xa21（A）/Xa21（Ⅱ），扩增时，除了云南普通野生稻中得到目的片段外，未从药用野生稻、疣粒普通野生稻中得到该片段（表 9-4-1）。野生稻及栽培稻进行 Xa21 基因外显子 2 片段 PCR 扩增发现，长雄野生稻中扩增到了预期目的片段，这两对引物在栽培稻中均未扩增到预期目的片段（图 9-4-2，表 9-4-1）。

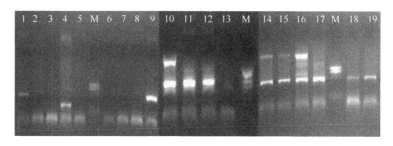

图 9-4-2　云南野生稻中 *Xa21* 基因外显子 2 的扩增结果

Fig. 9-4-2　The amplification results of *Xa21* gene extron 2 from different wild rice species and cultivated rice

M. DL2000 Markers；1、10、11、12、14、15、16、17、18、19 均为普通野生稻；2、5、6、7 均为药用野生稻；

3、4. 疣粒野生稻；8. 栽培稻合系 35；9. 长雄野生稻；13. 阴性对照

M. DL2000 Markers；1, 10, 11, 12, 14, 15, 16, 17, 18, 19. *O. rufipogon*；2, 5, 6, 7. *O. officinalis*；3, 4. *O. granulata*；

8. *O. sativa*（Hexi 35）；　9. *O. longistaminata*；13. Negative control

表 9-4-1　云南野生稻及栽培稻材料中 *Xa21* 基因不同部分的 PCR 扩增检测

Table 9-4-1　The existing test of *Xa21* gene different parts in Yunnan wild rice species and cultivation rice

材料 Materials	*Xa21* 外显子 2 *Xa21* extron 2	*Xa21* 外显子 1 前半部分 The first half of *Xa21* extron 1	*Xa21* 外显子 1 后半部分 The second half of *Xa21* extron 1
景洪普通野生稻（白芒型）	+	+	+
景洪普通野生稻（直立型）	+	+	+
景洪普通野生稻（红芒型）	+	+	+
元江普通野生稻	+	+	+
药用野生稻	−	−	−
疣粒野生稻	−	−	−
长雄野生稻	+	+	+
小粒野生稻	−	−	−
东乡野生稻	−	−	−
合系 35	−	−	−
IR36	−	−	−

注："−"表示没有扩增到条带

Note："−" is no amplification

（二）不同野生稻中 *Xa21* 基因第二外显子同源序列的聚类及差异分析

将扩增到的 *Xa21* 基因目的片段分别回收，克隆到 pGEM-T 载体上，提取重组质粒经鉴定后，进行测序分析。对 4 个测序结果进行氨基酸序列比对分析（图 9-4-3），发现来自 4 个野生稻的外显子 2 都能推导出完整的氨基酸序列。将这些氨基酸序列同已发表的 *Xa21* 基因氨基酸序列进行比较，从普通野生稻中扩增的外显子 2 同长雄野生稻的外显子 2 有几个氨基酸的差别。而且碱基的变化也没有规律性，是随机的。景洪普通野生稻

红芒型和直立型的氨基酸序列同源性为 98.5%（图 9-4-4），仅有一个氨基酸的差别。已克隆的 *Xa21* 基因与景洪普通野生稻白芒型的该基因在蛋白质一级结构上有两个氨基酸的差别，与景洪红芒型普通野生稻有 3 个氨基酸的差别，与景洪普通野生稻直立型的有 4 个氨基酸的差别，与元江普通野生稻有 4 个氨基酸的差别。

```
JHPYB. AMI     1  QTEYGVGLIA STHGDIYSYG ILVLEIVTVK RPTDSTFRPD LGLRQYVELG     50

JHPYH. AMI     1  QTEYGVGLIA STHGDIYSYG ILVLEIVTGK RPTDSTFRPD LGLRQYVELG     50

JHPYZ. AMI     1  QTEYGVGLIA STHGDIYSYG ILVLEIVTGK RPTDSTFRPD LGLRQYVELG     50

X21. AMI       1  QTEYGVGLIA STHGDIYSYG ILVLEIVTGK RPTDSTFRPD LGLRQYVELG     50

YJPY. AMI      1  QTEYGVGLIA STHGDIYSYG ILVLEIVTGK RPTDSTFRPD LGLRQYVELG     50


JHPYB. AMI    51  LHGRVTDVLD TKLILDSENW LNSTNNSPCR RITECIVSLL RLGLSCSQDL    100

JHPYH. AMI    51  LHGRVTDVVD TKLILDSENW LNSTNNSPCR RITECIVSLL RLGLSCSQDL    100

JHPYZ. AMI    51  LHGRVTDVVD TKLILDSENW LNSTNNSPCR RIAECIVSLL RLGLSCSQDL    100

X21. AMI      51  LHGRVTDVVD TKLILDSENW LNSTNNSPCR RITECIVWLL RLGLSCSQEL    100

YJPY. AMI     51  LHGRVTDVVD TKLILDSENW LNSTNNSPCR RITECIVSLL RLGLSCSQDL    100


JHPYB. AMI   101  PLSRTPTGDI IDELNAIKQN LSGLFPVCEG GSLEF*.... ..........   150

JHPYH. AMI   101  PLSRTPTGDI IDELNAIKQN LSGLFPVCEG GSLEF*.... ..........   150

JHPYZ. AMI   101  PLSRTPTGDI IDELNAIKQN LSGLFPVCEG GSLEF*.... ..........   150

X21. AMI     101  PSSRTPTGDI IDELNAIKQN LSGLFPVCEG GSLEF*.... ..........   150

YJPY. AMI    101  PLGRTPTGDI IDELNAIKQN LSGLFPVCEG GSLEF*.... ..........   150
```

图 9-4-3　不同类型的云南普通野生稻 *Xa21* 外显子的氨基酸序列与已报道的 *Xa21* 基因的氨基酸序列比较

Fig. 9-4-3　The alignment of *Xa21* gene extron 2 DNA sequence deduced amino acid sequences from Yunnan different type of *O. rufipogon* and the corresponding reported sequence of this gene

JHPYB. 景洪白芒型普通野生稻；JHPYH. 景洪红芒型普通野生稻；JHPYZ. 景洪直立型普通野生稻；YJPY. 元江普通野生稻；X21. 所报道的该基因片段（该基因最早存在于长雄野生稻中）

JHPYB. White awn type of Jinghong *O.rufipogon*；JHPYH. Red awn type of Jinghong *O.rufipogon*；JHPYZ. Erect type of Jinghong *O. rufipogon*；YJPY. Yuanjiang *O. rufipogon*；X21. Reported corresponding sequence from NCBI data base（initially exists in *O. longistaminata*）

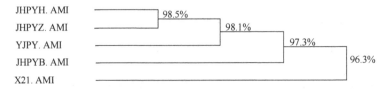

图 9-4-4　不同类型的云南普通野生稻 *Xa21* 外显子之间的聚类分析

Fig. 9-4-4　Phylogenetic tree based on the alignment of *Xa21* gene extron 2 DNA sequence deduced amino acid sequences from different wild rice species and reported *O. sativa*

JHPYH. 景洪红芒型普通野生稻；JHPYZ. 直立型普通野生稻；YJPY. 元江普通野生稻；JHPYB. 景洪白芒型普通野生稻；X21. 来自于长雄野生稻的 *Xa21* 基因外显子 2

JHPYH. Red awn type of Jinghong *O. rufipogon*；JHPYZ. Erect type of Jinghong *O. rufipogon*；YJPY. Yuanjiang *O. rufipogon*；JHPYB. White awn type of Jinghong *O. rufipogon*；X21. extron 2 from *O. longistaminata*

（三）白芒型普通野生稻中 *Xa21* 基因部分外显子 1 同源序列的研究分析

依据所报道的 *Xa21* 第一外显子的后半段序列设计的引物，我们从景洪白芒型普通野生稻中 PCR 扩增得到了约 1300 bp 的 DNA 片段，对该片段进行克隆后送上海博亚生物技术有限公司进行测序。该序列与报道的该基因相应的氨基酸序列的比较见图 9-4-5。

```
X21c-7   1    LLAYENNLSGSIPLAIGNLTELNILLLGTNKFSGWIPYTLSNLTNLLSLGLSTNNLSGPIPSELFN  66

X21      1    LLAYENNLSGSIPLAIGNLTELNILLLGTNKFSGWIPYTLSNLTNLLSLGLSTNNLSGPIPSELFN  66


X21c-7   67   IQTLSIMINVSKNNLEGSIPQEIGHLKNLVEFHAESNRLSGKIPNTLGDCQLLRYLYLQNNLLSGS  132

X21      67   IQTLSIMINVSKNNLEGSIPQEIGHLKNLVEFHAESNRLSGKIPNTLGDCQLLRYLYLQNNLLSGS  132


X21c-7   133  IPSALGQLKGLETLDLSSNNLSGQIPTSLADITMLHSLNLSFNSFMGEVPTIGAFADASGISIQGN  198

X21      133  IPSALGQLKGLETLDLSSNNLSGQIPTSLADITMLHSLNLSFNSFVGEVPTIGAFAAASGISIQGN  198


X21c-7   199  AKLCGGIPDLHLPRCCPLLENRKHFPVLPISVSLVAALAILSSLYLLITWHKRTKKGAPSRTSMKG  264

X21      199  AKLCGGIPDLHLPRCCPLLENRKHFPVLPISVSLAAALAILSSLYLLITWHKRTKKGAPSRTSMKG  264


X21c-7   265  HPLVSYSQLVKATDGFAPTNLLGSGSFGSVYKGKLNIQDHVAVKVLKLENPKALKSFTAECEALRN  330

X21      265  HPLVSYSQLVKATDGFAPTNLLGSGSFGSVYKGKLNIQDHVAVKVLKLENPKALKSFTAECEALRN  330


X21c-7   331  MRHRNLVKIVTICSSIDNRGNDFKAIVYDFMPSGSLEDWIHPETNDPADQRHLNLHRRVTILLDVA  396

X21      331  MRHRNLVKIVTICSSIDNRGNDFKAIVYDFMPNGSLEDWIHPETNDQADQRHLNLHRRVTILLDVA  396


X21c-7   397  CALDYLHRHGPEPVVHCDVKSSNVLLDSDMVAHVGDFGLARILVDGTSLIQQSTSSMGFRGTIGYA  462

X21      397  CALDYLHRHGPEPVVHCDIKSSNVLLDSDMVAHVGDFGLARILVDGTSLIQQSTSSMGFIGTIGYA  462


X21c-7   463  APGQQVLPVFCIF  475

X21      463  APGQQVLPVFCIF  475
```

图 9-4-5 景洪白芒型普通野生稻中 *Xa21* 基因外显子 1 后半部与所报道的该基因
相应的氨基酸序列比较

Fig. 9-4-5 The alignment of *Xa21* gene partial DNA sequence deduced amino acid sequences from red awn type of *O. rufipogon* and the corresponding reported sequence of this gene（that initially exists in *O. longistaminata*）

所克隆的 *Xa21* 基因片段在位于该基因所编码蛋白质的 Ser/Thr 蛋白激酶区域（万丙良和张献龙，1998），STK 结构域被认为在抗病基因无毒基因间的相互作用中介导了抗病反应的下游信号转导过程（Hammond-Kosack and Jones，1997；Dunigan and Madlener，1995；Levine et al.，1994）。该结构域位于细胞内，与位于细胞外的 LRR 结构域相呼应，组成一条从病原菌识别到产生生理响应的一条信号转导途径。来自于云南白芒普通野生

稻的 *Xa21* 基因外显子 1 后半部分的序列，与来自于长雄野生稻的 *Xa21* 基因有 8 个核苷酸的差异，导致了 7 个氨基酸残基的改变。这些变化可能源于稻作植物分子进化，而且可能导致该蛋白质结构功能的改变。应用 DNASIS 软件对这两个氨基酸序列的二级结构分析，表明这些氨基酸的差异，确实在该基因产物的二级结构中产生了较大的差异（图 9-4-6，表 9-4-2）。这些氨基酸残基的改变使该片段预测的蛋白质的二级结构比来自于长雄野生稻的该片段变得较为复杂，各种二级结构单元都明显增加（表 9-4-2）。这些差异很可能导致该基因功能的改变：无功能，功能增强，或功能变弱。对不同野生稻细菌性白叶枯病的抗性鉴定表明，云南疣粒野生稻、药用野生稻高抗白叶枯病（章琦等，1994）。我们对云南不同普通野生稻的白叶枯病抗性初步鉴定也表明，即使是抗性最弱的云南普通野生稻，对白叶枯病的抗性均比目前认为抗性较强的栽培稻（IR36，IR72）的强。因而，从云南药用和疣粒野生稻中发掘抗白叶枯病基因的可能性很大，但从中分离 *Xa21* 抗病基因的可能性不大。而从云南普通野生稻中有望分离到 *Xa21* 抗白叶枯病的同源基因。

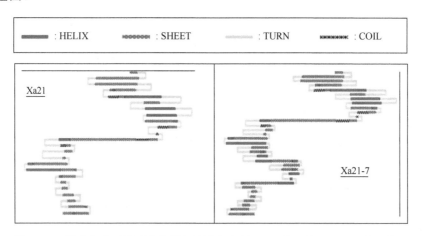

图 9-4-6　景洪白芒型普通野生稻与长雄野生稻 *Xa21* 基因外显子 1 后半段序列
蛋白质二级结构比较

Fig. 9-4-6　The comparison of the predicted secondary structures of *Xa21* gene partial extron 1 between white awn type of *O. rufipogon* and *O. longistaminata*

表 9-4-2　景洪白芒型普通野生稻与长雄野生稻 *Xa21* 基因外显子 1 后半段序列预测的二级结构中各种结构单元数目比较

Table 9-4-2　The comparison No. of the different units in the predicted secondary structures of *Xa21* partial extron 1 between red awn type of *O. rufipogon* and *O. longistaminata*

序列来源 Sequence source	二级结构单元数目 The unit number of secondary structure			
	HELIX	SHEET	TURN	COIL
景洪白芒型普通野生稻	18	31	32	6
长雄野生稻	11	24	24	6

三、云南野生稻 *Xa21* 抗白叶枯病基因的研究意义

依据报道的 *Xa21* 基因第二外显子 DNA 序列设计的引物从不同野生稻及栽培稻中扩

增 *Xa21* 基因同源片段，结果发现从不同来源的普通野生稻中可扩增获得该基因片段，但不能从疣粒野生稻、药用野生稻及小粒野生稻中扩增获得该基因片段。这可能是由于这些种的野生稻亲缘关系相对较远，其中的 *Xa21* 基因与报道的该基因序列间存在较大的差异或不存在该基因。但令人费解的是，经大量的检测证明，栽培稻（*O. sativa*）中都检测不到 *Xa21* 基因的存在。栽培稻与普通野生稻间较近的亲缘关系已成共识，为什么对白叶枯病病原菌具有广谱抗性的 *Xa21* 基因在从普通野生稻到亚洲栽培稻的进化过程中会丢失呢？*Xa21* 基因属于 LRR-STK 类抗病基因，是目前为止所克隆的唯一一个这一类型的抗病基因。*Xa21* 基因有一个 23 个不完全相同的 LRR 区域，同时也具有 STK 结构域。LRR 对病原菌产生的激发子具有特异性识别的功能（Bent et al.，1994；Grant et al.，1995；Mindrinos et al.，1994；Suzuki et al.，1990；Jia et al.，2000；Bryan et al.，2003；Lourdes et al.，2002），而 STK 结构域与抗病性反应信号转导的下游反应有关。该蛋白质属于一个跨膜的蛋白质，LRR 区域可以直接在细胞外与病原菌产生的激发子识别，并直接将信号传给 STK 结构域进而引起下游的抗病性反应。由于云南野生稻对白叶枯病均具有很强的抗性，且云南各种不同类型的普通野生稻中均存在 *Xa21* 同源基因，通过克隆、功能分析研究，有望获得具有新的抗病特性的 *Xa21* 基因。

普通野生稻是公认的栽培稻的祖先种。王象坤和孙传清（1996）认为云南是我国栽培稻的 3 个遗传多样性中心之一，云南地势与气候复杂，垂直分布从海拔 40 m 直至 2695 m，都有栽培稻种分布，不仅数量多，而且种类复杂。同工酶谱还显示，云南部分普通野生稻与栽培稻酶谱类型相似，表明二者具有较近的亲缘关系。云南普通野生稻中存在 *Xa21* 基因，而栽培稻中却没有检测到 *Xa21* 基因的存在。*Xa21* 基因最早来源于长雄野生稻，也暗示长雄野生稻与云南普通野生稻间较近的亲缘关系，为什么栽培稻中不含有对白叶枯病具有广谱抗性的 *Xa21* 基因，这在普通野生稻向栽培稻的进化中产生了一个不解之谜，值得今后研究揭示。

第五节　云南野生稻中一个普遍存在的丝氨酸/苏氨酸蛋白激酶类基因（*BEPK*）

自 1992 年 Johal 等应用转座子标签法从玉米中成功地分离出第一个抗病基因 *Hm1*，Martin 等于 1993 年应用定位克隆法分离出第二个番茄抗霜霉病基因 *Pto* 以来，对植物抗病基因的克隆及植物抗病基因作用机制的研究等方面均取得了长足的发展。目前已克隆的植物抗病基因有 100 多个，从这些克隆的植物抗病基因及其所揭示的产物结构和功能看，植物的抗病机制可分为两类：一类并不符合 Flor（1971）提出的基因对基因模式（gene-for-gene），这类抗病性基因以玉米抗病基因 *Hm1* 为代表，该基因以降解病原菌所产毒素的方式抵抗病原物，并不涉及病原的无毒基因（*avr* 基因），属于毒素还原酶类。另一类则属于依赖于 *avr* 基因的抗病（*R*）基因，具有基因对基因模式的显著标志。这类基因产物中都具有许多相类似的结构域，揭示了这类基因在植物/病原相互作用中存在相类似的机制。依据其所编码的蛋白质结构和功能特征，*R* 基因又可分为 4 类：①具有核苷酸结合位点及富含亮氨酸重复序列类（NBS-LRR）基因，如亚麻的 *L6* 基因，烟草的 *N*

基因，番茄的 *Prf* 基因、*I2* 基因，拟南芥菜的 *RPM1*、*RPP5* 和 *RPS2* 基因；②丝氨酸/苏氨酸蛋白激酶类（STK）基因，如番茄的 *Pto* 基因；③富亮氨酸重复序列类（LRR）基因，如番茄的 *Cf-9*、*Cf-2*、*Cf-4* 和 *Cf-5* 基因等；④富亮氨酸重复序列-蛋白激酶类（LRR-STK）基因，如来自水稻的 *Xa21* 基因（Song et al.，1995）。依据抗病基因中的这些结构域中保守氨基酸序列合成引物，可以从不同植物基因组 DNA 或 cDNA 中扩增获得相应的抗病基因同源序列（R-片段）（Kanazin et al.，1995；Yu et al.，1996；Xue et al.，1998；Li and Chen，1999；Mago et al.，1999；杨勤忠等，2001），通过分析这些 R-片段及以这些片段为探针可以克隆新的抗病基因。

本研究依据 STK 类抗病基因的保守氨基酸序列设计合成简并引物，从云南不同种的野生稻中克隆了大量的 STK 类 R-片段，通过序列比对分析发现，亲缘关系相对较远的不同种野生稻及栽培稻中均存在一个彼此同源性极高的序列。再依据这些序列中相同的核苷酸序列合成特异性的引物，从我们所能获得的所有不同种的野生稻及栽培稻中扩增得到一个约 400 bp 的特异性 DNA 片段，我们将所得的片段均进行了序列分析。基因库内搜寻，发现该序列属于一个水稻 cDNA 文库克隆和另一个 BAC 克隆的一部分，对 cDNA 序列的编码区域预测，其产物属于一个胞内 STK 类蛋白，目前所克隆的这类抗病基因有来自番茄抗 *Pseudomona syringae* pv. *tomato* 的 *Pto* 基因。本研究报道了这一基因的结构、可能的功能及其在研究稻属作物演化中的作用。

一、云南野生稻 *BEPK* 基因的克隆

（一）*BEPK* 基因的研究材料

野生稻材料：普通野生稻（*Oryza rufipogon*）包括红芒型普通野生稻、直立型普通野生稻、元江普通野生稻、东乡普通野生稻；云南药用野生稻（*Oryza officinalis*）；云南疣粒野生稻（*Oryza granulata*）；长雄野生稻（*Oryza longistaminata*）；小粒野生稻（*Oryza minuta*）。

栽培稻材料：合系 35。

（二）云南野生稻 *BEPK* 基因的研究方法

1. 引物设计及基因扩增

依据 STK 类抗病基因的保守氨基酸序列设计合成简并引物，应用这对简并引物从云南不同种的野生稻中获得了大量的 STK 类 R-片段。分析所获得的 STK 类 R-片段，发现在一些不同种或品种的稻属作物中存在一个同源性很高的序列，通过分析比较，依据其中完全同源的核苷酸序列区域设计并委托生工生物工程（上海）股份有限公司合成了针对于该 STK 类 R-片段的特异性引物。

YSTA：5′-GGCGGTGAAGCAGCTGGAC-3′

YSTB：5′-GGGTGGAGACGTGGGTCTTGTC-3′

应用该引物，分别以不同种的野生稻及栽培稻 DNA 为模板，进行 PCR 扩增。我们将这一基因片段称为普遍存在的 Ser/Thr 蛋白激酶基因。

2. 云南野生稻中 *BEPK* 基因的表达分析

提取云南野生稻中的总 RNA，反转录成 cDNA，以 YSTA/YSTB 引物从云南野生稻中扩增 *BEPK* 基因片段。

3. 基因库中 *BEPK* 片段同源基因的搜索

以从栽培稻中克隆的 *BEPK* 基因序列及推导的氨基酸序列在 NCBI 中搜索同源序列，寻找与之同源性最高的 DNA 或蛋白质序列。依据 *BEPK* 基因序列设计引物，YA，5'-ATGGGCATCTTCTGCTGCTTC-3'/YB，5'-TTATGCGGCGGGGCGTTCGTC-3'，简并引物 KF，5'-TTYGGITCIGTITAYMRIGG-3'/KR，5'-AYICCRWARCTRTAIAYRTC-3'，从云南野生稻中扩增 *BEPK* 基因，对 PCR 产物进行检测、回收纯化，以及连接、转化、克隆、测序分析等。

二、云南野生稻 *BEPK* 基因的分析

（一）云南野生稻中 *BEPK* 基因的获得

应用简并引物，以云南野生稻基因组 DNA 为模板，PCR 扩增可获得约 500 bp 的 DNA 片段（图 9-5-1）。

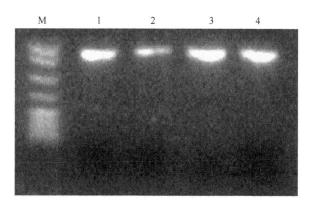

图 9-5-1　云南不同野生稻中 STK 类 R-片段 PCR 扩增
Fig. 9-5-1　PCR results of STK R-fragments from different Yunnan wild rice
1. 景洪红芒型普通野生稻；2. 景洪直立型普通野生稻；3. 药用野生稻；4. 疣粒野生稻；
M. pBR322DNA/MspI Markers
1. Red awn type of Jinghong *O. rufipogon*；2. Erect type of Jinghong *O. rufipogon*；3. *O. officinalis*；
4. *O. granulata*；M. pBR322DNA/MspI Markers

（二）云南野生稻 *BEPK* 基因的同源性分析

将各个云南野生稻 PCR 产物进行连接、转化克隆到 pGEM-T 载体上，随机挑取不同种或不同类型云南野生稻 PCR 产物的重组克隆进行序列分析，对所得的序列进行聚类分析（图 9-5-2）。在亲缘关系相对较远的不同种的普通野生稻、药用野生稻及疣粒野生稻间存在有同源性近 90% 的序列存在，这些序列可能属于某一相同基因。序列比较发现，这些片段间确实存在大量的相同核苷酸序列（图 9-5-3）。

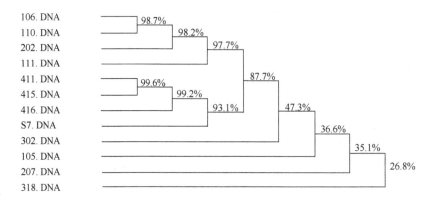

图 9-5-2　云南不同种或类型野生稻中随机挑取的 STK 类 R-片段重组克隆序列聚类分析

Fig. 9-5-2　Phylogenetic tree based on the alignment of the random selected STK-like analogues from different species of Yunnan wild rice species

106、110、111、105 号克隆来源于景洪红芒型普通野生稻；202、207 号克隆来源于景洪直立型普通野生稻；302、318、S7 克隆来源于药用野生稻；411、415、416 克隆来源于疣粒野生稻

106，110，111，105. Red awn type of Jinghong *O. rufipogon*；202，207. Erect type of Jinghong *O. rufipongon*；302，318，S7. *O. officinalis*；411，415，416. *O. granulata*

```
415   1   TTTCGGGTCGGTGTATCGGGGGCGGCTCAAGGGGAAG--------------GAGCTGGCGGTGAAGCA   54
307   1   TTTGGGTCGGTGTATCGGGGGAGGCTCAAGGGGAAGGACGGCGGCGTGACGGAGGCGGCGGTGAAGCA   68
106   1   TTTCGGGTCGGTGTATCGGGGGAGGCTGAGCATCAAGG---GGACGGTGACGGAGGCGGCGGTGAAGCA   66
202   1   TTTTGGGTCGGTGTATCGGGGGAGGCTGAGCATCAAGG---GGACTGTGACGGAGGCGGCGGTGAAGCA   66


415   55  GCTGGACCGCAACGGGATGCAGGGCACGCGCGAGTTCCTCGTCGAGGTGCTCATGCTCAGCCTGCTGG-   122
307   69  GCTGGACCGCAACGGCATGCAGGGCAACCGCGAGTTCCTTGTGGAGGTGCTCATGCTCAGCCTGCTGGC   137
106   67  GCTGGACCGGAACGGGATGCGGGGGAACCGGGAGTTCCTTGTGGAGGTGCTGATGCTGAGCCTGCTGGC   135
202   67  GCTGGACCGGAACGGGATGCAGGGGAACCGGGAGTTCCTTGTGGAGGTGCTGATGCTGAGCCTGCTGGC   135


415   123 --AGCCACCCCAACCTGGTGACGCTGCTCGGCTACTGCACCGACGCCGACCACCGCATCCTCGTCTACGA   189
307   138 GGAGCACCCAAACCTGGTGACGCTGCTCGGCTACTGCACCGACGCCGACCACCGCATCCTCGTCTACGA   206
106   136 GGAGCACCCAAACCTGGTGACGCTGCTGGGGTACTGCACCGACGCCGACCACCGCATCCTGGTGTACGA   204
202   136 GGAGCACCCAAACCTGGTGACGCTGCTGGGGTACTGCACCGACGCGATCACCGCATCCTGGTGTACGA   204


415   190 GTACATGCCTCGCGGCTCCCTCGAGGACCACCTGCTCGACCTCCCGCGGGCGCCTCCTCGCTGGACTG   258


307   207 GTACATGCCCCGCGGCTCCCTCGAGGACCACCTGCTGGACCTCCCGCCTGGCGCCGCCGCGCTGGACTG   275
106   205 GTACATGGCCCGCGGCTCCCTGGAGGACCACCTGCTTGACCTGCCCCCTGGCGCCGCGGCTCTGGACTG   273
202   205 GTACATGGCCCGCGGCTCCCTGGAGGACCACCTGCTTGACCTGCCCCCTGGCGCCGCGGCTCTGGACTG   273


415   259 GACCACGCGGATGCGCGTGCCCCAGGGCGCCGCCCCGCGGCCTCGAGCACCTTCACGACGCGGCGCGTCC   327
307   276 GACCACGCGGATGCGCATGCGCCCAGGGCGCCGCCCCGCGGCCTGGAGCACCTGCACGACGCGGCTCGTCC   344
```

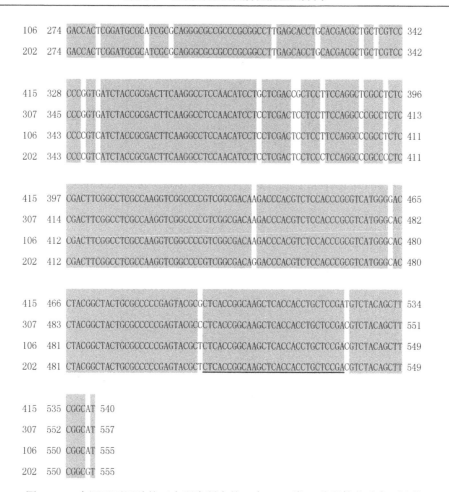

图 9-5-3 来源于不同种的云南野生稻中的一个 STK 类 R-片段核苷酸序列比较

Fig. 9-5-3 Alignment of a STK-like fragments from different species of Yunnan wild rice species

（三）不同云南野生稻中 *BEPK* 保守区段的克隆及序列分析

1. 不同云南野生稻中 *BEPK* 保守区段的克隆

依据 *BEPK* 上的保守序列设计的引物，以不同云南野生稻及栽培稻的基因组 DNA 进行 PCR 扩增，发现从所有供试的材料中均能扩增得到一个约 400 bp 的特异性扩增片段（图 9-5-4），说明这一 STK 类 R-片段普遍存在于稻属作物中，并具有很高的同源性。我们将这一片段所属的基因称为普遍存在的蛋白激酶（broad existing protein kinase，BEPK）基因。

2. 不同云南野生稻中 *BEPK* 保守区段的同源性分析

对 PCR 扩增获得的所有不同种、不同类型野生稻及栽培稻中的该 *BEPK* 基因片段进行测序及序列分析。不同种的云南野生稻及栽培稻的 *BEPK* 片段间存在非常高的同源性（大于 91%，氨基酸序列的同源性大于 89%）。不同云南野生稻及栽培稻 *BEPK* 片段 DNA 序列及其推导的氨基酸序列的聚类分析分别见图 9-5-5，图 9-5-6。

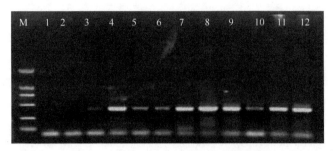

图 9-5-4　利用 YSTA/YSTB 引物从不同种的云南野生稻基因组中的 PCR 扩增结果

Fig. 9-5-4　Amplification results of *BEPK* conservation fragments from different Yunnan wild rice species and *O. sativa*

M. DL2000 Markers；1、2. 阴性对照；3. 栽培稻（合系 35）；4. 东乡普通野生稻；5. 长雄野生稻；6. 小粒野生稻；
7. 云南宽叶型药用野生稻；8. 疣粒野生稻；9. 药用野生稻；10. 元江普通野生稻；11. 景洪直立型普通野生稻；
12. 景洪红芒型普通野生稻

M. DL2000 Markers；1，2. Negative controls；3. *O. sativa*（Hexi 35）；4. Dongxiang *O. rufipogon*；5. *O. longistaminata*；
6. *O. minuta*；7. Broad leaf type of Yunnan *O. officinalis*；8. *O. granulata*；9. *O. officinalis*；10. Yuanjiang *O. rufipogon*；
11. Erect type of Jinghong *O. rufipogon*；12. Red awn type of Jinghong *O. rufipogon*

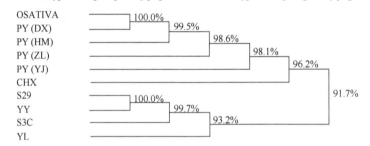

图 9-5-5　不同野生稻及栽培稻中 *BEPK* 保守片段的 DNA 序列的聚类分析

Fig. 9-5-5　Phylogenetic tree based on the alignment of *BEPK* gene conservation DNA sequences from different wild rice species and *O. sativa*

OSATIVA. 栽培稻；PY（DX）. 东乡普通野生稻；PY（HM）. 景洪红芒型普通野生稻；PY（ZL）. 景洪直立型普通野生稻；PY（YJ）. 元江普通野生稻；CHX. 长雄野生稻；S29. 云南宽叶型药用野生稻；S30. 小粒野生稻；YY. 药用野生稻；YL. 疣粒野生稻

OSATIVA. *O. sativa*；PY（DX）. Dongxiang *O. rufipogon*；PY（HM）. Red awn type of Jinghong *O. rufipogon*；PY（ZL）. Erect type of Jinghong *O. rufipogon*；PY（YJ）. Yuanjiang *O. rufipogon*；CHX. *O. longistaminata*；S29. Broad leaf type of Yunnan *O. officinalis*；S30. *O. minuta*；YY. *O. officinalis*；YL. *O. granulata*

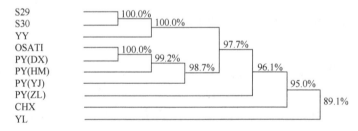

图 9-5-6　不同野生稻及栽培稻中 *BEPK* 保守片段的 DNA 序列推导的氨基酸序列的聚类分析

Fig. 9-5-6　Phylogenetic tree based on the alignment of *BEPK* gene conservation DNA sequence deduced amino acid sequences from different wild rice spices and *O. sativa*

S29. 云南宽叶型药用野生稻；S30. 小粒野生稻；YY. 药用野生稻；OSATI. 栽培稻；PY（DX）. 东乡普通野生稻；PY（HM）. 景洪红芒型普通野生稻；PY（YJ）. 元江普通野生稻；PY（ZL）. 景洪直立型普通野生稻；CHX. 长雄野生稻；YL. 疣粒野生稻

S29. Broad leaf type of Yunnan*O. officinalis*；S30. *O. minuta*；YY. *O. officinalis*；OSATI. *O. sativa*；PY（DX）. Dongxiang *O. rufipogon*；PY（HM）. Red awn type of Jinghong *O. rufipogon*；PY（YJ）. Yuanjiang *O. rufipogon*；PY（ZL）. Erect type of Jinghong *O. rufipogon*；CHX. *O. longistaminata*；YL. *O. granulata*

依据所分析的 *BEPK* 基因保守区段的 DNA 序列同源性聚类分析结果，所涉及的各种云南野生稻、长雄野生稻、小粒野生稻及栽培稻（合系 35 号）可大体上分为三组，第一组包括亚洲栽培稻、东乡普通野生稻、景洪红芒型普通野生稻、直立型普通野生稻、元江普通野生稻和长雄野生稻。这些稻属作物均属于 AA 染色体组型。依据该结果，这些材料 *BEPK* 保守区段间的同源性由近到远分别是：栽培稻—东乡普通野生稻—景洪红芒型普通野生稻—直立型普通野生稻—元江普通野生稻—长雄野生稻。所涉及的栽培稻与东乡普通野生稻的该基因序列具有 100% 的同源性。另一组包括药用野生稻、小粒野生稻。其中药用野生稻为 CC 染色体组型，小粒野生稻为 BBCC 染色体组型，药用野生稻与小粒野生稻间有同源的染色体成分，两者间的该基因片段具有 99.7% 同源性，有些学者将云南的药用野生稻归入小粒野生稻的说法，依据这一结果还是有一定道理的。第三组只有疣粒野生稻，为 GG 染色体组型。*BEPK* 基因保守区段的聚类分析结果与其他分子及遗传分析手段获得的野生稻进化关系非常吻合，由于该基因在稻属作物中存在的普遍性，其将成为一个新的研究稻属作物进化的良好工具。

（四）云南野生稻 *BEPK* 基因的转录水平分析

用 YSTA，5′-GGCGGTGAAGCAGCTGGAC-3′/YSTB，5′-GGGTGGAGACGTGGGTCTTGTC-3′引物，以不同种的云南野生稻的 cDNA 为模板进行 RT-PCR 检测，发现 *BEPK* 基因是一个可以转录的基因，在不同种的云南野生稻中均为组成型表达（图 9-5-7）。

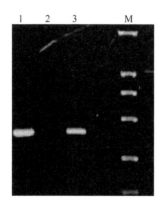

图 9-5-7　药用野生稻和疣粒野生稻 *BEPK* 基因保守区段的 RT-PCR 扩增
Fig. 9-5-7　RT-PCR results of *BEPK* gene conservation fragments from *O. officinalis* and *O. granulata*
1. 药用野生稻；2. 阴性对照；3. 疣粒野生稻；M. DL2000 Markers
1. *O. officinalis*；2. Negative control；3. *O. granulata*；M. DL2000 Marker

（五）*BEPK* 基因的数据库相似搜索及分析

所克隆的 *BEPK* 片段之一通过在 NCBI 的基因数据库中搜寻，发现其与一个来源于栽培稻（粳稻）的 cDNA 克隆具有极高的同源性（基因登录号：AK070226）。该 cDNA 序列与我们从栽培稻中获得的 *BEPK* 片段 DNA 序列具有 99.7% 以上的同源性，*BEPK* 应属于该基因的一部分。该 cDNA 序列经 DNASIS 分析软件进行编码框预测发现，*BEPK* 基因编码一 419 个氨基酸的胞内丝氨酸/苏氨酸受体蛋白激酶，含 32 个丝氨酸（7.61%），

22 个苏氨酸（5.23%），43 个亮氨酸（10.23%），44 个丙氨酸（10.47%），40 个甘氨酸（9.52%）（图 9-5-8）。该蛋白质的等电点为 5.52。

```
GGCGCGCGCGCCTCGCTCGTCGGCAGTTTGTACGTACGGTACAAGCTCGCCGTCCGGCGATCAT
CCTTGATAATCTCAATTAAAATTATACATCCCTTTGTTATCGATCATCGATCATCAGATTGGTGG
CTGGCTGGCTAGGCCTTATCAGTTTGGAACCGGATGCTGGTTGAGGAGCAGAGTTGGAGGATCA
TCCCTCTGGTTCCAGGATTCGTTCCTGTTGGCGTTGGTGGAGGGCCCAGCACACCATAAATATA
ATG GGC ATC TTC TGC TGC TTC CAG TCC GAG GAC AGA GGA GGC GAC GGG GAC GGC
 M   G   I   F   C   C   F   Q   S   E   D   R   G   G   D   G   D   G
GAT GGC GAC GGA GCG CCT CCC TCG ACC TCC TCT AGC GGC TGC AGC AAC AGC AGC
 D   G   D   G   A   P   P   S   T   S   S   S   G   C   S   N   S   S
AGC AGC AGC AAG AAG AAG AAT TTA GCG TCG GAG CGG AGC CTG GGC GGG AGC AGC
 S   S   S   K   K   K   N   L   A   S   E   R   S   L   G   G   S   S
AGG GAC AAC AAC AGC AAC CTG GTG AAC CTG GTG AAC GAG ATC GTG GCA GAG TCA
 R   D   N   N   S   N   L   V   N   L   V   N   E   I   V   A   E   S
GTG ACT TAC CGG CAC AAG CGC GTG GCG GAC GAG ATC CTG AAG ATC GGC AAG GGG
 V   T   Y   R   H   K   R   V   A   D   E   I   L   K   I   G   K   G
AAG GTG ACG GCG CGG GCG TTC ACG TAC GGC GAG CTG TCG GAG GCG ACG GGC GGG
 K   V   T   A   R   A   F   T   Y   G   E   L   S   E   A   T   G   G
TTC AGG GCG GAG TCG CTG CTG GGG GAG GGA GGG TTC GGG CCG GTG TAC CGG GGG
 F   R   A   E   S   L   L   G   E   G   G   F   G   P   V   Y   R   G
AGG CTG AGC ATC AAG GGG ACG GTG ACG GAG GCG GCG GTG AAG CAG CTG GAC CGG
 R   L   S   I   K   G   T   V   T   E   A   A   V   K   Q   L   D   R
AAC GGG ATG CAG GGG AAC CGG GAG TTC CTT GTG GAG GTG CTG ATG CTG AGC CTG
 N   G   M   Q   G   N   R   E   F   L   V   E   V   L   M   L   S   L
CTG GCG GAG CAC CCA AAC CTG GTG ACG CTG CTG GGG TAC TGC ACC GAC GGC GAC
 L   A   E   H   P   N   L   V   T   L   L   G   Y   C   T   D   G   D
CAC CGC ATC CTG GTG TAC GAG TAC ATG GCC CGC GGC TCC CTG GAG GAC CAC CTG
 H   R   I   L   V   Y   E   Y   M   A   R   G   S   L   E   D   H   L
CTT GAC CTG CCC CCT GGC GCC GCG GCT CTG GAC TGG ACC ACT AGG ATG CGC ATC
 L   D   L   P   P   G   A   A   A   L   D   W   T   T   R   M   R   I
GCG CAG GGC GCC GCC CGC GGC CTT GAG CAC CTG CAC GAC GCA GCT CGT CCC CCC
 A   Q   G   A   A   R   G   L   E   H   L   H   D   A   A   R   P   P
GTC ATC TAC CGC GAC TTC AAG GCC TCC AAC ATC CTC CTC GAC TCC TCC TTC CAG
 V   I   Y   R   D   F   K   A   S   N   I   L   L   D   S   S   F   Q
GCC CGC CTC TCC GAC TTC GGC CTC GCC AAG GTC GGC CCC GTC GGC GAC AAG ACC
 A   R   L   S   D   F   G   L   A   K   V   G   P   V   G   D   K   T
CAC GTC TCC ACC CGC GTC ATG GGC ACC TAC GGC TAC TGC GCC CCC GAG TAC GCT
```

```
    H   V   S   T   R   V   M   G   T   Y   G   Y   C   A   P   E   Y   A
   CTC ACC GGC AAG CTC ACC ACC TGC TCC GAC GTC TAC AGC TTC GGC GTC GTC TTC
    L   T   G   K   L   T   T   C   S   D   V   Y   S   F   G   V   V   F
   CTC GAG ATC ATC ACC GGC CGC CGC GCC ATC GAC ATG GCC CGC CCT CAC GAT GAG
    L   E   I   I   T   G   R   R   A   I   D   M   A   R   P   H   D   E
   CAG AAC CTC GTC CAG TGG GCC GCC CCG CGC TTC AAG GAC AAG AAG CTC TTC GCC
    Q   N   L   V   Q   W   A   A   P   R   F   K   D   K   K   L   F   A
   GAC ATG GCC GAC CCC TTG CTC CGC GGC GCC TAC CCC ACC AAG GGC CTC TAC CAG
    D   M   A   D   P   L   L   R   G   A   Y   P   T   K   G   L   Y   Q
   GCC CTC GCC ATC GCC GCC ATG TGC CTC CAG GAG GAC GCC ACC ATG CGC CCT GCC
    A   L   A   I   A   A   M   C   L   Q   E   D   A   T   M   R   P   A
   ATC AGC GAC GTC GTC ACC GCG CTC GAG TAC CTC ACC GTC GCC GGC GCC TCC TCC
    I   S   D   V   V   T   A   L   E   Y   L   T   V   A   G   A   S   S
   GAG CCT GCC CCT CGT CCC CAG AAG CTG CAG CCG CCG GAG GAC GAC GAC GAT GAC
    E   P   A   P   R   P   Q   K   L   Q   P   P   E   D   D   D   D   D
   CAA CGC CCC GCC GCA TAA
    Q   R   P   A   A   *
```

TCA ATC ATA TCG ATC GTC TCT CTC TCT CTC TCT CTATAC ATG TAC TAC CAC TAT CTA T

AT AAT ATG TCA TAT ACT TCT ACT TCA CTT ATACAG TAT ATA GCT ACA GTA CCT ACC T

AC ATA CAT GCT AGC TTA ATT TAC GCA CGT ATG CAT ATA CAC TCG ATC GAT ACG ATT

GAC TGT CCT T 3'

图 9-5-8　与 *BEPK* 基因保守序列高度同源的栽培稻（粳稻）cDNA 克隆及其预测的编码框序列
Fig. 9-5-8　*O. sativa* cDNA clone that has high identity with *BEPK* gene conservation sequence and the putative reading frame sequence

基因库搜寻还发现，*BEPK* 片段与水稻 9 号染色体的 BAC 克隆中的部分序列高度同源，进一步分析发现，该 BAC 克隆正好含有 *BEPK* 基因。用 cDNA 序列与 BAC 克隆的相应序列比较发现，*BEPK* 基因有两个外显子，分别为 271 bp 和 986 bp，其中含有一个 114 bp 的内含子（图 9-5-9）。说明 *BEPK* 基因位于水稻 9 号染色体上。

```
ystcdna     1   ------------------------------------------------------------     0
ystgen1    64   GGTTGTGTTTCTGGCTCAGATTAGGAGCCATCCAAAAAAACAGAGCACCTCTGCTTTTTGTTT  126


ystcdna     1   ------------------------------------------------------------     0
ystgen1   127   TTTTCATCGGAACAAATAATAATAATAAACTAATAACGGACGAATTAATTTACCCCATCCATT  189


ystcdna     1   ------------------------------------------------------GGCGCGCG     8
ystgen1   190   CCAATGGGCAATGCCAGAAAGGTTATTAAGCAATCGGATTTCCCCATTCCATTCGCGCGCGCG  252


ystcdna     9   CGCCTCGCTCGTCGGCAGTTTGTACGTACGGTACAAGCTCGCCGTCGGCGATCATCCTTGAT  71
```

ystgen1 253 CGCCTCGCTCGTCGGCAGTTTGTACGTACGGTACAAGCTCGCCGTCCGGCGATCATCCTTGAT 315

ystcdna 72   AATCTCAATTAAAATTATACATCCCTTTGTTATCGATCATCGATCATCAGATTGGTGGCTGGC 134
ystgen1 316 AATCTCAATTAAAATTATACATCCCTTTGTTATCGATCATCGATCATCAGATTGGTGGCTGGC 378

ystcdna 135 TGGCTAGGCCTTATCAGTTTGGAACCGGATGCTGGTTGAGGAGCAGAGTTGGAGGATCATCCC 197
ystgen1 379 TGGCTAGGCCTTATCAGTTTGGAACCGGATGCTGGTTGAGGAGCAGAGTTGGAGGATCATCCC 441

ystcdna 198 TCTGGTTCCAGGATTCGTTCCTGTTGGCGTTGGTGGAGGGCCCAGCACACCATAAATATAATG 260
ystgen1 442 TCTGGTTCCAGGATTCGTTCCTGTTGGCGTTGGTGGAGGGCCCAGCACACCATAAATATAATG 504

ystcdna 261 GGCATCTTCTGCTGCTTCCAGTCCGAGGACAGAGGAGGCGACGGGGACGGCGATGGCGACGGA 323
ystgen1 505 GGCATCTTCTGCTGCTTCCAGTCCGAGGACAGAGGAGGCGACGGGGACGGCGATGGCGACGGA 567

ystcdna 324 GCGCCTCCCTCGACCTCCTCTAGCGGCTGCAGCAACAGCAGCAGCAGCAAGAAGAAGAAT 386
ystgen1 568 GCGCCTCCCTCGACCTCCTCTAGCGGCTGCAGCAACAGCAGCAGCAGCAGCAAGAAGAAGAAT 630

ystcdna 387 TTAGCGTCGGAGCGGAGCCTGGGCGGGAGCAGCAGGGACAACAACAGCAACCTGGTGAACCTG 449
ystgen1 631 TTAGCGTCGGAGCGGAGCCTGGGCGGGAGCAGCAGGGACAACAACAGCAACCTGGTGAACCTG 693

ystcdna 450 GTGAACGAGATCGTGGCAGAGTCAG-------------------------------------- 474
ystgen1 694 GTGAACGAGATCGTGGCAGAGTCAGGTATCGTATGTACTCCTAGTTAGTTAGCTAAGCTACTC 756

ystcdna 475 -- 474
ystgen1 757 CATATATTTACATTTTCGGAATACAACAAACAAAGAAACAAACATTGTATATTTTCATGGATA 819

ystcdna 475 -------------TGACTTACCGGCACAAGCGCGTGGCGGACGAGATCCTGAAGATCGGCAAG 524
ystgen1 820 AATGAATGGACAGTGACTTACCGGCACAAGCGCGTGGCGGACGAGATCCTGAAGATCGGCAAG 882

ystcdna 525 GGGAAGGTGACGGCGCGGGCGGTTCACGTACGGCGAGCTGTCGGAGGCGACGGGCGGGTTCAGG 587
ystgen1 883 GGGAAGGTGACGGCGCGGGCGGTTCACGTACGGCGAGCTGTCGGAGGCGACGGGCGGGTTCAGG 945

ystcdna 588 GCGGAGTCGCTGCTGGGGGGAGGGAGGGTTCGGGCCGGTGTACCGGGGGGAGGCTGAGCATCAAG 650
ystgen1 946 GCGGAGTCGCTGCTGGGGGGAGGGAGGGTTCGGGCCGGTGTACCGGGGGGAGGCTGAGCATCAAG 1008

ystcdna 651 GGGACGGTGACGGAGGCGGCGGTGAAGCAGCTGGACCGGAACCGGGATGCAGGGGAACCGGGAG 713

```
ystgen1  1009 GGGACGGTGACGGAGGCGGCGGTGAAGCAGCTGGACCGGAACGGGATGCAGGGGAACCGGGAG 1071

ystcdna   714 TTCCTTGTGGAGGTGCTGATGCTGAGCCTGCTGGCGGAGCACCCAAACCTGGTGACGCTGCTG 776
ystgen1  1072 TTCCTTGTGGAGGTGCTGATGCTGAGCCTGCTGGCGGAGCACCCAAACCTGGTGACGCTGCTG 1134

ystcdna   777 GGGTACTGCACCGACGGCGACCACCGCATCCTGGTGTACGAGTACATGGCCCGCGGCTCCCTG 839
ystgen1  1135 GGGTACTGCACCGACGGCGACCACCGCATCCTGGTGTACGAGTACATGGCCCGCGGCTCCCTG 1197

ystcdna   840 GAGGACCACCTGCTTGACCTGCCCCCTGGCGCCGCGGCTCTGGACTGGACCACTAGGATGCGC 902
ystgen1  1198 GAGGACCACCTGCTTGACCTGCCCCCTGGCGCCGCGGCTCTGGACTGGACCACTCGGATGCGC 1260

ystcdna   903 ATCGCGCAGGGCGCCGCCCGCGGCCTTGAGCACCTGCACGACGCAGCTCGTCCCCCCGTCATC 965
ystgen1  1261 ATCGCGCAGGGCGCCGCCCGCGGCCTTGAGCACCTGCACGACGCAGCTCGTCCCCCCGTCATC 1323

ystcdna   966 TACCGCGACTTCAAGGCCTCCAACATCCTCCTCGACTCCTCCTTCCAGGCCCGCCTCTCCGAC 1028
ystgen1  1324 TACCGCGACTTCAAGGCCTCCAACATCCTCCTCGACTCCTCCTTCCAGGCCCGCCTCTCCGAC 1386

ystcdna  1029 TTCGGCCTCGCCAAGGTCGGCCCCGTCGGCGACAAGACCCACGTCTCCACCCGCGTCATGGGC 1091
ystgen1  1387 TTCGGCCTCGCCAAGGTCGGCCCCGTCGGCGACAAGACCCACGTCTCCACCCGCGTCATGGGC 1449

ystcdna  1092 ACCTACGGCTACTGCGCCCCCGAGTACGCTCTCACCGGCAAGCTCACCACCTGCTCCGACGTC 1154
ystgen1  1450 ACCTACGGCTACTGCGCCCCCGAGTACGCTCTCACCGGCAAGCTCACCACCTGCTCCGACGTC 1512

ystcdna  1155 TACAGCTTCGGCGTCGTCTTCCTCGAGATCATCACCGGCCGCCGCGCCATCGACATGGCCCGC 1217
ystgen1  1513 TACAGCTTCGGCGTCGTCTTCCTCGAGATCATCACCGGCCGCCGCGCCATCGACATGGCCCGC 1575

ystcdna  1218 CCTCACGATGAGCAGAACCTCGTCCAGTGGGCCGCCCCGCGCTTCAAGGACAAGAAGCTCTTC 1280
ystgen1  1576 CCTCACGATGAGCAGAACCTCGTCCAGTGGGCCGCCCCGCGCTTCAAGGACAAGAAGCTCTTC 1638

ystcdna  1281 GCCGACATGGCCGACCCCTTGCTCCGCGGCGCCTACCCCACCAAGGGCCTCTACCAGGCCCTC 1343
ystgen1  1639 GCCGACATGGCCGACCCCTTGCTCCGCGGCGCCTACCCCACCAAGGGCCTCTACCAGGCCCTC 1701

ystcdna  1344 GCCATCGCCGCCATGTGCCTCCAGGAGGACGCCACCATGCGCCCTGCCATCAGCGACGTCGTC 1406
ystgen1  1702 GCCATCGCCGCCATGTGCCTCCAGGAGGACGCCACCATGCGCCCTGCCATCAGCGACGTCGTC 1764

ystcdna  1407 ACCGCGCTCGAGTACCTCACCGTCGCCGGCGCCTCCTCCGAGCCTGCCCCTCGTCCCCAGAAG 1469
```

```
ystgen1    1765  ACCGCGCTCGAGTACCTCACCGTCGCCGGCGCCTCCTCCGAGCCTGCCCCTCGTCCCCAGAAG  1827


ystcdna    1470  CTGCAGCCGCCGGAGGACGACGACGATGACCAACGCCCCGCCGCATAATCAATCATATCGATC  1532

ystgen1    1828  CTGCAGCCGCCGGAGGACGACGACGATGACCAACGCCCCGCCGCATAATCAATCATATCGATC  1890


ystcdna    1533  GTCTCTCTCTCTCTCTCTCTATACATGTACTACCACTATCTATATAATATGTCATATACTTCT  1595

ystgen1    1891  GTCTCTCTCTCTCTCTCTCTATACATGTACTACCACTATCTATATAATATGTCATATACTTCT  1953


ystcdna    1596  ACTTCACTTATACAGTATATAGCTACAGTACCTACCTACATACATGCTAGCTTAATTTACGCA  1658

ystgen1    1954  ACTTCACTTATACAGTATATAGCTACAGTACCTACCTACATACATGCTAGCTTAATTTACGCA  2016


ystcdna    1659  CGTATGCATATACACTCGATCGATACGATTGACTGTCCTT                         1698

ystgen1    2017  CGTATGCATATACACTCGATCGATACGATTGACTGTCCTTACCCCTGATTGCTGTCCTTAATT  2079


ystcdna    1699                                                                   1698

ystgen1    2080  AATTTGCTAATATAACTATATAGTATACTAGTTAGGAGTAATTAATATAATTACGACCAGTTA  2142
```

图 9-5-9　*BEPK* 基因所在的 cDNA 克隆与该基因所属的 BAC 克隆的部分序列比较

Fig. 9-5-9　The alignment of the cDNA clone and the partial sequence of a BAC clone in which containing *BEPK* gene

ystcdna. cDNA 克隆；ystgen1. BAC 克隆的部分序列；下划线区域为编码框序列；ATG：起始密码子；
TAA：终止密码子；阴影：同源比对序列为相同部分

ystcdna. cDNA clones；ystgen1. The part sequence of BAC clones；underline region is ORF；ATG：Initiation eodon；TAA：
Termination codon；Shadow：The Consistent sequence of homologous alignment

（六）云南野生稻 *BEPK* 基因的结构功能分析

　　BEPK 基因属于一个丝氨酸/苏氨酸蛋白激酶基因（图 9-5-10），可能存在于所有的稻属作物中，属于高丰度的组成型表达基因。丝氨酸/苏氨酸蛋白激酶基因家族是一个超大基因家族，从基因数据库中可查询到上百个 Ser/Thr 蛋白激酶类的基因，但大多是功能未知的基因。番茄霜霉菌抗性基因 *Pto* 是最早克隆的 Ser/Thr 蛋白激酶类抗病基因，也是第一个克隆的符合基因对基因理论的抗病基因（Martin et al.，1993）。该基因对带有 *avr-Pto* 的番茄霜霉病病原细菌 *Pseudomonas syringae* pv. *tomato* 具有抗性。*Pto* 编码一 321 个氨基酸的 STK 类特异性胞内蛋白激酶，具有自我磷酸化的功能（Loh and Martin，1995），*Pto* 基因虽然没有 LRR 结构域也没有 NBS 结构域，但酵母双杂交系统实验表明，*Pto* 与 *avr-Pto* 之间确实可以直接相互作用（Scofield et al.，1996）。水稻广谱抗白叶枯病 *Xa21* 基因中也含有 Ser/Thr 蛋白激酶结构域。*Pto* 与 *Xa21* 中的该结构域明显地参与下游的信号转导。当 *Pto* 在酵母双杂交系统中用作"诱饵"时，不少的相互作用基因产物被鉴定出来，包括与转录因子同源的序列，以及另一个称为 Pti1 的（Pto-interacting gene 1）蛋白激酶（Zhou et al.，1995，1997）。Pti1 能被 Pto 磷酸化也能自我磷酸化，但不能磷酸化 Pto，再者，许多基因介导的抗性，无论是激酶还是磷酸化酶抑制因子都明显地阻碍快速

防御反应的诱导序列。比较发现 *BEPK* 基因与所克隆的 STK 类基因间均未发现较高的同源性（小于 50%），说明 *BEPK* 是 STK 类基因家族中的一个新成员，一些与 *BEPK* 同源性较高的 STK 类基因及 *Pto* 基因等的聚类分析见图 9-5-11。应用 DNASTAR 分析软件预测 *BEPK* 基因推导的氨基酸序列的二级结构见图 9-5-12。应用 DNASIS 软件预测的 BEPK 蛋白质二级结构见图 9-5-13。利用 NCBI 中的 "BLAST" 对 BEPK 进行的保守功能域分析检索见图 9-5-10。

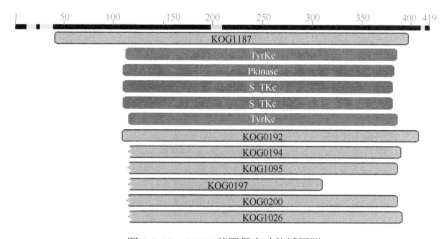

图 9-5-10　*BEPK* 基因保守功能域预测

Fig. 9-5-10　Prediction of *BEPK* gene conserved domain

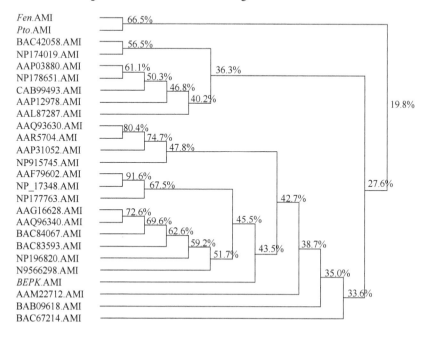

图 9-5-11　一些不同来源的受体蛋白激酶类基因间的聚类分析

Fig. 9-5-11　Alignment of some Ser/Thr protein kinase like genes from Genebank with *BEPK*

除 *Pto* 基因，*Fen* 基因及 *BEPK* 基因外，其他的编号均为基因库内的编号

Except *Pto* gene，*Fen* gene and *BEPK* gene，all other genes are numbered as the GenBank

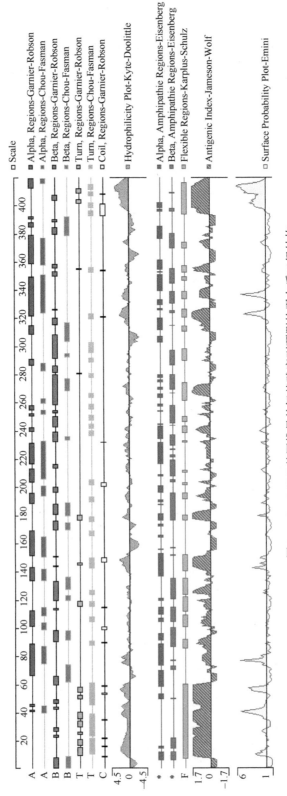

图 9-5-12 *BEPK* 基因推导的氨基酸序列预测的蛋白质二级结构

Fig. 9-5-12 The predicted secondary structure of BEPK protein

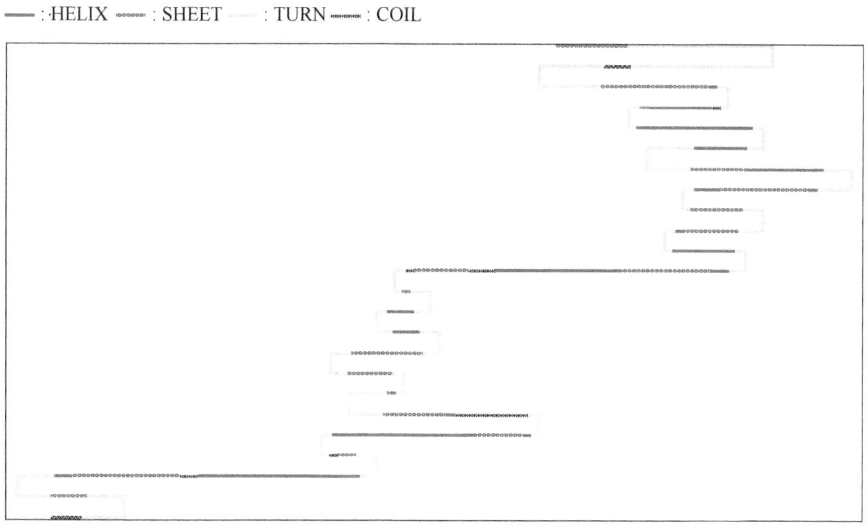

—— :HELIX ······ : SHEET ———— : TURN ——— : COIL

图 9-5-13　由 DNASIS 预测的 BEPK 蛋白质二级结构
Fig. 9-5-13　The predicted secondary structure of BEPK protein

三、云南野生稻 *BEPK* 基因的研究探讨

通过比较分析所克隆的植物抗病基因发现其间存在有许多共性，大部分的抗病基因间均可能存在共同的结构域。利用这些结构域中的保守氨基酸序列从植物中获取新的抗病基因，目前已有成功的报道。从野生稻中克隆抗病同源基因序列尚少有报道。我们从云南野生稻中克隆了一批抗性基因同源片段（R-片段），通过比较这些 R-片段，发现了一个在亲缘关系相对较远的稻属作物中均存在的 STK 类 R-片段，我们将这一片段所属的基因称为普遍存在的蛋白激酶基因（*BEPK*）。进一步研究发现该片段在各种野生稻及栽培稻中均有组成型的表达，说明 *BEPK* 基因很可能是一个具有重要功能的基因。通过所设计的特异性引物，我们从所能获得的所有稻属作物中均扩增到了 *BEPK* 基因约 400 bp 的片段并进行了序列分析。以其中一个片段为探针，从基因数据库中分别获取了该基因所属的一个 cDNA 克隆序列和一个 BAC 克隆序列，该 BAC 克隆来源于水稻 9 号染色体。对 cDNA 序列的编码框预测，*BEPK* 基因编码一个丝氨酸/苏氨酸蛋白激酶类的胞内蛋白。

利用预测的 BEPK 氨基酸序列在基因库中进行搜索，尚未发现已知功能的 *BEPK* 基因同源基因，属于一个新的 STK 类基因家族中的成员。目前克隆的该类抗病基因只有一个，即番茄抗霜霉病基因 *Pto*。*Pto* 基因虽然没有 NBS-LRR 结构域，但大量实验表明，*Pto* 基因与 *avr-Pto* 在细胞内能够直接相互作用（Scofield et al.，1996），引起抗病性反应，*BEPK* 基因可能也具有类似的功能。有趣的是，*BEPK* 基因中含有较多的亮氨酸（43 个），占所有氨基酸残基的 10% 以上，但并不属于 LRR 类型，但仔细分析也可发现一些具有 LRR 结构的区域。LRR 结构域在抗病基因与无毒基因间的互作主要起识别受体的作用，不知该基因内存在的大量亮氨酸是否也与蛋白质间的某种特异识别有关。由于该基因在稻属作物中的普遍存在，对该基因的功能研究将有重要的意义，该基因的功能研究可采用反义 RNA 策略或应用超表达技术进行。

第六节　云南普通野生稻和地方稻 *WRKY45* 基因的克隆及遗传转化

在植物界中，有多个转录因子家族参与植物对生物或非生物胁迫的应答反应。其中，*WRKY* 基因家族是高等植物中十个最大的转录因子家族之一，且已发现它们在绿色植物（绿藻和陆生植物）中广泛存在（Ulker and Somssich，2004）。*WRKY* 基因编码的转录因子参与调节植物中不同的生物反应过程，如对生物和非生物胁迫的应答、种子发育、植物发育代谢、植物衰老反应及其他一些反应过程（Rushton et al.，2010）。第一个编码 WRKY 蛋白的基因 *SPF1* 首先从甘薯（*Ipomoea batatas*）中克隆出来（Ishiguro and Nakamur，1994）。随后，在大约 20 种植物中发现 *WRKY* 基因的存在，如拟南芥（Deslandes et al.，2002）、野生燕麦（Rushton et al.，1995）、大麦（Sun et al.，2003）、水稻（Kim et al.，2000）、欧芹（Cormack et al.，2002）、小麦（Sun et al.，2003）等。

WRKY 转录因子是一类含有高度保守的 WRKY 结构域的锌指蛋白。该保守结构域大约由 60 个氨基酸残基组成，在其氨基（N）端含有 7 个氨基酸残基的保守序列，即 WRKYGQK，在其羧基（C）端有 $CX_{4-5}CX_{22-23}HXH$ 形式的锌指类结构（Ross et al.，2007）。根据 WRKY 域的数量及其锌指结构特征，一般将 WRKY 转录因子分为三大类：第 I 类含有 2 个 WRKY 域，其锌指结构为 C_2H_2(C-X$_{4-5}$-C-X$_{22-23}$-H-X-H)；第 II 类只含 1 个 WRKY 域，其锌指结构与第 I 类靠近 C 端的相似，大多数 WRKY 转录因子都属于第 II 类；第 III 类也只含 1 个 WRKY 域，但其锌指结构为 C_2-HC（C-X$_7$-C-X$_{23}$-H-X-C）（苏琦等，2007）。

目前，已在水稻中发现了 100 多个 WRKY 转录因子成员。第一个被克隆的水稻 *WRKY* 基因是 *OsWRKY4*，此后，大量的水稻 *WRKY* 基因被克隆出来，而且其功能得到了广泛的研究。Qiu 等（2004）从水稻中克隆了 13 个 *WRKY* 基因，对其非生物逆境胁迫后的表达谱分析后表明，部分 *WRKY* 基因可能涉及水稻的耐逆反应，如内源性过表达 *OsWRKY11* 能增强水稻对高温和干旱的耐受性。外源性过表达 *OsWRKY45* 可以增强拟南芥的抗病性和对干旱的耐受性（Qiu et al.，2004）。Shimono 等（2007）的研究表明，过表达 *OsWRKY45* 可以增强水稻对稻瘟病的抗性。本研究以抗稻瘟病能力很强的景洪直立紫秆普通野生稻和地方稻为材料，克隆 *WRKY45* 基因，构建了带安全筛选标记甘露糖异构酶基因（*PMI*）的表达载体，通过农杆菌介导法转化到栽培粳稻中，为后续揭示云南野生稻的抗逆基因分子基础，研究野生稻 *WRKY45* 基因在转基因粳稻中的作用和获得抗稻瘟病的水稻新材料奠定基础。

一、云南普通野生稻和地方稻 *WRKY45* 基因的研究材料和方法

彭绍裘等（1982）和梁斌等（1999）分别对云南野生稻进行稻瘟病抗性的鉴定，认为云南野生稻中没有高抗稻瘟病的品种，仅有中抗和敏感性品种，其中元江和景洪的普通野生稻都是高感品种。本研究组于 2001~2002 年用 8 个代表性稻瘟病菌株对景洪直立型普通野生稻进行稻瘟病抗性鉴定，表明景洪直立紫秆普通野生稻高抗稻瘟病，这可能与景洪直立型普通野生稻存在抗稻瘟病基因有关。云南地方稻 SB70 对稻瘟病菌也表现

出较高的抗性。朱永生（2003）将 47 个稻瘟病菌单孢分离物接种 SB70，结果表明其对供试菌株中的 41 个表现抗性，抗病频率达 87.2%，抗病能力与稻瘟病广谱抗性基因 *Pi2* 相当。鉴于此，本实验选取景洪普通野生稻和地方稻 SB70 作为研究材料，从中克隆抗稻瘟病基因 *WAKY45*，并将其转化栽培稻，为获得抗稻瘟病的水稻材料奠定基础。

（一）*WRKY45* 基因的研究材料

水稻（*Oryza sativa*）品种 SB70 是云南地方栽培稻，种子由云南农业科学院生物研究所分子生物学中心保存，采用发芽后四叶期幼苗。景洪直立紫秆普通野生稻幼嫩叶片采自云南农业科学院生物研究所温室。

大肠杆菌 DH5α、农杆菌 LBA4404、表达载体 pBI121 和 pCAMBIA1300 由云南省农业科学院生物所保存。载体 pMD19-T、T₄DNA 连接酶、限制性内切酶等购自宝生物工程（大连）有限公司，质粒提取试剂盒、凝胶回收试剂盒为博大泰克生物技术有限公司产品，PCR 产物纯化试剂盒及 DNA 聚合酶购自生工生物工程（上海）股份有限公司，其他试剂为国产分析纯。引物由上海生工合成。

（二）*WRKY45* 基因的克隆及遗传转化研究方法

1. *WRKY45* 基因的克隆及序列分析

分别取 0.2 g 栽培稻和野生稻幼嫩叶片，液氮研磨至粉末状，采用 CTAB 法提取其 DNA。

在 GenBank 中搜索到水稻 *WRKY45* 基因序列（登录号 AY870611.1 和 BK005048），根据此序列设计一对引物 WRKY45-1（5′-CGGCAGCGGCAGTGTAGTGT-3′）和 WRKY45-2（5′-CGCGTGGAATCCATCTTCTTTC-3′）。扩增产物纯化后与 pMD19-T 载体连接，转化大肠杆菌 DH5α，蓝白斑筛选，酶切鉴定后进行测序，获得克隆载体 pMD-*WRKY45*。利用 DNAMAN 软件对 *WRKY45* 基因及其编码氨基酸进行序列比对分析和聚类分析，利用在线分析工具 http://www.expasy.org/对其编码多肽的一级结构进行分析，DNASIS 软件对其二级结构进行分析。

2. 表达载体的构建

根据测序结果，设计一对引物 WRKY45-11（5′-TTCTCTAGAAGCGGCAGTGTAGTGTCAGTC-3′）和 WRKY45-12（5′-TACGAGCTCGATCAAAAGCTCAAACCCATAAT-3′），在其 5′端分别加上 *Xba* I 和 *Sac* I 酶切位点，以 pMD-*WRKY45* 为模板，扩增 *WRKY45* 基因。将表达载体 pBI121 上的 *GUS* 基因表达盒切下，克隆到表达载体 pCAMBIA1300（其上的潮霉素基因 *htp* 被甘露糖异构酶基因 *PMI* 代替）中，然后用 *WRKY45* 基因替换 *GUS* 基因，转化大肠杆菌感受态，经酶切鉴定和测序鉴定正确后的阳性克隆，命名为 pCAM-*WRKY45*。

3. 农杆菌介导的遗传转化

采用电击法将 pCAM-*WRKY45* 导入农杆菌 LBA4404，经菌液 PCR 检测获得转化用的农杆菌，于–80℃保存备用。挑取制备好的农杆菌单菌落，接种到 YEP 培养基中，28℃

振荡培养至 OD_{600} 约 0.9，离心后菌体用 AAM 液体培养基重悬至 OD_{600} 约 0.5，用于共培养。将诱导的栽培稻云资粳 41 号愈伤组织切成 3～4 mm 的小块，放在共培养基上，将重悬的农杆菌菌液滴到愈伤组织上，28℃黑暗培养 2～3 天。与含有 pCAM-WRKY45 农杆菌菌液共培养后的愈伤组织用无菌水清洗 4～5 次，含有 250 mg/L 头孢噻肟钠的无菌水于摇床振荡清洗，再用含 500 mg/L 头孢噻肟钠的 MS 洗液清洗过夜，吸干水分，转接到 PMI 筛选培养基上。抗性愈伤经分化后获得的转基因植株采用 CTAB 法提取 DNA，PCR 检测阳性植株数。

二、云南普通野生稻和地方稻 *WRKY45* 基因的比较

水稻 *WRKY45* 基因的克隆及序列分析表明，GenBank 中粳稻 *WRKY45* 基因全长 1293 bp，编码区长 981 bp，籼稻 *WRKY45* 基因全长 1149 bp，编码区为 957 bp，在起始密码子上游和终止密码子下游各设计一条引物扩增该基因，从景洪直立紫秆普通野生稻和 SB70 中扩增得到约 1.3 kb 的条带（图 9-6-1），纯化后连到 T 载体，蓝白斑筛选，酶切鉴定，能切出约 1.3 kb 的条带（图 9-6-2），将鉴定正确的克隆测序。去除载体序列后，来自景洪直立紫秆普通野生稻和 SB70 的 *WRKY45* 基因分别长 1282 bp 和 1283 bp，可读框都为 969 bp。序列分析后发现，与栽培粳稻相比，景洪直立紫秆普通野生稻的 *WRKY45* 基因（命名为 *JHWRKY45*）在编码区有 5 个位点的核苷酸差异，SB70 的 *WRKY45* 基因（命名为 *SBWRKY45*）除具有与景洪普通野生稻相同的差异外，还有 3 个位点有差异，其中 648 位点是同义突变。与栽培籼稻相比，*JHWRKY45* 有 1 个位点的差异，*SBWRKY45* 有 2 个位点的差异（表 9-6-1）。此外，*JHWRKY45* 和 *SBWRKY45* 在 1020～1031 位点都有 12 个碱基的缺失，导致在推导的氨基酸序列中第 277～280 位点有 4 个甘氨酸的缺失。

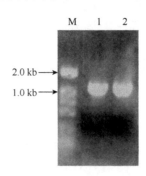

图 9-6-1　*JHWRKY45* 和 *SBWRKY45* 基因的扩增
Fig. 9-6-1　The PCR amplification of *WRKY45* gene
M. DL2000 Marker；1. *JHWRKY45*；2. *SBWRKY45*

从 GenBank 中查找了 93-11、珍汕 97、栽培籼稻、Dongjin、Mudanjing、日本晴、栽培粳稻、大麦、小麦的 *WRKY45* 基因编码的氨基酸序列，与 *JHWRKY45* 和 *SBWRKY45* 基因推导的氨基酸序列进行比对，发现 N 端都具有 7 个氨基酸（WRKYGQK）组成的保守结构（图 9-6-3），C 端具有 C_2-HC（C-X_7-C-X_{23}-H-X-C）的锌指结构，说明本实验克隆到的 2 个基因片段属于第Ⅲ类 WRKY 转录因子。蛋白质结构预测表明，它们都定位在细胞核中，且都属于亲水性的可溶蛋白。进一步对上述 *WRKY45* 基因推导的氨基

酸序列进行聚类分析（图 9-6-4），发现 JHWRKY45 和 SBWRKY45 与籼稻的 WRKY45 相似性最高，聚为一类，与粳稻的 WRKY45 相似性稍低，而与大麦和小麦的 WRKY45 相似性很低。

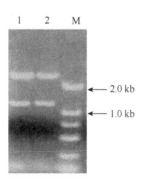

图 9-6-2　重组质粒的双酶切鉴定

Fig. 9-6-2　Identification of the recombinant plasmids

M. DL2000 Marker；1. T-*JHWRKY45*；2. T-*SBWRKY45*

表 9-6-1　*WRKY45* 基因 DNA 序列及推导的相应氨基酸残基序列差异

Table 9-6-1　Difference of DNA and deduced amino acid sequences of *WRKY45* gene among different rice

位点 sites	景洪直立紫秆普通野生稻 Jinghong erect type of purple *O. rufipogon*		三磅七十萝 SB70 *Oryza sativa*		粳稻 *O. sativa* Japonica Group		籼稻 *O. sativa* Indica Group	
	A	B	A	B	A	B	A	B
283	A	Asn^{95}	A	Asn^{95}	G	Asp^{95}	A	Asn^{95}
331	A	Thr^{111}	A	Thr^{111}	T	Ser^{111}	A	Thr^{111}
448	A	Met^{150}	A	Met^{150}	C	Leu^{150}	A	Met^{150}
559	G	Ala^{187}	A	Thr^{187}	G	Ala^{187}	G	Ala^{187}
595	G	Asp^{199}	G	Asp^{199}	A	Asn^{199}	G	Asp^{199}
621	C	His^{207}	C	His^{207}	A	Gln^{207}	C	His^{207}
648	C	Val^{216}	T	Val^{216}	C	Val^{216}	C	Val^{216}
757	G	Val^{253}	A	Ile^{253}	G	Val^{253}	A	Ile^{253}

注：A. 核苷酸差异（nucleotide differences）；B. 氨基酸差异（amino acids differences）；氨基酸右上角数值表示 *WRKY45* 基因编码氨基酸的位置（The number in top right corner of amino acid indicates position of amino acid）

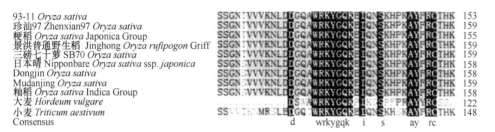

图 9-6-3　几种 WRKY45 蛋白的多序列比对（部分序列）

Fig. 9-6-3　Multiple alignment of several WRKY45 protein（partial sequence）

黑色部分表示一致性为 100%，阴影部分表示一致性为 75%

The dark domain means identity level is 100%，the shade domain means identity level is 75%

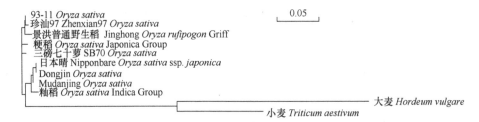

图 9-6-4　JHWRKY45 和 SBWRKY45 与已报道的 WRKY45 蛋白的系统发育分析
Fig. 9-6-4　Phylogenetic analysis of WRKY45 of JHWRKY45、SBWRKY45 and other WRKY45

三、云南普通野生稻 *WRKY45* 基因转化与功能分析

（一）*WRKY45* 基因表达载体构建

　　将 *WRKY45* 基因导入水稻，并使之过量表达，通过分析转基因植株的抗病性，为进一步利用该基因奠定基础。为此，构建 *WRKY45* 基因的带安全筛选标记 PMI 的植物表达载体。用含 *Xba* I 和 *Sac* I 酶切位点的引物从 T 载体上扩增 *WRKY45* 基因，得到 1234 bp 长的片段，扩增产物用 DNA 凝胶回收试剂盒纯化回收后，用 *Xba* I 和 *Sac* I 酶切，纯化回收。质粒 pCAMBIA1300（PMI）用 *EcoR* I 和 *Hind*III酶切，回收大片段后，与经相同酶切后回收的 pBI121 小片段连接，转化大肠杆菌 DH5α，提取质粒，经鉴定正确后，用 *Xba* I 和 *Sac* I 从阳性克隆质粒上切下 *GUS* 基因，回收载体大片段，与上述酶切后的 *WRKY45* 基因连接，转化大肠杆菌 DH5α，Kna 筛选，提取质粒，用 *Xba* I 和 *Sac* I 进行酶切鉴定和电泳检测，能切出大约 1.2 kb 的片段（图 9-6-5），与目的基因大小一致，经测序验证其正确性。说明目的基因表达载体已成功构建，分别命名为 pCAM-*SBWRKY45* 和 pCAM-*JHWRKY45*。

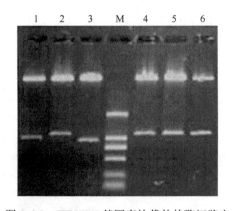

图 9-6-5　*WRKY45* 基因表达载体的酶切鉴定
Fig. 9-6-5　Identification of expression vector by double digestion
M. DL2000 Marker；1～3. pCAM-*SBWRKY45* 的双酶切；4～6. pCAM-*JHWRKY45* 的双酶切
M. DL2000 Marker；1～3. Double digestion of pCAM-*SBWRKY45*；4～6. Double digestion of pCAM-*JHWRKY45*

（二）农杆菌介导的 *WRKY45* 基因水稻遗传转化

　　将与农杆菌共培养后的愈伤于含 10 g/L 甘露糖和 20 g/L 蔗糖的 MS 培养基上筛选 2

次，将抗性愈伤转入分化培养基上分化得到再生植株（图 9-6-6）。经 PCR 鉴定表明，部分植株和阳性对照中能扩增出 1.2 kb 左右的特异条带（图 9-6-7），而阴性对照中未能扩增出条带，最后得到 24 株转基因阳性植株。

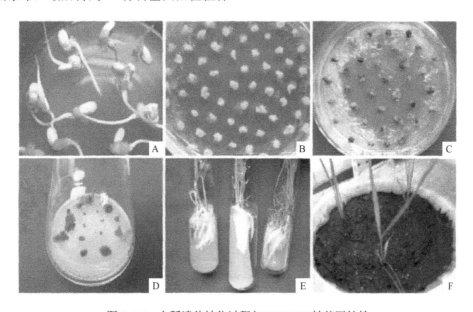

图 9-6-6　水稻遗传转化过程与 *WRKY45* 转基因植株

Fig. 9-6-6　The transformation and *WAKY45* in putative transgenic plantlets of rice

A. 云资粳 41 愈伤诱导；B. 愈伤组织的共培养；C. 抗性愈伤组织的筛选；D. 抗性愈伤组织的分化；

E. 转化植株的生根壮苗；F. 转化植株的种植

A. Callus induce of Yunzijing 41；B. Co-culture of rice callus；C. Screen of resistant callus；D. Differentiation of

resistant callus；E. Rooting and strengthening of transformed plantlets；F. Planting of transformed plants

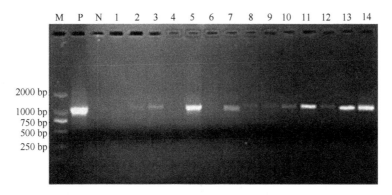

图 9-6-7　部分转基因植株中 *WRKY45* 基因的 PCR 检测

Fig. 9-6-7　PCR analysis of *WRKY45* in putative transgenic plantlets

M. DL2000 Marker；P. 阳性对照；N. 阴性对照；1～14. 转基因植株

M. DL2000 Marker；P. Positive control；N. Negative control；1～14. Putative transgenic plantlets

四、云南普通野生稻 *WRKY45* 基因可用于提高栽培稻抗逆性

迄今为止，已在水稻栽培种粳稻日本晴和籼稻 93-11 中分别预测到 103 个和 102 个 *WRKY* 基因，这个基因大家族在水稻抗病、耐逆和一些信号通路中扮演了重要的角色

（Ross et al.，2007）。已有研究表明，*OsWRKY45* 基因在水稻抗旱和抵抗稻瘟病菌的过程中发挥重要的作用。但是，抗稻瘟病的景洪普通野生稻和地方稻 SB70 中是否具有 *WRKY45* 基因，以及其在抗病和耐逆过程中是否发挥作用还不清楚，也未见报道。本研究从景洪直立紫秆普通野生稻克隆的 *WRKY45* 基因，序列分析表明其与栽培稻中 *WRKY45* 基因有较高的相似性，其编码的氨基酸也具有 WRKY 蛋白特有的 WRKYGQK 保守结构域。但是，将景洪普通野生稻的 *WRKY45* 基因序列和氨基酸序列与几种常见栽培粳稻和栽培籼稻比对后发现，它与栽培籼稻的相似性更高。黄燕红等（2003）的研究表明，中国普通野生稻主要以偏粳型为主，但也存在少数偏籼型。因此可以推测，景洪普通野生稻在漫长的进化过程中逐渐向籼型水稻方向发展，故其有些基因在结构上与籼稻存在较高的相似性。而且景洪普通野生稻与籼稻都是生长在较热的地区，与籼稻有较为相似的遗传特性。

已有研究表明，水稻 *WRKY45* 基因由一对等位基因 *OsWRKY45-1* 和 *OsWRKY45-2* 组成，它们编码的蛋白质有 10 个氨基酸的差异，因而在水稻-细菌的相互作用中起着相反的作用（Rushton et al.，2010）。*OsWRKY45-1* 存在于粳稻中，*OsWRKY45-2* 存在于籼稻，这两个等位基因都能对水稻稻瘟病产生抗性，但却差异调节对白叶枯病的抗性，*OsWRKY45-1* 是负调控因子，*OsWRKY45-2* 则是正调控因子。二级结构分析表明，本研究获得的景洪普通野生稻和地方稻 SB70 的 WRKY45 在蛋白质结构上与栽培籼稻的OsWRKY45-2 更相似，这说明它们可能具有相似的功能。本研究将 *JHWRKY45* 构建到带安全筛选标记的表达载体上，转入云南栽培粳稻中，进一步研究其在转基因粳稻中的功能。下一步将对转基因植株的 T_1 代在孕穗期进行抗病性鉴定和表型调查，抗稻瘟病能力提高的后代植株将用于水稻的抗性育种，这为后续通过杂交获得聚合多个抗稻瘟病基因的水稻新材料奠定了基础。

第七节　疣粒野生稻应答白叶枯病（Xoo）的基因芯片分析

水稻白叶枯病的病原菌是黄单胞菌水稻致病变种（*Xanthomonas oryzae* pv. *oryzae*，Xoo），疣粒野生稻是其寄主之一。疣粒野生稻中含有抗白叶枯病基因，高抗白叶枯病（章琦等，1994；何光存等，1998；朱永生等，2004）。疣粒野生稻属 GG 基因组，与 AA 基因组的栽培稻亲缘关系远，自然条件下很难杂交，个别杂交成活例子也是高度不育（黄艳兰等，2000），难以通过常规杂交育种将疣粒野生稻中的基因转入栽培稻。基因芯片技术已被应用于抗病抗逆研究，用微阵列技术分析基因表达谱，能提供大量信息，有助于阐明防御应答网络，可分析评价多种防御途径之间的交流，有利于对抗病机制的了解和抗病候选基因的筛选。我们希望利用芯片技术从疣粒野生稻中发掘、筛选出白叶枯病抗性相关基因，为水稻白叶枯病抗性育种提供新资源。用微阵列技术分析栽培稻应答 Xoo基因表达谱已有文献报道（Kottapalli et al.，2007；Li et al.，2006；Zhou et al.，2002）。疣粒野生稻基因组大小为 1201 Mb，约为栽培稻的 2.7 倍（Uozu et al.，1997），因此用水稻芯片分析筛选不到疣粒野生稻特有的一些基因。许多微阵列分析采用的是商品化的模式植物芯片，如水稻、拟南芥、番茄等模式植物的商品化基因芯片已有出售，而疣粒野生稻资源稀缺，尚未见其商品化的芯片出售。本研究以高抗白叶枯病的疣粒野生稻为材料，以构建好的文库质粒为样品，制作了疣粒野生稻应答 Xoo 基因芯片，通过芯片杂交及微阵列分析，筛选出系列白叶枯病抗性相关基因，以期为疣粒野生稻优良基因的发掘和利用提供帮助，从而为探究疣粒野生稻抗白叶枯病机制奠定基础。

一、疣粒野生稻应答 Xoo 的基因芯片的制备

（一）研究材料及处理方法

疣粒野生稻（*Oryza granulata*）植株采于云南景洪曼丢，于温室中培养繁殖。黄单胞杆菌水稻致病变种（*Xanthomonas oryzae* pv. *oryzae*，Xoo）菌种 C1 为中国强致病生理小种，Y8 为云南强致病生理小种。疣粒野生稻应答 Xoo 的抑制差减文库是以疣粒野生稻叶片为材料，用活化的 C1 和 Y8 菌株剪叶接种孕穗期的疣粒野生稻叶片，接种后 24 h、48 h、72 h、96 h、120 h 等量取材。以接种病原菌作为差减杂交的试验方，以接种蒸馏水作为驱动方，构建的抑制差减文库含 744 个质粒，平均插入片段 500 bp。

疣粒野生稻应答 Xoo 的均一化 cDNA 文库包含自然条件下和 Xoo 刺激下叶片中表达的 cDNA，质粒插入片段多在 1000 bp 以上。

（二）基因芯片的制备

1. 芯片制品

1）样品的准备

微阵列芯片的样品 DNA 来自于疣粒野生稻应答 Xoo 的均一化 cDNA 文库和抑制差减文库。用碱裂解法提取均一化后的 cDNA 文库质粒 1692 个，分别编号为 1～1692；提取抑制差减文库质粒共 744 个，编号为 1693～2436。内参选择疣粒野生稻的持家基因 *β-actin*，用 RT-PCR 扩增出 *β-actin*，作为阳性对照。阳性对照 8 个，编号为 2437～2444；阴性对照（20×SSC，成分为 88.2 g/L 柠檬酸钠和 175.3 g/L 氯化钠）8 个，编号为 2445～2452。用 SSC 调整质粒及对照溶液，使盐离子终浓度为 3 mol/L。按顺序上样于 384 孔板上。

2）矩阵设计与点样

用英国 RioRobotics 公司的 MicroGridII 生物芯片点样仪点样，一张芯片上有两个大的矩阵，32 个小矩阵，片基用美国 ErieScientific 公司的 super frost plus glass slides。选用实心针，4×4 排列，矩阵设计为 9×9，点间距 0.5 mm。图 9-7-1 显示了样品点在芯片上的排列分布情况。

3）芯片的交联与扫描

将芯片放于 HW-8B 型超级微量恒温器上，保湿 10～30 s 后放入 Stratagene 公司的 UV Stratalinker 2400 紫外交联仪内交联 10 min。交联后的基因芯片用 AxonInstruments 公司的 GenePix4000B 扫描仪进行荧光扫描，该扫描仪配有 GenePixPro 生物芯片分析软件。

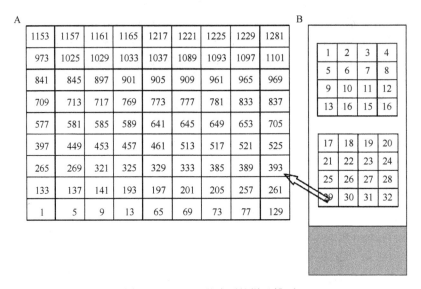

图 9-7-1　DNA 微阵列的样品排列

Fig. 9-7-1　The arrangement of samples on DNA microarray

A. 29 号小矩阵中样品点的排列；B. 32 个小矩阵在玻片上的排列

A. The samples arrangement on small microarray No. 29；B. 32 microarrays arranged on glass

2. 芯片杂交

1）RNA 提取

分别以景洪疣粒野生稻接种 Xoo（C1 和 Y8）菌株 24 h、48 h、72 h 及接种蒸馏水（对照）的叶片为材料，采用 TRIZOL Reagent 方法，提取叶片总 RNA。采用紫外分光光度法测浓度，并进行电泳检测。

2）荧光标记

总 RNA 反转录时进行荧光标记，3 个处理等量混合用 cy5 标记，对照用 cy3 标记，反应体系为 40 μL。取对照 RNA 10 μL（7 μg）或接种处理 24 h、48 h、72 h 的 RNA 各 5 μL（共 15 μg），Oligo（dT）3 μL，70℃条件下放置 5 min 后，立即放于冰上，再加 5×缓冲液 8 μL、10×low T dNTP mix 4 μL、cy3-dUTP（对照）或 cy5-dUTP（处理）4 μL、RNasin 1.5 μL、MMLV 1 μL，加水补到 40 μL，37℃条件下放置 2 h，70℃条件下放置 10 min。

3）杂交与扫描

预杂交时，将芯片放到有浸湿滤纸的杂交盒中，在芯片点阵位置滴加 42℃预热的杂交液，完全覆盖住点阵，盖上盖玻片，将杂交盒放入 42℃的温箱中保温 2 h；在洗脱液中漂洗 5 min，用四蒸水漂洗后甩干。杂交时，cy3 和 cy5 标记的样品等量混合，再与杂交液等量混合。将芯片放到有浸湿滤纸的杂交盒上，在芯片点阵位置滴加 42℃预热的混合液，完全覆盖住点阵，盖上盖玻片，将玻璃杂交盒放入 42℃的温箱中保温 4 h。洗涤与扫描时，将杂交好的芯片用洗液 I（20×SSC：10% SDS：ddH₂O=5：1：100）和洗液 II（20×SSC：10% SDS：ddH₂O=1：4：400）在 30℃水浴（80 r/min）中各洗 5 min，然后用四蒸水漂洗，甩干后扫描。

4）图像扫描数据的获取

采用 GenePixPro 生物芯片分析软件，计算机生成 32 个小矩阵网格，调节确定网格在芯片扫描图像上的位置，对样点进行识别并读取数据，弃除无效数据（flags≥0，前景值–背景值+2SD≥0），对所有有效数据点的杂交信号作散点图，计算各点 R 值，即先计算内参 cy5/cy3 值，用内参 cy5/cy3 平均值对所有有效数据点进行归一化处理，各点归一化处理后的 cy5/cy3 比值为 R 值。$R≥1.5$ 的为明显上调表达；$R≤0.5$ 的为明显下调表达；$R=0.5\sim1.5$ 的为表达无明显变化。选取微阵列点上的克隆测序，在 NCBI 基因库上进行比对。

5）芯片杂交结果的 RT-PCR 验证

以半定量 RT-PCR 验证微阵列上基因的表达情况，内参为疣粒野生稻的持家基因 $\beta\text{-}actin$，选取微阵列上的部分点，根据测序结果设计引物（表 9-7-1）。采用 TRIZOL Reagent 方法，分别以景洪曼丢疣粒野生稻接种 Xoo（C1 和 Y8）菌株 24 h、48 h、72 h、96 h、120 h 及未接种（接蒸馏水）叶片为材料提取总 RNA，取 2 μg 进行反转录合成 cDNA，用等量模板进行 PCR 扩增。以各基因点与 $\beta\text{-}actin$ 光密度值之比判定基因表达情况。

表 9-7-1　引物序列
Table 9-7-1　The sequence of primers

芯片编号 Chips No.	引物序列 Primer sequens
β-actin	F：5′-GCAGAAGGATGCCTATGTTG-3′；R：5′-GGACCCTCCTATCCAGACAC-3′
1943	F：5′-CGCGGATCCAAGCTTATCGAT-3′；R：5′-GCCTTGACATTCTCAAGGAAC-3′
1938	F：5′-ATTACCTACAACGTGGGAATGG-3′；R：5′-ATTTCGGAGGCTTCTGGGTA-3′
1784	F：5′-CGCGGATCCAAGCTTATCGAT-3′；R：5′-GCGTGAAGAAAGGAACCAGC-3′
1906	F：5′-ATGAGGTTGAAGGCAGAC-3′；R：5′-GGGTGGAGGTAGAATAACAG-3′
2416	F：5′-AAACAATGTCAAAGCCCTAT-3′；R：5′-TCTCACGCCTGAAGATACTG-3′

二、疣粒野生稻应答 Xoo 的基因芯片的质量分析

（一）疣粒野生稻应答 Xoo 的基因芯片点制

交联后的基因芯片进行荧光扫描，扫描结果未出现漏点情况，点大多圆而饱满，排列较整齐（图 9-7-2）。

（二）疣粒野生稻应答 Xoo 的扫描

提取的总 RNA 在反转录时标记荧光，未接种的对照用 cy3 标记，接种 Xoo 的用 cy5 标记，与点制好的芯片杂交，对杂交后的芯片进行扫描，结果显示 20% 左右的点差异表达明显，但芯片下部背景值偏高（图 9-7-3）。

（三）图像采集及数据分析

从杂交数据看，R 值偏低。根据各点杂交信号生成杂交信号散点图（图 9-7-4），在斜率为 1 的线上的点是表达无变化的基因，越远离该线的点代表该基因表达差异越明显。

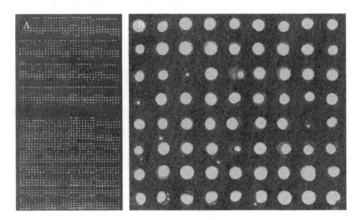

图 9-7-2　交联后未杂交芯片扫描图
Fig. 9-7-2　Scanning map of the chip before hybridization
A. 整体；B. 局部放大
A. The whole；B. Local amplification

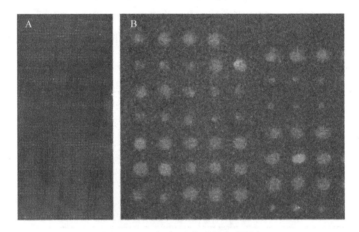

图 9-7-3　杂交后芯片的扫描图
Fig. 9-7-3　Scanning map of the chip after hybridization
A. 整体；B. 局部放大
A. The whole；B. Local amplification

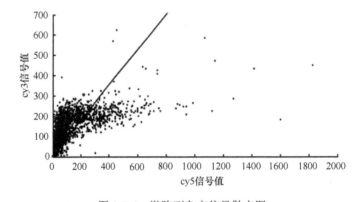

图 9-7-4　微阵列杂交信号散点图
Fig. 9-7-4　Scatterplot of hybridization signal intensity in microarray

（四）RT-PCR 验证

以 *β-actin* 为内参，对芯片上编号为 1943、1938、1784、1906、2416 的基因点进行半定量 RT-PCR 检测（图 9-7-5），芯片杂交数据显示，上述编号基因点的 R 值分别为：1.379 31、2.382 643、0.333 038、1.574 396、1.201 795。可见 1938 号基因表达明显上调，而 1784 号基因表达下调，结果一致。

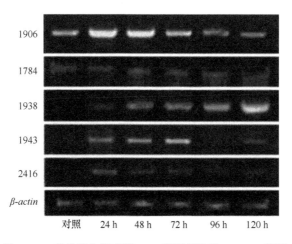

图 9-7-5　疣粒野生稻应答 Xoo 基因表达的 RT-PCR 验证
Fig. 9-7-5　RT-PCR confirmation of *O. granulata* gene expression in response to Xoo

（五）测序比对

芯片上 2436 个样品点中，选取近 800 个点的克隆进行测序分析。测序有效片段 783 个，将其在 NCBI 基因库中比对，结果见表 9-7-2。有 35 个点无同源序列，由于水稻基因组测序已完成，因此比对无同源序列的克隆可能是疣粒野生稻特异的，应答 Xoo 接种在叶中表达的基因，有可能是抗白叶枯病新基因。

表 9-7-2　基因表达和测序比对结果统计
Table 9-7-2　Summary of gene expression and the results of sequencing and BLAST

芯片样品数 The number of chips	明显上调表达的基因 significantly up-regulated expression of genes	表达无明显变化的基因 Insignificantly expression of genes	明显下调表达的基因 significantly down-regulated expression of genes
2436（数据有效 2282）	383	1063	836
测序有效片段中无同源序列的 35	4	13	18
测序有效片段中有同源序列的 748	100	296	352

比对功能已知基因中明显上调表达的基因有富含脯氨酸蛋白、泛素连接酶、伸展蛋白、谷胱甘肽 *S*-转移酶 II、脂类转移酶等；明显下调表达的基因有细胞色素 P450 单加氧酶、醛缩酶、金属硫蛋白、硫氧还蛋白、热激蛋白等；表达无明显变化的基因有抗坏血酸过氧化物酶、转铜伴侣、脂酶、花丝温敏 H2A 蛋白等。另外，10 个未知功能的序列上传 NCBI 基因库注册。

测序比对结果中应答基因的主要类型有：NBS-LRR 型基因、蛋白质降解相关基因、热激蛋白基因、金属硫蛋白基因、转铜伴侣基因查耳酮合酶基因、酯类相关基因、磷酸化相关基因等。根据芯片比对结果，编号为 1734、2225、2350、2325 的 4 个序列属于脂质转运蛋白（lipid transfer protein，LTP）基因，R 值分别为 1.070 94、1.483 213、1.539 210、0.870 633，多为上调表达。编号为 2150、1926、2430、2288 的 4 个序列属于热激蛋白（heat-shock protein，HSP）基因，R 值分别为 0.857 391、0.926 755、0.489 434、0.838 338。编号为 2398、2393、2432、1943 的 4 个序列属于泛素类物质基因（有泛素连接酶基因和泛素结合酶基因），R 值分别为 2.382 643、0.195 78、0.838 338、1.379 31。其中 1943 号同源基因登录号为 NM-001036151，被病原菌诱导上调表达。

根据 1943 号克隆测序结果设计引物，用 cDNA 末端快速扩增技术（RACE）扩增到该基因的 cDNA 全长序列，包含 1496 个核苷酸，编码 148 个氨基酸。推导出的蛋白质理论等电点（pI）为 8.07，分子质量为 16.51 kDa。利用 DAS 跨膜预测服务站对该蛋白质进行跨膜域预测的结果显示，该序列有明显的跨膜区域（图 9-7-6）。采用 SMART 软件对其进行结构域分析，发现在 4～147 位氨基酸残基之间存在一个泛素结合蛋白共有的保守 UBCc 结构域，属于泛素结合酶 E2 类基因。

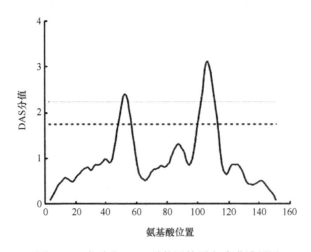

图 9-7-6　芯片上 1943 号基因的蛋白跨膜域预测
Fig. 9-7-6　Transmembrane-segment prediction of the protein of No. 1943 gene on the chip

三、疣粒野生稻应答 *Xoo* 的基因芯片价值

栽培稻基因组大小为 450 Mb，疣粒野生稻基因组大小为 1201 Mb，蓝伟侦等（2006）对水稻和几种野生稻基因组研究后发现，中度和高度重复序列占栽培稻和疣粒野生稻基因组比例为（47.10±0.16）% 和（44.38±0.13）%，栽培稻和疣粒野生稻基因组各有 365 Mb 和 591 Mb 是基因组中的单拷贝和低拷贝序列，可能是基因，或者是非编码序列。栽培稻基因组 DNA 在疣粒野生稻基因组中的覆盖率约为 93.6%，被栽培稻基因组覆盖的疣粒野生稻基因组大小约为 1123 Mb，另有 78 Mb 的序列为疣粒野生稻有而栽培稻没有，因此我们认为比对中无同源序列的 35 个克隆应属于这 78 Mb 中的序列。

根据芯片比对结果，编号为 1734、2225、2350、2325 的 4 个序列属于脂质转运蛋白

（LTP）基因，多为上调表达。脂质转运蛋白是病程相关蛋白，属于 PR-14 家族，与角质层和蜡质层的形成有关，离体条件下有抗真菌和细菌的特性。在烟草和拟南芥中，*LTP* 基因的表达增强都提高了植物对病原菌的抗性（Molina and García-Olmedo，1997；Chassot et al.，2007）。LTP 蛋白质有类似激发子的作用，能启动植物过敏反应和非特异性系统抗性（Buhot et al.，2001）。在葡萄中 LTP 和茉莉酸被认为是系统获得性抗性中可以移动的信号物（Girault et al.，2008）。

　　编号为 2150、1926、2430、2288 的 4 个序列属于热激蛋白（HSP）基因，热激蛋白 HSP90 有分子伴侣功能，多种 R 蛋白要完成其功能需要 HSP90 帮助其正确折叠（Shirasu and Schulze-Lefert，2003）。

　　克隆编号为 1943 序列被病原菌诱导上调表达，该基因具有明显的跨膜区域（图 9-7-6），在 4~147 位氨基酸残基之间存在一个泛素结合蛋白共有的保守 UBCc 结构域，属于泛素结合酶 E2 类基因。植物可通过泛素活化酶（E1）、泛素结合酶（E2）和泛素连接酶（E3）等泛素分子的联合作用将靶蛋白泛素化降解而建立起植物防御，包括基因对基因抗性、早期防御反应和诱导疾病抗性等不同防御（Delaure et al.，2008）。例如，RAR1 和 SGT1 是 R 基因介导的抗病反应途径的早期信号成员，它们可与 E3 结合而被泛素化。R 蛋白完成功能后，也会被泛素化降解（Kim and Delaney，2002）。

　　基因芯片技术在植物抗细菌（Naidoo et al.，2007）、真菌（Myburg et al.，2006；Coram and Pang，2005）、病毒（Pompe-Novak et al.，2006）病害的研究中得到广泛运用，由此筛选到许多抗病相关基因。例如，Wang 等（2005）用来自于差减文库的 cDNA 微阵列分析了接种晚疫病菌后马铃薯晚疫病数量抗性相关基因表达模式，获得了 114 个应答晚疫病菌的未知功能新基因；庄晓峰等（2005）用水稻 cDNA 微阵列检测水稻近等基因系 H7R/H7S 受稻瘟病菌诱导的表达谱差异，获 137 条未知基因，其中发现一个新的抗稻瘟病的 *OsBTB* 基因。另外，基因芯片所含 EST 的数量对筛选结果影响很大。储昭辉等（2004）在构建水稻全生育期均一化 cDNA 文库时发现，分别用孕穗期的叶片、接种了白叶枯病原菌的叶片、抽穗期全株水稻建成的 cDNA 文库所含的 EST 有很大差别。本研究的芯片样品来源的两个文库都是用疣粒野生稻的叶片构建的，只有在叶中表达的基因才有可能被筛选到，而在其他器官特异表达的基因用该芯片筛选不到。除植物基因芯片外，病原菌的基因芯片也已被用于植物的抗病研究中（张新建，2006）。相信随着微阵列上基因样品达到一定的数目，高通量的 cDNA 微阵列能成为研究植物抗病机制和克隆新的抗病基因的重要手段。

参 考 文 献

储昭辉，彭开蔓，张利达，周斌，魏君，王石平. 2004. 水稻全生育期均一化 cDNA 文库的构建和鉴定. 科学通报，47(21): 1656-1662.

何光存，Blackhall N, Devey M R. 1998. 栽培稻与 4 种野生稻的原生质体融合. 武汉植物学研究, (1): 11-17.

黄艳兰，舒理慧，祝莉莉，廖兰杰，何光存. 2000. 栽培稻×中国疣粒野生稻种间杂种的获得与分析. 武汉大学学报，46(6): 739-744.

黄燕红，才宏伟，王象坤. 2003. 亚洲栽培稻分散起源的研究. 植物遗传资源学报, 4(3): 185-190.

黄志华，薛庆中. 2006. 假基因的组成、分布及其分子进化. 植物学通报, 23(4): 402-408.

蓝伟侦，何光存，吴士筠，覃瑞. 2006. 利用水稻 *C0t-1* DNA 和基因组 DNA 对栽培稻、药用野生稻和疣粒野生稻基因组的比较分析. 中国农业科学, 39(6): 1083-1090.

梁斌, 肖放华, 黄费元, 彭绍裘, 陈勇, 戴陆园, 刘二明. 1999. 云南野生稻对稻瘟病的抗性评. 中国水稻科学, 13(3): 183-185.

陆朝福, 李晓兵, 朱立煌, 章琦, 杨文才, 赵炳宇, 王春莲. 1996. 用 PCR 技术诊断水稻白叶枯病抗性. 遗传学报, 23(2): 110-116.

马伯军, 王文明, 周永力, 朱立煌, 翟文学. 1999. 水稻抗白叶枯病基因 Xa4 的 PCR 标记研. 遗传, 21(3): 9-12.

彭绍裘, 魏子生, 毛昌祥, 黄河清, 肖放华, 罗宽. 1982. 云南省疣粒野生稻、药用野生稻和普通野生稻多抗性鉴定. 植物病理学报, 17(4): 58-60.

苏琦, 尚宇航, 杜密英, 杜进民. 2007. 植物 WRKY 转录因子研究进展. 中国农学通报, 23(5): 94-98.

万丙良, 张献龙. 1998. Xa21 基因的分子生物学研究进展. 中国水稻科学, 12(2): 115-118.

王象坤, 孙传清. 1996. 中国栽培稻起源与演化研究专集. 北京: 中国农业大学出版社.

王忠华, Redus M, 贾育林. 2005. 水稻抗稻瘟病基因 Pi-ta 共显性分子标记的建立. 中国水稻科学, 19(6): 483-488.

杨勤忠, 杨佩文, 王群, 刘继梅, 鄢波, 李家瑞, 黄兴奇. 2001. 水稻抗病基因同源序列的克隆及测序分析. 中国水稻科学, 15(4): 241-247.

张武汉, 何强, 舒服, 邓华凤. 2006. 非 AA 型野生稻资源在水稻育种中的利用. 杂交水稻, 21(5): 1-7.

张新建. 2006. 用基因芯片技术分析水稻白叶枯病菌浸染过程的基因表达图谱. 北京: 中国农业科学院博士学位论文.

章琦, 王春莲, 施爱农, 白建法, 林世成, 李道远, 陈成斌, 庞汉华. 1994. 野生稻抗白叶枯病性(*Xanthomonas oryzae* pv. *oryzae*)的评价. 中国农业科学, 27(5): 1-9.

周玮斌, 史晰, 詹树萱, 孙崇荣, 曹凯鸣. 2001. 普通野生稻中 NBS 同源序列的克隆和分析. 复旦学报, 40(5): 516-520.

朱永生. 2003. 云南稻三磅七十箩抗稻瘟病基因分析. 武汉: 华中农业大学博士学位论文.

朱永生, 陈葆棠, 余舜武, 张端品, 张雪琴, 颜秋生. 2004. 不对称体细胞杂交转移疣粒野生稻对水稻白叶枯病的抗性. 科学通报, 49(14): 1395-1398.

庄晓峰, 董海涛, 李德葆. 2005. 水稻抗病性反应的 cDNA 微阵列分析及一个新基因 *OsBTB* 的发现. 植物病理学报, 35(3): 221-228.

Bent A F, Kunkel B N, Dahlbeck D, Brown K L, Schmidt R, Giraudat J, Leung J, Staskawicz B J. 1994. RPS2 of *Arabidopsis thaliana*: a leucine-rich repeat class of plant disease resistance genes. Science, 265: 1856-1860.

Bryan G T, Wu K S, Farrall L, Jia Y, Hershey H P, Ncadams S A, Fauk K N, Donaldson G K, Sun Chuanxin R, Palmqvist S, Olsson H, Boren M. 2003. Staffan Ahlandsberg and Christer Jansson. A novel WRKY transcription factor, SUSIBA2, participates in sugar signaling in barley by binding to the sugar-responsive elements of the iso1 promoter. The Plant Cell, 15: 2076-2092.

Buhot N, Douliez J P, Jacquemard A, Marionb D, Tran V, Maume B F, Milat M L, Ponchet M, Mikès V, Kader J C. 2001. A lipid transfer protein binds to a receptor involved in the control of plant defenses responses. FEBS Lett, 509: 27-30.

Chassot C, Nawrath C, Metraux J P. 2007. Cuticular defects lead to full immunity to a major plant pathogen. Plant J, 49: 972-980.

Chen S Y. 1999. Molecular cloning, chromosomal mapping and expression analysis of disease resistance homologues in rice(*Oryza sativa* L.). Chinese Science Bulletin, 44(13): 1202-1207.

Coram T E, Pang E C K. 2005. Isolation and analysis of candidate ascochyta blight defence genes in chickpea. Part Ⅱ. Microarray expression analysis of putative defence-related ESTs. Physiol Mol Plant Pathol, 66: 201-210.

Cormack R S, Eulgem T, Rushton P J, Köchner P, Hahlbrock K, Somssich I E. 2002. Leucine zipper-containing WRKY proteins widen the spectrum of immediate early elicitor-induced WRKY transcription factors in parsley. Biochim Biophys Acta, 1576: 92-100.

Delaure S L, van Hemelrijck W, de Bolle M F C, Cammue B P A, de Coninck B M A. 2008. Building up plant defenses by breakingdown proteins. Plant Sci, 174: 375-385.

Deslandes L, Olivier J, Theulieres F, Hirsch J, Feng DX, Bittner-Eddy P, Beynon J, Marco Y. 2002. Resistance to Ralstonia solanacearum in *Arabidopsis thaliana* is conferred by the recessive RRSI-R gene, a member of a novel family of resistance genes. PNAS, 99(4): 2404-2409.

Dunigan D D, Madlener J C. 1995. Serine-threonine protein phosphates is required for tobacco mosaic virus-mediated programmed cell death. Virology, 207: 460-466.

Flor H H. 1971. Current status of the gene-for-gene concept. Annu Rev Phytopathol, 9: 275-296.

Girault T, Francois J, Rogniaux H, Pascal S, Delrot S, Coutos-Thevenot P, Gome E. 2008. Exogenous application of a lipid transfer protein-jasmonic acid complex induces protection of grapevine towards infection by *Botrytis cinerea*. Plant Physiol Biochem, 46: 140-149.

Grant M R, Godiard L, Straube E, Ashfield T, Lewald J, Sattler A, Innes R W, Dangl J L. 1995. Structure of the *Arabidopsis* RPM1 gene enabling dual specificity disease resistance. Science, 269: 843-846.

Hammond-Kosack K E, Jones J D G. 1997. Plant disease resistance genes. Annu Rev Plant Physiol Plant Mol Biol, 48: 575-607.

Ishiguro S, Nakamur K. 1994. Characterization of a cDNA encoding a novel DNA-binding protein, SPF1, that recognizes SP8 sequences in the 5′ upstream regions of genes coding for sporamin and beta-amylase from sweet potato. Mol Gen Genet, 244(6): 563-571.

Jia Y L, McAdams S A, Bryan G T, Hershey H P, Valent B. 2000. Direct interaction of resistance gene and avirulence gene products confers rice blast resistance. The EMBO Journal, 19(15): 4004-4014.

Jia Y L, Wang Z H, Singh P. 2002. Development of dominant rice BLAST Pi-ta resistance gene markers. Crop Science, 42(6): 2145-2149.

Jones D A, Parnisk M. 1997. Characterization of the tomato Cf-4 gene for resistance to *Cladosporium fulvum* identifies sequences that determine recognition specificity in Cf-4 and Cf-9. Plant Cell, 9: 2209-2224.

Kanazin V, Marek L F, Shoearker R C. 1995. Resistance gene analogsace conserved and clustered in soybean. Proc Natl Acad Sci USA, 93: 11746-11750.

Kim C Y, Lee S H, Park H C, Bae C G, Cheong Y H, Choi Y J, Han C, Lee S Y, Lim C O, Cho M J. 2000. Identification of rice blast fungal elicitor-responsive genes by differential display analysis. Mol Plant Microbe Interact, 13: 470-474.

Kim H S, Delaney T P. 2002. *Arabidopsis* SON1 is an F-box protein that regulates a novel induced defense response independent of both salicylic acid and systemic acquired resistance. Plant Cell, 14: 1469-1482.

Kottapalli K R, Rakwal R, Satoh K, Shibato J, Kottapalli P, Iwahashi H, Kikuchi S. 2007. Transcriptional profi ling of *indica* rice cultivar IET8585(Ajaya)infected with bacterial leaf blight pathogen *Xanthomonas oryzae* pv. *oryzae*. Plant Physiol Biochem, 45: 834-850.

Leister D, Kurth J, Laurie D A, Yano M, Sasaki T, Graner A, Schulze Lefert P. 1999. RFLP and Physical mapping of resistance gene homologues in rice(*Oryza sativa* L.)and barley(*H. vulgare*).Theor Appl Genet, 98: 509-520.

Levine A, Tenhaken R, Dixon R, Lamb C. 1994. H_2O_2 from the oxidative burst orchestrates the plant hypersensitive disease resistance response. Cell, 79: 583-593.

Li Z Y, Chen S Y. 1999. Molecular cloning, chromosomal mapping and expression analysis of disease resistance homologues in rice(*Oryza sativa* L.). Chinese Science Bulletin, 44(13): 1202-1207.

Loh Y T, Martin G B. 1995. The Pto bacterial resistance gene and the Fen insecticide sensitivity gene encode functional specificity. Plant Physiol, 108: 1735-1739.

Lourdes G G, Zsuzsa B, Thomas B. 2002. Both the extracellular leucine-rich repeat domain and the kinase activity of FLS2 are required for flagellin binding and signaling in *Arabidopsis*. Plant Cell, 13(5): 1155-1163.

Mago R, Nair S, Mohann M. 1999. Resistance gene analogues from rice: cloning, sequencing and mapping. Theor Appl Genet, 99: 50-57.

Martin G B, Brommonschenkel S H, Chunwongse J, Frary A, Ganal M W, Spivey R, Wu T, Earle E D, Tanksley S D. 1993. Map-based cloning of a protein kinase gene conferring disease resistance in tomato. Science, 262: 1432-1436.

Meyers B C, Dickerman A W, Michelmore R W. 1999. Plant disease resistance genes encode members of an ancient and diverse protein family with in the nucleotide binding superfamily. Plant J, 20: 317-332.

Mindrinos M, Katagiri F, Yu G L, Ausubel F M. 1994. The *A. thanliana* disease resistance gene RPS2 encodes a protein containing a nucleotide-binding site and leucine repeats. Cell, 78: 1089-1099.

Molina A, García-Olmedo F. 1997. Enhanced tolerance to bacterial pathogens caused by the transgenic expression of barley lipid transfer protein LTP2. Plant J, 12: 669-675.

Myburg H, Moese A M, Amerson H V, Kubisiak T L, Huber D, Osborne J A, Garaia S A, Nelson C D, Davis J M, Covert S F. 2006. Differential gene expression in loblolly pine(*Pinus taeda* L.)challenged with the fusiform rust fungus, *Cronartium quercuum* f. sp. *fusiforme*. Physiol Mol Plant Pathol, 68: 79-91.

Naidoo S, Murray S L, Denby K J, Berger D K. 2007. Microarray analysis of the *Arabidopsis thaliana* cir1(constitutively induced resistance 1)mutant reveals candidate defence response genes against *Pseudomonas syringae* pv. *tomato* DC3000. S Afr J Bot, 73: 412-421.

Pompe-Novak M, Gruden K, Baebler S, Krecic-Stres H, Kovac M, Jongsma M, Ravnikar M. 2006. Potato virus Y induced changes in the gene expression of potato(*Solanum tuberosum* L.). Physiol Mol Plant Pathol, 67: 237-247.

Qiu Y P, Jing S J, Fu J, Li L, Yu D Q. 2004. Cloning and analysis of expression profile of 13 WRKY genes in rice. Chin Sci Bull, 49(20): 2159-2168.

Ross C A, Liu Y, Shen Q X. 2007. The WRKY gene family in rice. Journal of Integrative Plant Biology, 49(6): 827-842.

Rushton P J, Macdonald H, Huttly A K, Lazarus C M, Hooley R. 1995. Members of a new family of DNA-bineling proteins bind to a conserved *cis*-element in the promoters of *a-Amyz* genes. Plant Molecular Biology, 29(4): 691-702.

Rushton P J, Somssich I E, Ringler P, Shen Q J. 2010. WRKY transcription factors. Trends Plant Science, 15(5): 247-258.

Salmeron J M, Oldroyd G E, Rommens C M, Scofield S R, Kim H S, Lavelle D T. 1996. Tomato Prf is a member of the leucine-rich repeat class of plant disease resistance genes and Lies embedded within the Pto kinase gene cluster. Cell, 86: 123-133.

Scofield S R, Tobias C M, Rathjen J P, Chang J H, Lavelle D T, Michelmore R W, Staskawicz B J. 1996. Molecular basis of gene-for-gene specificity in bacterial speck disease of tomato. Science, 274: 2063-2065.

Shimono M, Sugano S, Nakayama A, Jiang C J, Ono K, Toki S, Takatsuji H. 2007. Rice WRKY45 plays a crucial role in benzothiadiazole inducible blast resistance. Plant Cell, 19(6): 2064-2076.

Shirasu K, Schulze-Lefert P. 2003. Complex formation, promiscuity and multi-functionality: protein interactions in disease-resistance pathways. Trends Plant Sci, 8: 252-258.

Song W Y, Wang G L, Chen L L, Kim H S, Pi L, Tom H, Gardner J, Wang B, Zhai W X, Zhu L H. 1995. Claude Fauquet and Pamela Ronald. A receptor kinase-like protein encoded by the rice disease resistance gene, *Xa21*. Science, 270: 1840-1806.

Sun C X, Palmqvist S, Olsson H, Borén M, Ahlandsberg S, Jansson C. 2003. A novel WRKY transcription factor, SUSIBA2, participates in signaling in barley by binding to the sugar-responsive elements of the iso1 promoter. The Plant Cell, 15: 2076-2092.

Suzuki N, Choe H R, Nishida Y, Ymawaki-Kataoka Y, Ohnishi S, Tamaoki T, Kataoka T. 1990. Leucine-rich repeats and carboxyl terminus are required for interaction of yeast adenylate cyclase with RAS protein. Proc Natl Acad Sci USA, 87: 8711-8715.

Ulker B, Somssich I E. 2004. WRKY transcription factors: from DNA binding towards biological function. Current Opinion Plant Biology, 7: 491-498.

Uozu S, Ikehashin H, Ohmido N, Ohtsubo H, Ohtsubo E, Fukui K. 1997. Repetitive sequences: cause for variation in genome size and chromosome morphology in the genus *Oryza*. Plant Mol Biol, 35: 791-799.

Wang B L, Liu J, Tian Z D, Song B T, Xie C H. 2005. Monitoring the expression patterns of potato genes associated with quantitative resistance to late blight during *Phytophthora infestans* infection using cDNA microarrays. Plant Sci, 169: 1155-1167.

Wang Z X, Yano M, Yamanouchi U, Iwamoto M, Monna L, Hayasaka H, Katayose Y, Sasaki T. 1999. The *Pi-b* gene for rice blast resistance belongs to the nucleotide binding and leucine repeat class of plant disease resistance genes. The Plant Journal, 19(1): 55-64.

Xue Y B, Tang D Z, Zhang Y S, Li W. 1998. Isolation of candidate R disease resistance gene from rice. Chinese Science Bulletin, 43(6): 497-500.

Yu Y G, Buss G R, Maroof M A S. 1996. Isolation of a super family of candidate disease-resistance genes in soybean based on a conserved nucleotide binding site. Proc Natl Acad Sci USA, 93: 11751-11756.

Zhou B, Peng K M, Chu Z H, Wang S P, Zhang Q F. 2002. The defense- responsive genes showing enhanced and repressed expression after pathogen infection in rice(*Oryza sativa* L.). Sci China(Series C), 45(5): 449-467.

Zhou J, Loh Y T, Bressan R A, Martin G B. 1995. The tomato gene Ptil1 encodes a serine/threnine kinase that is phosphorylated by Pto and is involved in the hypersensitive response. Cell, 83: 925-935.

Zhou J, Tang X Y, Martin G B. 1997. The Pto kinase comferring resistance to tomato bacterial speck disease interacts with proteins that bind a cis-element of pathogenesis-related genes. EMBOJ, 16: 3207-3218.

第十章　云南野生稻基因文库的构建及应用

第一节　云南野生稻细菌人工染色体（BAC）文库

　　基因组大片段插入文库为开展基因组的分化组成、基因的表达与调控、染色体区段的分子物理作图（physical mapping）等领域的研究和基因克隆提供了技术平台。该技术的发展主要经历了 3 个阶段：Cosmid 文库阶段、YAC 文库阶段、BAC 文库阶段。Cosmid 文库是为了克隆和增殖基因组 DNA 大片段而设计的，在用于高等植物的基因图位克隆时，由于其插入片段过小而进行操作步骤的次数太多，因此限制了它的应用。近年来得到广泛应用的人工染色体主要是 YAC、BAC 和 PAC。然而，YAC 具有转化效率低、嵌合体高及插入片段回收困难等难以克服的缺点；比较而言，BAC 具有嵌合、重排频率相对低，外源 DNA 能较稳定遗传，转化效率高，重组 DNA 容易分离等优点，弥补了 YAC 的不足，转化前又无需对重组子 DNA 进行包装，且易于 PAC，所以 BAC 得到了迅速发展和广泛的应用。近几年来，BAC 克隆系统已成为构建基因组大片段插入文库应用最广泛的系统，几十种植物（包括大多数重要农作物）、动物（Lambrecht et al.，1999），甚至线粒体等细胞器（张方东等，2000）的 BAC 文库正在构建或已构建完毕，BAC 文库的构建及应用得到了快速发展（王文明等，2001；覃瑞等，2001；胡正等，2003）。但到目前为止，除了本研究以外，对于云南野生稻 BAC 文库的构建还未见报道。本研究通过对云南野生稻 BAC 文库的构建，在分子水平上保存了云南野生稻的遗传物质，不仅较完整地保存了云南野生稻的核基因组，还可以进一步用来发掘利用云南野生稻的有利基因。

一、云南野生稻细菌人工染色体（BAC）文库的构建策略

（一）材料与试剂

1. 植物材料

　　野外采集的云南药用野生稻和疣粒野生稻种植于温室中，待发出嫩叶后，收集嫩叶材料用于提取核基因组 DNA。

2. 主要溶液和试剂

　　试剂盒采用美国 Epicentre 公司的 Copy Control™ BAC Cloning Kits，包括 CopyControl™ pCC1BAC™ Vector、Fast-Link™ DNA Ligase、Fast-Link™ 10×Ligation Bufer、ATP 等 EP1300 感受态细胞。氯霉素、Spermidine 和 Spermine 为 Sigma 产品，琼脂糖、Lambda Ladder PFG Marker 购自 New England Biolabs 公司。

（二）文库构建方法

1. 高分子质量核基因组 DNA 的制备

主要参照 Zhang（2000）的方法分离细胞核。收集的细胞核液于 45℃ 水浴中预热 5 min，加入等体积 45℃ 预热的 1% 低熔点琼脂糖，混匀。快速将上述混合液加入 plug 模具中，静置凝固约 1 h。将 plug 转移到 5~10 倍的含蛋白酶 K 裂解溶液（lysis buffer）中，在 50℃ 的环境中轻微摇晃 48 h，充分裂解细胞核膜。裂解后的 plug 放在 20 倍体积冰冷的 TE（含 0.1 mol/L 苯甲基磺酰氟 PMSF）中（王文明等，2001），置于冰上 1 h，重复洗 3 次，处理好的 plug 放入 TE 中，4℃ 储存备用。

2. BAC 文库的形成

用 0.8 U $EcoR$ I 酶，37℃ 条件下酶切 8 min，按下列条件脉冲电泳：温度 12.5℃，泵 80，电泳角度 120°，脉冲时间 5~50 s，电场强度 6 V/cm，电泳时间 18 h。切下 DNA 分子质量在 100~300 kb 的胶条于透析袋中，电泳透析回收 DNA 大片段。大片段 DNA 和载体以 4∶1 浓度连接后与大肠杆菌感受态细胞进行电击转化（转化条件为 1.5 kV，25 mF，200 Ω），将转化物悬浮于 1 mL SOC 液中，37℃ 摇床培养 1 h。涂于培养平板上，37℃ 培养 24~36 h。人工挑取白色菌落，接种于 80 μL 含氯霉素冻存培养基的 384 孔板中，37℃ 静置培养过夜。–70℃ 保存。

3. 文库鉴定与分析

随机挑取若干单个白色克隆分别接种到含氯霉素的 LB 培养基中，培养菌液。碱裂解法提取质粒 DNA，Not I 酶解后，脉冲电泳温度 12.5℃，泵 80，脉冲角度 120°，脉冲时间 5~15 s，电场强度 6 V/cm，电泳时间 16 h。EB 染色，在紫外光下检测插入的 DNA 片段大小。为检测 BAC 克隆的稳定性，随机挑选 4 个 BAC 克隆作继代培养，分别提取第 1 代和第 100 代细菌培养物中 BAC 克隆质粒 DNA，Not I 酶切后，脉冲电泳检查 BAC 克隆在继代培养前后是否有变化。

4. 云南野生稻 BAC 文库构建示意图

BAC 文库构建步骤示意图如图 10-1-1 所示。

二、云南野生稻细菌人工染色体（BAC）文库的构建

（一）云南野生稻高分子质量 DNA 的获得

按照下列浓度梯度（0、0.2、0.4、0.6、0.8、1.0、1.5、2.0、5.0，酶浓度单位符号为 U）加限制性内切酶 $EcoR$ I，37℃ 条件下分别酶切 6 min、8 min、9 min、10 min、12 min，部分酶切的 DNA 片段大小主要集中在 100~300 kb，此时的酶浓度为最佳酶切浓度，经多次试验比较，酶切时间 8 min 时较适宜的酶切浓度为 0.6~1.0 U，其中 0.8 U 为最佳酶切浓度。通过不同方法的比较研究，建立了一种有效提取野生稻核基因组大片段 DNA 的技术体系，重复性好，每次都能获得大量的大片段 DNA（图 10-1-2，图 10-1-3）。大片

段 DNA 浓度通过与 λDNA 浓度梯度比较来确定。

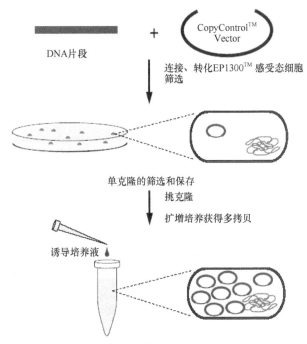

图 10-1-1 BAC 文库构建步骤示意图
Fig. 10-1-1 The construction schematic diagram of BAC library

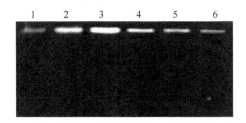

图 10-1-2 大片段疣粒野生稻 DNA
Fig. 10-1-2 Large DNA fragment of *O. granulata*
1、2、3 分别为 10 ng、20 ng、50 ng λDNA；4、5、6 是 100～300 kb DNA 片段
1，2，3. λDNA 10 ng，20 ng and 50 ng respectively；4，5，6. Large DNA fragment from 100 kb to 300 kb

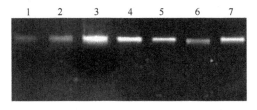

图 10-1-3 大片段药用野生稻 DNA
Fig. 10-1-3 Large DNA fragment of *O. officinalis*
1、2、3 分别为 10 ng、20 ng、50 ng λDNA；4、5、6、7 是 100～300 kb 的 DNA 片段
1，2，3. λDNA 10 ng，20 ng and 50 ng respectively；4，5，6，7. Large DNA fragment from 100 kb to 300 kb

（二）核基因组大片段 DNA 的连接转化

通过多次的连接转化实验，优化了野生稻核基因组大片段 DNA 的连接转化条件，即 25 ng 的 pCC1BAC^{TM} Vector 与约 100 ng 的大片段连接，2 μL 连接产物与 50 μL EP1300 感受态细胞混匀后电击转化效果最好，每次转化都能够得到较多的白色克隆，而出现的蓝色克隆很少，都少于 1%，符合 BAC 文库构建所要求的转化标准。

（三）云南野生稻 BAC 文库的 DNA 插入片段

随机挑取 80 个克隆，用限制性内切酶 Not I 酶切检测，每个克隆子都含有插入片段（图 10-1-4，图 10-1-5）。其中云南疣粒野生稻 BAC 文库大小分布在 40～200 kb，平均长度约为 80 kb（图 10-1-6）；云南药用野生稻 BAC 文库大小分布在 40～140 kb，平均长度为 70 kb（图 10-1-7）。根据保存的 25 000 个克隆计算，所建云南疣粒野生稻 BAC 文库的容量约为疣粒野生稻基因组（12 010 Mb）的 4.6 倍；所建云南药用野生稻 BAC 文库的容量约为药用野生稻基因组（670 Mb）的 4.1 倍。达到了建库所要求的理论值。

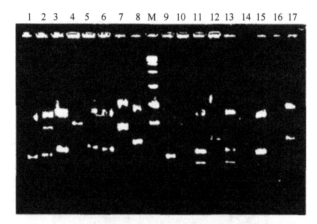

图 10-1-4　云南疣粒野生稻 BAC 克隆 Not I 酶切图谱
Fig. 10-1-4　*O. granulata* BAC digested with restriction enzyme *Not* I
M. λ-ladder；1～17. BAC clones

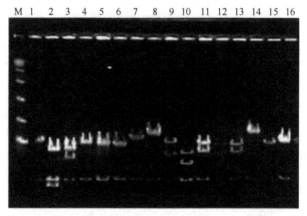

图 10-1-5　云南药用野生稻 BAC 克隆 Not I 酶切图谱
Fig. 10-1-5　*O. officinalis* BAC digested with restriction enzyme *Not* I
M. λ-ladder；1～16. BAC clones

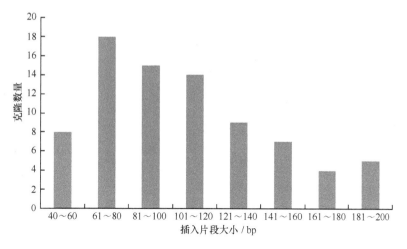

图 10-1-6 云南疣粒野生稻 BAC 文库插入片段的分布（80 个克隆分析结果）
Fig. 10-1-6 Distribution of insert sizes of clones in the *O. granulata* BAC library（80 BAC clones were checked for insert sizes）

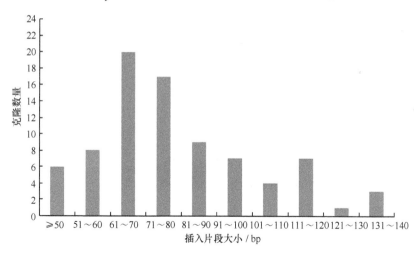

图 10-1-7 云南药用野生稻 BAC 文库插入片段的分布（80 个克隆分析结果）
Fig. 10-1-7 Distribution of insert sizes of clones in the *O. officinalis* BAC library（80 BAC clones were checked for insert sizes）

（四）云南野生稻 BAC 文库的稳定性分析

BAC 载体系统较 YAC 的优点之一，就是其插入片段非常稳定。图 10-1-8 和图 10-1-9 表明，随机挑取文库中 4 个克隆经继代培养，结果第 100 代插入片段的酶切图谱较第 1 代的无任何明显差异，充分说明所构建的云南野生稻 BAC 文库是稳定的。

三、云南野生稻 BAC 文库构建的意义

云南的 3 种野生稻是重要的资源材料，多年来由于缺乏有效的保护措施，野生稻种群数量濒临灭绝，特别是疣粒野生稻和药用野生稻种群分别由原有的约 112 个和 13 个减

图 10-1-8　云南疣粒野生稻 BAC 克隆的稳定性检测
Fig. 10-1-8　Checking the stability of *O. granulata* BAC clones
M. λ-ladder；1. 第 1 代；2. 第 100 代
M. λ-ladder；1. The first generation；2. The one hundredth generation

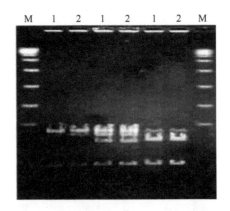

图 10-1-9　云南药用野生稻 BAC 克隆的稳定性检测
Fig. 10-1-9　Checking the stability of *O. officinalis* BAC clones
M. λ-ladder；1. 第 1 代；2. 第 100 代
M. λ-ladder；1. The first generation；2. The one hundredth generation

少为 37 个和 3 个，因此保存保护刻不容缓。本研究通过构建云南疣粒野生稻和云南药用野生稻基因组 DNA 的 BAC 文库，对于云南野生稻遗传资源的保护和研究具有非常重要的作用。一方面对于采用保护生物学原理和技术来保护处于濒危状态的云南野生稻资源，在分子水平上进行保存，以和其他细胞、异位、原位保护组成立体保存保护网络；另一方面利用 BAC 文库分离克隆基因，为发掘和利用云南野生稻中的优良性状基因奠定了基础。

第二节　云南野生稻双元细菌人工染色体（BIBAC）文库

构建基因组 DNA 大分子文库是基因克隆和基因组研究的基础。新基因的克隆通常需要对候选克隆进行基因功能互补试验，用第 2 代载体 YAC、BAC 和 PAC 等构建基因组文库进行目的基因的筛选，在获得候选克隆后，要进行亚克隆，对每个亚克隆逐一进行基因功能互补试验，不仅工作量大，而且有遗漏目的基因的缺陷（Liu and Whittier，1994；何瑞锋和丁毅，1999）。第 3 代新型载体双元细菌人工染色体（BIBAC）和 TAC（transformation-competent artificial chromosome），不仅能作为大片段基因组文库的载体，而且能通过根癌农杆菌介导将克隆片段直接导入植物基因组进行功能互补试验，效率比较高，实现基因的成簇转移，减少基因表达沉默。

一、云南药用野生稻 BIBAC 文库的构建

药用野生稻（*Oryza officinalis*）属 CC 基因组型（染色体数 $2n=24$），与栽培稻 AA 基因组型差异较大。通过传统的有性杂交方式转移药用野生稻的优良性状和基因，主要存在杂交不亲和、杂交不育等生殖障碍及重组频率低、不易存活等问题。而通过构建药用野生稻的基因组大分子文库，开展大片段转化，可为野生稻优良基因的发掘和利用提供新的技术手段。

云南药用野生稻起源于云南，植株具有高度的可塑性，抗病能力强，稻米品质优良。本研究以云南药用野生稻为材料，利用 $BIBAC_2$ 载体构建了云南药用野生稻基因组 DNA 文库，该文库包含 53 760 个克隆，平均插入片段 76 kb，保存在 140 块 384 孔板中，其库容相当于药用野生稻基因组的 5.86 倍。通过该文库的研究应用，可以分析和分离云南药用野生稻优良性状和基因，为拓宽栽培稻的遗传基础服务。

（一）云南药用野生稻 BIBAC 文库构建材料与试剂

1. 植物材料

药用野生稻为孟定类型，来源于云南耿马孟定遮甸亚热带雨林区，种植于云南省农业生物技术重点实验室温室。

2. 试剂

CIAP 碱性磷酸酶、T_4 DNA Ligase 为 Fermentas 产品；*Not* I 购自宝生物工程（大连）有限公司；其他限制性内切酶购自 Fermentas 公司。分子质量标准 Lambda Ladder PEG Marker（N0340S）购自新西兰 BioLabas 公司。农杆菌 COR308、大肠杆菌 DH10B 为云南省农科院生物技术与种质资源研究所保存。克隆载体 $BIBAC_2$ 由美国 Cornell 大学赠送。

（二）云南药用野生稻 BIBAC 文库构建方法

以云南药用野生稻孕穗期幼嫩叶片为材料，提取其基因组 DNA。

1. 药用野生稻目标大片段的获得

参照 Carol（1997）的方法。

2. 基因组 DNA 琼脂糖块的制备

参照 Carol（1997）的方法。

3. 琼脂糖块最佳部分酶切条件的摸索

主要考虑限制性内切酶的用量和酶切时间。分别用不同的酶浓度和不同的酶切时间

进行酶切预试验。

取上述琼脂糖块 6 个，每个琼脂糖块被切成均等的 8 小片，放入酶切平衡液中平衡后，转到 1.5 mL 离心管中，每管放入 16 小片，加入 150 μL 的酶切消化液消化。

按照 1.0 U、2.0 U、5.0 U、12.0 U、15.0 U、30.0 U 的酶浓度单位加限制性内切酶 BamH I。混匀后冰上放置 2 h，37℃，分别酶切 15 min、20 min、25 min、30 min、60 min。反应完毕后立即加入 1/10 体积的 0.5 mol/L 的 EDTA（pH 8.0）终止反应。

用脉冲电泳分析酶切效果，以部分酶切后 DNA 片段大小集中在 60～200 kb 时的酶切浓度为最佳条件。

4. 大片段 DNA 的部分酶切和目标片段的回收

按照摸索的条件，用限制性内切酶大量酶切包埋于琼脂糖块中的基因组 DNA。脉冲电泳后切取含目标片段的胶块，置于透析袋中，通过电洗脱回收目标 DNA。

5. BIBAC$_2$ 载体质粒的大量提取与纯化

BIBAC$_2$ 载体质粒按碱裂解法提取。先用 CsCl-EtBr 梯度平衡离心法纯化闭环 DNA 质粒，再用 PEG 沉淀法进行第 2 次纯化。BamH I 完全酶切，酶切后用 CIAP 碱性磷酸酶去除磷酸。定量后等份分装，储存于–20℃备用。

6. 连接

取回收的大片段 DNA 与 BIBAC$_2$ 载体进行连接，载体与大片段在 60℃条件下温浴 10 min，室温冷却 15 min 后，再加入 T$_4$ DNA Ligase。连接体系 10 μL。连接产物脱盐、浓缩。

7. 电击转化和阳性菌落的保存

连接产物电击转化到大肠杆菌 DH10B 感受态细胞中，涂布于含 50 mg/mL 的 Kna 和 5%蔗糖的 LB 平板中，37℃，12～18 h。挑取阳性克隆于 384 孔板中，–80℃保存。

8. 云南药用野生稻 BIBAC 文库的分析鉴定

1）插入片段大小的鉴定

从平板中随机挑取 50 个白色克隆，分别接种到 1 mL 含 50 mg/L Kna 和 5%蔗糖的 LB 培养基中，37℃条件下培养过夜，用碱裂解法提取质粒。提取的质粒用 Not I 进行酶切，37℃条件下，2～4 h，或过夜。65℃水浴 10 min 分离黏性末端。酶切片段用脉冲电泳分离，EB 染色后，紫外灯下检测插入的 DNA 片段的大小。

2）BIBAC 克隆稳定性的检测

随机挑选出 2 个阳性克隆，分别接种到含 50 mg/L Kna 和 5%蔗糖的 LB 培养基中，37℃条件下连续继代培养 5 天，用碱裂解法分别提取第 0 代和第 100 代 BIBAC 克隆的质粒 DNA。把第 0 代和第 100 代质粒电击转化到农杆菌 COR 308 中，28℃条件下连续继代培养 10 天，再用碱裂解法分别提取第 0 代和第 100 代 BIBAC$_2$ 克隆的质粒 DNA。所有第 0 代和第 100 代的质粒都用 BamH I 和 Hind III 进行酶切，利用脉冲电泳检测 BIBAC

克隆中外源 DNA 在大肠杆菌和农杆菌继代培养中的稳定性。

二、云南药用野生稻 BIBAC 文库的质量评估

（一）云南药用野生稻基因组 DNA 的提取及检测

脉冲电泳检测提取的云南药用野生稻基因组 DNA。从图 10-2-1 的结果看，所提取的基因组 DNA 滞后于分子质量标准中最高条带 291.0 kb，表明 DNA 的相对分子质量很大。若出现一整齐条带，且无降解现象，表明 DNA 的质量相对较好，能满足后续试验的要求。

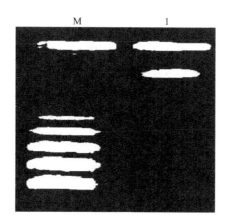

图 10-2-1　云南药用野生稻基因组 DNA 的检测图谱
Fig. 10-2-1　Patterns of genome DNA of Yunnan *O. officinalis*
M. Lambda Ladder PEG Marker（N0340S）；1. 药用野生稻
M. Lambda Ladder PEG Marker（N0340S）；1. *O. officinalis*

（二）云南药用野生稻大片段 DNA 的部分酶切检测

云南药用野生稻基因组 DNA 用 *Bam*H I 在不同浓度和不同时间下进行酶切，随着酶浓度的增大和酶切时间的延长，酶切后得到的片段越小。图 10-2-2 显示的是不同酶切

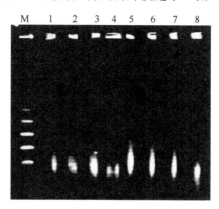

图 10-2-2　云南药用野生稻基因组 DNA 部分酶切图谱
Fig. 10-2-2　Patterns of partial digestion Yunnan *O. officinalis* genome DNA
M. Lambda Ladder PEG Marker（N0340S）；1～8 对应不同的酶切浓度和时间
M. Lambda Ladder PEG Marker（N0340S）；1～8. The different restriction enzyme concentration and the digestion time

时间和酶浓度下的酶切电泳图谱。其中 1~4 和 5~8 各为一组，酶切时间分别为 30 min 和 25 min，泳道 1 和 5 的酶浓度为 1.0 U，泳道 2 和 6 的酶浓度为 2.0 U，泳道 3 和 7 的酶浓度为 5.0 U，泳道 4 和 8 的酶浓度为 12.0 U。从图 10-2-2 中可看出，25 min、1.0 U 时的酶切结果与预期的片段相近。

（三）BIBAC 质粒酶切检测验证

质粒经过提取与纯化后，分别用 *Bam*H Ⅰ、*Sal* Ⅰ、*Eco*R Ⅰ酶切检测 BIBAC 载体的完整性。图 10-2-3 结果表明，载体结构完整，经过处理的载体可以用于后续的文库构建。

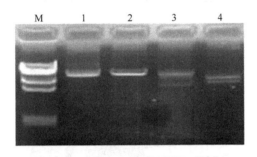

图 10-2-3　BIBAC 载体质粒酶切验证
Fig. 10-2-3　Identification of BIBAC vector
M. λ/*Hind*Ⅲ分子质量标准；1. 未酶切的 BIBAC 质粒；2~4. *Bam*H Ⅰ、*Sal* Ⅰ、*Eco*R Ⅰ酶切后的带型
M. λ/*Hind*Ⅲ；1. BIBAC without enzyme digestion；2~4. Enzyme digested by *Bam*H Ⅰ，*Sal* Ⅰ，*Eco*R Ⅰ

（四）BIBAC 克隆中插入片段大小的鉴定

从 LB 平板中随机挑取 50 个菌落，碱裂解法提取质粒后进行酶切鉴定，脉冲电泳估算插入片段的大小和检测空载率。图 10-2-4 是云南药用野生稻 BIBAC 文库插入片段的分布情况，从图中可以看出，酶切片段大小以 50~100 kb 居多，在 20~50 kb 也集中了一定数量的酶切片段，与预期的用于构建文库的酶切片段大小接近。

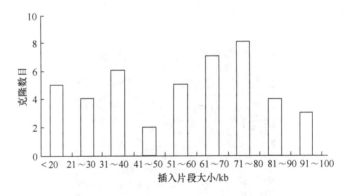

图 10-2-4　BIBAC 文库插入片段的分布
Fig. 10-2-4　Size distribution of insert fragments in BIBAC library

（五）BIBAC 克隆的稳定性检测

比较 2 个随机克隆在大肠杆菌和农杆菌中的第 0 代和第 100 代质粒的酶切图谱，结

果显示，各代中没有发现任何变化（图 10-2-5，图 10-2-6），表明药用野生稻基因组 DNA 可以在 BIBAC 克隆中稳定存在。

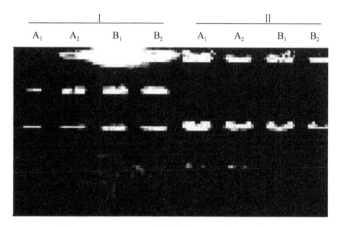

图 10-2-5　BIBAC 克隆的 *Bam*H I 酶切检测

Fig. 10-2-5　Stability detection of BIBAC clones digested with *Bam*H I

M. λ/*Hind*III分子质量标准；Ⅰ、Ⅱ. 不同的克隆；A₁、A₂. 大肠杆菌中的第 0 代和第 100 代；
B₁、B₂. 农杆菌中的第 0 代和第 100 代

M. λ/ *Hind*III；Ⅰ，Ⅱ. Different clones；A₁，A₂. The first and the hundredth generations of *Escherichia coli*；
B₁，B₂. The first and the hundredth generations of *Agrobacterium*

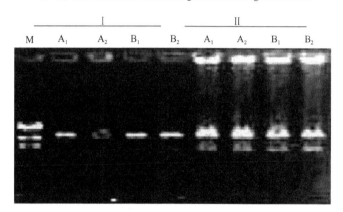

图 10-2-6　BIBAC 克隆的 *Hind*III酶切检测

Fig. 10-2-6　Stability detection of BIBAC clones digested with *Hind*III

M. λ/*Hind*III分子质量标准；Ⅰ，Ⅱ. 不同的克隆；A₁、A₂. 大肠杆菌中的第 0 代和第 100 代；
B₁、B₂. 农杆菌中的第 0 代和第 100 代

M. λ/*Hind*III；Ⅰ，Ⅱ. Different clones；A₁，A₂. The first and the hundredth generations of *Escherichia coli*；
B₁，B₂. The first and the hundredth generations of *Agrobacterium*

三、云南药用野生稻 BIBAC 文库构建的意义

药用野生稻（*Oryza officinalis*）是中国 3 种野生稻之一，具有多种优良遗传特性，基因组类型为 CC 型，与栽培稻 AA 型差异大，是拓宽水稻育种遗传基础、培育新品种的重要资源。然而由于花粉柱头之间的难以识别及染色体难以配对等生殖障碍，我们很难用常规育种方法将药用野生稻遗传物质转移到栽培稻中，而且近些年来由于自然生境

的变迁及人为干扰破坏等，药用野生稻资源在云南分布点急剧减少处于濒危状态，因此有必要利用现代分子生物学技术加快保护和利用云南药用野生稻资源的步伐。

双元细菌人工染色体（BIBAC）是既能克隆大片段 DNA 又能直接用于转化的新型载体，BIBAC 有大肠杆菌 F 因子和根癌农杆菌 Ri 质粒的复制子，能在大肠杆菌和根癌农杆菌中以单拷贝形式复制。一旦筛选到目标阳性克隆，可直接利用农杆菌转化系统，将其转到植物中进行功能互补试验，简化了图位克隆程序。

本研究选用 BIBAC₂ 载体作为平台，构建云南药用野生稻基因组 BIBAC 文库，以保存云南药用野生稻的基因资源，并为开展相关分子生物学研究和将其基因组大片段 DNA 转入栽培稻，扩大栽培稻遗传基础，发掘利用药用野生稻优异基因提供宝贵的材料和技术方案。

第三节 云南野生稻大分子基因文库的应用研究

一、药用野生稻 BIBAC 文库在筛选抗白叶枯病基因中的应用

文库构建和文库筛选是基因克隆的重要手段。本研究从已构建的云南药用野生稻基因组 BIBAC 文库中筛选部分阳性克隆用于进一步研究目标基因，通过搭建一个高效的筛选平台，设计一种快速准确的筛选方法，对所有插入的克隆进行保存和池化（pooling），建立高效的 PCR 筛选系统。

本研究围绕云南药用野生稻 BIBAC 基因组文库，将 53 760 个（保存于 140 块 384 孔板内）BIBAC 克隆构建成一、二和三级混合池。其中一级混合池是基于每个 384 孔板而构建的，将每个 384 孔板的每列（24 列，16 行）16 个孔的克隆混成一个一级混合池，每板共混成 24 个一级混合池；二级混合池由每个 384 孔板的 24 个一级混合池混合成，共混合成 140 个二级混合池；然后每 10 个二级混合池合成一个三级混合池，共混成 14 个三级混合池。此混合池的建立，一方面可用于快速筛选目标克隆，另一方面，通过三级混合池的制备，可以在不了解基因功能的情况下，进行大规模混合大片段基因的转化，得到一大批含有云南药用野生稻基因大片段的栽培稻"渗入系"，从中筛选具有优良性状的植株应用于水稻新品种的培育。

以具有广谱抗性的水稻白叶枯病抗性基因 *Xa21* 设计特异引物,利用PCR法对BIBAC文库混合池进行筛选，摸索快速简便有效的对文库进行 PCR 筛选的方法，旨在获得云南药用野生稻抗病基因相关阳性单克隆，为后续挖掘和利用云南野生稻中功能已知及未知的优良基因奠定基础，提供新的线索和途径。

（一）云南药用野生稻 BIBAC 文库混合池的建立

建立一个完整的 BIBAC 文库混合池，需要对文库中所有插入片段的克隆进行池化和保存。混合池建成后存于–70℃超低温冰箱，供后续筛选使用。

1. 混合池建立的准备工作

保存文库所用的冻存缓冲储存液 LB 1000 mL，经高温高压灭菌备用。将经灭菌处理

的培养基和 1.5 mL 离心管及 10 μL、200 μL、1 mL 移液器及枪头放置于超净工作台。调节工作间温度至 25℃以下，将保存 BIBAC 文库的 384 孔板从超低温冰箱中取出，放入超净工作台解冻。

在经高压灭菌冷却后的缓冲储存液中加入终浓度为 50 mg/L 的 Kna，摇匀后按每管 800 μL 将缓冲储存液分装在 1.5 mL 离心管中。调节恒温摇床为 37℃，180 r/min 以备文库混合池建立后混合克隆的培养。

2. 一级混合池的建立

待文库保存板中的菌液完全融化后，用 10 μL 移液器吸取 384 孔板的第一列中的 16 个单克隆菌液，加入到已分装有培养基的 1.5 mL 离心管中（图 10-3-1），每孔取 10 μL，每次必须更换新枪头，尽量保证移液器将沉淀在板底的菌体重悬后再吸取足量的菌液。将收集了第一列混合菌液的管标号为 X-1（X 为文库 384 孔板的编号）。依此类推，第 2 到第 24 列依次标号为 X-2，……，X-24。每个 384 孔板包含 24 个一级混合池，即整个文库共有 3360（24×140）个一级混合池。将建成的混合池放入恒温摇床中培养 6～8 h（图 10-3-1，图 10-3-2）。

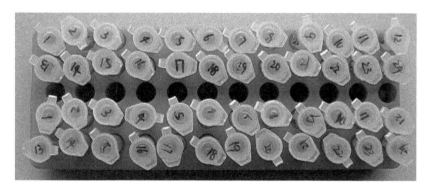

图 10-3-1　云南药用野生稻 BIBAC 文库一级混合池
Fig. 10-3-1　The primary level mixed pools of BIBAC library of *O. officinalis*

3. 二级混合池的建立

将培养后的一级混合池中菌液借助于移液器充分重悬、混匀，从第一个文库 384 孔板所对应的 24 个一级混合池中分别吸取 50 μL 菌液，加入空的 1.5 mL 离心管中，每次更换新枪头。将收集了第一个 384 孔板混合菌液的离心管标号为 1，依此类推，第 2 到第 140 板依次标号为 2，……，140。共建立 140 个二级混合池，其编号与原始文库编号对应（图 10-3-2，图 10-3-3）。

4. 三级混合池的建立

按二级混合池编号顺序从 1 至 10 号克隆池分别吸取 100 μL 菌液混合在一个空的 1.5 mL 离心管中，标号为 1-10，即每 10 个二级混合池合并成为一个三级混合池。依此类图，第 11 到第 140 号二级混合池合并成的三级混合池依次标号为 11-20，……，131-140，共计 14 个（图 10-3-4，图 10-3-5）。

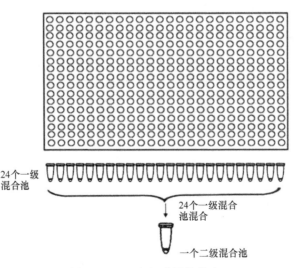

图 10-3-2　二级混合池的构建
Fig. 10-3-2　Construction of the secondary level mixed pools BIBAC library of *O. officinalis*

图 10-3-3　云南药用野生稻 BIBAC 文库二级混合池
Fig. 10-3-3　The secondary level mixed pools of BIBAC library of *O. officinalis*

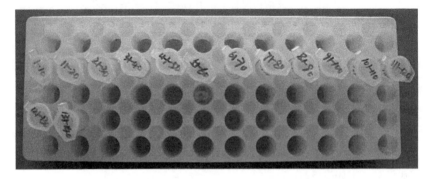

图 10-3-4　云南药用野生稻 BIBAC 文库三级混合池
Fig. 10-3-4　The tertiary level mixed pools of BIBAC library of *O. officinalis*

（二）药用野生稻 BIBAC 文库中抗白叶枯病基因的筛选

1. 分步 PCR 法筛选 BIBAC 文库策略

首先用 PCR 引物筛选文库的 14 个三级混合池，得到阳性克隆池；选取每个阳性克

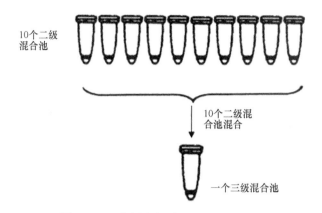

图 10-3-5　药用野生稻三级混合池的构建
Fig. 10-3-5　Construction of the tertiary level mixed pools BIBAC library of *O. officinalis*

隆池所对应的 10 个二级混合池分别作为第二步筛选的模板，有阳性克隆的二级混合池就可以确定其为含有目标克隆的选池；选取每个阳性克隆池所对应的 24 个一级混合池分别作为第三步筛选的模板，获得阳性克隆对应的一级混合池编号；最后从冻存的文库中挑出阳性一级混合池中的 16 个单克隆，分别进行 PCR 扩增筛选，初步确定目标单克隆（图 10-3-6）。这样，通过 4 步 64 个 PCR 反应即可筛选到目标克隆。

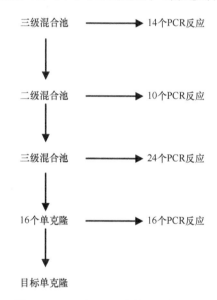

图 10-3-6　4 步 PCR 法筛选文库流程图
Fig. 10-3-6　Screening library by four-step PCR reaction

2. 引物设计及 PCR 反应条件

PCR 引物设计：参照陆朝福等（1996）设计的白叶枯病基因 *Xa21* 特异引物 1 对，委托生工生物工程（上海）股份有限公司合成。

Xa21 特异引物如下。

F：5′-AGACGCGGAAGGGTGGTTCCCGGA-3′

R：5′-AGACGCGGTAATCGAAAGATGAAA-3′

PCR 反应体系：经反复验证后将体系和条件确定如下：PCR 反应体系（20 μL）：10×PCR Buffer 2.0 μLdNTP（2.5 mmol/L）1 μL，MgCl$_2$（25 mmol/L）1.2 μL，10 mmol/L primer 0.4 μL，Taq 酶（5 U/μL）0.16 μL，模板 2 μL，ddH$_2$O 13.24 μL 补足 20 μL PCR 反应体系。

PCR 扩增程序：94℃预变性 2 min；94℃变性 1 min，57.5℃退火 40 s，72℃延伸 40 s（34 次循环）；72℃延伸 5 min。

3. 药用野生稻 BIBAC 文库 PCR 筛选第一步

提取云南药用野生稻 BIBAC 文库的 14 个三级混合池质粒，分别以 14 个三级混合池的混合质粒为模板，用白叶枯病基因 Xa21 特异引物进行 PCR 筛选。筛选结果如图 10-3-7 所示，第 14 泳道的条带为第 14 个三级混合池扩增得到的产物，记录此混合池号为：131-140。

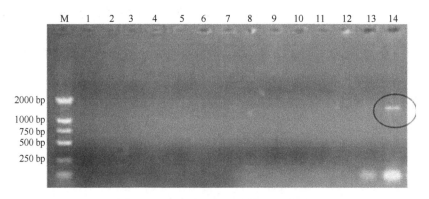

图 10-3-7　14 个三级混合池 PCR 筛选
Fig. 10-3-7　The first step screening of the 14 tertiary level mixed pools by PCR method
M. DL2000 Marker；1～14. 14 个三级混合池的混合质粒筛选结果；14. 阳性混合池
M. DL2000 Marker；1～14. The screening of the 14 tertiary level mixed pools by PCR method；14. The positive pool

4. 药用野生稻 BIBAC 文库 PCR 筛选第二步

取 14 号阳性三级混合池（131-140）所对应的 10 个二级混合池的混合质粒分别进行 PCR 筛选，扩增到目的条带后反复验证，图 10-3-8 为第 132 个二级混合池的混合质粒扩增得到的产物，条带大小与第一步扩增得到的条带大小一致，泳道 1、2、3、4 为以同一个二级混合池（132）混合质粒为模板在相同反应条件下扩增得到的结果。

5. 药用野生稻 BIBAC 文库 PCR 筛选第三步

取第 132 个二级混合池所对应的 24 个一级混合池混合质粒分别进行 PCR 筛选，扩增到目的条带后反复验证，条带大小与第二步扩增得到的条带大小一致。图 10-3-9 为以第 132 个二级混合池中的 24 个一级混合池混合质粒为模板筛选，获得阳性一级混合池：第 4 个一级混合池（图 10-3-9 第 4 泳道）。

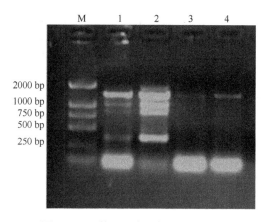

图 10-3-8　第 132 个二级混合池筛选
Fig. 10-3-8　The screening of the 132 secondary mixed pool by PCR method
M. DL2000 Marker；1～4. 同一个二级混合池（第 132 个）的混合质粒筛选结果
M. DL2000 Marker；1～4. The screening of the 132 secondary mixed pool by PCR method

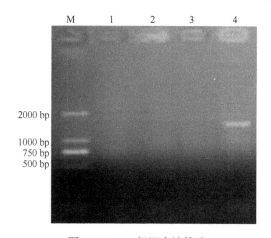

图 10-3-9　一级混合池筛选
Fig. 10-3-9　The screening of the primary mixed pools
M. DL2000 Marker；1～4. 部分一级混合池筛选；4. 阳性混合池
M. DL2000 Marker；1～4. PCR results of partial primary mixed pools for screening；4. The positive pool

6. 药用野生稻 BIBAC 文库 PCR 筛选第四步

取第 4 个一级混合池所对应的 16 个单克隆质粒进行 PCR 筛选，得到 3 个含有目的片段大小的单克隆。图 10-3-10 中泳道 4、8、15 分别为单克隆质粒扩增得到的 PCR 产物，条带大小与第一、二、三步扩增得到的产物的条带大小一致，初步判断为阳性克隆。

以上结果表明，用本筛选系统从云南药用野生稻 BIBAC 文库的 53 760 个克隆中只需 4 步共 64（14+10+24+16）个 PCR 反应即可准确筛选出 3 个阳性克隆，可见该筛选方法效率之高。

本研究中利用 *Xa21* 基因的特异引物对文库一、二、三级混合池进行 PCR 筛选，所扩增到的片段大小与 *Xa21* 基因的片段大小相同，这表明云南药用野生稻中可能存在抗白叶枯病基因 *Xa21* 的同源基因，但是该基因功能尚不清楚。

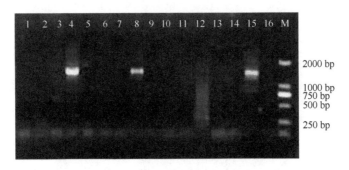

图 10-3-10　一级混合池中的 16 个单克隆筛选

Fig. 10-3-10　Screening of 16 single clones in the primary mixed pool by PCR method

M. DL2000 Marker；1～16. 16 个单克隆筛选；4、8、15. 阳性单克隆

M. DL2000 Marker；1～16. Screening of 16 single clones by PCR method；4，8，15. The positive clones

（三）分布 PCR 法从 BIBAC 文库混合池中筛选目标基因的应用探讨

本研究围绕云南药用野生稻 BIBAC 基因组文库，构建了其一、二、三级混合池，建立了 4 步 PCR 筛选法筛选抗病基因克隆，此方法快速、简便、有效。为以 PCR 法高效利用文库混合池挖掘优异基因奠定坚实的理论和实践基础。

1. BIBAC 文库混合池的构建

混合池的构建主要是为后续的文库筛选做准备，本研究在构建文库混合池时虽然较为烦琐，但在文库筛选时可明确地一步一步缩小筛选范围，即使在下一步操作没有得到结果，但目的基因存在的范围很明确，可通过重复这一步操作，得到结果。各级混合池还可重复用于多个基因的筛选，能大大节省工作量和筛选时间。

一级混合池的构建过程中，应尽量避免临近列与列之间的错混，如果操作过程中出现失误而导致临近列之间的错混，相互错混后最好将其编入一个混合池，同时应做好详细的记录，否则会出现较多的假阳性，给后续的筛选带来不必要的麻烦。相互错混的列在两个以上的，应弃去，重新混合。在一级混合池向二级混合池的构建过程中，不能出现任何行或列的相互错混，因为二级混合池、三级混合池的压缩率很高，一旦出现错混，筛选时将可能出现大量的假阳性结果，导致筛选失败。

2. 药用野生稻 BIBAC 基因组文库筛选

筛选大片段基因组文库，一般采用两种方法：高密度膜杂交法及混合池 PCR 法。高密度膜杂交法实验操作比较烦琐，混合池 PCR 筛选法只需设计用于扩增目的基因的引物即可，简单易行，费用低，目前已被广泛应用于大片段基因组文库的筛选，特别是以混合池方式保存的文库，采用 PCR 方法筛选比膜杂交方法显示出了更大优势。本研究在优化前人基因组文库混合池构建技术的基础上，构建了云南药用野生稻 BIBAC 文库一、二、三级混合池，利用 *Xa21* 基因设计特异引物，进行 PCR 逐级筛选，经 4 步 64 个 PCR 筛选，筛选到了 3 个阳性单克隆，表明了这一文库筛选策略是高效的，为今后利用 BIBAC 文库筛选云南药用野生稻抗性基因打下了基础。本文描述的筛选方法不仅可适用于 BIBAC 文库的筛选，对于 cDNA 文库、其他基因组文库和 YAC 文库等同样可以适用。

构建的云南药用野生稻 BIBAC 文库混合池不仅能容纳文库中所有克隆,而且可以用于重复的筛选研究,比其他文库筛选策略具有更高的可操作性、可重复性和高效性,从三级混合池到单克隆的筛选过程在一周左右就能完成。一方面该混合池可以作为保护处于濒危状态的云南药用野生稻资源的另一种手段;另一方面本研究所构建的文库混合池为后续药用野生稻抗病虫或者其他优良性状控制基因的挖掘和利用奠定了基础,也可以在不了解基因功能的前提下大规模混合转化,进而获得一系列的栽培稻"渗入系",从中筛选具有有利性状的植株应用于水稻新品种的培育。

二、药用野生稻 BIBAC 文库 DNA 大片段渗入系构建中的应用

常规的农杆菌介导转化植物的方法的转化片段一般不大于 20 kb,超过 50 kb 的片段,常规的农杆菌介导的转化就无能为力了(Ercolano et al.,2003),而植物大片段 DNA 转化对高效鉴定新基因和研究基因功能是非常重要的。植物中许多优良性状(如抗病、抗虫、抗逆、高产、优质)的表现往往是受代谢过程中若干基因共同控制,或者表现为数量性状,或者相关的基因成簇排布,定位在较大的 DNA 区段。对这些性状的改造就需要通过代谢工程(pathway engineering)导入多基因或引入某一完整的代谢途径,建立能将大片段 DNA 转入植物细胞并稳定表达的转化体系。另外,大片段 DNA 转化也极大方便了基因的图位克隆,甚至在基因尚未完全精细定位之前将候选克隆直接转化宿主细胞,并通过基因表达分析其功能,这样可避免在获得候选克隆后通常要进行亚克隆和对每个亚克隆逐一转化进行基因功能互补的试验(不仅工作量大,而且有遗漏目的基因的危险等问题)。此外,大片段和多基因转化可将复杂的基因或基因家族,包括基因的远程顺式作用元件一并转入受体生物基因组中,使转化的基因在一定范围内接近于原有的组织状态,可以消除或减小基因表达的位点依赖效应,克服转基因沉默,增强基因表达,提高转基因效率。

新一代可转化双元细菌人工染色体(binary BAC,BIBAC)载体兼具 BAC 载体和双元载体的优点,是一类既可用于大片段基因组文库构建又可利用农杆菌介导将克隆的大片段直接转化植物的双功能载体。本研究已构建好的云南药用野生稻 BIBAC 文库含有 53 760 个克隆,如果单个克隆经农杆菌介导转化栽培稻,建立其渗入系,耗费周期很长,所以有必要建立一个高效率的转化体系,以便充分利用云南药用野生稻 BIBAC 文库,加快其优良基因的发掘与利用。为此,本研究在构建完成的云南药用野生稻核基因组双元细菌人工染色体(BIBAC)文库及文库三级混合池的基础上,将三级混合池中的质粒导入农杆菌 LBA4404 中,将每个混合池通过电击转化获得的阳性农杆菌单克隆等量混合培养,制备成混合大片段基因转化池,大规模转化有代表性的栽培稻,其中粳稻品种(*Oryza sativa* L. ssp. *japonica*)有日本晴和中花 11,籼稻品种(*Oryza sativa* L. ssp. *indica*)有滇陇 201 和 9311。粳稻品种日本晴和籼稻品种 9311 的全基因组序列的测定工作已经完成,滇陇 201 是云南省主推籼稻品种,中花 11 是转基因常用的受体材料。

(一)大片段基因渗入系构建的材料与方法

1. 菌株、质粒

云南药用野生稻(*Oryza officinalis*)BIBAC 文库三级混合池。双元细菌人工染色体

（binary bacterial chromosome 2，BIBAC$_2$）大小为 23.5 kb。农杆菌菌株 LBA4404，本实验室保存。

2. 植物材料

粳稻（*Oryza sativa* L. ssp. *japonica*）品种：日本晴（Nipponbare）和中花 11。籼稻（*Oryza sativa* L. ssp. *indica*）品种：滇陇 201 和 9311。

粳稻品种日本晴和籼稻品种 9311 的全基因组序列的测定工作已经完成，药用野生稻基因转入到这两个栽培稻中后，有利于药用野生稻的基因克隆与定位；滇陇 201 是云南省主推籼稻品种，中花 11 是农杆菌转基因常用的受体材料，外源基因比较容易转入其基因组。

3. 药用野生稻三级混合池 BIBAC$_2$ 质粒的提取

参照《分子克隆实验指南》（萨姆布鲁克·拉塞尔，2002）（第三版）的 SDS 碱裂解法提取各个三级混合池质粒。

4. 三级混合池质粒电击转化农杆菌感受态细胞

从–70℃中取出 14 支 200 μL 的农杆菌感受态细胞于冰上冻融，三级混合池质粒从 1～14 依次编号。分别吸取 2 μL 云南药用野生稻 14 个三级混合池 BIBAC$_2$ 质粒到相应标号的 200 μL LBA4404 感受态细胞中，用枪头轻轻搅拌均匀，并迅速转移至无菌的–20℃预冷的电击杯中（电极间距为 0.1 cm），BIO-PULSE 电转化仪，在 1.8 kV，200 Ω，25 μF 高压下电击。然后加入 1 mL YEB 培养液（不含抗生素），轻轻吹打混匀，吸出菌液转入 1.5 mL 无菌离心管中，28℃，180 r/min 振荡培养 3 h，将菌液涂在含终浓度为 50 mg/L Kna，100 mg/L 链霉素的 YEB 平板上，28℃，倒置培养 1.5～2 天，观察转化子。另取没有加质粒 DNA 的农杆菌在同样条件下电击，以作阴性对照。

5. 农杆菌转化子的检测及保存

统计每个混合池的 BIBAC$_2$ 混合质粒经电击转化农杆菌 LBA4404 获得的克隆数，分别将农杆菌克隆制备菌液，以菌液 PCR 法对获得的农杆菌克隆进行检测鉴定。

BIBAC$_2$ 载体上的新霉素磷酸转移酶基因（*npt* II）的检测，用以确定 BIBAC$_2$ 质粒是否成功转化到农杆菌中，*npt* II 基因引物序列为：5′-TCGGCTATGACTGGGCACAACAGA-3′，5′-AAGAAGGCGATAGAAGGCGATGCG-3′，扩增片段大小 722 bp。

根据大片段插入到 BIBAC$_2$ 载体 T-DNA 区（图 10-3-11）的 *Bam*H I 位点，以新霉素基因（*npt* II）5′端和 *SacB* 基因 5′端设计引物。*npt* II 基因 5′端引物序列：5′-TGTCTGTTGTGCCCAGTCATAG-3′。*SacB* 基因 5′端引物：5′-TACCTGTTCACTGACTCCC3′。以这对引物序列对农杆菌克隆菌液进行 PCR 扩增。从 BIBAC$_2$ 载体的 T-DNA 区可以看出，*SacB* 基因 5′端与 *npt* II 基因 5′端之间距离为 930 bp，以 *SacB* 基因 5′端引物扩出 *SacB* 基因的 93 bp 的片段，以 *npt* II 基因 5′端引物扩增出 *npt* II 基因的 363 bp 的片段。如果 *SacB* 基因上 *Bam*H I 位点未插入药用野生稻片段（即空载体 BIBAC$_2$），以这对引物可以扩增出 BIBAC$_2$ 载体 T-DNA 区中 1386 bp（930 bp+93 bp+363 bp）的片段。如果扩增结果无 1386 bp 的片段，就证明 *Bam*H I 位点有药用野生稻片段插入，也就证明药用野生稻大片段基因插入到 BIBAC$_2$ 载体上。经上述方法检测为阳性的农杆菌菌落放到−80℃保存备用。

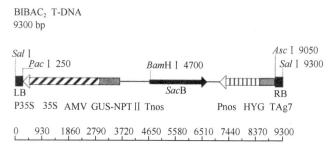

图 10-3-11　BIBAC$_2$ 载体的完整 T-DNA 区
Fig. 10-3-11　Detail of BIBAC$_2$ T-DNA regions

RB. 右臂；LB. 左臂；P35S 35S. CaMV35S 启动子；Tnos. 胭脂碱合成酶基因终止子；Pnos. 胭脂碱合成酶基因启动子；HYG. 潮霉素；TAg7. 农杆菌基因 7 终止子；AMV. 苜蓿花叶病病毒增强子；GUS-NPTⅡ. β-葡糖苷酸酶基因-新霉素磷酸转移酶基因

RB. Right border；LB. Left border；P35S 35S. Tandem 35S promoter from CaMV；Tnos. Nopaline synthase terminator；Pnos. Nopaline synthase promoter；HYG. Hygromycin；TAg7. *A. tumefaciens* gene 7 terminator；AMV. Alfalfa mosaic virus enhancer；GUS-NPTⅡ. Gus；gene-nptⅡ gene

6. 含有药用野生稻大片段基因的农杆菌菌液制备

将保存在−70℃的农杆菌克隆取出，用接种环在含有终浓度为 50 mg/L Kna 和 100 mg/L Str 的 YEB 固体培养基上划线，并标上相应三级混合池的编号，在 28℃条件下倒置培养 3 天；用无菌勺子轻轻刮取每个农杆菌克隆长出的菌苔，按相等的量混合后置于 200 mL 含有终浓度为 50 mg/L Kna，100 mg/L Str 的 YEB 液体培养基中，28℃，180 r/min 避光培养 12 h（OD$_{600}$ 为 1.0 左右）。制备成云南药用野生稻混合大片段基因转化池。

7. 混合大片段基因转化池转化栽培稻

外植体的准备：选取 4 种栽培稻的成熟胚来源的胚性愈伤组织作为转化受体。愈伤组织的诱导参考 Hiei 等（1994）的方法。

愈伤组织与农杆菌菌液的共培养：将农杆菌混合菌液离心后的沉淀用含有 20 mg/L 乙酰丁香酮的 AAM 培养基悬浮。将诱导的水稻新鲜愈伤组织浸泡在农杆菌菌液中，侵染 20～25 min，滤去菌液，将侵染过的愈伤组织转到共培养基 N$_6$C 或 MSC 上，26℃暗培养 2～3 天。

抗性愈伤组织的筛选及分化：共培养后的愈伤组织去除表面的农杆菌后，转到含有终浓度为 500 mg/L CTX、50 mg/L Hyg 的 N$_6$S 或 MS 筛选培养基上，28℃，选择持续 6～8 周；将筛选获得的抗性愈伤转到预分化培养基 MSP 中，28℃暗培养 3 天后再转到 16 h 光照的条件下进行分化培养，待分化幼苗长至约 20 cm 时转到 MSG 生根培养基上进行生根培养，待 2～3 周后将再生苗放在盛有 Youshida culture solution 营养液的容器中温室炼苗 2 周，再移栽到土壤中。

8. 阳性转基因植株的分子检测

取再生植株幼嫩叶片，按 Murray 等的方法抽提基因组 DNA。

用潮霉素基因（hpt）特异引物序列（5′-GATGTAGGAGGGCGTGGATATGTC-3′，5′-CTTCTACACAGCCATCGGTCCAGA-3′）和新霉素基因（nptII）特异引物（5′-TCGGCTATGACTGGGCACAACAGA-3′，5′-AAGAAGGCGATAGAAGGCGATGCG-3′），对再生植株基因组 DNA 进行 PCR 扩增，扩增产物 hpt 片段为 852 bp，nptII 片段为 722 bp。

由于新霉素基因（nptII）和潮霉素基因（hpt）分别位于 BIBAC₂ 载体 T-DNA 区域的左右边界序列处（图 10-3-11），外源 DNA 片段被插入到 T-DNA 区域的 SacB 基因上 BamHI 位点，如果一个转基因植株的基因组被检测出 hpt 基因和 nptII 基因片段，那么就表明 BIBAC₂ 载体 T-DNA 区域中插入的云南药用野生稻基因大片段已完整地整合到水稻基因组中了。

（二）药用野生稻大片段渗入系的构建

1. 三级混合池质粒转化农杆菌

用 SDS 碱裂解法分别提取 14 个三级混合池的质粒，通过电击转化到农杆菌 LBA4404中，各个混合池得到的克隆数（个）如表 10-3-1 所示。

表 10-3-1　14 个三级混合池的质粒电击转化农杆菌获得的克隆数

Table 10-3-1　The *Agrobacterium* clones reached from plasmids of the 14 tertiary mixed pools by electroporation

混合池号	1	2	3	4	5	6	7	8	9	10	11	12	13	14	合计
克隆数/个	30	21	25	0	16	0	43	15	16	13	4	24	22	4	233

除了第 4 号和第 6 号三级混合池，其他三级混合池的混合质粒均成功地转入了农杆菌，且每个混合池所获得的农杆菌克隆数目不一样。获得农杆菌克隆数目最多（43 个）的为第 7 混合池转化，而第 4 和第 6 混合池转化未获得克隆，这可能与每个三级混合质粒所携带的片段大小有关。对获得的每个农杆菌克隆分别以 nptII 基因引物，SacB 基因 5′端引物和 nptII 基因 5′端引物进行 PCR 法检测（图 10-3-12，图 10-3-13）。结果为第 7 个混合池有 2 个克隆、第 8 混合池有 1 个未检测到目的基因的片段。

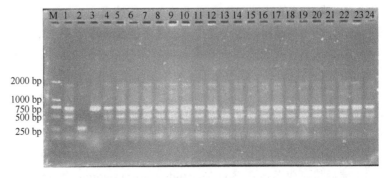

图 10-3-12　PCR 检测携带 BIBAC₂ 质粒的农杆菌 LBA4404 克隆中 nptII 基因片段

Fig. 10-3-12　PCR analysis of the presence of the *npt*II coding region of BIBAC₂ plasmid in *A. tumefaciens*

M. DL2000 Marker；1. 阳性对照（BIBAC₂ 载体为模板）；2. 为阴性对照；3～24. 第 7 个三级混合池质粒 BIBAC₂ 电击转到农杆菌的克隆

M. DL2000 Marker；1. Positive control BIBAC₂；2. Negative control；3～24. BIBAC₂ plasmids of the 7th tertiary grade mixture

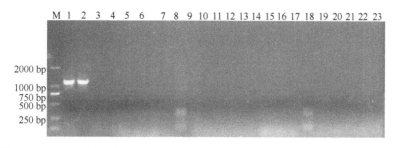

图 10-3-13　PCR 检测农杆菌克隆中 BIBAC$_2$ 质粒携带药用野生稻基因片段情况
Fig. 10-3-13　PCR analysis of the BIBAC$_2$ plasmids containing DNA fragments of *O. officinalis* in
A. tumefaciens clones
M. DL2000 Marker；1、2. 阴性对照（空 BIBAC 载体）；3~23. 携带药用野生稻片段的农杆菌克隆
M. DL2000 Marker；1，2. BIBAC$_2$ plasmid not containing DNA fragments of *O. officinalis*；3~23. *A. tumefaciens* clones
containing DNA fragments of *O. officinalis*

2. 药用野生稻混合 DNA 大片段的遗传转化

1）转化受体愈伤组织的获得

以日本晴、中花 11、滇陇 201 和 9311 栽培稻为受体材料诱导愈伤组织（表 10-3-2）。

表 10-3-2　4 种栽培稻的愈伤组织诱导率和愈伤再生率
Table 10-3-2　The frequency of callus initiation and differentiation of the rice varieties

品种 variety	愈伤诱导率/% Callus induction rate	愈伤分化率/% Callus differentiation rate
日本晴	78.5	92
中花 11	76.0	90
9311	86.3	45.6
滇陇 201	90	56

从表 10-3-2 可以看出，本研究中的粳稻品种愈伤组织诱导率低于籼稻，而愈伤再生率明显高于籼稻。粳稻品种的愈伤组织在诱导、筛选、分化、再生整个过程中质量均较好，籼稻品种的愈伤组织诱导率较高，但愈伤在后续培养过程中易褐化死亡，针对褐化这一现象，本研究发现在培养基中以麦芽糖代替蔗糖作为碳源，并加入适量的 KT，可以有效地抑制愈伤组织的褐化现象。愈伤组织诱导及继代培养如图 10-3-14 所示。

2）抗性愈伤组织及抗性植株的获得

将获得的携带药用野生稻不同大片段 DNA 的农杆菌菌落（图 10-3-15）挑到含有 50 mg/L Kna 和 100 mg/L Str 的 YEB 液体培养基中进行混合培养至 OD$_{600}$ 为 1.0，在菌液中加入 100 μmol/L 的乙酰丁香酮，有利于大片段 DNA 的转化。

在大片段混合基因转化中，采用农杆菌菌液直接浸泡愈伤组织 20~25 min，共培养温度选用 26℃，时间为 2~3 天。农杆菌与外植体共培养是整个转化过程中非常重要的环节，因为农杆菌的附着，T-DNA 的转移及整合都在这共培养时期内完成。农杆菌与外植体共培养后，将存留在外植体表面及浅层组织中的农杆菌去除干净，接种到含有 50 mg/L Hyg 筛选压力的培养基中进行抗性愈伤组织的筛选，筛选 6~8 周，每隔 2 周换一次筛选培养基。

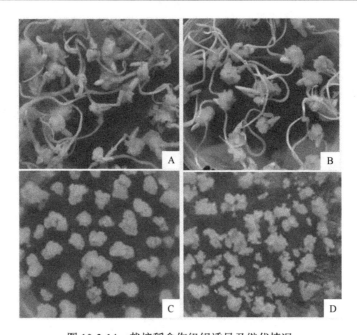

图 10-3-14　栽培稻愈伤组织诱导及继代情况
Fig. 10-3-14　Callus induction and subculture of cultivated rice using mature embryos
A、B. 诱导 3 周愈伤组织；C、D. 继代 2 周的愈伤组织
A，B. Callus induction for 3 weeks；C，D. Callus subculture for 2 weeks

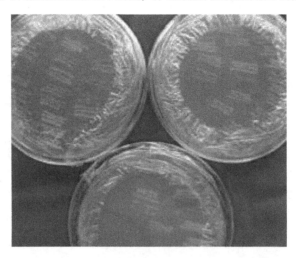

图 10-3-15　携带不同大片段基因的农杆菌克隆
Fig. 10-3-15　The clones of *A. tumefaciens* containing differently large fragments

　　粳稻品种日本晴和中花 11 在 3 周后即出现乳白色至黄色的颗粒状抗性愈伤；籼稻品种 9311 和滇陇 201 经 4 周左右的筛选可以获得抗性愈伤，但抗性愈伤大部分呈水渍状，只有极少部分抗性愈伤呈乳白色的颗粒状（图 10-3-16）。

　　通过 6～8 周的 Hyg 选择后，将获得的抗性愈伤组织转到预分化培养基上处理 7 天，并在培养基中添加 30 g/L 的山梨醇，对抗性愈伤组织进行高渗处理。预分化和高渗处理可以改善愈伤的生长状态，使抗性愈伤组织在分化之前有一个适应过程，利于分化；预分化处理后的抗性愈伤组织质地十分致密，颗粒状明显，转入分化培养基后可迅速出苗，大大提高了分化率（图 10-3-17）。

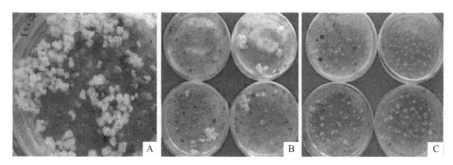

图 10-3-16　不同水稻品种抗性愈伤组织筛选 6 周情况
Fig. 10-3-16　Callus selection of different rice varieties for 6 weeks
A. 日本晴愈伤组织；B. 中花 11 愈伤组织；C. 滇陇 201 愈伤组织
A. Nipponbare callus；B. Zhonghua 11 callus；C. Dianlong 201 callus

图 10-3-17　不同水稻品种抗性愈伤组织分化及生根培养
Fig. 10-3-17　Differentiation and root induction of resistant callus of different rice varieties
A. 中花 11 抗性愈伤组织分化；B. 日本晴抗性愈伤组织分化；C. 滇陇 201 抗性愈伤组织分化；D. 9311 抗性愈伤组织分化 4 周；E. 日本晴抗性苗；F. 中花 11 抗性苗；G. 9311 抗性苗；H. 大批量抗性愈伤组织分化芽生根培养
A. Differentiation of the resistant calla of Zhonghua 11；B. Differentiation of the resistant callus of Nipponbare；C. Differentiation of the resistant callus of Dianlong 201；D. Differentiation of the resistant callus of 9311 for 4 weeks；E. Resistant plants of Nipponbare；F. Resistant plants of Zhonghua 11；G. Resistant plants of 9311；H. Roots induction of a large number of the differentiation shoots

　　分化培养基上不加 Hyg，因为加入 Hyg 后，会延迟愈伤组织的分化，甚至使愈伤组织不能分化。抗性愈伤组织经过预分化处理后，转到不含 Hyg 的分化培养基上分化（图10-3-17A～D），这样在选择压力和分化效率之间保持一种平衡，有利于转化体的分化。在抗性愈伤分化出不定芽，将不定芽移至生根培养基中时再加入含 50 mg/L Hyg 的筛选剂（图 10-3-17H）。植物不定根的分化和生长比不定芽对选择剂更为敏感，因此在诱导不定根时进行选择，出现"假阳性植株"的概率会较小，利用这一特点，可将在选择培养基上得到的抗性植株，再转入含选择剂的生根培养基上生根，就可以淘汰那些"逃逸"和被误选的假转化体。

　　获得的抗性苗在 Youshida culture solution 营养液中进行炼苗（图 10-3-18A）5～7 天，然后将苗移栽到土壤中（图 10-3-18B）。

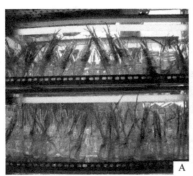

图 10-3-18　转化苗的炼苗及移栽
Fig. 10-3-18　Hardening and transplantation of the replants
A. 抗性苗的炼苗；B. 抗性苗的移栽及生长
A. Hardening of the resistant plants；B. Transplantation and growth of the resistant plants

3）药用野生稻混合池法转化 DNA 大片段的效率

　　通过农杆菌介导转化体系，将药用野生稻混合大片段基因转化 4 个栽培稻品种，结果表明第 7、8、11 三级混合池均有抗性苗长出。其中 7 号混合池大片段基因转化后获得日本晴抗性植株 350 株，抗性植株获得率为 66.04%（表 10-3-3）；8 号混合池大片段基因转化后获得日本晴抗性植株 50 株，抗性植株获得率为 13.89%，中花 11 抗性植株 180 株，抗性植株获得率为 50%（表 10-3-4）；第 11 号混合池大片段基因转化后获得 9311 抗性植株 6 株，抗性植株获得率为 1.2%（表 10-3-5）。

表 10-3-3　第 7 号混合池转化获得的抗性植株及抗性苗率
Table 10-3-3　The No. and efficiency of resistant plants and transformed from the 7th mixed pool

水稻品种 Rice variety	共培养愈伤组织 No. of co-cultivated callus（A）	Hyg^r 抗性愈伤组织 数量 No. of Hyg^r callus（B）	抗性愈伤获得率/% Efficiency of resistant callus（B/A）	Hyg^r 抗性植株 数量 No. of Hyg^r plants（C）	抗性植株获得率/% Efficiency of resistant plant（C/A）
日本晴	530	140	26.42	350	66.04
中花 11	430	80	18.60	0	0
滇陇 201	600	40	6.67	0	0

注：Hyg^r 为潮霉素抗性；抗性植株为经 Hyg 筛选获得的再生植株

Note：Hyg^r respresent hygromycin resistance；resistant plant were plant regeneration selected by Hyg

表 10-3-4　第 8 号混合池转化获得的抗性水稻苗数及抗性苗率

Table 10-3-4　The No. and efficiency of resistant plants transformed from the 8th mixed pool

水稻品种 Rice variety	共培养愈伤组织 No. of co-cultivated callus（A）	Hyg^r 愈伤组织数量 No. of Hyg^r callus（B）	抗性愈伤获得率/% Efficiency of resistant callus（B/A）	Hyg^r 植株数量 No. of Hyg^r plants（C）	抗性植株获得率/% Efficiency of resistant plant（C/A）
日本晴	360	80	22.22	50	13.89
中花 11	360	47	13.06	180	50
滇陇 201	370	16	4.44	0	0

注：Hyg^r 为潮霉素抗性；抗性植株为经 Hyg 筛选获得的再生植株

Note：Hyg^r respresent hygromycin resistance; resistant plant were plant regeneration selected by Hyg

表 10-3-5　第 11 号混合池获得的抗性水稻苗数及抗性苗率

Table 10-3-5　The No. and efficiency of resistant plants transformed from the 11st mixed pool

水稻品种 Rice variety	共培养愈伤组织 No. of co-cultivated callus（A）	Hyg^r 抗性愈伤组织数量 No. of Hyg^r callus（B）	抗性愈伤获得率/% Efficiency of resistant callus（B/A）	Hyg^r 抗性植株数量 No. of Hyg^r plants（C）	抗性植株获得率/% Efficiency of resistant plant（C/A）
滇陇 201	158	10	6.30	0	0
9311	50	3	6.0	6	1.2

注：Hyg^r 为潮霉素抗性；抗性植株为经 Hyg 筛选获得的再生植株

Note：Hyg^r respresent hygromycin resistance; resistant plant were plant regeneration selected by Hyg

本研究发现两种粳稻的抗性愈伤率和转化植株率均显著高于两种籼稻，这一结果说明了选择合适的基因型对根癌土壤杆菌转化水稻具有一定的影响。特别是对 BIBAC 转化系统来说，因为载体的体积大，T-DNA 区段长，转化效率较常规载体低得多，要想将外源大片段成功转到受体品种，选择外植体就显得很重要，即要选择愈伤组织诱导率高，愈伤组织易培养，分化率高的水稻品种作为 BIBAC 转化系统的受体品种。

3. 转基因植株的检测

分别以获得的抗性再生植株的总基因组 DNA 为模板，以潮霉素基因（*hpt*）引物和新霉素基因（*npt* Ⅱ）引物进行 PCR 检测（图 10-3-19，图 10-3-20）。

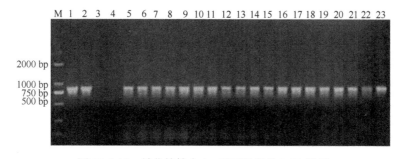

图 10-3-19　转化植株中 *hpt* 基因片段的 PCR 检测

Fig. 10-3-19　PCR detection of the *hpt* gene in transformed plants

M. DL2000 Marker；1、2. 阳性对照（BIBAC₂ 载体为模板）；3、4. 阴性对照（日本晴，中花 11）；
5～14. 日本晴转基因植株；15～23. 中花 11 转基因植株

M. DL2000 Marker；1, 2. The positive control of BIBAC₂；3, 4. The negative control（Nipponbare and Zhonghua 11）；
5～14. The transgenic plants of Nipponbare；15～23. The transgenic plants of Zhonghua 11

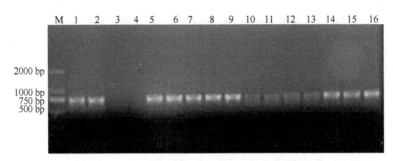

图 10-3-20　转化植株中 *npt*Ⅱ基因片段的 PCR 检测

Fig. 10-3-20　The PCR detection of the *npt*Ⅱ gene in transformed plants

M. DL2000 Marker；1、2. 阳性对照（BIBAC₂载体为模板）3、4. 阴性对照（日本晴，中花 11）；

5～11. 日本晴转基因植株；12～16. 中花 11 转基因植株

M. DL2000 Marker；1，2. The positive control of BIBAC₂；3，4. The negative control（Nipponbare and Zhonghua 11）；

5～11. The transgenic plants of Nipponbare；12～16. The transgenic plants of Zhonghua 11

图 10-3-19 和图 10-3-20 显示，用 *hpt*、*npt*Ⅱ基因引物对获得的抗性植株进行基因组 PCR 扩增，可扩增到 852 bp 和 722 bp 的目的条带，且片段大小与阳性对照的条带一致，初步证明 *hpt*、*npt*Ⅱ基因已整合到日本晴和中花 11 植株的基因组中。

hpt 和 *npt*Ⅱ基因转化日本晴、中花 11 后获得的转基因植株数及转化率见表 10-3-6。以 *hpt*、*npt*Ⅱ基因引物对第 7 号混合池转化获得的 350 株日本晴抗性植株进行检测，检测出 217 株潮霉素（*hpt*）转基因植株，获得率为 40.94%，23 株新霉素（*npt*Ⅱ）转基因植株，获得率为 4.33%。以 *hpt*、*npt*Ⅱ基因引物对第 8 号混合池转化获得的 180 株中花 11 抗性植株进行 PCR 检测，检测出 113 株潮霉素（*hpt*）转基因植株，获得率为 31.38%，11 株新霉素（*npt*Ⅱ）转基因植株，获得率为 3.06%。第 11 号混合池转化获得的 6 株 9311 抗性植株未检测出潮霉素（*hpt*）基因和新霉素（*npt*Ⅱ）基因。在此混合大片段基因转化体系中，粳稻品种日本晴的转基因效率略高于中花 11，籼稻品种 9311、滇陇 201 未获得相应混合克隆池的转基因植株。

表 10-3-6　携带 *hpt* 和 *npt*Ⅱ基因转基因植株的获得数量及转化率（单位：%）

Table 10-3-6　The No. and transformation efficiency of transgenic plant with *hpt* and *npt*Ⅱ gene

水稻品种 Variety	共培养愈伤组织 No. of co-cultivated callus（A）	抗性植株数量 No. of resistant plants（B）	*hpt*⁺抗性植株数量 No. of *hpt*⁺ plants（C）	*npt*Ⅱ⁺抗性植株数量 No. of *npt*Ⅱ⁺ plants（D）	*hpt*⁺转化率/% Efficiency of *hpt*⁺ transformation（C/A）	*npt*Ⅱ⁺转化率/% Efficiency of *npt*Ⅱ⁺ transformation（D/A）
日本晴	530	350	217	23	40.94	4.33
中花 11	360	180	113	11	31.38	3.06
9311	50	6	0	0	0	0

注：*hpt*⁺为转潮霉素（*hpt*）基因；*npt*Ⅱ⁺为转新霉素基因（*npt*Ⅱ）

Note：*hpt*⁺ means *hpt* gene；*nptⅡ*⁺ means *nptⅡ* gene.

通过对获得的转基因植株进行分析发现，第 7 号混合池转化获得的 350 株日本晴抗性植株中有 23 株转入了云南药用野生稻基因大片段，大片段基因获得率为 4.33%；第 8 号混合池转化获得的 180 株中花 11 抗性植株中有 11 株转入了药用野生稻基因大片段，大片段基因获得率为 3.06%。

本研究中得到的混合大片段基因转化栽培稻的转化率虽然低于常规载体的转化效率，但也证明了利用云南药用野生稻三级混合池的混合大片段基因转化栽培稻以建立其渗入系的技术路线是可行的，此方法体系为建立其渗入系库奠定了基础。

4. 转基因植株的株型观察

本研究中我们发现日本晴植株的株型比较紧凑，而日本晴转基因植株的株型比较开散，其株型特点与药用野生稻相似（图 10-3-21）。

图 10-3-21　日本晴对照植株和转基因植株株型比较
Fig. 10-3-21　The comparison of plant phenotype between the Nipponbare plant and transgenic plant
1. 日本晴对照植株；2～4. 日本晴转基因植株
1. Nipponbare；2. Transgenic plant of Nipponbare

三、药用野生稻 DNA 大片段转移的技术优化

本研究首次报道了通过构建云南药用野生稻 BIBAC 文库三级混合池，并利用三级混合池进行栽培稻的遗传转化，以期建立其渗入系。已初步建立了云南药用野生稻 BIBAC 文库三级混合池的混合大片段基因转化体系，即每次将 20 个左右携带有不同 $BIBAC_2$ 质粒的农杆菌克隆混合培养成菌液，转化栽培稻的愈伤组织，在此转化体系中，每个携带有大片段的农杆菌克隆侵染愈伤的概率是同等的，但发生转化愈伤组织的事件是随机的。每次可能有一个或几个大片段成功转化愈伤组织的不同细胞，转化的愈伤组织在含 50 mg/L Hyg 的筛选培养基上筛选 6～8 周，获得的抗性愈伤组织经过预分化、分化得到抗性植株，检测为阳性的转基因植株就组成了云南药用野生稻的渗入系，为建立其渗入系库奠定基础，并为分离、克隆其有利功能基因提供了新的技术手段。

（一）混合大片段 DNA 转化池的制备

本研究中每个云南药用野生稻 BIBAC 文库三级混合池均含有 3840 个大肠杆菌克隆，所以从三级混合池中提取 $BIBAC_2$ 质粒时，尽可能地将所有克隆的 $BIBAC_2$ 质粒都提取出来。我们采取将三级混合池中的大肠杆菌克隆菌液进行扩大培养，即从保存的每个三级混合池中吸取 300 μL 菌液到 30 mL LB 液体培养基（50 mg/L Kna，5%蔗糖）中培养，采用 SDS 碱裂解法提取 $BIBAC_2$ 质粒。

将每个三级混合池的质粒通过电击转化到农杆菌 LBA4404 中，然后对转化获得的农杆菌克隆进行检测。因为 BIBAC₂ 质粒所携带的大片段是未知的，故对农杆菌克隆检测是否为阳性的方法有两种：方法一，提取农杆菌中 BIBAC₂ 质粒，然后对提取的质粒进行酶切，脉冲电泳检测是否有大片段插入；方法二，以 BIBAC₂ 质粒上 npt II 基因设计引物来检测是否为 BIBAC₂ 载体，以及以 BIBAC₂ 载体 T-DNA 区中 Sac B 基因 5′端引物和 npt II 基因 5′端设计引物来检测 BIBAC₂ 载体上 BamH I 位点是否有大片段插入。前者检测起来比较费时，因此本研究中对电击转化获得的农杆菌克隆检测选择方法二进行。

（二）混合大片段 DNA 遗传转化体系的建立

1. 栽培稻组织培养体系的优化

本研究选用具有代表性的粳稻品种日本晴和中花 11，籼稻品种滇陇 201 和 9311 作为混合大片段基因转化的受体材料。日本晴和 9311 的全基因组序列已测定完成，这样药用野生稻大片段基因转入到这两个栽培稻基因组时，有利于药用野生稻基因的定位与克隆。

本研究发现 2 个粳稻的愈伤组织诱导、继代与分化相对较容易，愈伤组织与携带药用野生稻大片段基因的农杆菌共培养后，在筛选培养基上长出的抗性愈伤组织质量较好，抗性愈伤组织分化率高；而 2 个籼稻品种的愈伤诱导率较高，但其愈伤组织在继代、分化过程中不断地褐化死亡，很难获得再生植株。针对籼稻这种现象，在愈伤组织培养过程中，培养基中的碳源以麦芽糖代替蔗糖并在培养基中加入适量的 KT，可明显改善籼稻愈伤组织的质量，但其愈伤组织与携带药用野生稻大片段基因的农杆菌共培养后，在筛选培养基上大部分愈伤组织会相继死亡，抗性愈伤组织很少，即使长出抗性愈伤，抗性愈伤大部分也呈水渍状，分化能力差，因此本研究中的 2 个籼稻品种均未获得转基因植株。

2. 携带云南药用野生稻大片段基因的混合农杆菌菌液的制备

每次在转化栽培稻愈伤组织之前，用无菌牙签蘸取在–70℃保存的 20 个左右的农杆菌单克隆菌液划板以活化菌株，然后刮取等量菌苔，在 YEB 液体培养基中摇菌，进行扩大培养，这样可以保持农杆菌的活力，有利于转化。菌液浓度 OD_{600} 为 1.0。菌液浓度要合适，浓度太低，会使农杆菌细胞数目不足而导致转化效率较低，甚至达不到转化的效果；菌液浓度过高，则菌液中死菌数目太多，实际有感染能力的农杆菌数目减少，并且菌体产生的某些有害代谢产物对植物细胞造成伤害，也会引起转化效率下降。

3. 愈伤组织与携带药用野生稻大片段基因的农杆菌菌液的共培养

在本研究中，愈伤组织与农杆菌共培养时间为 2.5 天，温度为 26℃，并在共培养培养基中添加 100 μmol/L 的乙酰丁香酮。共培养时间是影响转化效率的重要因素，附着在细胞上的农杆菌，其 T-DNA 的转移和整合都在此期间完成。如果共培养的时间过长，导致农杆菌过度生长，过度生长的细菌细胞就会对愈伤组织产生毒害，抑制愈伤组织的细胞生长，使其不能长出新鲜愈伤，直至褐化死亡；共培养的时间过短，农杆菌感染和 T-DNA 转移不充分。共培养的时间把握应恰到好处，侵染不到位和过量往往只存在半天的时间差别，需要根据实验中农杆菌的活性严格把关。

共培养后的农杆菌清除，大多数报道的方法是用无菌水加头孢的方法对愈伤组织进行清洗,在本研究中采用含 500 mg/L 的 MS 液体培养基对共培养后的愈伤组织洗涤过夜,这样既可清洗愈伤组织,又能为愈伤组织提供营养,极大地减小了对愈伤组织造成的损害,有效地改善共培养后的愈伤组织状态。

4. 抗性愈伤的获得及分化

本研究在愈伤组织筛选阶段用 50 mg/L 的 Hyg 作为筛选剂,筛选 6～8 周,将新长出的抗性愈伤进行预分化和分化。分化培养基上不加 Hyg,因为在试验中发现,加入 Hyg 后,愈伤组织分化时间较长,甚至不能分化。抗性愈伤分化阶段撤去筛选剂,待愈伤组织分化出不定芽后再转移至含 50 mg/L Hyg 的生根培养基上进行生根。抗性愈伤在转到分化培养基上之前,先对愈伤进行 7 天的预分化,并在预分化培养基中加入 20 g/L 的山梨醇对愈伤组织进行高渗处理,可以提高分化率。对获得的抗性植株进行分子检测表明,60%以上的抗性植株为阳性转基因植株。

在愈伤组织分化阶段,激素对其分化能力及分化方向和水平起着重要的作用,适宜的激素配比可使愈伤组织向我们所需要的方向分化,我们在愈伤组织的分化阶段采用 6-BA 3 mg/L+KT 3 mg/L+NAA 0.5 mg/L 的激素配方,可以明显地提高愈伤组织的分化率。

(三)转基因植株的分子鉴定

在此混合大片段转化体系中,转化的大片段基因序列及片段的具体大小不确定,片段大小范围在 25～200 kb,这样对转化获得的抗性植株的检测就不同于常规的农杆菌介导的已知基因转化水稻的检测。这种混合大片段转化系统所转化出的抗性植株是否整合有云南药用野生稻大片段基因的检测方法有两种。

其一,由于 npt Ⅱ基因和 hpt 基因分别位于 $BIBAC_2$ 载体 T-DNA 的两侧,T-DNA 区域整合到植物基因组过程是从右末端开始到左末端,只要 T-DNA 的左右末端整合到植物基因组,那么插入 T-DNA 区域中的外源片段也应整合到植物基因组上,Hamilton 等(1997)通过研究也证明,只要 T-DNA 的左右末端整合到植物基因组,那么 T-DNA 所携带的外源片段即使大于 70 kb,其整合也是完整的。本研究中,首先以 hpt 和 npt Ⅱ基因引物对转化获得的抗性植株进行基因组 DNA 的 PCR 检测。结果表明,含有 npt Ⅱ基因的转基因植株同时也含有 hpt 基因,这也进一步证实了 T-DNA 区域整合到植物基因组过程是从右末端开始到左末端。本研究通过 PCR 分析,BIBAC 载体 T-DNA 的左右末端已整合到日本晴和中花 11 基因组中,即云南药用野生稻的大片段基因整合到日本晴和中花 11 基因组中。

其二,通过抗性植株的表型特征检测。即观察转化植株的株型、生长势、育性,并与药用野生稻、受体水稻相比较。如果抗性植株中出现与药用野生稻相似的表型特征,也可以从侧面证明药用野生稻大片段已整合到受体稻基因组中。在本研究中,笔者是结合这两种检测方法对获得的转基因苗进行了检测。通过对转基因植株的株型观察,发现日本晴的转基因植株株型与药用野生稻相似,株型开散,而对照株型较紧凑。

国内外的研究(Hamilton et al.,1997;何瑞锋,2003)表明,大片段基因的转化难度很大,转化率较低。在本研究中,我们做了大量的转化实验,得到了 23 株转大片段基因的日本晴转基因植株,11 株中花 11 转基因植株。由此也表明,通过构建云南药用野生稻 BIBAC 文库，然后将文库制备成一、二、三级混合池，利用三级混合池混合大片段基因转化栽培稻，建立其渗入系的方法思路是可行的。利用本研究中所述的方法体系，在以后的研究中，将会得到上百株甚至上千株的转基因植株，为建立云南药用野生稻渗入系库打下良好的基础。

常规的农杆菌转化系统具有操作简单、外源基因的整合方式多为单或低拷贝的方式及整合的外源基因遗传稳定等优点，目前已在遗传转化中广泛应用。但常规的农杆菌转化水稻基本上都是已知基因的转化，1 个或几个基因的转化，转化基因的片段相对较小，而且很少有多于 10 个基因的混合转化。而在本转化体系中，20 个左右携带大片段（25～150 kb）的农杆菌克隆混合在一起转化栽培稻，这是本研究中混合大片段转化体系转基因的最大特点，这种转化方式也属首次报道。

在我们的研究中发现，尽管由于 BIBAC 质粒插入外源 DNA 片段大，其农杆菌和植物转化效率相对较低，但这也证明我们所构建的云南药用野生稻 BIBAC 文库是能发挥作用的，采用的建立云南药用野生稻渗入系的技术路线是可行的。

云南药用野生稻携带有诸多的优异基因，如何将其优异基因引入栽培稻进行利用，丰富现有育种的遗传背景，使水稻育种有一个新的突破是当务之急。

利用云南药用野生稻优异基因，依靠常规的育种效率较低，育种周期长。通过构建其 BIBAC 文库，制备其 BIBAC 文库混合池，利用混合池的混合大片段基因转化将其优良基因转化到有代表性的栽培稻中，建立其渗入系库，然后分离、克隆其基因，这为改良水稻品种奠定了基础。

第四节　云南野生稻 cDNA 文库构建研究

cDNA 文库是以特定的组织或细胞 mRNA 为模板，反转录形成的互补 DNA 与适当的载体（常用噬菌体或质粒载体）连接后转化受体菌形成重组 DNA 克隆群，这样包含着细胞全部 mRNA 信息的 cDNA 克隆集合体称为组织或细胞的 cDNA 文库。自 20 世纪 70 年代中期首例 cDNA 克隆问世以来，构建 cDNA 文库已成为研究功能基因组学的基本手段之一。第一个 cDNA 文库由 Hofstter 于 1976 年构建，由于刚开始构建的 cDNA 文库存在着合成效率低、难以扩增等特点，许多科研工作者不断地努力将文库的构建方法进一步完善和便于高效筛选。目前 cDNA 的种类主要包括经典 cDNA 文库、标准 cDNA 文库、差减 cDNA 文库、酵母 cDNA 文库、mRNA 差异显示文库、限制性 cDNA 文库等（李海红和王秦秦，2003）。

cDNA 文库便于克隆表达基因和筛选大量表达基因，所得到的基因易于通过表达载体进行表达，它不像基因组含有内含子而难于表达，因此可以从 cDNA 文库中筛选到所需的目的基因，并直接用于该目的基因的表达。通过构建 cDNA 表达文库不仅可保护濒危珍惜生物资源，而且可以提供构建分子标记连锁图谱的所用探针，更重要的是可以用于分离全长基因进而开展基因功能研究。因此，cDNA 在研究具体某类特定细胞中基因组的表达状态及表达基因的功能鉴定方面具有特殊的优势，从而使它在个体发育、细胞分化、细胞周期调控、细胞衰老和死亡调控等生命现象的研究中具有更为广泛的应用价值，是研究工作中最常使用到的基因文库。

本研究通过采用美国 Clontech 公司的 SMART™ 技术构建了自然状态下元江普通野生稻生长旺盛期叶片 cDNA 文库 1 个，构建了白叶枯病菌和稻瘟病菌胁迫下的疣粒野生稻 cDNA 文库和药用野生稻 cDNA 文库各一个，随机挑选部分 cDNA 进行测序，并通过 BLAST 比对及生物信息学软件对这些 cDNA 基因片段的可能功能进行了预测分析，为进一步研究云南野生稻基因及分离克隆其抗病基因和其他基因奠定了基础。

一、云南野生稻叶片 cDNA 文库的构建策略

（一）研究材料与处理方法

1. 自然条件下的云南野生稻材料

取原生境下生长旺盛期的元江普通野生稻（*Oryza rufipogon*）和疣粒野生稻（*Oryza granulata*）幼嫩叶片，液氮迅速冷却后，置于–70℃冰箱保存备用。

2. 药用野生稻和疣粒野生稻材料的接菌处理

在药用野生稻（*Oryza officinalis*）和疣粒野生稻（*Oryza granulata*）6～7 叶期，分别混合接种 4 种典型的白叶枯病菌及稻瘟病菌。诱导病原菌包括：白叶枯病菌（黄单孢菌：*Xanthomonas oryzae* pv. *oryzae*，Xoo），选用了 T7147（日本）、C7（中国）、Y5（云南）株系；稻瘟病菌［子囊菌：*Magnaporthe grisea*（Hebert）Barr］，选用了毒 92-06-6、88A、TH74-9、Y88-287、Y69、Y34、JH77-107、IW51-04 株系。白叶枯病菌和稻瘟病菌分别在两个人工气候箱中进行混合接种，接种后每隔 2 h、4 h、8 h、16 h、24 h、48 h、72 h 和 7 天取样，同时以未接种植株相同部位的叶片作为对照样品，样品用液氮速冻后置–70℃冰箱保存备用。

3. cDNA 文库构建试剂

cDNA 文库构建试剂盒、宿主菌、载体均购自 Clontech 公司；mRNA 纯化试剂盒购自 Pharmacia 公司；包装蛋白购自 Epicentre Technologies 公司；质粒快速抽提试剂盒购自上海华舜生物工程有限公司；其他试剂购均为国产或进口的分析纯。

（二）cDNA 文库构建方法

1. 原始 cDNA 文库的获得

采用异硫氰酸胍法提取 RNA（Sambrook et al.，1989），mRNA 的纯化按上海华舜生物工程有限公司的 "mRNA Isolation SystemI" 试剂盒操作。按 Clontech 的 SMART™ cDNA 文库构建试剂盒，分别取 0.5 μL、1.0 μL、1.5 μL cDNA 与 1.0 μL 载体混合，于 16℃过夜进行 3 个连接反应。将上述 3 种连接产物用 Epicentre 公司的 MaxPlax™ Lambda Packaging Extracts 包装蛋白于 30℃条件下进行 3 h 包装，然后加入 500 μL 噬菌体稀释液和 25 μL 氯仿，混匀，离心分层，获得原始文库。

2. 文库的滴度及重组率测定

用稀释缓冲液以 10 倍、100 倍和 1000 倍稀释文库，分别取 1 μL 上述稀释物，各加

入 200 μL XL1-Blue 过夜培养物，37℃温浴 15 min，混于 2～3 mL 的 45℃琼脂糖凝胶液中，倒 LB 固体平板，冷却，倒置平板，37℃过夜培养。统计噬菌斑数目，计算文库的滴度，滴度（pfu/mL）＝（噬菌斑数×稀释倍数×10^3）/铺板稀释噬菌体体积。

重组率计算操作步骤同文库滴度测定，只是在上层琼脂中加入 50 μL X-gal（10 mmol/L）和 50 μL IPTG（10 mmol/L），根据蓝白斑计算重组率。并以扩增的 cDNA 文库为模板，用试剂盒中的 5′-PCR 引物和 3′-PCR 引物及 50×Advantage2 聚合酶进行 PCR 扩增，检测插入片段的大小。

3. 序列获得及测序

挑取 BM25.8 单菌接种于 10 mL LB 液体培养基中，31℃条件下 150 r/min 振荡培养过夜，至 OD_{600} 达 1.1～1.5，加 100 μL 1 mol/L $MgCl_2$ 使终浓度达 10 mmol/L；从扩增文库的平板上挑取单个噬菌斑，接入到 350 μL 的 1×λ 稀释缓冲液中，充分混合，在 1.5 mL 的干净离心管中加入 150 μL 噬菌体液和 200 μL 菌液混匀，31℃条件下温育 30～40 min。加 400 μL LB 培养液，31℃、220 r/min 振荡培养 1 h。取 5 μL 涂于 LB Amp 平板上，置于 31℃条件下温育得到单菌落，用质粒快速抽提试剂盒提取质粒 DNA，进行序列测序。

二、云南野生稻叶片 cDNA 文库的构建及分析

（一）自然状态下云南野生稻叶片 cDNA 文库

1. 总 RNA 提取和 mRNA 纯化分析

所提取的总 RNA 经 1%琼脂糖电泳检测，含有明显的 28S 和 18S 条带，说明总 RNA 提取较好，降解少，分子完整。紫外检测 OD_{260}/OD_{280} 的比值为 1.8828，含量为 6 mg/mL，表明所提取的 RNA 纯度高，符合建库要求。从总 RNA 中纯化出 mRNA 后经 1%琼脂糖电泳检测（图 10-4-1），分布范围为 20～100 kb。

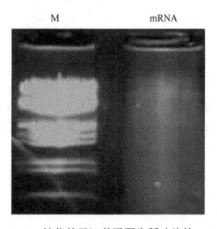

图 10-4-1　纯化的元江普通野生稻叶片的 mRNA
Fig. 10-4-1　The purified mRNA of leaf of Yuanjiang *O. rufipogon*
M. λDNA/*Hind*III　Marker

2. 云南元江普通野生稻 dscDNA 的合成

经 LD-PCR 合成的双链 cDNA，取 5 μL 产物进行 1%琼脂糖凝胶电泳检测，双链 cDNA 主要分布在 500～4000 bp，呈弥散状条带，其中 900 bp 处有高丰度的亮带（图 10-4-2），说明合成的双链 DNA 符合建库要求。

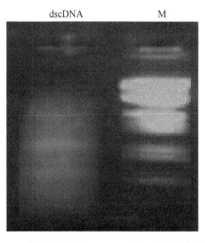

图 10-4-2　元江普通野生稻 mRNA 反转录后合成的双链 cDNA
Fig. 10-4-2　The double strain cDNA synthesis from mRNA of Yuanjiang *O. rufipogon*
M. λDNA/*Hind*Ⅲ　Marker

3. 云南野生稻 cDNA 文库的形成及鉴定分析

双链 cDNA 经连接包装后，测得的元江普通野生稻原始文库滴度为 $1.10×10^6$ pfu/mL，扩增后的 cDNA 文库滴度为 $3.98×10^7$ pfu/mL，重组率为 91%；疣粒野生稻原始文库滴度为 $1.00×10^9$ pfu/mL，约 $1.00×10^7$ 个克隆，重组率为 96%。两个野生稻叶片 cDNA 文库的滴度符合文库保存和筛选实验的要求。通过 PCR 法快速检测，扩增后文库中插入片段大小主要分布在 400～2000 bp，也有大于 2000 bp 的插入片段存在（图 10-4-3）。

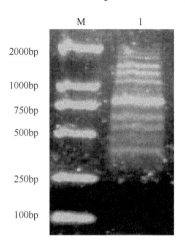

图 10-4-3　元江普通野生稻 cDNA 文库中插入片段大小 PCR 快速检测
Fig. 10-4-3　PCR rapid testing of recombination fragments in Yuanjiang *O. rufipogon* cDNA library

4. 元江普通野生稻文库 cDNA 序列的比对分析

在测定的 115 个元江普通野生稻 cDNA 中，排除冗余重复序列，一共有 90 个有效基因的 cDNA 序列。分别与基因组数据库（NCBI）进行比较，发现多数 cDNA 序列与栽培稻（O. sativa）中参与光合作用、能量代谢、氨基酸合成和抗逆等过程有关的基因高度同源（表 10-4-1）。例如，光系统 Ⅱ 10 kDa 蛋白和 1,5-二磷酸核酮糖羧化酶/加氧酶是光合作用中的重要组分；核酮糖-5-磷酸-3-差向异构酶和丙糖磷酸异构酶在碳水化合物代谢中担负重要角色；参与氨基酸合成中的 GTP 连接蛋白 typA；参与脂肪酸 β 氧化的烯酰 COA 水合酶；另有硫氧还蛋白还氧酶，一种与 NADPH 电子传递功能相关的黄素蛋白，其主要功能是还原小分子蛋白质硫氧还蛋白（thioredoxin，Trx）（Schürmann and Jacquot，2000；郑琼等，2006）。元江普通野生稻的这些 cDNA 片段具体的结构和功能还待进一步研究。

表 10-4-1 所得材料的部分 cDNA 片段与栽培稻之间的序列比较

Table 10-4-1 The comparison of some cDNA fragments sequence between *O. rufipogon* and *O. sativa*

cDNA 片段编号 No. of cDNA	功能 Function	比值 Score（bits）	同源性 Identities
R3	1,5-二磷酸核酮糖羧化酶/加氧酶	1245	631/632（99%）
R184	光系统 Ⅱ 10 kDa 蛋白	983	496/496（100%）
R51	NADPH-硫氧还蛋白还氧酶	1197	627/632（99%）
R62	锌指 POZ 域蛋白	835	428/429（99%）
R79	丙糖磷酸异构酶	797	417/422（98%）
R101	核酮糖-5-磷酸-3-差向异构酶	993	501/501（100%）
R85	GTP 连接蛋白 typA	1057	539/541（99%）
R87	叶绿素合成酶	928	468/468（100%）
R106	组蛋白乙酰转移酶	938	473/473（100%）
R108	烯酰 COA 水合酶	967	494/496（99%）
R144	褐飞虱诱导的抵御蛋白 1（Bi1）	1055	541/544（99%）
R177	丙氨酸转氨酶	684	345/345（100%）

5. 元江普通野生稻和疣粒野生稻叶片 cDNA 文库的注释

1）cDNA 文库序列同源性比较

元江普通野生稻 cDNA 序列同源性比较分析：通过测序获得的 100 条序列用 BLAST 进行同源性比较，与栽培稻（Oryza sativa）之间匹配的碱基数大于 400 bp 的占了 48%，而匹配碱基数小于 300 bp 的占了 38%（图 10-4-4）。

疣粒野生稻 cDNA 序列同源性比较分析：用 BLAST 对 95 条疣粒野生稻 cDNA 序列进行同源性比较，与栽培稻日本晴（O. sativa）之间匹配的碱基数大于 400 bp 的占了 27.37%，而匹配碱基数小于 300 bp 的占了 56.84%。说明疣粒野生稻材料与栽培稻日本晴的同源相似性不高，这主要是因为疣粒野生稻属于 GG 基因组，而栽培稻日本晴是属于 AA 基因组。

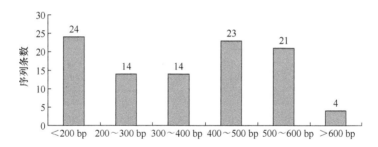

图 10-4-4　cDNA 文库序列同源性比较分布图
Fig. 10-4-4　The comparison of sequence homology

2）cDNA 序列 ORF 预测分析

通过 NCBI 中的 ORFFinder，对所得的 cDNA 片段序列进行 ORF 预测，结果分为两类：ORF 长度≥100 bp 和 ORF 长度<100 bp。其中元江普通野生稻 cDNA 文库中可读框碱基数大于 100 bp 且具有起始密码子和终止密码子的占了 70%；大于 100 bp 且缺少起始密码子或终止密码子的占 18%；可读框碱基数小于 100 bp 的总共占了 12%。疣粒野生稻 cDNA 文库中，可读框碱基数大于 100 bp 且具有起始密码子（ATG）和终止密码子（TGA、TAG）的占了 90%；大于 100 bp 且缺少起始密码子或终止密码子的占 6%；可读框碱基数小于 100 bp 的占 4%。由此推知本研究构建的文库所插入的较长 cDNA 片段占较大比例。

3）用 UniGene、EntrezGene 系统进行 cDNA 片段注释

元江普通野生稻 cDNA 片段的注释分析：对 ORF 长度≥100 bp 的序列，进行 UniGene、EntrezGene 系统比较，与拟南芥基因功能相同的占了 1/3，约有 42% 的序列与拟南芥的相似性大于 60%。EntrezGene 系统分析，确定功能、代谢过程和部位的分别为 17 个、16 个和 24 个（图 10-4-5）。确定功能的 cDNA 片段参与了植物许多重要生理过程，如光合作用、能量代谢过程、肽链合成等（表 10-4-2）。

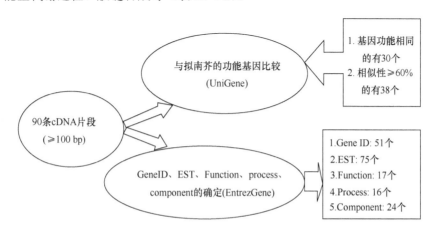

图 10-4-5　元江普通野生稻 cDNA 片段注释
Fig. 10-4-5　The annotation of Yuanjiang *O. rufipogon* cDNA library by UniGene

表 10-4-2　部分元江普通野生稻 cDNA 片段功能、代谢过程及部位的确定

Table 10-4-2　Yuanjiang *O. rufipogon* cDNA fragments of defined function，process and position

cDNA 片段编号 No. of cDNA	基因编号 Gene ID	功能 Function	代谢过程 Metabolic process	亚细胞定位 Subcellular localization
Ru31	3040555	葡糖磷酸变位酶（分子内转移酶活性）	糖类代谢	—
Ru85	3059273	GTP 连接蛋白 typA（GTP 连接翻译延长因子活性）	蛋白合成的翻译延长	质体
Ru87	3053999	叶绿素合成酶（氧化还原酶活性；转移酶活性）	电子运输代谢	线粒体
Ru101	3044994	5-磷酸核酮糖-3 差向异构酶	糖类代谢	质体
Ru106	3053264	组蛋白乙酰转移酶（*N*-乙酰转移酶）	—	质体
Ru108	3054641	烯酰 COA 水合酶（催化活性）	代谢	质体
Ru139	3045050	细胞死亡抑制因子蛋白（氧化还原酶活性）	电子运输	质体，线粒体
Ru184	3070659	光系统 II 10 kDa 蛋白	光合作用	光系统 II，质体
Ru49	842089	多肽链释放因子 2（翻译释放因子活性）	翻译终止	线粒体
Ru51	3063064	NADPH-硫氧还蛋白还原酶（二硫化物氧化还原酶活性）	电子运输,超氧化物,自由基的去除	胞质
Ru130	834380	金属肽酶	蛋白降解	内膜系统
Ru177	838940	丙氨酸转氨酶（丙氨酸、甘氨酸转氨酶活性）	光呼吸	过氧化物酶体
Ru182	3062471	驱动蛋白（ATP 连接，运动活性）	—	微管复合物
Ru56	3037511	光系统 I 蛋白（转移活性，转移 hexsy 群体）	代谢	质体
Ru64	3054274	转录因子	转录调控	细胞核

注："—"表示没有确切的亚细胞定位

Note："—" is no localization

　　疣粒野生稻 cDNA 片段的注释分析：对 ORF 长度≥100 bp 的序列，进行 UniGene、EntrezGene 系统比较，与拟南芥的基因功能相同的占了 66.3%，约有 48.4% 的序列与拟南芥的相似性大于 60%。经 EntrezGene 系统分析，确定功能、代谢过程和部位的分别为 34、31 和 31 个（图 10-4-6）。通过搜索 TAIR（拟南芥基因组信息资源库）确定功能的 cDNA 片段有 15 种（表 10-4-3），分别参与了光合作用、蛋白质合成和转录、翻译过程的调节等许多重要生理过程，还有许多结构蛋白（如金属硫蛋白、60S 酸性核糖体 P0 蛋白）及代谢过程中的酶（如 5-磷酸核酮糖-3-差向异构酶、甘油醛-3-磷酸脱氢酶和谷胱甘肽-S-转移酶等）。

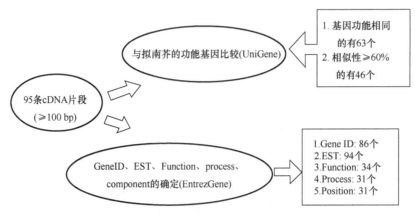

图 10-4-6　疣粒野生稻 cDNA 片段注释

Fig. 10-4-6　The annotation of *O. granulata* cDNA library by UniGene

表 10-4-3 部分疣粒野生稻 cDNA 片段功能、代谢过程及部位的确定
Table 10-4-3 *O. granulata* cDNA fragments of defined function，process and position

cDNA 片段编号 No. of cDNA	基因编号 Gene ID	功能 Function	代谢过程 Metabolic process	亚细胞定位 Subcellular localization
ME30	3032649	金属硫蛋白	金属连接	—
ME33	3052447	乙酰脱氢酶	—	—
ME15	2069530	60S 酸性核糖体 P0 蛋白	蛋白生物合成、蛋白翻译延长	胞内、核糖体、线粒体
ME38	3039171	抑制因子 2	电子传递	质体
ME158	3055681	Fe-S 代谢联合结构域蛋白	糖类代谢	质体
ME14	3044994	5-磷酸核酮糖-3-差向异构酶	糖类代谢	质体
ME57	3073282	甘油醛-3-磷酸脱氢酶	—	质体
ME68	3048147	谷胱甘肽-S-转移酶	—	线粒体
ME71	3056719	H+运输 ATP 酶	—	线粒体、质体
ME168	3037485	光系统 II 10 kDa 多肽氧化还原酶	—	线粒体、质体
ME84	3056719	依赖钙蛋白激酶	蛋白磷酸化	线粒体、质体
ME152	3041938	翻译起始因子 eIF1	蛋白质的生物合成	核糖体
ME169	3065320	转录延长	转录	细胞核
ME146	3074429	半胱氨酸蛋白酶	蛋白酶解	细胞质膜
ME172	309257	60S 核糖体蛋白 L27	蛋白合成	核糖体、线粒体

注："—"表示没有确定的代谢过程或亚细胞定位

Note："—" is no determined metabolic and subcellular localization

（二）白叶枯病和稻瘟病菌诱导的药用野生稻和疣粒野生稻叶片 cDNA 文库

提取药用野生稻样品总 RNA 后经 Oligo（dT）柱纯化得到 mRNA，合成 dscDNA，连接到 λTripIEx2 载体上，用 Epicentre 包装蛋白包装，得到 cDNA 文库。滴度检测结果为 8.6×10^5 pfu/mL。感染转化 X-Blue，得到扩增后的 cDNA 文库。鉴定文库的重组率在 90%，滴度约为 1×10^7 pfu/mL，构建的药用野生稻 cDNA 文库有近 8.5×10^6 个克隆，插入的片段大小主要分布在 400～2000 bp（图 10-4-7）。这个规模的文库理论上来讲，基本包含了药用野生稻用上述病原菌诱导后表达的基因序列。

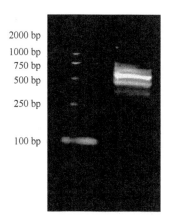

图 10-4-7 药用野生稻 cDNA 文库 PCR 检测
Fig. 10-4-7 The PCR detection of cDNA library of *O. officinalis*

　　用同样的方法构建疣粒野生稻 cDNA 文库。鉴定文库的重组率为 96%，滴度约为 1×10^6 pfu/mL，构建的疣粒野生稻 cDNA 文库有近 1×10^7 个克隆，插入的片段大小主要分布在 400～2000 bp（图 10-4-8）。基本包含了疣粒野生稻用上述病原菌诱导后表达的基因序列。同时构建了一个未接种白叶枯病菌的疣粒野生稻 cDNA 文库，其材料来自于构建上述白叶枯病处理后文库的相同材料，只是未接种植株上的同样部位叶片。

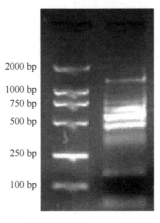

图 10-4-8　疣粒野生稻 cDNA 文库 PCR 检测
Fig. 10-4-8　The PCR detection of cDNA library of *O. granulata*

　　文库中插入片段大小检测：以扩增的 cDNA 文库为模板，用试剂盒中的 5′-PCR 引物和 3′-PCR 引物及 50×Advantage2 PCR 聚合酶进行 PCR 扩增（94℃变性 1 min，68℃复性 30 s，72℃延伸 5 min，20 个循环），扩增产物经 2%的琼脂糖凝胶电泳检测（图 10-4-9）。另外一种简便方法是通过把文库部分 cDNA 从 λTrip1Ex2 转化为质粒载体 cDNA（图 10-4-10），通过提取质粒，电泳进行初步检测。

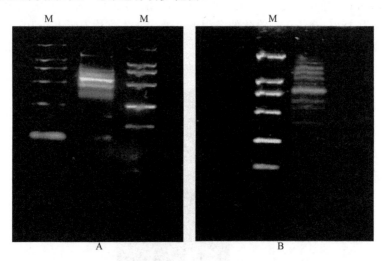

图 10-4-9　病原菌诱导的药用野生稻及疣粒野生稻 cDNA 文库中插入片段的 PCR 快速检测
Fig. 10-4-9　The rapid test of the inserted fragments of cDNA libraries constructed after inoculated with bacterial blight and rice blast pathogens
A. 药用野生稻；B. 疣粒野生稻；M. DL2000 Markers
A. Testing result of *O. officinalis* cDNA library；B. Testing result of *O. granulata* cDNA library；M. DL2000 Markers

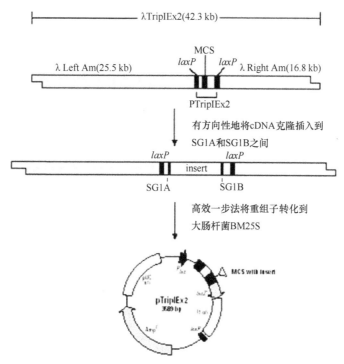

图 10-4-10　噬菌体载体 λTrip1Ex2 转化为质粒载体 pTrip1Ex2
Fig. 10-4-10　The λTrip1Ex2 vector transformed into pTrip1Ex2 vector

随机挑取 40 个文库中的噬菌体斑，在 BM2580 菌中经重组酶 *Cre* 把 cDNA 从 λTrip1Ex2 转化为质粒载体 cDNA，然后提取质粒进行电泳检查，见图 10-4-11。cDNA 片段大小在 500～5000 bp（图 10-4-12），可见我们得到的文库为高质量的诱导表达后的文库。这些文库除了有特定诱导表达基因外，还有其他许多具有重要功能基因的 cDNA 存在，十分有研究和应用开发价值。

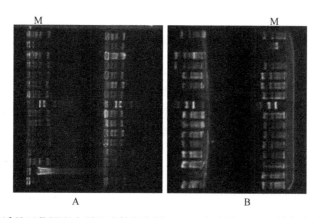

图 10-4-11　病原菌诱导下药用野生稻及疣粒野生稻 cDNA 文库经 λ DNA 转化为质粒后提取质粒的电泳结果
Fig. 10-4-11　The agarose gel electrophoresis of the plasmid pTrip1Ex2 converted from λTrip1Ex2 of the cDNA libraries
A. 药用野生稻质粒 pTrip1Ex2-cDNA；B. 疣粒野生稻质粒 pTrip1Ex2-cDNA；M. DL2000 Markers
A. the pTripIEx2 from *O. officinalis* cDNA library；B. the pTripIEx2 from *O. granulata* cDNA library；M. DL2000 Markers

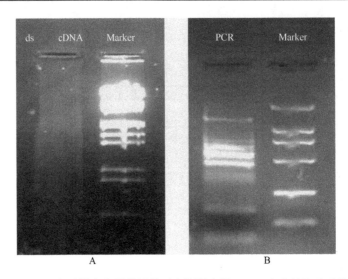

图 10-4-12　白叶枯病病原菌诱导下疣粒野生稻 cDNA 文库的构建及检测

Fig. 10-4-12　The construction of the *O. granulata* cDNA library after inoculated with rice bacterial blight pathogens

A. 由 mRNA 反转录后合成的双链 cDNA 检测（Marker. Lambda DNA pBR322/*Hind*Ⅲ Markers）；B. 为病原菌诱导下疣粒野生稻 cDNA 文库插入片段的大小 PCR 检测结果（Marker. DL2000 Markers）

A. The agarose gel electrophoresis testing of the double-strained DNA synthesized from *O. granulata* mRNA（Marker. Lambda DNA pBR322/*Hind*Ⅲ Marker）；B. the rapid testing of the insertion fragments in *O. granulata* cDNA library（Marker. DL2000 Markers）

经分析，云南野生稻 cDNA 文库重组率在 90%～96%，滴度分析表明所构建的药用野生稻和疣粒野生稻 cDNA 文库均达到 10^7 pfu/mL。这个规模的文库理论上来讲，已经包含了细胞当时大量的 mRNA 信息，即表达基因或基因片段，而我们采用的反转录酶是 Power Script Reverse Transcriptase，该酶比以往使用的其他反转录酶能合成更长的 cDNA，最长可以达到 9 kb。因此，我们构建的 cDNA 文库，相当一部分基因的全长编码序列已经存在于 cDNA 文库中，即基因全序列已经存在。

三、云南野生稻 cDNA 文库的构建意义

具有较好的原始性和一些优良性状的云南野生稻，是研究水稻进化及抗逆基因分离的极好研究材料，对其基因资源的保护是进一步研究和利用的重要基础，构建 cDNA 文库是研究、保存和分离功能基因的良好手段。本文构建的野生稻 cDNA 文库，是在分子水平上对此重要资源的一项保护措施。文库构建中使用了 Clontech 公司的一项新技术 SMAR™，即只有完整的 mRNA 链才能够转变为双链 cDNA，因此保证了文库中的插入片段均为完整的基因序列，避免需要同时筛选多个克隆，同时测序后，再依据序列拼接才可能获得一个完整的基因。此文库经检测属于较高质量的 cDNA 文库，这为进一步研究野生稻的功能基因提供了有利条件。

对所得的元江普通野生稻 cDNA 序列的功能预测结果表明，此 cDNA 文库中包含了参与植物生理过程的许多重要功能基因，尤其是抗逆和光合作用方面的基因（因为元江普通野生稻的抗逆和高光合作用特性是非常突出的），如在二氧化碳的羧化阶段中起关键作用的 1,5-二磷酸核酮糖羧化酶/加氧酶；在光合作用过程中被证实对电子传递起重要作

用的硫氧还蛋白还氧酶；还有与抗逆性有关的锌指 POZ 域蛋白和褐飞虱诱导的抵御蛋白1（Bi1）；同时对获得的序列通过 NCBI 与栽培稻日本晴比较，序列同源性相似性很高，这些 cDNA 序列更具有深入研究的价值和发掘，以便用于改良栽培稻。因此本研究的发现对今后揭示元江普通野生稻一些重要功能基因的分子机制具有重要作用，为进一步研究元江普通野生稻生长快、生物学产量能力积累强的生物学特性，以及分子辅助选育和探讨其在亚洲栽培稻的起源和进化上的研究奠定了基础。

疣粒野生稻具有高抗白叶枯病、稻瘟病、耐旱、矮秆、耐阴等优良性状。在所得疣粒野生稻 cDNA 克隆序列功能预测中，金属硫蛋白和谷胱甘肽-S-转移酶（glutathione-S-transferase，GST）的序列获得对今后研究疣粒野生稻的抗逆性有重大作用，因为目前一般认为金属硫蛋白与重金属的解毒、抗逆反应及清除自由基等过程有关。而谷胱甘肽-S-转移酶被认为是植物抗性基因表达产物的一种，能特异性识别病原菌中相应无毒基因编码的产物，并产生信号分子，开启植物防卫基因的表达，最终病原菌产生抗性。另外，获得的有关光合作用（如光系统 II　10kDa 多肽）和能量代谢方面（如甘油醛-3-磷酸脱氢酶、5-磷酸核酮糖-3-差向异构酶）的功能基因对进一步研究疣粒野生稻的耐阴性及光合作用的高效性有一定价值。因此，本研究为今后研究分析这些基因的功能，探讨疣粒野生稻在亚洲栽培稻上的起源和进化，以及进一步发掘疣粒野生稻优良种质资源，培育优质、多抗的优良栽培稻品种奠定了基础。

第五节　云南野生稻 cDNA 文库的应用

一、云南元江普通野生稻 *MT* 基因的克隆及序列分析

（一）元江普通野生稻 *MT* 基因 cDNA 序列的获得及分析

随机挑取普通野生稻叶片 cDNA 文库的 500 个噬菌斑，选择了 115 个菌样测序，获得 90 条序列，登录 NCBI 进行 BLAST 序列比较，得到一个元江普通野生稻金属硫蛋白（metallothionein，MT）基因，长为 525 bp。用 NCBI 的可读框寻找程序（ORF founder）确定该基因的可读框，发现其 5′非翻译区为 72 bp，3′非翻译区 263 bp，可读框（ORF）长 189 bp（包括一个终止密码子），编码 62 个氨基酸（图 10-5-1）。从元江普通野生稻的金属硫蛋白氨基酸序列可以看出，该基因的可读框中共含有 10 个半胱氨酸（Cys）残基，占总氨基酸数的 16.12%。通过 ExPASY 网站（http://us.expasy.org/tools/pitoo.lhtm）的在线分析，推测该基因编码蛋白的分子质量为 6.42　kDa，理论等电点为 5.21，为酸性蛋白质。

（二）元江普通野生稻 *MT* 基因疏水性预测

植物 MT-I 类的 N 端和 C 端富含 Cys 的结构域，中间被一个不含 Cys 的区分开，此区含有芳香族及疏水性氨基酸。ProScale（www.expasy.org/cgi-bin/protscale.pl）以默认值算法（Hphob./Kyte&Doolittle）对元江普通野生稻 *MT* 基因疏水性进行预测。结果如图10-5-2 所示。从疏水性分析结果可以看出，此金属硫蛋白的中部有较强疏水区，而其疏水区两端为明显亲水区。

```
1   cca gag cac aag aaa gca taa gca gca caa ggg att aac tca tca 45
46  ctc act tag cta att aaa tct tcg acc atg tcg gac aag tgc ggc 90
                                        M   S   D   K   C   G  6
91  aac tgc gac tgt gct gac aag agc cag tgc gtg aag aaa ggt acc 135
7   N   C   D   C   A   D   K   S   Q   C   V   K   K   G   T  21
136 agc tat ggc gtc gtc ata gtt gaa gcc gag aag agc cac ttc gag 180
22  S   Y   G   V   V   I   V   E   A   E   K   S   H   F   E  36
181 gag gtc gcc gcc ggc gag gag aac ggc ggc tgc aag tgc ggc acc 225
37  E   V   A   A   G   E   E   N   G   G   C   K   C   G   T  51
226 agc tgc tcc tgc acc gac tgc aag tgc ggc aag tga agt cac gaa 270
52  S   C   S   C   T   D   C   K   C   G   K   *                58
271 gca acc gaa cac tcg ccg ccg gcg agt cac cta cct taa tta gtc 315
316 cac aat aaa aac cac cca tat gag tgt ggt ttg tgt gtg tgc tga 360
361 tta ttg ctg aat taa acc cgt gtg tta tcg att aat taa gca gct 405
406 ggt cgc ttc ggc gac tat gcg tgt atc aac gta tga att tgt gtg 450
451 atg tga tgt acc cgt gct att ctc agt gaa att aat caa tcg tgt 495
496 att aaa aaa aaa aaa aaa aaa aaa aaa aa  525
```

图 10-5-1　普通野生稻金属硫蛋白基因 cDNA 序列
Fig. 10-5-1　cDNA sequence analysis of *MT* gene from *O. rufipogon*
阴影部分的 atg 和 tga 分别为起始密码子和终止密码子
The shadow of atg and tga are the start codon and the stop codon respectively

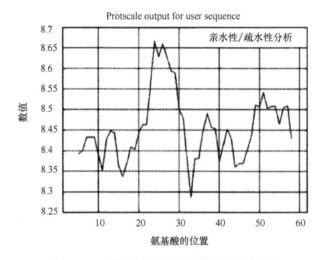

图 10-5-2　普通野生稻金属硫蛋白疏水性分析
Fig. 10-5-2　Hydrophobicity analysis of *MT* gene from *O. rufipogon*

（三）元江普通野生稻 *MT* 基因的蛋白质家族预测及氨基酸同源性比较

用 Pfam 程序对克隆的元江普通野生稻 *MT* 基因进行蛋白质家族预测（图 10-5-3）。从 Pfam 分析结果可以看出，获得的 *MT* 基因与 metallothio-2 有相似性，据 Pfam 注释，metallothio-2 为金属硫蛋白家族。用 NCBI 中的 BLASTP 程序比较，结果表明所获得的 *MT* 基因氨基酸序列与其他许多物种的金属硫蛋白的序列具有同源性（表 10-5-1）。其中与栽培稻日本晴的金属硫蛋白的氨基酸同源性达到 87%，与普通野生稻、药用野生稻的氨基酸同源性分别达到 96%和 90%。因此，可以说明获得的序列属于金属硫蛋白基因家族。

金属硫蛋白家族中金属硫蛋白2

HMM	*	->MCSCsCGgnCgCGSgCkCGsGCGGCkmYPDLsesestttvcetlvlGVAPekklhfegsEmgvaacaeeGCKCGsnCkCdPCnC<- *
MATCH		+ +C gnC C ++ C ++ t ++++ ek+ hfe++ +g ++ GCKCG +C C C+C
SEQ		SDKC---GNCDCADKSQC-------------VKKGTSY--GVVIVE--AEKS-HFEEVAAGE---ENGGCKCGTSCSCTDCKC

图 10-5-3 元江普通野生稻金属硫蛋白蛋白质家族预测
Fig. 10-5-3 Protein family prediction of *MT* gene from Yuanjiang *O. rufipogon*

表 10-5-1 元江普通野生稻金属硫蛋白氨基酸序列 BLASTP 比较结果
Table 10-5-1 Comparison of amino acid sequences of Yuanjiang *O. rufipogon* and other plants by BLASTP

GenBank 登录号 GenBank accession No.	物种 Species	一致性/% Identity	分值 Score/bit	*E* 值 *E*-value
NP.001042319.1	日本粳稻（*Oryza sativa* Japonica Group）	54/62（87%）	120	5e-26
BAD52241.1	普通野生稻（*Oryza rufipogon*）	60/62（97%）	116	6e-25
AAX39388.1	药用野生稻（*Oryza officinalis*）	56/62（90%）	111	2e-23
ABA43635.1	沙梨（*Ptrus pyrifolia*）	41/61（67%）	94.4	2e-18
CAB52585.1	油棕（*Elaeis guineensis*）	42/62（67%）	81.6	2e-14
AAB95220.1	贝母（*fritillaria agrestis*）	41/63（65%）	80.1	5e-14
CAA69624.1	无花果（*Carica papaya*）	41/64（64%）	76.6	6e-13
CAB85630.1	葡萄（*Vitis vinifera*）	40/62（64%）	76.3	7e-13
ABN46986.1	莲（*Nelum bonucifera*）	38/61（62%）	73.9	3e-12
ABG57065.1	落花生（*Arachis hypogaea*）	42/65（65%）	73.9	4e-12

（四）元江普通野生稻 *MT* 基因的功能探讨

MT 是一类能与锌、铜、铁等多种重金属原子结合的小分子质量蛋白质。植物 MT 的分类方法有多种，主要参照氨基酸序列中 Cys 的排列方式，被分为 MT-Ⅰ、MT-Ⅱ两种类型，MT-Ⅰ 类型根据 Cys 残基的排列特征又分为 1 型和 2 型两种亚型。1 型 MT 中 Cys 的排列方式一般为 cys-x-cys，而 2 型 MT 的 Cys 排列方式具有 cys-x-cys，cys-x-x-x-cys，cys-x-x-x-x-cys 的排列特征（Chen et al.，2003）。该研究所推导的元江普通野生稻 MT 氨基酸序列中共含有 10 个半胱氨酸残基，其中 5'端和 3'端分别有一个 C-G-N-C-D-C-A 和 C-K-C-G-T-S-C-S-C-T-D-C-K-C 的结构，属于 MT-Ⅰ 类型中的 2 亚型。

植物 *MT* 基因因不同物种、不同 MT 类型、不同组织器官、不同外界条件而表达特性各异，与植物的生长发育阶段也密切相关。其中植物 *MT* 基因表达具有的可诱导性尤为引人注目（全先庆等，2006）。大量文献介绍了金属离子、激素、糖饥饿、高盐、干旱、臭氧、低温等不同环境因素对植物 *MT* 基因表达的影响。研究 *MT* 基因的结构、表达调控及其功能，对于深入了解植物生理过程及其调控具有十分重要的意义。本研究从生长原生境的元江普通野生稻叶片 cDNA 文库中克隆了 *MT* 基因，在所获得的 cDNA 序列中，约占 30%，属于高丰度表达，暗示其可能在元江普通野生稻生长过程和长势旺的特性中具有重要作用。迄今为止，在许多植物中，如拟南芥、水稻、玉米、小麦、大豆、棉花、

番茄等均发现了 *MT* 基因，并克隆了相应的 cDNA 或基因组序列。但在野生稻中克隆的 *MT* 基因数量并不多，该研究所克隆的元江普通野生稻 *MT* 基因为进一步研究该基因的金属离子运输功能、不同环境下 *MT* 基因的表达调控机制与其抗逆性的关系奠定了基础。

二、云南疣粒野生稻 *OMMT-2* 基因的克隆及序列

（一）疣粒野生稻 *OMMT-2* 基因的获得

随机挑取疣粒野生稻叶片 cDNA 文库的 500 个噬菌斑，选择 120 个菌样测序，获得 95 条序列，登录 NCBI 序列比对，得到疣粒野生稻金属硫蛋白基因（命名为 *OMMT-2*）cDNA 序列，长为 531 bp。用 NCBI 的可读框寻找程序确定该基因的可读框；运用 BLASTX、BLASTP 和 NR 进行同源性比对；用 ProtParam（http://au.expasy.org/tools/protparam.Html）计算蛋白的分子质量、等电点；应用 ProScale（www.expasy.org/cgibin/protscale.Pl）以默认算法进行疏水性分析；用 Pfam（pfam.Wust.ledu/）进行蛋白家族预测。

（二）疣粒野生稻 *OMMT-2* 基因序列分析

通过对疣粒野生稻 *OMMT-2* 基因的可读框分析，发现其 5′非翻译区为 111 bp，3′非翻译区 171 bp，可读框（ORF）长 249 bp（包括一终止密码子），编码 82 个氨基酸（图 10-5-4）。从所得氨基酸序列可以看出，该基因的可读框中共含有 14 个半胱氨酸（Cys）残基，占总氨基酸数的 17.07%，排列特征为 CC、CXXC、CXXXC 排列方式。

```
1    cgg ccg ggg agg tca ggg gat att cag agc gga agc gag tgc tcg    45
46   tgt gtg tga tca ctg caa gta gtt ggg ttg ggc gtt gat ctc tgc    90
91   gga gag aag ggg aga gag aag atg tcg tgc tgt ggg ggc aac tgc    135
                                     M   S   C   C   G   G   N   C    8
136  ggc tgc ggc tcc ggc tgc aag tgc ggc tcc ggc tgc gga ggc tgc    180
9    G   C   G   S   G   C   K   C   G   S   G   C   G   G   C    23
181  aag atg tac ccg gcg atg gct gag gag gtg acc acc acc cag act    225
24   K   M   Y   P   A   M   A   E   E   V   T   T   T   Q   T    39
226  atc gtc atg ggt att gca cct tcc aag ggc cac gct gag ggg gtc    270
40   I   V   M   G   I   A   P   S   K   G   H   A   E   G   V    54
271  gag gcc ggc gcc gcc gcc gga gcc gga gct gag aac ggg tgc aag    315
55   E   A   G   A   A   A   G   A   G   A   E   N   G   C   K    69
316  tgc ggc ccc aac tgc acc tgc aac ccc tgc aac tgc ggc aag tga    360
     C   G   P   N   C   T   C   N   P   C   N   C   G   K   *
361  agc aac ccc ctg aca aac ata agg aga tgg aag ggc gta gta ctg    405
406  cta gta tga tcg ggt tac aag tga tgg tgc tgt aac ttg tgt ttc    450
451  ctg tgt gag ttt gtg atc tga aaa tgc atg cta ctt aat aag tgg    495
496  gta gtg gta atg tgt gct aag ata aag ata tcg aga    531
```

图 10-5-4　疣粒野生稻 *OMMT-2* 基因 cDNA 序列
Fig. 10-5-4　cDNA sequence analysis of *OMMT-2* gene from *O. granulata*
atg 和 tga 分别为起始密码子和终止密码子
atg and tga are respectively the start codon and the stop codon

（三）疣粒野生稻 *OMMT-2* 基因的蛋白质家族和等电点、分子质量预测

用 Pfam 程序对克隆的疣粒野生稻 *OMMT-2* 基因进行蛋白质家族预测（图 10-5-5）。从 Pfam 分析结果可以看出，获得的 *OMMT-2* 基因与 metallothio-2 有相似性，相似性记分为 143.5，E 为 1.9e-42。据 Pfam 注释，metallothio-2 为金属硫蛋白家族。

```
metallothio-2              HMM        1~80                    score  =  143.5          E = 1.9e-42
#HMM       *->MCSCaCGgnCgCCSgCkCGsGCCGGCkmYPDLsesestttvcetlvlGVAPekklhfegsEmgvaae..aeeGCKCGsnCkCdPCnC<-*
#MATCH      M SC CGgnCgCGS gCkCGsGCGGCkmYP + e+  ttt  +t+v+G+AP k  h  eg+E+g+aa+  +ae+GCKCG  nC+C+PCnC
#SEQ       M-SC-CCGnCGCCGSGCKCGSGCGGCKMYPAMAEE-VTTT--QTTVMGI AFSKG-HAEGVEACAAAGagAENGCKCGPNCTCNPCNC    80
```

图 10-5-5　疣粒野生稻 OMMT-2 蛋白质家族预测

Fig. 10-5-5　Protein family prediction of OMMT-2 from *O. granulata*

通过 ExPASY 网站（http://us.expasy.org/tools/pitool.htm）在线分析，推测该基因编码蛋白的相对分子质量为 7775.9，理论等电点为 6.49，为酸性蛋白。

（四）疣粒野生稻 OMMT-2 蛋白疏水性预测

植物 MT-I 类的 N 端和 C 端富含 Cys 的结构域，中间被一个不含 Cys 的结构域区分开，此区含有芳香族及疏水性氨基酸。ProScale 程序对疣粒野生稻 *OMMT-2* 基因疏水性预测结果见图 10-5-6。从疏水性分析结果可以看出，此 OMMT-2 的中部有较强疏水区，其疏水区两端为明显亲水区。

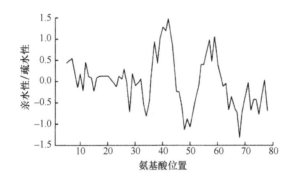

图 10-5-6　疣粒野生稻 OMMT-2 蛋白疏水性分析

Fig. 10-5-6　Hydrophobicity analysis of OMMT-2 from *O. granulata*

（五）疣粒野生稻 *OMMT-2* 基因氨基酸同源性比较

用 NCBI 中的 BLASTP 程序比较，结果表明所获得的 OMMT-2 氨基酸序列与其他许多物种的金属硫蛋白的序列具有同源性（表 10-5-2）。其中与栽培籼稻、普通野生稻同源性较高，分别为 88%（52/59）和 89%（53/59）。但与粳稻日本晴的氨基酸同源性仅为 59%（48/81），与其他植物的同源性也低于 80%。通过 BLASTP 氨基酸序列比对，发现各种植物的金属硫蛋白基因在中间疏水区有较高的保守性，但在氨基酸序列的 C 端和 N 端保守性低。由此推断，金属硫蛋白的疏水区对维持蛋白质功能具有重要作用。

表 10-5-2　疣粒野生稻 OMMT-2 氨基酸序列 BLASTP 比较结果

Table 10-5-2　Comparison of OMMT-2 amino acid sequences of *O. granulata* and other plants by BLASTP

GenBank 登录号 GenBank accession No.	物种 Species	一致性/% Identity	分值 Score/bit	E 值 E-value
EEC69949.1	籼稻（*Oryza sativa* Indica Group）	52/59（88%）	94.7	2e-18
BAD52362.1	普通野生稻（*Oryza rufipogon*）	53/59（89%）	81.3	2e-14
ABR92329.1	丹参（*Salviam iltiorrhiza*）	48/82（58%）	87.0	4e-16
CAC 40742.1	颠茄（*Atropa belladonna*）	48/84（57%）	85.5	1e-15
ABA99658.2	粳稻（*Oryza sativa japonica*）	48/81（59%）	83.6	5e-15
AAS88721.1	狗牙根（*Cynodon dactylon*）	47/63（74%）	81.3	2e-14
CAE 12162.1	栎（*Quercus robur*）	48/81（59%）	81.3	2e-14
ACG38469.1	玉米（*Zea mays*）	43/60（71%）	79.7	8e-14
AAY16439.1	白桦（*Betula platyphylla*）	46/80（57%）	78.6	1e-11
CAB53391.1	凤眼莲（*Eichhornia crassipes*）	39/59（66%）	73.9	4e-16
ABQ14530.1	香蒲（*Typha angustifolia*）	33/57（57%）	71.2	3e-11

（六）云南疣粒野生稻 *OMMT-2* 基因的功能探讨

本研究获得的 *OMMT-2* 属于 type2 型。目前研究表明，金属硫蛋白可以通过半胱氨酸残基上的巯基与重金属结合形成无毒或低毒络合物，从而清除重金属毒害作用。前人研究结果证实，金属硫蛋白基因 mRNA 的表达水平与重金属抗性呈正相关（Jin et al.，2006）。本研究获得的 *OMMT-2* 基因含有较高的半胱氨酸含量，说明金属硫蛋白可能具有强的金属螯合能力、抗金属和抗氧自由基胁迫的能力。通过对该基因的疏水性和氨基酸序列分析，结果表明，不同植物之间半胱氨酸的位置和疏水区有较高的保守性。这可能预示其对金属硫蛋白的结构与功能起主要作用。

目前植物金属硫蛋白成为一研究热点，但由于大多数植物金属硫蛋白没有得到纯化，对其功能的研究还处于起步阶段，因此从不同植物的不同发育时期、不同环境条件下克隆金属硫蛋白基因，对进一步研究植物体内这类极其重要基因的功能就显得极为必要。本研究从疣粒野生稻叶片 cDNA 文库中克隆了 *OMMT-2* 基因，不仅丰富了 MT 家族的基因信息，同时为进一步研究疣粒野生稻 *OMMT-2* 基因的功能与抗性特性之间的关系和培育优良栽培稻奠定了基础。

第六节　云南野生稻 SSH 文库

在真核生物中，从个体生长、发育到组织分化、凋亡，以及对各种生物、非生物胁迫的应答，到基因的选择性表达，它们按一定的时空顺序有序地进行。真核生物大约有3 万个不同的基因，但在特定的细胞中只有 10% 的基因得以表达，这就是所谓 "差异表达"，包括一些新基因的表达、原来表达的基因的关闭或表达量的差异。基因差异表达的变化是调控生命活动过程的核心机制，通过比较同一类个体或细胞在不同生理条件下或在不同生长发育阶段的基因表达差异，可为分析和理解生命活动过程提供重要信息。

研究基因差异表达的方法通常建立在 RNA 水平上，主要包括 mRNA 差异显示反转录 PCR（mRNA differential display reverse transcription-PCR，DDRT-PCR）、cDNA 代表性差异分析（cDNA represential display analysis，cDNA-RDA）、抑制性消减杂交（suppression subtractive hybridization，SSH）、交互扣除 RNA 差异显示（reciprocal subtraction differential RNA display，RSDD）、有序差异显示（ordered differential display，ODD）、基因表达指纹（gene expression fingerprinting，GEF）、基因表达系列分析（serial analysis of gene expression，SAGE）、DNA 微阵列分析（DNA microarray）等。

SSH 技术有着丰富突出的优点。①具有高度的灵敏性：由于在反应中采用了单链分子丰度的均等化，能够成功检测出低丰度的 mRNA。②极大地降低了假阳性：由于采用了两次抑制消减杂交和两次 PCR，保证了高度的特异性，据报道其阳性率可达到 94%。③高产出：在一次反应中，可同时分离出上百个差异表达的基因片段，这一点远胜于 DDRT-PCR 技术和 cDNA-RDA 技术。

目前，SSH 技术在动物研究领域已成功用于分离不同器官组织之间、个体不同发育阶段，以及受外界因子作用而差异表达基因的克隆，有助于理解动物和人类发育、生殖、免疫调控、代谢调控等方面的机制。

云南具有丰富的野生稻遗传资源，高抗细菌性条斑病和褐飞虱，同时抗稻瘟病、螟虫，是一种优异的种质资源，研究发现一些云南疣粒野生稻材料对接种过的各种白叶枯病病原菌都高抗，个别材料达到免疫（张琦等，2003；程在全等，2003）；云南普通野生稻是栽培稻的祖先，在长期的自然选择过程中，形成了许多抗逆性状（如高抗白叶枯病），从中挖掘新基因源的潜力比栽培稻大得多，但是目前对其抗病基因的分子基础研究很少。本研究利用 SSH 技术构建白叶枯病菌胁迫诱导下云南疣粒野生稻 SSH 文库 1 个和普通野生稻 SSH 文库 1 个，快速地鉴定野生稻在受白叶枯病原菌胁迫下出现的差异应答基因及差异表达序列，发掘出一批与抗病相关基因，为从分子学水平认识云南疣粒野生稻和普通野生稻高抗白叶枯病机制，为分离和利用其高抗白叶枯病新基因奠定基础。

一、云南野生稻 SSH 文库的构建

（一）研究材料与处理方法

1. 接种菌系

供试菌选用 Y8、C1 两个致病型代表菌株，其中 Y8 是近年来云南的优势致病菌系，致病力较强；C1 由中国农业大学赠送，致病力比 Y8 更强，两者均为云南的主要致病菌系。

2. 研究材料的处理

野外采集的景洪疣粒野生稻（*Oryza granulata*）和元江普通野生稻（*Oryza rufipogon*）种植于温室，待孕穗时期，分别以剪叶的方法接种白叶枯病菌 Y8 和 C1，对照以灭菌双蒸水剪叶同种疣粒野生稻和元江普通野生稻，接种后每隔 24 h 取样一次，连续取样 6 次，即于 24 h、48 h、72 h、96 h、120 h、144 h 取样，样品收集后液氮速冻于–70℃冰箱保存备用。

3. 主要试剂

总 RNA 提取试剂：罗氏 TriPure 提取试剂。

mRNA 纯化试剂盒：生工生物工程（上海）股份有限公司 Poly（A）mRNA 纯化试剂盒。

抑制差减文库构建试剂盒：采用 Clontech PCR-Select^{TM} cDNA Subtraction Kit。

克隆试剂盒：采用 TakaRa 公司的 pMD18-T。

（二）云南野生稻 SSH 文库的构建策略

1. RNA 的分组提取

以白叶枯病菌处理叶片的云南野生稻为处理组（tester），以无菌水处理的云南野生稻为对照组（driver），依照罗氏 TriPure 提取试剂盒分别提取总 RNA；采用上海生工的 Poly（A）mRNA 纯化试剂盒进行 mRNA 的纯化。云南野生稻 SSH 文库的构建按照 Clontech 公司的差减试剂盒 Clontech PCR-Select^{TM} cDNA Subtraction Kit 中的程序进行。

2. 云南野生稻 SSH 文库阳性克隆的测序及比对分析

将云南野生稻 SSH 文库中的阳性克隆送往北京华大基因研究中心进行测序。测序结果采用 DNASTAR 软件去除载体后，ContigExpress 软件进行序列拼接，去除重复序列，非冗余序列在 NCBI 中的蛋白质数据库和核酸数据库分别进行比对分析，判定标准参照水稻、拟南芥的 EST 研究，以 BLASTX 结果一致性大于 40%，分值大于 80，BLASTN 结果一致性大于 50%，分值大于 80 分为依据进行筛选和功能注释，并对分析结果进行归类和总结，除此之外，根据国际标准分类体系 Gene Ontology（GO），对本研究的 494 条非重复序列从分子功能和生物学过程两个角度进行了分类。

3. 差异表达 ESTs 的 RT-PCR 验证

根据阳性克隆的结果及信息生物学分析，选取了若干个差异表达的 ESTs 序列进行 RT-PCR 检测。

二、云南野生稻 SSH 文库的构建及分析

（一）云南野生稻叶片的接菌处理

云南野生稻接种白叶枯病菌后，云南疣粒野生稻只在剪叶处稍微变黄，达到免疫的程度（图 10-6-1A），元江普通野生稻无明显病斑，只在剪叶处稍微变黄（图 10-6-1B），证实元江普通野生稻高抗白叶枯病。对照栽培稻品种（图 10-6-1C）感病严重，几乎整个叶片干枯变黄，属于严重感病类型，说明使用的菌株致病力强。

（二）云南野生稻总 RNA 提取及纯化的 mRNA 质量分析

本研究将白叶枯病菌处理的第 24 h、48 h、72 h、96 h、120 h、144 h 所采集的叶片总 RNA 等量混合作为处理组（tester），对照的叶片总 RNA 作为对照组（driver），用 1.0% 琼脂糖凝胶电泳检测其质量，电泳结果显示总 RNA 在 28S 和 18S 处均有完整的条带，且二者条带亮度比接近 2∶1，说明总 RNA 具有良好的完整性，没有降解，经紫外分光

光度计检测，OD$_{260}$/OD$_{280}$ 位于 1.8～2.1，表明总 RNA 纯度较好（图 10-6-2，图 10-6-3）。

图 10-6-1　云南野生稻接菌处理

Fig. 10-6-1　Inoculating treatment of Yunnan wild rice

A. 景洪疣粒野生稻；B. 元江普通野生稻；C. 栽培稻

A. *O. granulata* in Jinghong；B. *O. rufipogon* in Yuanjiang；C. Cultivated rice

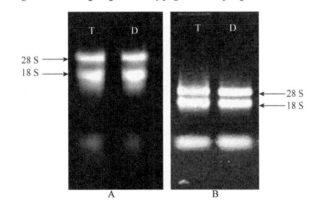

图 10-6-2　总 RNA 电泳检测结果

Fig. 10-6-2　The electrophoresis analysis of total RNA

A. 景洪疣粒野生稻；B. 元江普通野生稻；T. 处理组总 RNA；D. 对照组总 RNA

A. *O. granulata* in Jinghong；B. *O. rufipogon* in Yuanjiang；T. The total RNA of tester；D. The total RNA of driver

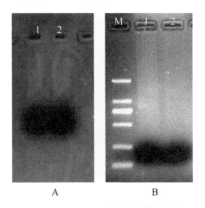

图 10-6-3　mRNA 的电泳检测结果

Fig. 10-6-3　The electrophoresis analysis of mRNA

A. 景洪疣粒野生稻；B. 元江普通野生稻；M. DL2000 Markers；1. 处理组 mRNA；2. 对照组 mRNA

A. *O. granulata* in Jinghong；B. *O. rufipogon* in Yuanjiang；M. DL2000 Markers；1. Tester mRNA；2. Driver mRNA

（三）云南野生稻的抑制消减杂交 PCR

从图 10-6-4A 可以看出，疣粒野生稻消减产物主要分布在 200～900 bp。1-1，1-2 道是以第二次消减杂交后的 cDNA 为模板进行的第 1 轮 PCR 扩增，2-1，2-2 道是第二次抑制性 PCR 扩增。

从图 10-6-4B 可以看出，普通野生稻消减产物主要分布集中在 250～750 bp，差异序列得到了有效的富集。这表明处理组和对照组共有序列已基本上消除。

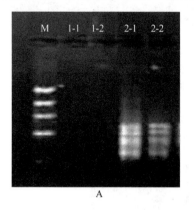 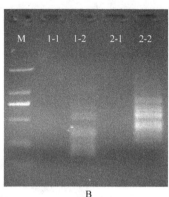

图 10-6-4　第一、第二次抑制性 PCR 扩增效果检测

Fig. 10-6-4　Detection of subtraction efficiency after primary and secondary PCR

A. 景洪疣粒野生稻（1-1，1-2. 第一次抑制 PCR；2-1，2-2. 第二次巢式 PCR）；B. 元江普通野生稻

（1-1，2-1. 第一轮 PCR 产物；1-2，2-2. 第二轮 PCR 产物）

A. *O. granulata* in Jinghong（1-1，1-2. The primary suppression PCR；2-1，2-2. The secondary nested PCR）；

B. *O. rufipogon* in Yuanjiang

1-1，2-1：The first round PCR product；1-2，2-2：The second round PCR product

（四）云南野生稻抑制消减 SSH 文库的形成

将第二轮 PCR 产物与 pMD18-T 载体连接，然后转化大肠杆菌 DH5α 感受态细胞，在含有 X-gal、IPTG 和 Amp 的 LB 平板上 37℃过夜培养，即构建成相应的抑制差减杂交文库。其中构建成的疣粒野生稻 SSH 文库共含有克隆 1002 个，其中 996 个白斑，6 个蓝斑，重组率为 99.4%（图 10-6-5A）；云南普通野生稻 SSH 文库共含有 1295 个克隆，其

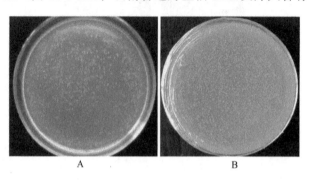

图 10-6-5　云南野生稻 SSH 质粒文库

Fig. 10-6-5　SSH plasmid library of Yunnan wild rice

A. 景洪疣粒野生稻；B. 元江普通野生稻

A. *O. granulata* in Jinghong；B. *O. rufipogon* in Yuanjiang

中 1269 个白斑，26 个蓝斑，该文库中白斑的数量占总克隆数的 98%以上（图 10-6-5B），满足一般文库的构建要求。

（五）抑制消减文库中 cDNA 片段大小的检测

以 Neasted PCR primer 1 和 Neasted PCR primer 2 为菌落 PCR 引物，随机挑取 30 个菌落进行 PCR 扩增。图 10-6-6 电泳图显示，随机挑选的云南野生稻 SSH 文库克隆都有插入片段。其中疣粒野生稻 SSH 文库片段长度分布在 200～900 bp，平均片段长度约 500 bp（图 10-6-6A）；普通野生稻 SSH 文库大小呈随机分布，插入片段长度主要分布在 200～750 bp，平均长度在 450 bp 左右（图 10-6-6B）。从得到的文库大小和插入片段分布范围来看，所构建的云南野生稻文库是一个较好的抑制性差减杂交文库，为云南疣粒野生稻和普通野生稻中发现并克隆抗白叶枯病相关基因奠定了基础。

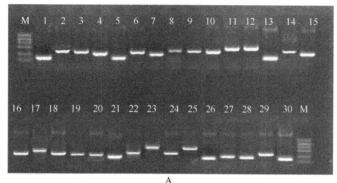

A

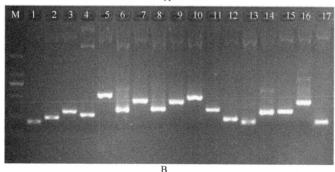

B

图 10-6-6　云南野生稻 SSH 文库中部分克隆插入片段的 PCR 检测
Fig. 10-6-6　PCR identification of inserted fragments of partial clones in SSH library
A. 景洪疣粒野生稻；B. 元江普通野生稻；M. DL2000 Markers；1～30（A）和 1～17（B）. 随机挑选的克隆
A. Jinghong *O.granulata*；B. Yuanjiang *O. rufipogon*；M. DL2000 Markers；1～30（A）and
1～17（B）. Randomly selected clones

（六）阳性克隆测序及序列分析

1. 疣粒野生稻 SSH 文库的测序比对分析

在疣粒野生稻抑制消减 cDNA 文库中随机挑取 288 个阳性单克隆，编号分别为 ME001～ME288。制备成菌液，提取质粒测序，同时备份菌液保存在甘油营养液中，−70℃

长期保存。测序结果利用 BLASTN 和 BLASTX 在 GenBank 中查询相似序列。通过分析白叶枯病菌胁迫条件下的基因表达情况，部分揭示了疣粒野生稻在孕穗期受白叶枯病菌胁迫诱导的基因差异表达情况（表 10-6-1）。

表 10-6-1　疣粒野生稻白叶枯病菌胁迫诱导的差异基因表达

Table 10-6-1　Gene expression profile induced by *Xanthomonas oryzae* pv. *oryzae*（Xoo）in *O. granulata*

克隆编号 Clone number	同源基因登录号 ID of homologous gene	同源基因功能 The function of homologous gene	得分 Score	E 值 E value
ME007	AF257465	*Porteresia coarctain* metallothionein mRNAComplete cds	293	2e-65
ME018	AF004879	*Lycopersicon esculentum* resistance complex protein I2C-2（I2C-2）gene，complete cds	559	0.002
ME033	S68728	LHC Ib=light-harvesting complex I protein	157	3e-34
ME034	X06235	*Oenothera berteriana* mitDNA with part of plastid rRNA operon	174	1e-37
ME036	AF454918	*Oryza sativa* early proembryo mRNA Complete cds	609	6e-173
ME037	AF073695	*Oryza sativa* cysteine synthase（rcs1）mRNA Complete cds	391	1e-81
ME043	X00235	Wheat mRNA fragment for small subunit precursor of RUBPcase clones 234 and 406	113	4e-26
ME045	L22155	*Oryza sativa* mitochondrial ribulose bisphosphate oxygenase（rbcs）mRNA；complete cds	133	3e-27
ME068	X84308	*H. rulgare* mRNA for photosysteme I antenna protein	54	7e-04
ME072	AB016283	*Oryza sativa* gene for carbonic anhydrase complete cds	224	1e-61
ME077	XM636628	*Dictyostelium discoideum* cysteine proteinase partial mRNA	54	7e-04
ME079	BT002379	*Arabidopsis thaliana* unknown protein mRNA complete cds	165	1e-24
ME084	V00165	Tobacco chloroplast genes for 16S ribosomal RNA and tRNA-val	389	1e-62
ME091	MDZ93766	*M. domestica* mRNA；small auxm up-regulated RNA	50	9e-03
ME093	D45423	Rice mRNA for ascorbate peroxidase Complete cds	200	3e-52
ME094	AF072534	*Capsicum annuum* pepper MADS-box protein mRNA（一类 MADS-box 基因，其受到病原菌诱导表达）	391	3e-81
ME097	DQ306824	*Hevea brasiliensis* isolate SSH95 mRNA sequence（Wound stress-inducible genes of rubber tree（*Hevea brasiliensis* Muell. Arg.）：Identification of differentially expressed TPD-responsive genes between healthy and TPD trees using PCR based suppression subtractive hybridization（SSH））	107	3e-20
ME098	L22155	*Oryza sativum* mitochondrial ribulose bisphosphate carboxylase/oxygenase（rbcS）mRNA，complete cds	240	2e-60
ME111	AF017362	*Oryza sativa* aldolase mRNA，complete cds	125	4e-26
ME113	AF052203	*Oryza sativa* 23 kDa polypeptide of photosystem II mRNA，complete Cds	484	9e-134
ME114	AJ508227	*Hordeum vulgare* subsp. *vulgare* mRNA for farnesylated protein 1（Isolation of a novel barley cDNA encoding a nuclear protein involved in stress response and leaf senescence）	206	3e-50
ME117	AY063024	*Arabidopsis thaliana* putative glutathione peroxidase（At2g25080）mRNA，complete cds	52.0	8e-04
ME118	DQ078770	*Zea mays* clone Zmcoi6.13 cold-inducible unknown mRNA	763	0.0
ME125	AF017364	*Oryza sativa* ribulose 1,5-bisphosphate carboxylase small subunit mRNA，complete cd	115	8e-23
ME130	AF257465	*Porteresia coarctata* metallothionein mRNA，complete cds	192	9e-46
ME142	AF454918	*Oryza sativa* early proembryo mRNA，complete sequence	902	0.0
ME145	AF09363	*Oryza sativa* Rieske Fe-S precursor protein（RISP）mRNA，complete cds	256	2e-65

续表

克隆编号 Clone number	同源基因登录号 ID of homologous gene	同源基因功能 The function of homologous gene	得分 Score	E 值 E value
ME146	AF182806	*Oryza sativa* carbonic anhydrase 3 mRNA，complete cds	615	6e-173
ME148	DQ022951	*Triticum aestivum* stress responsive protein mRNA，complete cds	153	3e-34
ME154	AF094774	*Oryza sativa* translation initiation factor（GOS2）mRNA，complete cds	216	2e-53
ME182	AF147786	*Oryza sativa* metallothionein-like protein（ML2）mRNA，complete cds	248	1e-62
ME189	D45403	Corn mRNA for cysteine proteinase，complete cds	311	2e-81
ME196	DQ459385	*Nicotiana tabacum* serine/threonine kinase（苏氨酸激酶）mRNA，partial cds（Isolation and characterization of serine/thronging kinase gene highly expressed in aluminum（铝）tolerant tobacco cell line ALT301）	660	0.002
ME197	AJ248337	*Medicago sativa*（亚麻）subsp. *xvaria* mRNA for putative wound-induced protein	67.9	2e-08
ME199	AF035414	*Brassica*（芸苔）*napus* heat shock cognate protein（Hsc70）mRNA，complete cds	228	1e-56
ME207	NM-001036151	*Arabidopsis thaliana* ubiquitin（泛激素）conjugating enzyme/ubiquitin-like activating enzyme（AT1G64230）mRNA，complete cds	285	7e-74
ME310	AB233413	*Nicotiana glutinosa* Ng1851 mRNA for putative auxin（茁长素，植物激素）-regulated　protein，complete cds（The genes implicated in TMV-resistance of *Nicotiana glutinosa*，cDNA induced in response to TMV-infection）	48.1	0.025
ME214	AF220603	*Lycopersicon esculentum* VFNT Cherry Pto locus，complete sequence（Functional analyses of the Pto resistance gene family in tomato and the identification of a minor resistance determinant in a susceptible haplotype）	103	0.53
ME216	DQ660360	*Rubus*（悬钩子属植物）*idaeus* putative allergen（过敏原）Rub i 3 mRNA，complete cds	125	1e-2
ME217	AJ608673	*Arabidopsis thaliana* mRNA for cobalamin-independent methionine（蛋氨酸或甲硫氨酸）synthase（合酶）（atms1 gene）	327	3e-86
ME223	AF096776	*Lycopersicon esculentum* expansin（苹果菌素）（LeEXP2）mRNA，complete cds（Auxin-regulated genes encoding cell wall-modifying proteins are expressed during early tomato fruit growth）	77.8	2e-11
ME235	AF390211	*Nicotiana tabacum* AER mRNA，complete cds（Identification of a novel marker for auxin（生长素）and ethylene（乙烯）cross-talk from tobacco seedlings）	63.9	2e-07
ME243	AY554167	*Nicotiana tabacum* putative proline-rich protein mRNA，partial Cds（Overexpression of the water and salt stress regulated Asr1 gene confers an increased salt tolerance）	85.7	1e-13
ME250	AF104392	*Cucumis sativus* extensin（伸展蛋白）-like protein（EXTL）mRNA，partial cds	60.0	7e-06
ME252	AJ291490	*Malus domestica* mRNA for pistillata MADS-box protein（pi gene）（Parthenocarpic apple fruit production conferred by transposon insertion mutations in a MADS-box transcription factor）	165	1e-3
ME255	NM-001036151	*Arabidopsis thaliana* ubiquitin（泛激素）conjugating enzyme/ubiquitin-like activating enzyme（AT1G64230）mRNA，complete cds	293	3e-76
ME281	AM167520	*Malus × domestica* transposon（转位子）gene for putative DNA topoisomerase（拓扑异构酶）Ⅱ，hypothetical protein，putative CC-NBS-LRR resistance protein，and putative cyclin（细胞周期蛋白）-related protein（Sequencing of a *Malus domestica* BAC associated with resistance to *Dysaphis devecta*）	280	3e-72

从本研究所得到的白叶枯病菌诱导胁迫基因编码产物可以看出，疣粒野生稻在受白叶枯病菌胁迫时，机体产生各种蛋白质以维持细胞正常的生长和发育需要。从表 10-6-1 可以看出，能够获得功能注释的 EST，其功能大致分为以下几类：第一类是在细胞内可直接发挥保护作用的功能蛋白，如光合作用相关酶类、热激蛋白、铁蛋白、泛激素蛋白、蛋白酶类等；第二类是在各种胁迫反应中具有调节功能的蛋白类，如 STK 类、NBS-LRR、蛋白激酶类；第三类是在胁迫反应过程中信号转导调节蛋白，如转录因子、翻译起始因子等。其中和抗病有关的 EST 有 31 个；9 个 EST 与植物抗逆应答有关，包括耐旱、耐低温、抗冻、耐盐等；12 个 EST 涉及 RNA 加工、蛋白质的翻译与加工，25 个 EST 涉及光合作用、能量代谢；15 个 EST 在 GenBank 中找到了同源性序列，但是其功能尚不清楚；13 个序列在 GenBank 中没有发现任何明显的同源性，可能代表了新的基因。

2. 元江普通野生稻 SSH 文库的测序比对分析

将元江普通野生稻 SSH 文库中的 1269 个阳性克隆进行测序分析，测序结果去除载体序列并聚类拼接后，共获得 494 个非重复序列。将这些序列在 NCBI 网站的蛋白质数据库中进行 BLASTX 比对分析，结果显示有 341 条序列与已知功能蛋白同源，占所有 EST 序列的 69.0%，有 104 条序列与未知功能蛋白同源，约占 21.1%，另外有 49 条序列在蛋白质数据库中没有找到同源蛋白，没有任何蛋白质与之相匹配，约占 9.9%（表 10-6-2）。同时，将所获得的非重复 EST 序列进行 BLASTN 比对，结果表明，有 417 个与已知功能的 EST 具有较高的同源性，占 84.4%；77 个与未知功能的 EST 同源，占 15.6%（表 10-6-3）。

表 10-6-2　SSH 文库中部分 EST 片段的 BLASTN 比对结果

Table 10-6-2　BLASTN result of part of ESTs in SSH library

克隆编号 Clone number	同源基因功能 The function of homologous gene	物种 Species	E 值 E score	同源性 Identify
c8	Photosystem II protein D1 mRNA，complete cds	*Oryza sativa* Japonica Group	1e-65	100%
c10	Phosphofructokinase mRNA，complete cds	*Oryza sativa* Japonica Group	6e-68	100%
1180	Ribosomal protein L7A mRNA，complete cds	*Oryza sativa* Japonica Group	0.0	98%
1246	Eukaryotic translation initiation factor 5A mRNA，complete cds	*Oryza sativa* Japonica Group	4e-178	97%
c69	PAP fibrillin family protein mRNA，complete cds	*Oryza sativa* Japonica Group	3e-149	100%
c68	somatic embryogenesis protein kinase 1 mRNA，complete cds	*Oryza sativa* Japonica group	7e-135	97%
c66	26S rRNA gene，complete cds	Wheat mitochondrial	5e-106	100%
1098	Lipid transfer protein mRNA，partial cds	*Oryza sativa* Japonica Group	2e-74	98%
1065	Glutathione S-transferase mRNA，complete cds	*Oryza sativa* Japonica Group	9e-88	97%
1046	Transmembrane 9 superfamily protein member 1 precursor，mRNA，complete cds	*Zea mays*	5e-92	86%
1040	Nonaspanin（TM9SF）family protein mRNA，complete cds	*Oryza sativa* Japonica Group	1e-153	99%
1035	Arginyl-tRNA synthetase mRNA，complete cds	*Oryza sativa* Japonica Group	1e-113	99%
c6	Plant regulator RWP-RK domain mRNA，complete cds	*Oryza sativa* Japonica Group	5e-53	100%

续表

克隆编号 Clone number	同源基因功能 The function of homologous gene	物种 Species	E 值 E score	同源性 Identify
c59	Alanine aminotransferase mRNA，complete cds	*Oryza sativa* Japonica Group	2e-73	99%
c52	Drought inducible putative ascorbate peroxidase protein mRNA，partial cds	*Eleusine coracana*	6e-89	100%
1238	Ubiquitin-conjugating enzyme mRNA，complete cds	*Oryza sativa* Japonica Group	7e-73	98%
112	GTP-binding protein mRNA，complete cds	*Oryza sativa* Japonica Group	4e-50	89%
111	Membrane related protein（mrp1 gene）mRNA	*Oryza sativa* Japonica Group	5e-37	97%
34	Biogenesis protein（CCDA）mRNA，complete cds	*Hordeum vulgare* subsp. *vulgare*	2e-130	93%
c39	CRN（Crooked neck）protein mRNA，complete cds	*Oryza sativa* Japonica Group	1e-49	99%
c38	Ferredoxin　mRNA，complete cds	*Oryza sativa* Japonica Group	8e-155	99%
c36	Cytochrome P450 family protein mRNA，complete cds	*Oryza sativa* Japonica Group	6e-167	97%
c34	Small nuclear ribonucleoprotein-like protein mRNA，complete cds	*Oryza sativa* Japonica Group	6e-58	98%
c26	TMS membrane protein/tumour differentially expressed protein family protein mRNA，complete cds	*Oryza sativa* Japonica Group	1e-74	100%
25	Cytokine induced apoptosis inhibitor 1 mRNA，partial cds	*Oryza sativa* Japonica Group	5e-42	98%
1213	Proteasome subunit alpha type 7 mRNA，complete cds	*Oryza sativa* Japonica Group	5e-87	97%
1161	Eukaryotic translation initiation factor 5A4 mRNA，complete cds	*Populus tomentosa*	7e-52	86%
1157	Non-specific lipid-transfer protein mRNA，complete cds	*Oryza sativa* Japonica Group	5e-30	94%
c70	ABCF-type protein mRNA，complete cds	*Oryza sativa* Japonica Group	0.0	98%
c7	Glutathione S-transferase（GSTZ5）mRNA，complete cds	*Oryza sativa* Indica Group	2e-94	100%
c49	Oryzain alpha chain precursor mRNA，complete cds	*Oryza sativa* Japonica Group	2e-68	99%
c40	Galactose oxidase mRNA，partial cds	*Oryza sativa* Japonica Group	2e-69	100%
1128	PPi-dependent phosphofructokinase（ehpfk）mRNA，complete cds	*Entamoeba histolytica*	4e-10	86%
1107	Glycine dehydrogenase mRNA，complete cds	*Oryza sativa* Japonica Group	0.0	96%
977	Gamma-glutamylcysteine synthetase1（gsh1），mRNA	*Zea mays*	3e-45	81%
872	Glycine dehydrogenase 2（GLDP1）mRNA，complete cds	*Arabidopsis thaliana*	3e-101	81%
795	Lg106-like family protein mRNA，complete cds	*Oryza sativa* Japonica Group	2e-69	96%
665	Amino acid/polyamine transporter II family protein mRNA，complete cds	*Oryza sativa* Japonica Group	5e-69	98%
c23	Glycine cleavage system H protein mRNA，complete cds	*Oryza sativa* Japonica Group	2e-130	99%
c2	Nuclear transport factor 2（NTF2-like）superfamily mRNA，complete cds	*Oryza sativa* Japonica Group	2e-52	100%
c16	Harpin-induced 1 domain mRNA，partial cds	*Oryza sativa* Japonica Group	4e-168	100%
c14	Victorin binding protein mRNA，complete cds	*Oavena sativa*	0.0	92%
17	Tonoplast membrane integral protein　mRNA，complete cds	*Oryza sativa* Japonica Group	4e-80	99%
13	RNA recognition motif mRNA，complete cds	*Oryza sativa* Japonica Group	4e-75	98%

克隆编号 Clone number	同源基因功能 The function of homologous gene	物种 Species	E 值 E score	同源性 Identify
7	Chaperonin Cpn60/TCP-1 family protein mRNA，complete cds	*Oryza sativa* Japonica Group	0.0	99%
5	Pikm2-TS，Pikm1-TS genes for NBS-LRR class disease resistance proteins，complete cds	*Oryza sativa* Japonica Group	5e-05	92%
c12	Glutamate-cysteine ligase family 2（GCS2）mRNA，partial cds	*Oryza sativa* Japonica Group	4e-168	99%
657	CBL-interacting serine/threonine-protein kinase 1 mRNA，complete cds	*Zea mays*	6e-48	93%
269	Clathrin adaptor complex，medium chain family protein mRNA，complete cds	*Oryza sativa* Japonica Group	0.0	98%
157	Similar to Fibrillarin mRNA，partial cds	*Oryza sativa* Japonica Group	4e-75	98%

表 10-6-3　SSH 文库中部分 EST 片段的 BLASTX 比对结果
Table 10-6-3　BLASTX result of part of ESTs in SSH library

克隆编号 Clone number	同源基因功能 The function of homologous gene	物种 Species	E 值 E score	同源性 Identify
33	Zn-dependent oligopeptidase	*Acinetobacter lwoffii*	8e-38	97%
209	Victorin binding protein	*Avena sativa*	4e-89	90%
20	Universal stress protein （Usp） family protein	*Oryza sativa* Japonica Group	3e-72	96%
1167	Ubiquitin-conjugating enzyme	*Plantago major*	5e-31	87%
1040	Transmembrane 9 superfamily protein member 1	*Zea mays*	3e-24	97%
c44	TMS membrane protein/tumour differentially expressed protein family	*Oryza sativa* Japonica Group	2e-06	95%
c34	Small nuclear ribonucleoprotein-like protein	*Elaeis guineensis*	6e-24	97%
c38	Similar to ferredoxin	*Oryza sativa* Japonica Group	2e-0	100%
c46	Ribulose bisphosphate carboxylase/oxygenase activase	*Oryza sativa* Japonica Group	1e-20	95%
579	Pyrophosphate-fructose-6-phosphate1-phosphotransferase beta subunit	*Saccharum spontaneum*	1e-22	89%
321	Pyrophosphate-dependent phosphofructokinase	*Camellia sinensis*	1e-21	82%
672	Syntaxin SYP111	*Oryza sativa* Japonica Group	2e-27	97%
7	Phosphatidylinositol 3,5-kinase	*Oryza sativa* Japonica Group	7e-77	81%
610	GTP-binding protein	*Oryza sativa* Japonica Group	2e-06	100%
c14	Glycine dehydrogenase	*Oryza sativa* Japonica Group	2e-98	100%
630	Glutathione S-transferase	*Oryza sativa* Japonica Group	8e-26	95%
157	Fibrillarin	*Oryza sativa* Japonica Group	3e-19	97%
1136	Endosomal protein	*Arabidopsis thaliana*	1e-24	85%
30	Cytochrome P450 71C4	*Oryza sativa* Japonica Group	3e-72	97%
c39	Crooked neck protein	*Oryza sativa* Japonica Group	2e-17	100%
914	Clathrin coat assembly protein AP50	*Oryza sativa* Japonica Group	7e-101	94%
621	Photosystem II stability/assembly factor HCF136	*Arabidopsis thaliana*	2e-22	81%

续表

克隆编号 Clone number	同源基因功能 The function of homologous gene	物种 Species	E 值 E score	同源性 Identify
c8	Photosystem II protein D1	*Aristida oligantha*	7e-2	100%
1128	Phosphofructokinase，putative	*Ricinus communis*	1e-20	84%
1107	P protein-like	*Oryza sativa* Japonica Group	5e-101	95%
36	PAP fibrillin family protein	*Oryza sativa* Japonica Group	7e-36	96%
111	Membrane related protein	*Oryza sativa* Japonica Group	9e-14	96%
795	Lg106-like family protein	*Oryza sativa* Japonica Group	5e-15	93%
774	IN2-1 protein	*Zea mays*	7e-08	81%
1121	Harpin-induced protein 1 containing protein，expressed	*Oryza sativa* Japonica Group	2e-28	100%
548	H protein subunit of glycine decarboxylase	*Oryza sativa* Indica Group	2e-15	88%
143	Glycine decarboxylase complex subunit P	*Cicer arietinum*	9e-51	88%
c12	Gamma-glutamylcysteine synthetase	*Oryza sativa* Japonica Group	2e-45	100%
1246	Eukaryotic translation initiation factor 5A3	*Populus tomentosa*	8e-38	92%
196	Endomemebrane protein 70	*Eutrema parvulum*	9e-19	83%
1143	EMP/nonaspanin domain family protein	*Chlamydomonas reinhardtii*	1e-27	86%
845	Elicitor and UV light related transcription factor	*Oryza sativa*	6e-11	92%
25	Cytokine-induced anti-apoptosis inhibitor 1，Fe-S biogenesis	*Arabidopsis thaliana*	3e-10	75%
c52	Cell wall-associated hydrolase	*Streptomyces* sp. e14	4e-15	78%
c18	Arginyl-tRNA synthetase	*Zea mays*	6e-09	96%
269	AP-2 complex subunit	*Annona cherimola*	8e-92	86%
1212	Alanine aminotransferase	*Oryza sativa* Indica Group	8e-17	100%
1180	60S ribosomal protein L7a	*Zea mays*	4e-70	97%
c70	ABC transporter family protein	*Populus trichocarpa*	6e-86	80%

在有功能注释的 341 条 EST 中，参与结构和功能代谢合成催化活性有关的 EST 有 129 条，所占比例最高，达到 26.1%；参与保护、防御和抗逆胁迫响应的 EST 有 75 条，占 15.2%；参与信号转导和转录调节的 EST 有 61 条，占 12.3%；参与跨膜转运相关的 EST 有 32 条，占 6.5%；参与光合作用的 EST 有 13 条，占 2.6%；参与 RNA 加工、蛋白质翻译和加工的 EST 有 11 条，占 2.2%；参与其他结构和功能的 EST 有 20 条，占 4.0%。对所有的 EST 按照分子功能、生物学过程和细胞组分进行 GO 分类（图 10-6-7），发现参与生物过程（cellular process）和催化活性（catalytic activity）的 EST 所占比例最大。

（七）差异表达 EST 的 RT-PCR 验证

1. 疣粒野生稻 EST 的 RT-PCR 验证

根据阳性克隆的测序结果，挑取克隆编号为 ME257、ME281，以白叶枯病菌接菌处理组（T），未处理组（D）的 cDNA 作模板，对检测到的差异表达基因进行 RT-PCR 验证，结果见图 10-6-8，ME257、ME281 在处理组中有扩增条带，而在未处理组中无扩增条带。表明 ME257、ME281 基因受白叶枯病菌诱导表达。

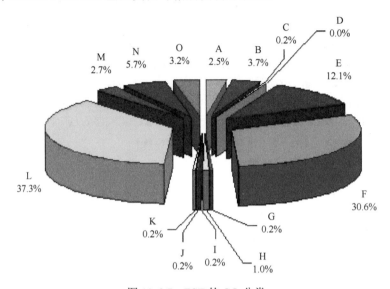

图 10-6-7　EST 的 GO 分类
Fig. 10-6-7　The GO classification of EST

A. 生物调节；B. 细胞成分的组织或生物合成；C. 多细胞生物过程；D. 抗氧化；E. 结合；F. 催化；G. 酶调控蛋白活性酶控酶；H. 电子载体；I. 核酸结合转录因子；J. 结构分子；K. 跨膜转运蛋白；L. 细胞过程；M. 代谢过程；N. 刺激反应；O. 定位过程的建立

A. Biological regulation；B. Cellular component organization；C. Multi organism process；D. Antioxidant activity；E. Binding；F. Catalytic activity；G. Enzyme regulator activity；H. Electron carrier activity；I. Nucleic acid binding transcription factor activity；J. Structural molecule activity；K. Transporter activity；L. Cellular process；M. Metabolic process；N. Response to stimulus；O. Establishment of localization

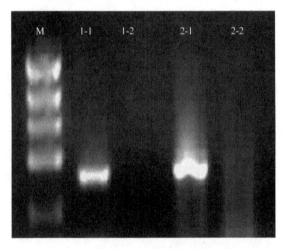

图 10-6-8　疣粒野生稻差异表达 EST 的 RT-PCR 检测
Fig. 10-6-8　The RT-PCR detection of differential expression in *O. granulata*

1-1、1-2. ME257 分别在接菌处理及非处理材料中的扩增；2-1、2-2. ME281 分别在接菌处理及非处理材料中的扩增；M. DL2000 Marker

1-1，1-2. The products of ME257 after inoculation treatment and non-inoculation treatment；2-1，2-2. The products of ME281 after inoculation treatment and non-inoculation treatment；M. DL2000 Marker

通过 RT-PCR 检测，目前找到两个受白叶枯病菌诱导的特异表达基因，序列 ME257 通过 DNAMAN 比较分析，含有苏氨酸激酶保守结构域，与已克隆的番茄抗虫基因 *Pto* 有 29%的相似性；序列 ME281 具有亮氨酸拉链结构域，与同源已知抗病基因在保守结构域有 46%的相似性，推测 ME257、ME281 为目前尚未分离的新的抗病基因。

根据生物信息学比对的结果，对部分首次在疣粒野生稻中发现的抗白叶枯病菌的序列及部分未知功能序列提交 GenBank，注册序列号分别为：EF119780-EF119790（表 10-6-4）。注册结果其中两个 EST 如下。

```
LOCUS           EF119782        444 bp      mRNA      linear    PLN 07-MAR-2007
DEFINITION      Oryza granulata Baill. resistance complex protein gene，complete cds.
ACCESSION       EF119782
VERSION         EF119782
KEYWORDS        .
SOURCE          Oryza granulata
  ORGANISM      Oryza granulata
                Eukaryota；Viridiplantae；Streptophyta；Embryophyta；Tracheophyta；
                Spermatophyta；Magnoliophyta；Liliopsida；Poales；Poaceae；BEP
                clade；Ehrhartoideae；Oryzeae；Oryza.
REFERENCE       1 （bases 1 to 444）
  AUTHORS       Cheng，Z.Q.，Yan，H.J.，Fu，J. and Huang，X.Q.
  TITLE         A preliminary study on gene expression induced by Xanthomona oryzae
                pv. oryzae（Xoo）in Oryza granulata Baill.
  JOURNAL       Unpublished
REFERENCE       2 （bases 1 to 444）
  AUTHORS       Cheng，Z.Q.，Yan，H.J.，Fu，J. and Huang，X.Q.
  TITLE         Direct Submission
  JOURNAL       Submitted （06-NOV-2006）Yunnan Academy of Agriculture，
                Biotechnology and Genetic Germplasm Reseach Institute，Kunming，
                Yunnan 650223，China
FEATURES                    Location/Qualifiers
   Source                   1..444
                            /organism="Oryza granulata"
                            /mol_type="mRNA"
                            /isolate="MESSH-210"
                            /db_xref="taxon：83307"
                            /note="Xanthomonas oryzae pv. oryzae（Xoo）-induced；
                            identified by suppression subtractive hybridization
                            authority：Oryza granulata Baill.
PCR_primers=fwd_name：
                            RV-M，rev_name：M13-47"
ORIGIN
```

　　1 caatcttctg ctcaccatca acattgacaa gaacaccgaa aaagatttgc agatatctgt
　61 tgaagaagca gccaagcttt tagctgcaga aaaattagaa gttgttgatt tttcaagcca
121 tgtagacttg tccacaaacc ctggtcacta tgtgatcttc tgggaactta gtggtgaagc
181 atcccaagag gttctcaatg aatgctgcag ctgtttggac aagtcttttg tggatgcagg
241 ctacagaagc tcaaggaaag tcaacggaat aggtccactc gagctccgaa ttcttcggaa
301 gggaactttc caaaaggttc tcaaccatta ccttgcacaa ggatctgctg ttaaccagtt
361 caagacccca agatagtgta ggggttaaca acagcaaggt tttagcaaat cctaagtggc
421 aatgtagtta ggagcttcac tagt

LOCUS	EF119783　　396 bp　　mRNA　　linear　　PLN 07-MAR-2007

LOCUS　　　　　EF119783　　396 bp　　mRNA　　linear　　PLN 07-MAR-2007
DEFINITION　　The gene from *Oryza granulata* Baill. relatively resistance disease,
　　　　　　　　leucine-rich repeat superfamily of plant resistance gene.
ACCESSION　　EF119783
VERSION　　　　EF119783
KEYWORDS　　.
SOURCE　　　　*Oryza granulata*
　ORGANISM　*Oryza granulata*
　　　　　　　Eukaryota; Viridiplantae; Streptophyta; Embryophyta; Tracheophyta;
　　　　　　　Spermatophyta; Magnoliophyta; Liliopsida; Poales; Poaceae; BEP
　　　　　　　clade; Ehrhartoideae; Oryzeae; *Oryza*.
REFERENCE　　1　（bases 1 to 396）
　AUTHORS　　Cheng, Z.Q., Yan, H.J., Fu, J. and Huang, X.Q.
　TITLE　　　　A preliminary study on gene expression induced by *Xanthomona oryzae*
　　　　　　　　pv. *oryzae*（Xoo）in *Oryza granulata* Baill.
　JOURNAL　　Unpublished
REFERENCE　　2　（bases 1 to 396）
　AUTHORS　　Cheng, Z.Q., Yan, H.J., Fu, J. and Huang, X.Q.
　TITLE　　　　Direct Submission
　JOURNAL　　Submitted（06-NOV-2006）Yunnan Academy of Agriculture,
　　　　　　　　Biotechnology and Genetic Germplasm Reseach Institute, Kunming,
　　　　　　　　Yunnan 650223, China
FEATURES　　　　　　　　　Location/Qualifiers
　source　　　　　　　　　1..396
　　　　　　　　　　　　　/organism="*Oryza granulata*"
　　　　　　　　　　　　　/mol_type="mRNA"
　　　　　　　　　　　　　/isolate="MESSH-281"
　　　　　　　　　　　　　/db_xref="taxon：83307"
　　　　　　　　　　　　　/note="*Xanthomonas oryzae* pv. *oryzae*（Xoo）-induced;
　　　　　　　　　　　　　identified by suppression subtractive hybridization
　　　　　　　　　　　　　authority：*Oryza granulata* Baill.; PCR_primers=fwd_name：
　　　　　　　　　　　　　RV-M, rev_name：M13-47"

　　1 actggcagaa gatgaaaaca atgtcaaagc cctatttagg cgagcaaaag ccagagcaaa

61 cgcttgggca gacagatgct gcccgcgaag attttctaaa ggcacgtaag tttgctcctc

121 aagacaaagc tattgcaaga gagttacgcc tgcttgctga acatgacaag gctgtttatc

181 agaaacagaa ggagatctac aagggaattt tcggaccaac accagatcct aaacccaagc

241 gaacgaaatg gttgatcatt atttggcaat ggctgttgtc attgttctac agtatcttca

301 ggcgtgagaa gcgaaaagct gagtagtcaa aactcttttt cttttttttg accaaagaga

361 ctcttgaatt gtaacacaag tgaggagact tcgtgt

表 10-6-4 白叶枯病菌诱导的基因功能分类及 GenBank 注册序列号
Table 10-6-4 Identification of Xoo-induced genes and their function classification

克隆编号 Clone No.	登录号 Accession No.	功能预测 Functional prediction	功能分类 Functional category
ME281	EF119783	Leucine-rich protein（NBS-LRR）	Signal transduction-Disease/defence
ME197	EF119781	Serine/threonine kinase protein（STK）	Signal transduction-Disease/Defence
ME223	EF119786	Wall-associated kinase	Signal transduction
ME093	—	Ascorbate peroxidase	Disease defence
ME007	EF119790	Metallothionein protein	Disease defence
ME145	EF119788	Fe-S precursor protein	Cell cycle and DNA processing
ME189	EF119785	Cysteine proteinase	Cell cycle and DNA processing
ME033	EF119784	Light-harvesting complex I protein	Energy-Metabolism
ME125	EF119782	Ribulose 1,5-bisphosphate carboxylase	Energy-Metabolism
ME113	—	photosystem II	Energy-Metabolism
ME002	EF119787	*Oryza sativa* unknown protein	Unknown genes
ME035	EF119789	*Oryza sativa* unknown protein	Unknown genes

注："—"表示没有注册基因.

Note: "—" is no kegistered genes.

本研究同时还设计了 NBS-LRR 兼并引物,并从疣粒野生稻中得到 5 类抗病序列,序列号分别为 AY169501、AY169506、AY169507、AY169508、AY169509。利用疣粒野生稻 SSH 文库得到序列 ME281 同样具有 NBS-LRR 保守结构域,与上述序列进行氨基酸同源比较,发现它们相似性非常低,仅为 21%,推测可能是一类新的尚未分离的 NBS-LRR 抗病序列,结果如图 10-6-9 和图 10-6-10 所示。

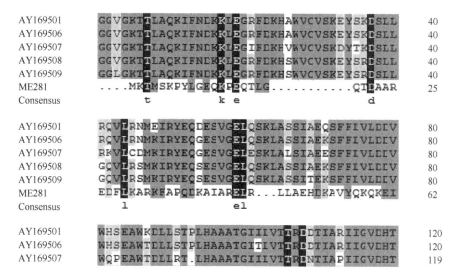

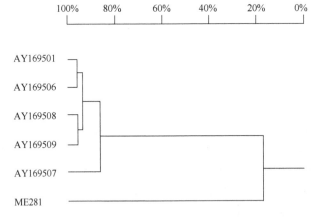

```
AY169508  WHSEAWTDLLSTPLHAAATGIIIVTTRDTIARIIGVDHT         120
AY169509  WHSEAWTDLLSTPLHAAATGIIIVTTRDTIARIIGVDHT         120
ME281     YKG.................IFGPTPT.........PKP          75
Consensus                          t  d
```

```
AY169501  HPVDLMSAIGWBI.DWRSMNIKEEKÇVÇNLRDTGIEIVR        159
AY169506  HPVDLMSAIGWBI.DWRSMNIKEEKÇVÇNLRDTGIDIVR        159
AY169507  HPVDLMSAIGWBI.DWRSMNIKEEKÇVÇNLRDIGIEIVQ        158
AY169508  HPVDLMSANGWBI.DWTSMNIKEEKÇVÇNLRDTGIEIVR        159
AY169509  HPVDLMSAIGWBI.DWRSMNIKEEKÇVKNLRDTGIEIVR        159
ME281     KKTKWLIIIWQGIDSLFYSIFRREKRKAE...........        104
Consensus    r           w l  l    s    e
```

```
AY169501  SCGGLPLA      167
AY169506  SCGGLPLA      167
AY169507  KCGGLPIT      166
AY169508  SCGGLPIT      167
AY169509  SCGGLPIA      167
ME281     --------      104
Consensus
```

图 10-6-9　ME281 氨基酸序列同源性

Fig. 10-6-9　The alignment analysis of ME281 amino acid

图 10-6-10　ME281 氨基酸同源聚类树（聚类分析 DNASIS）

Fig. 10-6-10　Homology tree of amino acid among ME281 gene
（phylogenetic analysis was done using DNASIS program）

2. 元江普通野生稻 EST 的 RT-PCR 验证

　　通过半定量 RT-PCR 研究了 7 个来源于云南普通野生稻 SSH 文库的差异表达 EST 序列，并在核酸数据库中进行了登记注册（GenBank 登记号：JZ486478～JZ486484），获得了这些基因在云南普通野生稻叶片对照（未接种白叶枯病菌处理）和接菌处理后的表达谱。结果显示（图 10-6-11），克隆编号为 OR7、OR68 和 OR826 的基因在对照的叶片中不表达，只有在接菌处理后的叶片中才能检测到其 mRNA 的表达水平，表明这 3 个 EST 在云南普通野生稻叶片中是受白叶枯病菌胁迫表达的，属于诱导型表达基因。OR826 EST 在核酸数据库中无同源序列，又是白叶枯病菌胁迫诱导表达的基因，该基因可能是一类目前没有发现的新白叶枯病抗性基因。以目的基因与 β-actin 基因的半定量 RT-PCR 产物

的电泳条带光密度比值来研究各基因的 mRNA 表达水平,结果发现(图 10-6-12),*OR7*、
OR68、*OR143* 和 *OR826* 基因的 mRNA 表达水平在叶片中随着病原菌胁迫的时间而逐渐
增强,而 *OR143* 基因在云南普通野生稻对照和接菌处理的叶片中均有表达,但在白叶枯
病菌胁迫 48 h 后其表达水平明显增强,*OR5* 基因在白叶枯病菌胁迫 72~96 h 阶段的叶片
中表达水平稍微增强。*OR70* 和 *OR657* 基因在对照和白叶枯病菌胁迫的叶片中表达水平
基本稳定,没有明显的增强或减弱。

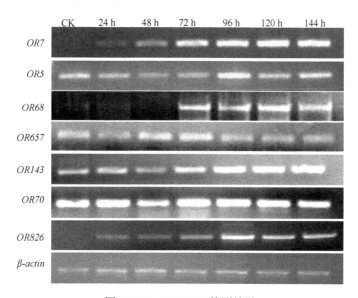

图 10-6-11　RT-PCR 检测结果
Fig. 10-6-11　The RT-PCR detection
CK. 对照;24 h、48 h、72 h、96 h、120 h、144 h. 接菌处理各时间段
CK. Control;24 h,48 h,72 h,96 h,120 h,144 h. Bacterium treatment

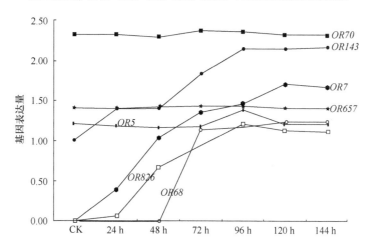

图 10-6-12　白叶枯病胁迫下各基因 mRNA 表达水平
Fig. 10-6-12　The mRNA expressional levels of gene under *Xanthomonas oryzae* pv. *oryzae* stress
CK. 对照;24 h、48 h、72 h、96 h、120 h、144 h. 接菌处理各时间段
CK. Control;24 h,48 h,72 h,96 h,120 h,144 h. Bacterium treatment

三、云南野生稻 SSH 文库构建的意义

抑制性消减杂交技术（suppression subtractive hybridization，SSH）是一种分离差异表达基因的新方法，主要用于分离两种细胞或两种组织的细胞中的差异表达基因。它主要是利用抑制 PCR 对差减杂交后丰度一致的目的材料中两端连有不同接头的差异表达片段进行指数扩增，而两端连接上同一接头的同源双链片段仅呈线形扩增，从而达到富集差异表达基因的目的。因此应用该技术能够对两个有差异表达的材料（细胞或组织）的高、中、低丰度目的基因都进行有效、快速、简便的克隆。近年来已成功应用于植物发育、肿瘤与疾病，以及外界因子诱导组织细胞中相关的应答基因的分析和克隆。

云南具有丰富的野生稻遗传资源，研究发现云南疣粒野生稻材料高抗多个白叶枯病菌生理小种，个别材料达到免疫，云南普通野生稻高抗白叶枯病、抗稻瘟病。这些说明云南野生稻不存在机械物力抵抗病原菌机制，其高抗白叶枯病是由基因作用引起的。研究还发现云南疣粒野生稻并无 *Xa21*、*Xa1* 基因，可能带有目前尚未分离的广谱高抗白叶枯病新基因。那么云南野生稻究竟具有什么抗白叶枯病基因，是一个还是多个，是组成型还是诱导型，有哪些基因与抗病密切相关等尚缺乏研究。本研究通过构建抑制性差减 cDNA 文库快速地鉴定云南疣粒野生稻和普通野生稻在受白叶枯病原菌胁迫下出现的差异应答基因，以及差异表达序列，为抗病基因的分离及抗病机制研究奠定基础。

第七节　云南疣粒野生稻 SSH 文库在功能基因分离中的应用研究

一、云南疣粒野生稻抗白叶枯病相关基因的克隆及功能验证的策略

（一）研究材料

1. 植物材料

本研究所用的云南疣粒野生稻（*Oryza granulata*）叶片材料取自保存于云南省农业科学院生物技术与种质资源研究所温室的景洪疣粒野生稻；拟南芥为哥伦比亚野生型；02428 粳稻种子由云南省农业科学院生物技术与种质资源研究所保存。

2. 菌株与质粒

根癌农杆菌 LBA4404 菌株、*E. coli* DH5α 菌株、pCAMBIA1300 质粒、pBI121 质粒由云南省农业科学院生物技术与种质资源研究所提供；克隆载体 pUCm-T 购自 Takara 公司。

3. 主要的酶和生化试剂

LA *Taq* 酶、*Sma* I、*Xba* I、*Sac* I 等各种常用限制性核酸内切酶、T4-DNA 连接酶、5′-Full RACE Kit（D315）均购自宝生物工程（大连）有限公司；TRNZOL RNA 提取试剂盒、TIANScriptc DNA 第一链合成试剂盒购自天根生化科技（北京）有限公司；SanPrep

柱式质粒 DNA 小量抽提试剂盒、DNA Cloning Vector Kit 购自生工生物工程（上海）股份有限公司；B 型小量 DNA 片段快速胶回收试剂盒购自博大泰克生物工程有限公司。

（二）全长 cDNA 的获取及转基因验证

1. 疣粒野生稻接种白叶枯病原菌处理

下午 15:00 以后（该时段白叶枯病病原菌感染能力最强）将活化的白叶枯病病原菌 C1、Y8（C1 是中国南方稻区代表的致病菌株，Y8 是云南代表的致病菌株），以剪叶法接种于温室中的疣粒野生稻叶片，同时接无菌水作对照，接菌后分别于 24 h、48 h、72 h、96 h、120 h 等量取样，对照即无菌水剪叶的疣粒野生稻也同时等量取样，取样后立即把样品放入液氮中速冻，并放−70℃冰箱中保存备用。

2. 总 RNA 的提取及 cDNA 第一链的合成

疣粒野生稻叶片总 RNA 的提取参照 TRIZOL 总 RNA 提取试剂盒步骤进行操作，以提取的疣粒野生稻叶片总 RNA 为模板，按照北京天根生物公司的 TIANScriptc DNA 第一链合成试剂盒操作说明合成 cDNA 第一链。

3. 全长 cDNA 序列的获得

5′RACE 参照宝生物工程（大连）有限公司 5′-Full RACE Kit（D315）试剂盒进行操作，获得 5′端序列，3′端序列以 Oligo（dT）和一个接头组成的接头引物（adaptor primer，AP）来反转录 RNA，得到加接头的第一链 cDNA，然后利用基因特异引物（gene specific primer，GSP）和含有部分接头序列的通用引物（universal amplication primer，UAP）分别作为上游引物和下游引物，通过 PCR 反应获得位于已知序列和 Poly（A）尾之间的未知序列。将扩增到的 5′端序列和 3′端序列片段采用博大泰克生物工程有限公司胶回收试剂盒回收后与 pUCm-T 载体连接转化大肠杆菌 DH5α，重组子阳性克隆进行测序分析，将测序获得的 5′端序列、3′端序列和的部分已知 cDNA 序列进行拼接获得全长 cDNA 序列。

4. 抗白叶枯病相关基因克隆及功能验证技术路线

云南疣粒野生稻抗白叶枯病相关基因的分离克隆与功能验证技术路线如图 10-7-1 所示。

抗白叶枯病相关基因高表达载体的构建以 *ME094* 基因构建为例（图 10-7-2）。

二、云南疣粒野生稻抗白叶枯病相关基因的克隆及功能分析

（一）抗白叶枯病相关基因的半定量 RT-PCR 分析

分别以云南疣粒野生稻叶片未接菌处理和接菌处理后的 cDNA 为模板，以 *β-actin* 基因引物和特异引物进行 RT-PCR 扩增，确认候选基因是白叶枯病菌诱导表达基因，还是组成型表达基因。由图 10-7-3 电泳图所示，*ME137* 在用水和白叶枯菌处理时均表达，但随着处理时间的增加，其表达量逐渐增强；*ME255*、*ME007* 和 *ME094* 基因在未接菌处理的疣粒野生稻中未检测到，可能属于白叶枯病胁迫诱导型表达基因，而非组成型表达基

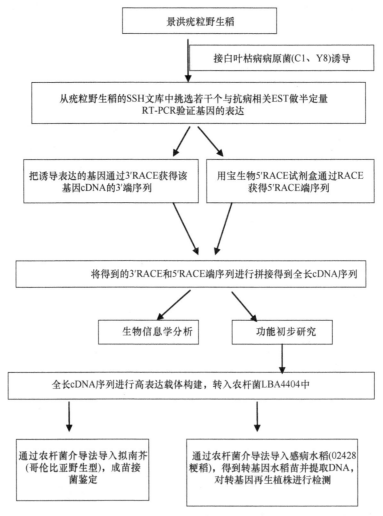

图 10-7-1　本研究总的试验技术路线

Fig. 10-7-1　Technical route of the experiment

因，这些基因抗性与疣粒野生稻受白叶枯病菌诱导呈直接的正相关，为下一步克隆该基因的全长做准备。

用 *ME022* 基因 RT-PCR 引物对无菌水和白叶枯病菌处理的疣粒野生稻叶片和粳稻02428 的 cDNA 进行 PCR 扩增，*ME022* 基因特异引物扩增产物长度为 217 bp，扩增结果如图 10-7-4 所示：对照和处理组的疣粒野生稻叶片 cDNA 均有目的条带扩出，而接种了白叶枯病原菌后的粳稻 02428 则无条带扩出，初步说明 *ME022* 基因是疣粒野生稻中组成型表达的基因，但不存在于易感白叶枯病的粳稻 02428 中。

（二）全长 cDNA 序列的扩增及拼接结果分析

1. 3′端和 5′端的扩增

3′RACE 用 Poly（dT）⁺接头 AP 为引物合成 cDNA 第一链，以此为模板，用接头引

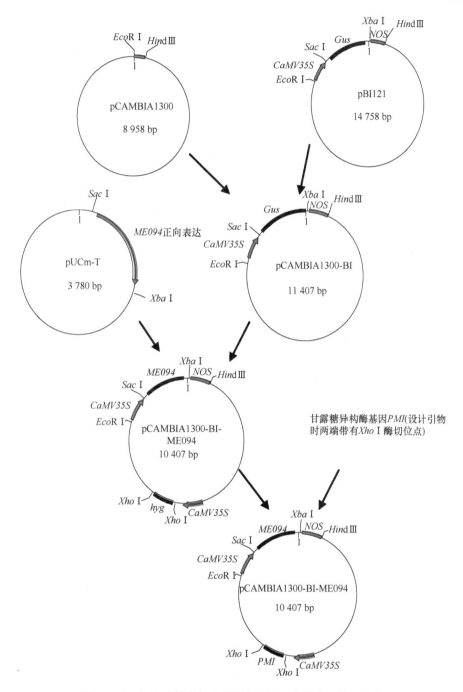

图 10-7-2　抗白叶枯病相关基因高表达载体构建的技术路线

Fig. 10-7-2　Technical route of constructing expression vector for bacterial blight resistance-related gene

物 AP 和基因特异性引物扩增 3′端；5′RACE 用连接了 Adaptor 的 mRNA 为模板，以 Random primers 为引物，在反转录酶的作用下合成 cDNA，再用 outer 和 inner primer 两对引物作嵌套式扩增，获得基因的 5′端。以 *ME022* 和 *ME137* 基因为例，扩增结果如图 10-7-5 和图 10-7-6 所示。

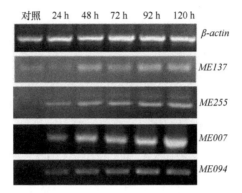

图 10-7-3　抗病相关基因在不同处理时段表达分析

Fig. 10-7-3　Expression levels of the resistance-related gene in different stages

从左至右的条带分别为无菌水处理，病原菌处理 24 h、48 h、72 h、96 h、120 h 的 RT-PCR 的扩增结果

The bands from left to right were the RT-PCR products treated with sterile water and inoculation for 24 h，48 h，72 h，96 h，120 h

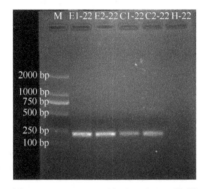

图 10-7-4　*ME022* 基因 RT-PCR 扩增

Fig. 10-7-4　The amplification of RT-PCR of *ME022* gene

M. DL2000 Markers；E1 和 E2. 白叶枯菌处理的疣粒野生稻叶片；C1 和 C2. 对照组（为接菌处理）；

H. 粳稻 02428 的叶片

M. DL2000 Markers；E1 and E2. Leaves of *Oryza granulata* inoculated of bacterial leaf blight；

C1 and C2. Control（inoculated-pathogen）；H. Leaves of Japonica 02428

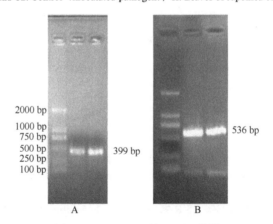

图 10-7-5　*ME022* 的 RACE 扩增

Fig. 10-7-5　Amplification of *ME022* by RACE

A. 3′RACE 扩增结果　B. 5′RACE 扩增结果

A. The 3′RACE products；B. The 5′RACE products

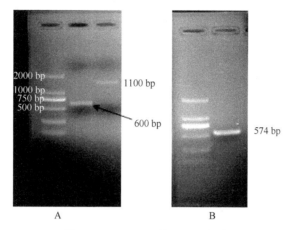

图 10-7-6　*ME137* 的 RACE 扩增

Fig. 10-7-6　Amplification of *ME137* by RACE

A. 3′RACE 扩增结果　B. 5′RACE 扩增结果

A. The 3′RACE products；B. The 5′RACE products

2. 全长 cDNA 序列的拼接结果分析

用 DNAMAN 软件对通过 3′RACE、5′RACE 得到的旁端序列和中间保守序列进行拼接，获得了基因的全长 cDNA 序列。

ME007 基因的全长 cDNA 序列，拼接结果显示全长 cDNA 序列具有 969 个核苷酸（图 10-7-7）。通过 ORF 软件分析，该序列包括一个 192 bp 的最大可读框，编码一条有 64 个氨基酸的多肽。另外，该序列含有 515 bp 的 5′非编码区，259 bp 的 3′非编码区，且在距离 poly（A）尾端 33 bp 处有明显的结尾信号 AATTAA。

```
  1    GCACTCCTGGAGTTACAAAAGGAACCCAGTGACAAAAAAAATCATCAAATTTAATTACAACGCGAAGAGGAATAAAGTACTCGCACACAT

 91    CAAATTTAATTACTACTACTTCGTATTAGAAAATCACCAAGGCAAAGCAACGGCATCATATCATTTCAGTGCAGCGTTGATTAGTTGTTC

181    GGTGGCTTTTCTCCTCCAGACACATTAGGATCTCTTGATCTAATCTCGACGCGCTGCACAGTTGACAGCTTGGTGGGTTCCTTGACGCCC

271    TTGTCTCCGGCGCCGCGGCCGCAGCCGGCGACGCGCTCGACGAGGCCGAGAAACCTGTCCTTGAGCTGAGCAGCGAACTTGGCCATGGGA

361    GTTAGCTTGCTTGCTTGCTTCGATCTGGAGCTCGCAAAATTCAGTGTTCGCGGATCCACAGCCTACTGATGATCAGTCGATGGAAAATCA

451    AGTTAATCGATCAAACCACAGCGAAAACAAGTTGAGTTAATCGCCGCGAGAGATCTCTCAACGAC ATG TCGGACAAGTGCGGCAACTGCG
                                                                         M   S  D  K  C  G  N  C

541    ACTGCGCTGACAAGAGCCAGTGCGTGAAGAAAGGAACCAGCTATGGCGTCGTCATAGTTGATGCCGAGAAGAGCCACTTCGAGATGGCGG
        D  C  A  D  K  S  Q  C  V  K  K  G  T  S  Y  G  V  V  I  V  D  A  E  K  S  H  F  E  M  A

631    AAGGGATTGCATACGAGAACGATGGCAAGTGCAAGTGCGTCACCAACTGCTCTTGCACCGACTACAACTGCGGCAAG TGA ACAAGACTAT
        E  G  I  A  Y  E  N  D  G  K  C  K  C  V  T  N  C  S  C  T  D  Y  N  C  G  K  *

721    GCATGTGGGCCCCATAATCCAGTGTCAACAGTTATGTCCATGCATGCATGTATGCATGCTTGCTAAATAATGCTTTGTGTTGTGTGCTCG

811    TGTGACTAGCTATCCTGCGAGTCACATGTGTGTCTATGTATGTATGTGTTGTTGCCGTGATGTGATGAAGTGAGTCCATCGTGACATGTA

901    TCACTGTTTACTTATGTGTTCATGAAACTTAATTAATTATGGTGCATTTTTAAAAAAAAAAAAAAAAAAA
```

图 10-7-7　*ME007* 基因的全长 cDNA 序列

Fig. 10-7-7　The full-length cDNA sequences of *ME007* gene

ATG：起始密码子；TGA：终止密码子；——：结尾信号

ATG：Initiation codo；TGA：Termination；——：End signal

  ME022 基因拼接结果显示，*ME022* 全长 cDNA 序列具有 807 个核苷酸（图 10-7-8）。通过 ORF 软件分析，该序列包括一个 195 bp 的最大可读框，编码一条有 64 个氨基酸的多肽。另外，该序列含有 45 bp 的 5′非编码区，553 bp 的 3′非编码区。

```
1      CAAGAAATCAAGCTCAGTTCATCGCCGATCGATCGATCGATCAAC ATG TCGGACAAGTGC
                                                      M  S  D  K  C

61     GGCAACTGCGACTGCGCTGACAAGAGCCAGTGCGTGAAGAAAGGAACCAGCTATGGCGTC
        G  N  C  D  C  A  D  K  S  Q  C  V  K  K  G  T  S  Y  G  V

121    GTCATAGTTGATGCCGAGAAGAGCCACTTTGAGATGGCGGAGGAGGTCAGCTATGAGAAC
        V  I  V  D  A  E  K  S  H  F  E  M  A  E  E  V  S  Y  E  N

181    GACGGCAAGTGCAAGTGGACCACCGGCTGCTCCTGCGCCGGCTGCAACTGCGGCAAG TGA
        D  G  K  C  K  W  T  T  G  C  S  C  A  G  C  N  C  G  K  *

241    ACAAGCTAGCTATATATCCTCTGCAACCGGCCCCACAATCCAGTGTCATCGGTTATGCGC

301    CCATGCGTGCACCATAATTAATTAAGTTTCATGAACACATAAGTAAACAGTGATACATGT

361    CACGATGGACTCACTTCATCACATCACGGCAACAACACATACATACATAGACACACATGT

421    GACTCGCAGGATAGCTAGTCACACGAGCACACAACACAAAGCATTATTTAGCAAGCATGC

481    ATACATGCATGCATGGACATAACTGTTGACACTGGATTATGGGGCCCACATGCATAGTCT

541    TGTTCACTTGCCGCAGTTGTAGTCGGTGCAAGAGCAGTTGGTGACGCACTTGCACTTGCC

601    ATCGTTCTCGTATGCAATCCCTTCCGCCATCTCGAAGTGGCTCTTCTCGGCATCAACTAT

661    GACGACGCCATAGCTGGTTCCTTTCTTCACGCACTGGCTCTTGTCAGCGCAGTCGCAGTT

721    GCCGCACTTGTCCGACATGTCGTTGAGAGATCTCTCGCGGCGATTAACTCAGCTTGTTTT

781    CGCTGTGGGTTTGAAAAAAAAAAAAAAA
```

图 10-7-8   *ME022* 基因的全长 cDNA 序列
Fig. 10-7-8   The full-length cDNA sequences of *ME022* gene
ATG：起始密码子；TGA：终止密码子
ATG: Initiation codo；TGA: Termination codon

  ME094 基因拼接结果显示，*ME094* 全长 cDNA 序列具有 1195 个核苷酸（图 10-7-9）。通过 ORF 软件分析，该序列上游有起始密码子 ATG 和下游有终止密码子 TGA，包括一个 723 bp 的最大可读框（两个加框密码子之间部分），61 bp 的 5′非编码区，411 bp 的 3′非编码区，预测得到的蛋白质具有 240 个氨基酸。

  ME137 基因的拼接结果显示，*ME137* 全长 cDNA 序列具有 1802 个核苷酸（图 10-7-10）。通过 ORF 软件分析，该序列包括一个 1308 bp 的最大可读框，编码一条有 435 个氨基酸的多肽。另外，该序列含有 115 bp 的 5′非编码区，379 bp 的 3′非编码区且在距离 Poly（A）尾端 52 bp 处有明显的结尾信号 AATAA。

  ME207 基因拼接结果显示，*ME207* 全长 cDNA 序列具有 1802 个核苷酸（图 10-7-11）。通过 ORF 软件分析，该序列包括一个 1308 bp 的最大可读框，编码一条有 435 个氨基酸的多肽。另外，该序列含有 115 bp 的 5′非编码区，379 bp 的 3′非编码区。

  ME255 基因拼接结果显示，*ME255* 全长 cDNA 序列具备完整基因的序列 917 bp（图 10-7-12）。经 ORF 软件分析，该序列上游有起始密码子 ATG，下游有终止密码子 TAA，包括一个 528 bp 的可读框，240 bp 的 5′非编码区，149 bp 的 3′非编码区，预测编码的蛋白质具有 174 个氨基酸。

```
1    CGCGGATCCACAGCCTACTGATGATCAGTCGGTGGAAAGTGAAATAGACATATCTGTGAAGATGCGGACTACCTGCACCTGGACAGAAAG
                                                                      M  R  T  T  C  T  W  T  E  R

91   ACCCTATGAAGCTTTACTGTTCCCTGGGATTGGCTTTGGGCCTTTCCTGCGCAGCTTAGGTGGAAGGCGAAGAAGGCCCTCGGACAAGTG
      P  Y  E  A  L  L  F  P  G  I  G  F  G  P  F  L  R  S  L  G  G  R  R  R  R  P  S  D  K  C

181  CGGCAACTGCGACTGCGCTGACAAGAGCCAGTGCGTGAAGAAAGGAACCAGCTATGGCGTCGTCATAGTTGATGCCGAGAAGAGCCACTT
      G  N  C  D  C  A  D  K  S  Q  C  V  K  K  G  T  S  Y  G  V  V  I  V  D  A  E  K  S  H  F

271  CGAGATGGCGGAAGGGATTGCATACGAGAACGATGGCAAGTGCAAGTGCGTCACCAACTGCTCTTGCACCGACTACAACTGCGGCAAGAA
      E  M  A  E  G  I  A  Y  E  N  D  G  K  C  K  C  V  T  N  C  S  C  T  D  Y  N  C  G  K  K

361  GGCAGAAGGGAGCTTGACTGCAAGACTCACCCGTCGAGCAGAGACGAAAGTCGGCCTTAGTGATCCGACGGTGCCGAGTGGAAGGGCCGT
      A  E  G  S  L  T  A  R  L  T  R  R  A  E  T  K  V  G  L  S  D  P  T  V  P  S  G  R  A  V

451  CGGCTCAACGGATAAAAGTTACTCTAGGGATAACAGGCTGGTCTTCCCCAAGAGTCCACATCGACGGGAAGGTTTGGCACCTCGATGTCGG
      A  Q  R  I  K  V  T  L  G  I  T  G  W  S  S  P  R  V  H  I  D  G  K  V  W  H  L  D  V  G

541  CTCTTCGCCACCTGGAGCTGTAGGTGGTTCCAAGGGTTGGCACCTCGATGTCGGCTCTTCGCCACCTGGAGCTGTAGGTGGTTCCAAGGG
      S  S  P  P  G  A  V  G  G  S  K  G  W  H  L  D  V  G  S  S  P  P  G  A  V  G  G  S  K  G

631  TTGGGCTGTTCGCCCATTAATGCGGTTCGCGGATCCAAGCTTATCGATCAAACCACAGCGAAAACAAGTTGAGTTAATCGCCGCGAGAGA
      W  A  V  R  P  L  M  R  F  A  D  P  S  L  S  I  K  P  Q  R  K  Q  V  E  L  I  A  A  R  D

721  TCTCTCAACGACATGTCGGACAAGTCGGCAACTGCGACTGCGCTGACAAGAGCCAGTGCGTGAAGAAAGGAACCAGCTATGGCGTCGTC
      L  S  T  T  C  R  T  S  A  A  T  A  T  A  L  T  R  A  S  A  *

811  ATAGTTGATGCCGAGAAGAGCCACTTCGAGATGGCAGAAGGGATTGTATACGAGAACGATGGCAAGTGCAAGTGCGTCACCAACTGCTCT

901  TGCACCGACTACAACTGCGGCAAGTGAACAAGACTATGCATGTGGGCCCCATAATCCAGTGTCAACAGTTATGTCCATGCATGCATGTAT

991  GCATGCTTGCTAAATAATGCTTTGTGTTGTGTGCTCGTGTGACTAGCTATCCTGCGAGTCACATGTGTGTCTATGTATGTATGTGTTGTT

1081 GCCGTGATGTGATGAAGTGAGTCCATCGTGACATGTATCACTGTTTACTTATGTGTTCATGAAACTTAATTAATTATGGTGCATTTTTAG

1171 AATTATTAAAAAAAAAAAAAAAAAAAA
```

图 10-7-9 *ME094* 基因的全长 cDNA 序列
Fig. 10-7-9 The full-length cDNA sequences of *ME094* gene
ATG: 起始密码子；TGA: 终止密码子
ATG: Initiation codo；TGA: Termination codon

```
1    CGCGGATCCACAGCCTACTGATGATCAGTCGATGGAAAACTTTGAGCAGCAGCGGCAGCCCGGCCATCAGTCGCGATATATCCCCTCTAC

91   ACTTTGAGCAGCAGCAGAGCACGAGATGGCTGCTGCCTTCTCCTCCACCGTTGGAGCTCCGGCGTCCACTCCGACCACATTCCTAGGGAA
                                  M  A  A  A  F  S  S  T  V  G  A  P  A  S  T  P  T  T  F  L  G  K

181  GAAGCTGAAGAAGCAGGTGACCTCGGCGGTGAACTACCATGGCAAGAGCTCCAACGTCAACAGGTTCAGAGTGAAGGCCAAGGACCTGGA
      K  L  K  K  Q  V  T  S  A  V  N  Y  H  G  K  S  S  N  V  N  R  F  R  V  K  A  K  D  L  D

271  CGAGGACAAGCAGAGCGACCAGGACAGGTGGAAGGGCCTCGGCCTACGACATCTCCGATGACCAGCAGGACATCACCAGGGGGAAGGGCCT
      E  D  K  Q  S  D  Q  D  R  W  K  G  L  A  Y  D  I  S  D  D  Q  Q  D  I  T  R  G  K  G  L

361  CGCCGACTCTCTCTTCCAGGCCCCCACGGGCGATGGCACCCACGAGGCCGTGCTCAGCTCCTACGAGTACCTCAGCCAGGGCCTCAGACA
      A  D  S  L  F  Q  A  P  T  G  D  G  T  H  E  A  V  L  S  S  Y  E  Y  L  S  Q  G  L  R  H

451  CTTAGACTACGACAACACCATGGGAGGCTTCTACATCGCCCCCGGCCTTCATGGACAAGCTCGTCGTTCACGTCTCCAAGAACTTCATGAC
      L  D  Y  D  N  T  M  G  G  F  Y  I  A  P  A  F  M  D  K  L  V  V  H  V  S  K  N  F  M  T
```

```
541  CCTGCCCAACATCAAGGTCCCACTCATCCTGGGTATCTGGGGAGGCAAGGGTCAGGGAAAATCATTCCAGTGTGAGCTGGTCTTCGCCAA
     L   P   N   I   K   V   P   L   I   L   G   I   W   G   G   K   G   Q   G   K   S   F   Q   C   E   L   V   F   A   K

631  GATGGGGATCAACCCAATCATGATGAGCGCCGGAGGGCTGGAGAGCGGCAACGCCGGAGAGCCTGCGAAGCTCATCAGGCAGCGGTACCG
     M   G   I   N   P   I   M   M   S   A   G   G   L   E   S   G   N   A   G   E   P   A   K   L   I   R   Q   R   Y   R

721  TGAGGCGGCGGACATCATCAAGAAGGGGAAGATGTGCTGCCTCTTCATCAACGATCTCGACGCCGGAGCCGGTCGCATGGGCGGCACCAC
     E   A   A   D   I   I   K   K   G   K   M   C   C   L   F   I   N   D   L   D   A   G   A   G   R   M   G   G   T   T

811  CCAGTACACGGTGAACAACCAGATGGTGAACGCCCACCCTGATGAACATAGCCGACAACCCAACCAACGTGCAGCTCCCAGGCATGTACAA
     Q   Y   T   V   N   N   Q   M   V   N   A   T   L   M   N   I   A   D   N   P   T   N   V   Q   L   P   G   M   Y   N

901  CAAGGAGGAGAACCCTCGTGTACCCATCATCGTCACCGGTAACGACTTCTCGACGCTGTACGCGCCGCTCATCCGTGACGGCCGTATGGA
     K   E   E   N   P   R   V   P   I   I   V   T   G   N   D   F   S   T   L   Y   A   P   L   I   R   D   G   R   M   E

991  GAAGTTCTACTGGGCTCCCACCCGCGACGACCGCGTCGGCGTCTGCAAGGGTATCTTCCGCACCGACAACGTCCCCGACGAGGACATCGT
     K   F   Y   W   A   P   T   R   D   D   R   V   G   V   C   K   G   I   F   R   T   D   N   V   P   D   E   D   I   V

1081 CAAGCTCGTCGACAGCTTCCCAGGCCAATCCATCGACTTCTTCGGCGCTCTACGGTGCCGTGTGTACGATGACGAGGTGCGCAAGTGGGT
     K   L   V   D   S   F   P   G   Q   S   I   D   F   F   G   A   L   R   A   R   V   Y   D   D   E   V   R   K   W   V

1171 GACAGGCACCGGAGTGGAGAACATCGGCAAGAGGCTGGTGAACTCCAGGGAGGGCCCGCCGGAGTTCGAGCAGCCCAAGATGACGATCGA
     T   G   T   G   V   E   N   I   G   K   R   L   V   N   S   R   E   G   P   P   E   F   E   Q   P   K   M   T   I   E

1261 GAAGCTGATGGAGTATGGATACATGCTTGTGAGGGAGCAGGAGAACGTCAAGCGTGTGCAGCTGGCTGACAAGTACTTGAGCGAGGCTGC
     K   L   M   E   Y   G   Y   M   L   V   R   E   Q   E   N   V   K   R   V   Q   L   A   D   K   Y   L   S   E   A   A

1351 TCTTGGTGACGCTAACTCGGACGCCATGAAGACTGGTTCCTTCTACGGTGCTGCGCCGTCCAAAGTGGAA⎡TAA⎤AAGATCTCTAGCTAATC
     L   G   D   A   N   S   D   A   M   K   T   G   S   F   Y   G   A   A   P   S   K   V   E   *

1441 CCATCCCCATCGATCCATCGTAGGTGGCCTGCATAGGAGGAGGGCAAGGAGCACAGCAAGCAGGTAACCTGCCTGTGCCGGAAGGTTGCA

1531 CCGACCCTGTTGCCAAGAACTTCGACCCAACGGCGAGGAGCGCGACGACGGCAGCTGCCTTTACACCTTCTAAGCAGGCTGACTAGCCGCTT

1621 GCTATTAATTATTTCTCCCTCTCTCTCTCTCTCTCTCGTGTTTTCTCTCTTTGTAATATGTATCGGACCGTGCCCAAGCCATAGCTGG

1711 GCATGACAAGTTTTTGTT̲T̲A̲A̲T̲A̲A̲CAATATAATATAAAGATATGGGCTACATATATACATGAATATATTTGATTGGAAAAAAAAAAAAAA

1801 AA
```

图 10-7-10　*ME137* 基因的全长 cDNA 序列
Fig. 10-7-10　The full-length cDNA sequences of *ME137* gene
⎡ATG⎤: 起始密码子；⎡TGA⎤: 终止密码子
⎡ATG⎤: Initiation codo；⎡TGA⎤: Termination codon

```
1    GTTTGTGTATTTTCACATTTTCTATTGAATCGGATCCAAAAAAAATTCCTTAAAGTGGAAACCTATACAAAAGAGACTGAACTTATAGAC

91   ATAAAGGATATAGATCTAGCCTGACTCCGACCCCCCCTAAGCCTATATACTTTGGCAATTCCGCAATATAGCCTATTCTCTCTCTCCTAC

181  AACTCTAGATTGTATATTCATACGCAATTCTAACTATTTTGTTTTCCAACCAAGCTAATTTTCTGCAACCAGCAGAATTGAGTTAAGCTA

271  AAAAAAGACTATTTTGAAACTAGTCAATTCAAGAGACCCTCCAGGATTCACCTATATAGGCTGCGGGCTAACGTTGCAAAAATAAGAGCT

361  TGAATACCGCTTGTAAATAATCCAAGAAACAGACCGGTATAGGAACTACTAAGGGGACTAAAGAAACAAGAACAACAACGACTAATTCAT

451  CCGCCAATATATTCCCGAAAAGTCGAAAACTAAGCGATAAGGTTTTGTGAAATCTTCTAATAGTTAATTGGTAAAAGGATTGGAGTTGGT

541  TTAATATATTTCTCGAAATAACTCAATCCTTTTTTGCTAAGACCCGCATAAAAATAGCCGCTGACGTGAGTAAAGCTAAAGCAACAGTAT

631  TATTTATATCATTCGTGGGCGCTGCTAATTCTGCGTGGGGTAACTGTATAATTTTCCAAGGTAAAAGAGCCCTCTTCCTCCTTCTCTCAG

721  ATCCGCGACGATCTACGTCG⎡ATG⎤GCGTCCAAGCGGATCCTGAAGGAGTTGAAGGACCTGCAGAAGGACCCTCCCACCTCCTGCAGCGCAG
                         M   A   S   K   R   I   L   K   E   L   K   D   L   Q   K   D   P   P   T   S   C   S   A   G

811  GTCCTGTGGGTGAGGACATGTTCCACTGGCAAGCCACTATTATGGGACCCTCAGACAGCCCATTTGCCGGTGGGGTATTCTTGGTGAACA
```

```
     P  V  G  E  D  M  F  H  W  Q  A  T  I  M  G  P  S  D  S  P  F  A  G  G  V  F  L  V  N  I
901  TTCATTTCCCACCGGATTATCCTTTTAAACCACCAAAGGTCTCTTTCCGCACCAAGGTTTTCCATCCGAACATTAATAGCAACGGCAGCA

     H  F  P  P  D  Y  P  F  K  P  P  K  V  S  F  R  T  K  V  F  H  P  N  I  N  S  N  G  S  I
991  TTTGCCTTGACATTCTCAAGGAACAGTGGAGTCCTGCTCTTACCATATCAAAGGTCCTCCTGTCAATCTGTTCACTGCTGACGGACCCGA

     C  L  D  I  L  K  E  Q  W  S  P  A  L  T  I  S  K  V  L  L  S  I  C  S  L  L  T  D  P  N
1081 ACCCCGATGACCCATTGGTGCCGGAGATTGCTCACATGTACAAGACTGATAGGGCCAAGTATGAATCCACCGCTCGCTCCTGGACGCAGA

     P  D  D  P  L  V  P  E  I  A  H  M  Y  K  T  D  R  A  K  Y  E  S  T  A  R  S  W  T  Q  K
1171 AGTACGCGATGG[GCT]AGAAGCCAGCCAAACTGGTGGACGTGTCGAAACCCAACGACGTTATCACCTAAATAACCCACAAGTCACCCTCTC

     Y  A  M  G  *
1261 CTCCAACGAAGTATGAATGGACTTTTGAGGGCAGTTGTGCCCAGTTGAAGAACTGTATCCTACCTTGTGAAGTCCGTTTCAGTCTGGTAG

1351 TCTGTTCTACCTGACTGTTCTGTTATTTAAGTTGCTTCCTAAAATCATATTTATTATTCGTGCTTGTCAGTGTCATAGCTGCGAGTTACT

1441 ATATGTTTAGAAACTGTGTTATCAACACGGCTCGAATGAAGAAAAAAAAAAAAAAA
```

图 10-7-11　*ME207* 基因的全长 cDNA 序列
Fig. 10-7-11　The full-length cDNA sequences of *ME207* gene
[ATG]：起始密码子；[TGA]：终止密码子
[ATG]：Initiation codo；[TGA]：Termination codon

```
1    GATCCCGTCGCGAGTGCCTCCTGGGCAGTCAGGCTGTCGCCGGACACCGCATCCGTCAGGCTGCTGATCCCAAGCTGGCCTGCAAGCGCA

91   CAAAAGAAAGGATCACAATTTCTGGCACCAGGGGATCATCCGGGTTGGTTCCCTGTTGACGGACCCAAATTATTGAGCACTTGGTCAAGTG

181  CCACTTCTCTCTCTCTGAAACCTCTTCCTCCTTCTCTCAGATCCGCGACGATCTACGTCG[ATG]GCGTCCAAGCGGATCTTGAAGGAGCTC
                                                                  M  A  S  K  R  I  L  K  E  L

271  AAGGATCTGCAGAAGGATCCTCCGACCTCATGCAGCGCCGGTCCGGTTGCTGAAGACATGTTTCATTGGCAAGCGACGATAATGGGCCCC
     K  D  L  Q  K  D  P  P  T  S  C  S  A  G  P  V  A  E  D  M  F  H  W  Q  A  T  I  M  G  P

361  CCTGACAGTCCTTATGCAGGGGGTGTCTTTCTAGTTACCATTCATTTCCCTCCTGATTATCCGTTTAAACCACCTAAGGTTGCGTTTAGG
     P  D  S  P  Y  A  G  G  V  F  L  V  T  I  H  F  P  P  D  Y  P  F  K  P  P  K  V  A  F  R

451  ACTAAGGTCTTTCATCCAAATATCAACAGCAATGGAAGTATCTGCCTTGACATTTTGAAAGAGCAGTGGAGCCCTGCTCTGACCATATCC
     T  K  V  F  H  P  N  I  N  S  N  G  S  I  C  L  D  I  L  K  E  Q  W  S  P  A  L  T  I  S

541  AAGGTGTTACTATCCATCAACATTAACTACTGGATCATAAAAAACTCGTGGGGTACAAACTGGGGTGAGAGTGGTTACATCCGTATGAAG
     K  V  L  L  S  I  N  I  N  Y  W  I  I  K  N  S  W  G  T  N  W  G  E  S  G  Y  I  R  M  K

631  CGCGGTGTGAGCAGGGAGGGGCTCTGTGGCATTACCTTGCGAAGCGTATCCCCCATCATGAATGGCGCATACCCCACCAAGAAGAGTTCT
     R  G  V  S  R  E  G  L  C  G  I  T  L  R  S  V  S  P  I  M  N  G  A  Y  P  T  K  K  S  S

721  AAGCACTGCCCCTCCTCTACGGATGATGCCGCCGTGGTCTCCAT[TAA]GATGCTCTCAATCAATTGATGGGTGTGCATAGGGCTAAGTTT
     K  H  C  P  S  S  T  D  D  A  A  V  V  S  I  *

811  GAATAAAATAGTGCATGCGCCAGGATATGCACTTGTACTACTTTGTTGCGTACTTGATAAAGCGATAAAATGGCCCCTTATGATACGTTA

901  AAAAAAAAAAAAAAAAAA
```

图 10-7-12　*ME255* 基因的全长 cDNA 序列
Fig. 10-7-12　The full-length cDNA sequences of *ME255* gene
[ATG]：起始密码子；[TGA]：终止密码子
[ATG]：Initiation codo；[TGA]：Termination codon

（三）疣粒野生稻抗病相关基因蛋白质的理化性质分析

通过 ExPASY 在线软件分析工具，对分离克隆得到的疣粒野生稻抗病相关基因的全长 cDNA 序列所推导出的氨基酸进行物理性质分析。获得了各基因的蛋白质理化性质，具体如下所述。

1. ME007基因推导的氨基酸序列物理性质分析

ME007 基因的蛋白质分子质量为 6.89 kDa，理论等电点 pI 为 4.95，极性氨基酸（D，E，K，R，H，W，M，S，T，C，Y，N，Q）占 53.17%，极性氨基酸的带电氨基酸（D，E，H，K，R）占 25.91%，酸性氨基酸（D，E）占 11.90%，碱性氨基酸（H，K，R）占 14.01%，疏水性氨基酸（A，Y，P，V，L，I，F，W，M）占 48.18%，小于 50%，可推知该蛋白质属于可溶性蛋白类。

2. ME022 基因所推导的氨基酸序列物理性质分析

ME022 基因所推导的氨基酸序列的理论等电点 pI 为 5.18，分子质量为 6840.6 kDa，半胱氨酸（Cys）的含量最高，达 14.1%。另外带负电氨基酸（Asp+Glu）占 15.6%，带正电氨基酸（Arg+Lys）占 12.5%。该蛋白质不稳定指数估计值为 9.05，故该蛋白质属于稳定蛋白质。

3. ME094 基因所推导的氨基酸序列物理性质分析

ME094 基因所推导的氨基酸序列的理论等电点 pI 为 9.48，分子质量为 25.53 kDa，极性氨基酸（D，E，K，R，H，W，M，S，T，C，Y，N，Q）占 55.2%，其中极性氨基酸的带电氨基酸（D，E，H，K，R）占 25.1%，酸性氨基酸（D，E）占 8.8%，碱性氨基酸（H，K，R）占 16.3%，疏水性氨基酸（A，Y，P，V，L，I，F，W，M）占 38.7%，小于 50%，可推知该蛋白质属于可溶性蛋白类。蛋白质不稳定指数估计值为 36.04，故该蛋白质属于稳定蛋白质。

4. ME137 基因所推导的氨基酸序列物理性质分析

ME137 基因所推导的氨基酸序列的理论等电点 pI 为 6.92，分子质量为 48.05 kDa，甘氨酸（Gly）含量最高（＞9%），半胱氨酸（Cys）、组氨酸（His）和色氨酸（Trp）的含量最低（＜1%）。另外带负电氨基酸（Asp+Glu）占 12.5%，带正电氨基酸（Arg+Lys）也占 12.5%。该蛋白质不稳定指数估计值为 34.06，故该蛋白质属于稳定蛋白质。

5. ME207 基因所推导的氨基酸序列物理性质分析

ME207 基因所推导的氨基酸序列的理论等电点 pI 为 7.72，分子质量为 16.51 kDa，脯氨酸（Pro）含量最高（10.8%），半胱氨酸（Cys）、色氨酸（Trp）的含量最低（2.0%）。另外带负电氨基酸（Asp+Glu）占 15.0%，带正电氨基酸（Arg+Lys）也占 16.0%。蛋白质不稳定指数为 52.45，估计该蛋白质属于不稳定蛋白质。

6. ME255 基因所推导的氨基酸序列物理性质分析

ME255 基因所推导的氨基酸序列的理论等电点 pI 为 9.32，分子质量 19.31 kDa，极性氨基酸（D，E，K，R，H，W，M，S，T，C，Y，N，Q）占 54.5%，其中极性氨基酸的带电氨基酸（D，E，H，K，R）占 21.2%，酸性氨基酸（D，E）占 7.5%，碱性氨基酸（H，K，R）占 13.7%，疏水性氨基酸（A，Y，P，V，L，I，F，W，M）占 47.5%，

小于 50%，可推知该蛋白质属于可溶性蛋白类，蛋白质不稳定指数为 45.69，故该蛋白质属于不稳定蛋白质。

（四）疣粒野生稻抗病相关基因跨膜区和功能结构域的预测分析

跨膜结构域是膜中蛋白与膜脂结合的主要部位，一般由 20 个左右的疏水氨基酸残基形成 α-螺旋，与膜脂相结合。预测和分析跨膜结构域对认识蛋白质的结构、功能、分类及在细胞中的作用部位均有一定的意义。利用在线分析软件 TMpred 和 SMART 对分离克隆的疣粒野生稻基因所推导的氨基酸进行了跨膜区和功能结构域的预测分析。

1. *ME022* 基因跨膜区和功能结构域的预测分析

利用在线分析软件 TMpred 对 *ME022* 基因所推导的氨基酸进行分析，结果表明，*ME022* 基因可能不存在跨膜结构（图 10-7-13）。

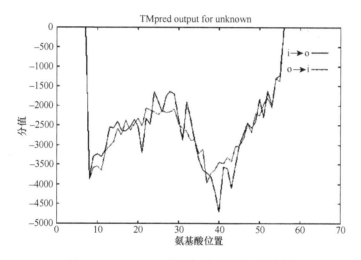

图 10-7-13　*ME022* 基因氨基酸跨膜区域预测
Fig. 10-7-13　The prediction of *ME022* amino acid transmembrane domain
i 代表膜内，o 代表膜外，只有当纵坐标的分值大于 500 时，才认为有意义
i represents inside of the membrane, o represents outside of the membrane. It is right only the *Y* axis value is over 500

蛋白质结构域是具有特定功能的基本结构单位，现在已经克隆的许多抗病基因虽然针对的病原物不同，但其编码的蛋白质产物却有着高度的结构相似性，因此认为蛋白质的功能位点是由较短的序列片段组成，这些序列有很大的保守性。通过 SMART 软件对 *ME022* 基因所推导的氨基酸序列进行功能结构域的分析，结果表明，该基因所推导的氨基酸在 1 和 33 位氨基酸残基之间有金属硫蛋白结构域（图 10-7-14）。

Position:	1 to 33
E-value:	3.1 (HMMER3)
Accession:	PF00131
Description:	Metallothionein

图 10-7-14　*ME022* 基因功能域预测
Fig. 10-7-14　The domains prediction of *ME022* gene

2. *ME094* 基因跨膜区和功能结构域的预测分析

对 *ME094* 基因所推导的氨基酸进行分析，结果表明，*ME094* 基因所推导的氨基酸亲水性残基比疏水性残基多，因此进一步推测它是一个亲水性蛋白质，是可溶的，而且发现该蛋白质有 1 个由内向外的跨膜螺旋区域，即 11～29 残基由内向外的跨膜螺旋；1 个由外向内的跨膜螺旋区域，即 11～30 氨基酸残基由外向内的跨膜螺旋（图 10-7-15），表明该基因编码的蛋白质可能属于跨膜类蛋白。具有跨膜结构区域的蛋白质属于跨膜蛋白类，跨膜结构域的预测对正确认识蛋白质的结构、功能与抗病防御反应具有重要的意义。

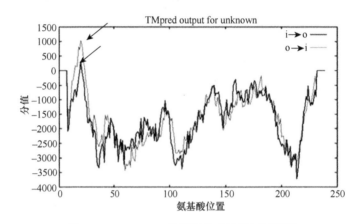

图 10-7-15　*ME094* 基因氨基酸跨膜区域预测
Fig.10-7-15　The prediction of *ME094* amino acid transmembrane domain
i 代表膜内，o 代表膜外，只有当纵坐标的分值大于 500 时，才认为有意义。箭头所示为跨膜结构域位置
i represents inside of the membrane，o represents outside of the membrane. It is right only the *Y* axis value is over 500.
The arrows indicate the area across membrane

通过 SMART 软件对 *ME094* 基因所推导的氨基酸序列进行功能结构域的分析，结果表明，该基因所推导的氨基酸在 37 和 97 位氨基酸残基之间有金属硫蛋白结构域（图 10-7-16）。

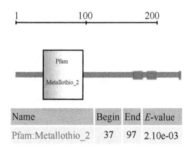

图 10-7-16　*ME094* 基因功能域预测
Fig. 10-7-16　The domains prediction of *ME094* gene

3. *ME137* 基因跨膜区和功能结构域的预测分析

通过 TMpred 软件分析，*ME137* 基因可能存在 2 个跨膜结构域，一个是由膜内到膜外的结构域，从第 2 个氨基酸到第 20 个氨基酸；另外一个跨膜结构是由膜外到膜内，从

第 1 个氨基酸开始到第 21 个氨基酸终止（图 10-7-17）。

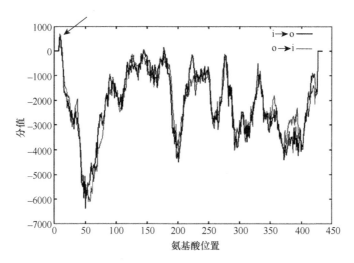

图 10-7-17　*ME137* 基因氨基酸跨膜区域预测
Fig. 10-7-17　The prediction of *ME137* amino acid transmembrane domain
i 代表膜内，o 代表膜外，只有当纵坐标的分值大于 500 时，才认为有意义。箭头所示为跨膜结构域位置
i represents inside of the membrane，o represents outside of the membrane. It is right only the *Y* axis value is over 500. The arrows indicate the area across membrane

通过 SMART 软件对 *ME0137* 基因所推导的氨基酸序列进行功能结构域的分析，结果表明，该基因所推导的氨基酸在 152 和 299 位氨基酸残基之间有 AAAATPase 结构域（图 10-7-18）。

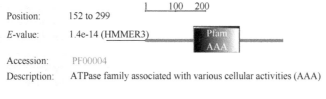

图 10-7-18　*ME137* 基因功能域预测
Fig. 10-7-18　The domains prediction of *ME137* gene

4. *ME207* 基因跨膜区和功能结构域的预测分析

通过 TMpred 软件分析，*ME207* 基因可能存在 4 个跨膜结构域，两个是由膜内到膜外的结构域，从第 35 个氨基酸到第 58 个氨基酸和从第 95 个氨基酸到第 111 个氨基酸位置；另外两个跨膜结构是由膜外到膜内，从第 37 个氨基酸开始到第 58 个氨基酸和从第 95 个氨基酸到第 111 个氨基酸终止（图 10-7-19）。

利用软件 SMART 软件进行结构域分析（图 10-7-20）。在 4 和 147 位氨基酸残基之间存在一个所有泛素结合蛋白所共有的保守催化区域 UBCc 结构域。以上分析表明，该克隆编码的蛋白质可能属于泛素结合酶 E2 类。

5. *ME255* 基因跨膜区、功能结构域及蛋白家族的预测分析

利用在线分析软件工具 ExPASY-Tools 对 *ME255* 基因所推导的氨基酸进行分析，发

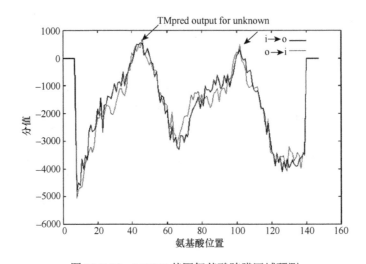

图 10-7-19　*ME207* 基因氨基酸跨膜区域预测

Fig. 10-7-19　The prediction of *ME207* amino acid transmembrane domain

i 代表膜内，o 代表膜外，只有当纵坐标的分值大于 500 时，才认为有意义。箭头所示为跨膜结构域位置

i represents inside of the membrane，o represents outside of the membrane. It is right only the *Y* axis value is over 500.
The arrows indicate the area across membrane

Name Begin End *E*-value

UBCc 4　　　147　2.21e–79

图 10-7-20　*ME207* 基因功能域预测

Fig. 10-7-20　The domains prediction of *ME207* gene

现该蛋白质一共有 3 个跨膜螺旋，2 个由外向内的跨膜螺旋区域，即 38～58 残基和 95～113 残基由外向内的跨膜螺旋，1 个由内向外的跨膜螺旋，即 95～113 氨基酸残基由内向外的跨膜螺旋区域（图 10-7-21 箭头所示），表明该基因编码的蛋白质可能属于跨膜类蛋白，具有跨膜蛋白的某种功能。

　　ME255 蛋白在 NCBI 中进行 BLASTP 分析，结果发现铁线蕨、拟南芥、甜菜、辣椒、陆地棉、大颖野生稻、籼稻、粳稻、蓖麻、江南卷柏、番茄、龙葵和小麦等多种物种的泛素结合蛋白与该蛋白质序列具有极高的相似性。将上述生物的泛素结合蛋白与 ME255 进行多序列比对（图 10-7-22），ME255 蛋白与蓖麻、江南卷柏的序列一致性为 100%，与拟南芥、辣椒、番茄、龙葵、陆地棉的一致性为 98%，与大颖野生稻、籼稻、粳稻序列的一致性为 95%。ME255 与其他物种的泛素结合蛋白在蛋白质水平上表现出较高的相似性，说明泛素结合酶基因家族具有高度的保守性。同时结合 ScanProsite 和 SMART 对 ME255 蛋白保守结构域的分析结果（图 10-7-23），显示该蛋白 4～139 位属于泛素结合酶

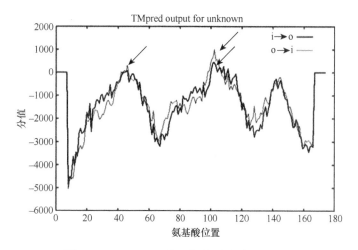

图 10-7-21 *ME255* 基因氨基酸跨膜区域预测

Fig. 10-7-21 The prediction of *ME255* amino acid transmembrane domain

i 代表膜内，o 代表膜外，只有当纵坐标的分值大于 500 时，才认为有意义。箭头所示为跨膜结构域位置

i represents inside of the membrane, o represents outside of the membrane. It is right only the *Y* axis value is over 500. The arrows indicate the area across membrane

家族。第 74～89 位为泛素结合酶活性位点，并具有[FYWLSP]-H-[PC]-[NHL]-[LIV]-X（3,4）-G-X-[LIVP]-C-[LIV]-X（1,2）-[LIVR]保守序列，其中活性位点中的半胱氨酸位于 85 位（图 10-7-22），其功能是与泛素形成高能硫酯键进而参与将泛素转移到泛素蛋白-连接酶或靶蛋白上的反应。酶活性位点的 15 个氨基酸残基与 85 位的半胱氨酸残基与其他物种的泛素结合酶对应的序列完成匹配，因此可以说明获得的 *ME255* 基因编码的蛋白质属于泛素结合蛋白家族。

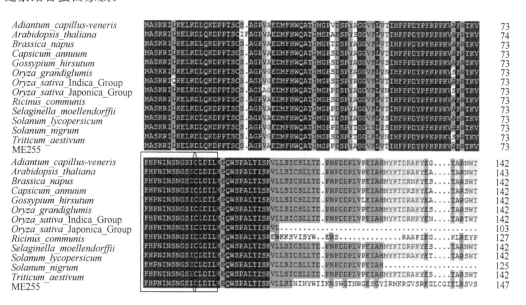

图 10-7-22 ME255 蛋白的多序列比对

Fig. 10-7-22 Multiple alignment of ME255 protein

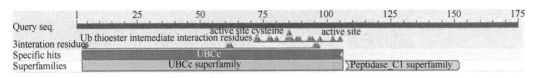

图 10-7-23　ME255 基因功能域预测

Fig. 10-7-23　The domains prediction of ME255

（五）疣粒野生稻抗病相关基因氨基酸序列疏水性/亲水性的预测和分析

氨基酸是蛋白质的构件分子，其亲水性/疏水性在形成和保持蛋白质的三级结构上起作用。通过了解肽链中不同肽段的疏水性，还可以对蛋白质的跨膜结构域进行预测。因此，疏水性/亲水性的预测和分析，为蛋白质次级结构的预测及功能分析提供理论参考。

本研究采用 ProtScale 分析蛋白的疏水性/亲水性发现，总体来看，从疣粒野生稻分离克隆到的抗白叶枯病相关基因所推导的氨基酸亲水性区域分布较多（图 10-7-24～图 10-7-29），结合一级结构分析认为，蛋白质总体表现为亲水性。

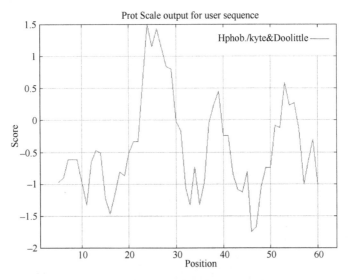

图 10-7-24　*ME007* 基因编码的蛋白氨基酸序列的亲水/疏水性预测

Fig. 10-7-24　Prediction the hydrophobic/hydrophilic of ME007 protein

亲水性最强分值为−1.744，疏水性最强分值为 1.5

The highest hydrophilic value is −1.744. The highest hydrophobic value is 1.5

（六）疣粒野生稻抗病相关基因氨基酸序列的同源性比较及进化分析

1. *ME007* 基因氨基酸序列的同源性比较

利用 NCBI（http://blast.ncbi.nlm.nih.gov/Blast.cgi）对 *ME007* 基因进行同源性比较。*ME007* 基因所推导的氨基酸序列进行同源性比较，发现该序列与金属硫蛋白有较高的同源性，利用 DNAMAN 软件对 6 种同源氨基酸序列进行聚类分析，发现 *ME007* 基因与金属硫蛋白同一类。其中，与药用野生稻编码的金属硫蛋白的氨基酸序列同源性达到 87%（图 10-7-30）。

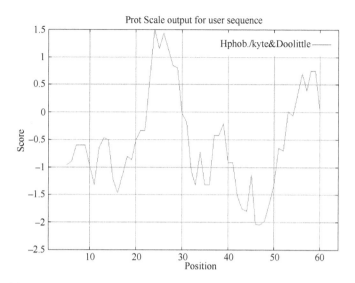

图 10-7-25　*ME022* 基因编码的蛋白氨基酸序列的亲水/疏水性预测
Fig. 10-7-25　Prediction the hydrophobic/hydrophilic of ME022 protein
亲水性最强分值为–2.077，疏水性最强分值为 1.5
The highest hydrophilic value is –2.077. The highest hydrophobic value is 1.5

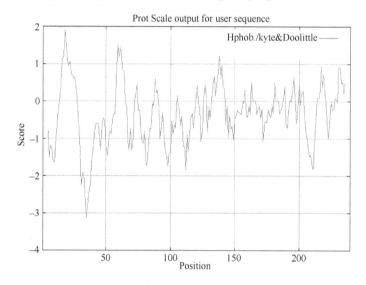

图 10-7-26　*ME094* 基因编码的蛋白氨基酸序列的亲水/疏水性预测
Fig. 10-7-26　Prediction the hydrophobic/hydrophilic of ME094 protein
亲水性最强分值为–3.133，疏水性最强分值为 1.9
The highest hydrophilic value is –3.133. The highest hydrophobic value is 1.9

2. *ME022* 基因的同源性比较和进化分析

为进一步研究金属硫蛋白基因的进化关系，从 NCBI 里面选取已登录的 10 个植物物种的金属硫蛋白基因用 ClustalW 软件作多序列比对，其中包括药用野生稻（登录注册号 AY833009）、粳稻（NM_001187342）、毛竹（FP098252）、籼稻（CT836440）、普通野生稻（CT841627）、短柄草（XM_003565067）、大麦（AJ555613）、咖啡树（DQ124084）、

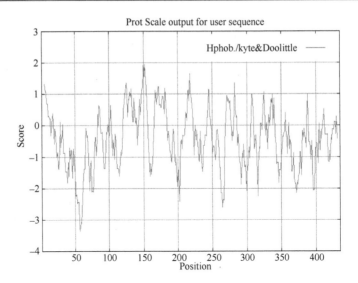

图 10-7-27 *ME137* 基因编码的蛋白氨基酸序列的亲水/疏水性预测
Fig. 10-7-27 Prediction the hydrophobic/hydrophilic of ME137 protein
亲水性最强分值为-3.165，疏水性最强分值为 2.08
The highest hydrophilic value is -3.165. The highest hydrophobic value is 2.08

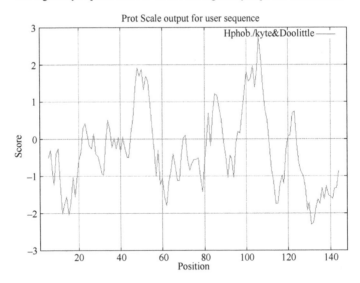

图 10-7-28 *ME2077* 基因编码的蛋白氨基酸序列的亲水/疏水性预测
Fig. 10-7-28 Prediction the hydrophobic/hydrophilic of ME207 protein
亲水性最强分值为-2.233，疏水性最强分值为 2.200
The highest hydrophilic value is -2.233. The highest hydrophobic value is 2.200

小果野芭蕉（FM878774）、葡萄（XM_003634629）。根据比对结果，用 MEGA 5.0 软件通过相邻连接法构建系统发育树。疣粒野生稻的金属硫蛋白基因与稻属都聚为一个分支，其中与药用野生稻亲缘关系最为亲近，其次是粳稻和籼稻（图 10-7-31）。

3. *ME137* 基因的同源性比较和进化分析

为进一步研究 AAAATPase 基因的进化关系，从 NCBI 里面选取已登录的 18 个植物

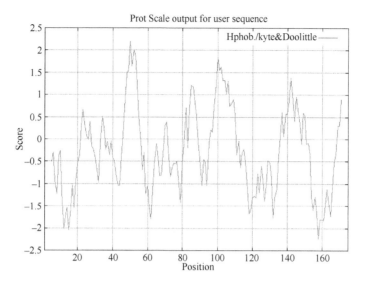

图 10-7-29　*ME255* 基因编码的蛋白氨基酸序列的亲水/疏水性预测
Fig. 10-7-29　Prediction the hydrophobic/hydrophilic of ME255 protein
亲水性最强分值为–2.233，疏水性最强分值为 2.200
The highest hydrophilic value is –2.233. The highest hydrophobic value is 2.200

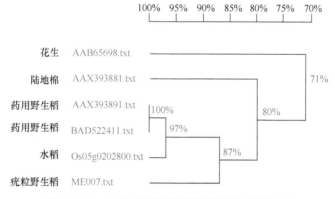

图 10-7-30　*ME007* 基因氨基酸序列的同源性比较
Fig. 10-7-30　*ME007* amino acid sequence homology comparison

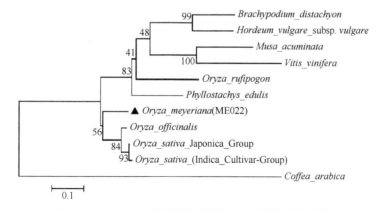

图 10-7-31　ME022 氨基酸与其他 10 个物种的进化分析
Fig. 10-7-31　Phylogenetic relationship of the ME22 amino acid sequences with ten plant species

物种的金属硫蛋白基因用 ClustalW 软件作多序列比对，其中包括粳稻（GenBank 登录号 ABG22614）、短柄草（XP_003577195）、南极发草（AAP83928）、大麦（BAJ41041）、小麦（AAF71272）、玉米（NP_001104921）、高粱（XP_002451328）、陆地棉（AAG61120）、甜瓜（ADN34076）、葡萄（XP_002270571）、苜蓿（XP_003616450）、大豆（NP_001242531）、蓖麻（XP_002524206）、拟南芥（XP_002881673）、毛果杨（XP_002312110）、辣椒（ACB05667）、毛果杨×黑杨（ABK96359）、红枫（ABI94078）。根据比对结果，用 MEGA 5.0 软件通过相邻连接法构建系统发育树。从进化树可以看出，整个树分为 2 个分支，其中 ME137 基因所在的一支全部属于禾本科植物，因此可以推断，疣粒野生稻的 AAAATPase 基因可能与禾本科其他植物来自同一个祖先，且与粳稻亲缘关系最近（图 10-7-32）。

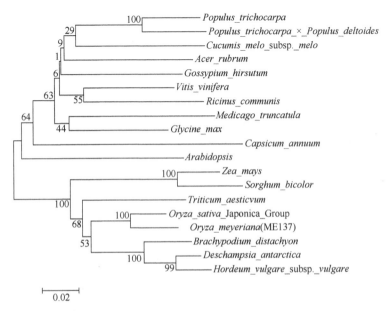

图 10-7-32　ME137 氨基酸与其他 18 个物种的进化分析

Fig. 10-7-32　Phylogenetic relationship of the ME137 amino acid sequences with 18 plant species

4. ME255 基因同源性比较和进化分析

为进一步研究 ME255 泛素结合酶基因的进化关系，选用 NCBI 中已登录的 13 个植物物种的泛素结合蛋白作系统发育树分析（图 10-7-33）。龙葵、籼稻、粳稻、小麦、卷柏、铁线蕨、番茄、拟南芥、辣椒、蓖麻、陆地棉等物种的泛素结合蛋白在进化树中聚为一类，说明泛素结合蛋白在这些物种的进化过程中相当保守；ME255 基因的氨基酸与这些物种存在多个氨基酸序列不同从而在进化树中独分一支，推测 ME255 基因与龙葵、籼稻、粳稻、小麦、卷柏、铁线蕨、番茄、拟南芥、辣椒、蓖麻、陆地棉等物种可能是由不同的分子进化途径产生的（图 10-7-33）。

三、疣粒野生稻 ME094 和 ME207 基因的功能验证

（一）ME094 基因提高拟南芥抗病性

拟南芥生长周期短，转基因方法较成熟，且拟南芥发病属于细菌性病害，容易感染

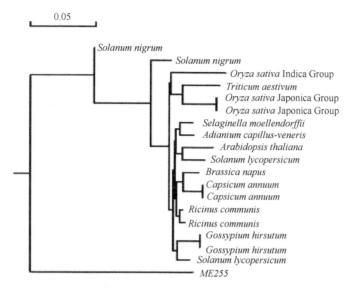

图 10-7-33　ME255 基因的系统发育树分析
Fig. 10-7-33　Phylogenetic analysis of *ME255*

白粉菌、灰霉病菌等（刘士旺等，2003）。白叶枯病原菌是拟南芥的非寄主病害，但是通过对哥伦比亚野生型拟南芥接种白叶枯病菌发现拟南芥也会产生类似于水稻感染白叶枯病原菌的病斑，于是设想若 *ME094* 基因是疣粒野生稻的抗白叶枯病相关的基因，就可以将该基因导入拟南芥中通过过量表达来验证该基因的抗病性。

将拟南芥的整个花序浸泡到带有 *ME094* 基因的农杆菌菌液中，浸泡 5 min，避光生长 16~24 h 后让其正常生长。待种子成熟时及时收集转基因种子（图 10-7-34）。

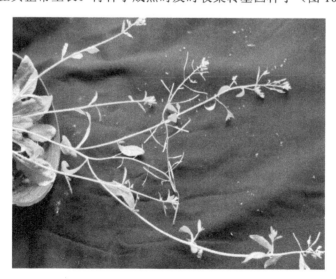

图 10-7-34　农杆菌侵染 3 天的拟南芥植株
Fig. 10-7-34　The *Arabidopsis* plants after three days *Agrobacterium* infection

将通过农杆菌转化的拟南芥种子涂布在含有甘露糖和 50 μg/mL Kna 的 1/2MS 培养基上生长两周，其中有一部分可能是没有转化成功的拟南芥幼苗逐渐变黄，枯萎。剩下小部分可能是转基因成功的拟南芥幼苗长势较好，叶片颜色较对照组的拟南芥绿。将这些存活下来的幼苗移栽到腐殖土中，在拟南芥正常的生长条件下生长，同时以没有转化的拟南芥作同期对照。通过 PCR 鉴定检测出转基因植株，结果表明进行 PCR 检测的 15 株拟南芥中有 5 株可扩增出 848 bp 的目的条带（图 10-7-35），因而确定为转基因阳性苗，并发现转基因阳性苗比对照组的拟南芥个体矮小，叶片颜色较绿，茎秆较粗，花序分支少，开花早，结实率低（图 10-7-36），同时通过白叶枯病原菌接种后发现转基因阳性拟南芥对白叶枯病原菌具有明显的抗病性，其叶片上出现的病斑面积均比对照组小（图 10-7-37）。由此可以得知 *ME094* 基因在拟南芥中过量表达，对拟南芥的生长发育产生了较大的影响，而 *ME094* 基因可能是引起植物产生抗病性的相关基因。

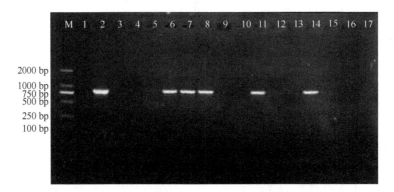

图 10-7-35　部分拟南芥转化植株的基因 PCR 检测

Fig. 10-7-35　The PCR detection of the part of transformed plants

M. DL2000 DNA Marker；1. 阴性对照；2. 阳性对照；3～17. 拟南芥再生植株

M. DL2000 DNA Marker；1. Negative control；2. Positive control；3～17. *Arabidopsis thaliana* regeneration plants

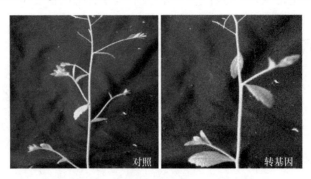

图 10-7-36　拟南芥非转基因与转基因比较

Fig. 10-7-36　The comparison of the non-transgenic plants and transgenic plants

（二）*ME094* 和 *ME207* 基因转入粳稻 02428 中进行功能分析

1. *ME094* 和 *ME207* 基因转化感病粳稻品种 02428

ME094 基因和 *ME207* 基因通过转化拟南芥验证了其在拟南芥中的过量表达，使拟南芥产生了一定的抗病性，但这两个基因能否使水稻产生抗病性仍需要进一步的研究。章琦（2005）用易感白叶枯病的水稻品种金刚 30、粳稻 02428、IR24 作轮回亲本来鉴定抗白叶枯病基因 *Xa23*，因此本研究选择了易感白叶枯病的水稻品种 02428（图 10-7-38A）

作为转化受体，分别转入以甘露糖为筛选标记的 *ME094* 和 *ME207* 高表达载体，并获得转基因植株，以分析这两个基因在水稻抗病中的作用（10-7-38）。

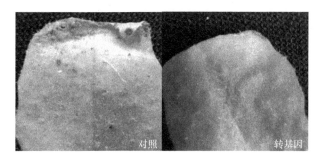

图 10-7-37　拟南芥非转基因植株与转基因植株接菌试验

Fig. 10-7-37　The transgenic plants and non-transgenic plants tested by *Xanthomonas oryzae* pv. *oryzae*

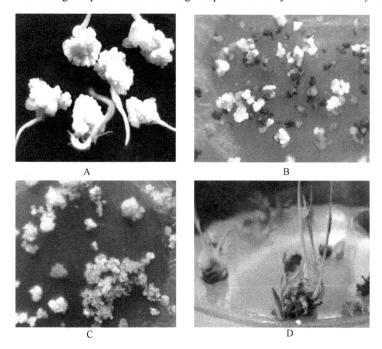

图 10-7-38　*ME094* 和 *ME207* 基因转化粳稻 02428

Fig. 10-7-38　Genetic transformation of *ME094* and *ME207* gene into *japonica* rice 02428

A. 02428 粳稻愈伤组织；B. 抗性愈伤组织的筛选；C. 愈伤组织的分化；D. 分化成苗

A. 02428 callus；B. Resistant callus screening；C. Callus differentiation；D. Seedling

2. *ME094* 转基因植株的 PCR 检测和抗性鉴定

获得的抗性愈伤组织经分化、生根培养后得到 T_1 代水稻再生植株共 32 株，用 CTAB 法提取再生植株的 DNA，根据 *ME094* 基因的全长 cDNA 序列设计特异引物进行 PCR 检测，*ME094* 基因扩增长度为 800 bp 左右（图 10-7-39）。检测采用 *ME094* 基因的质粒为阳性对照，粳稻 02428 为阴性对照。结果显示为阳性植株的共 8 株，初步表明，*ME094* 基因已转入水稻当中，转化苗阳性率为 25%。

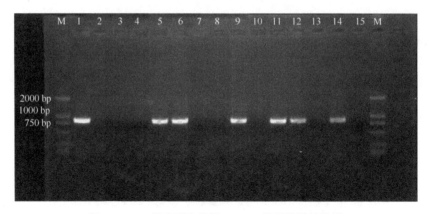

图 10-7-39 部分再生植株 *ME094* 基因特异性检测

Fig. 10-7-39 The electrophoretogram of PCR detection of partial plant regeneration

M. DL2000 DNA Markers；1. 阳性对照；2. 阴性对照；3～15. 再生植株

M. DL2000 DNA Marker；1. Positive control；2. Negative control；3～15. Regeneration plants

用剪叶法对转基因植株和对照植株接种白叶枯菌 C1 和 Y8，在前 8 天两组材料的叶片没有出现任何差异性。从第 9 天以后，对照组材料的叶片开始慢慢出现发病症状，接种 14 天后，两组材料的叶片发病程度已经可以看出差异：转基因植株发病程度明显较对照材料轻（图 10-7-40）。因此推测 *ME094* 基因可能在抗白叶枯病过程中起着重要的作用。

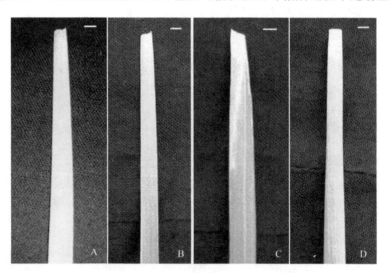

图 10-7-40 *ME094* 转基因植株的抗性鉴定

Fig. 10-7-40 The resistance investigation of transgenic rice plants

A、B. 转基因植株；C、D. 对照植株

A，B. Transgenic plants；C，D. Control plants

比较转基因阳性植株和非转基因植株发现，两者在茎秆的形态上存在着差异。非转基因植株茎秆呈粗扁形，而所有 *ME094* 转基因植株茎秆呈圆形，与疣粒野生稻的茎秆形状更为接近，茎秆的粗壮程度介于两者之间（图 10-7-41）。因此推测 *ME094* 可能不仅在抗白叶枯病过程中起着重要的作用，还对植株茎秆的形态有着一定作用。

图 10-7-41　转基因植株的形态比较

Fig. 10-7-41　The shape comparison of transgenic rice plants

A. *ME094* 转基因植株；B. 非转基因 02428 植株；C. 疣粒野生稻

A. *ME094* transgenic plants；B. Non-transgenic plants 02428；C. *O. granulata*

3. *ME207* 转基因植株的 PCR 检测和抗性鉴定

经过甘露糖筛选得到 47 个 *ME207* 抗性愈伤组织，最后经分化得到 12 株再生植株。对这 12 株再生植株进行 PCR 检测，发现其中有 2 株植株经 *pmi* 基因引物扩增可以扩增出 1200 bp 的目的条带（图 10-7-42A），因此可以肯定表达载体成功导入水稻中；然后再用 *ME207* 基因特异引物对这 12 株再生植株进行检测，发现经 *pmi* 引物扩增出目的条带的这 2 株植株同样可以扩增出 560 bp 的目的片段（图 10-7-42B），初步表明 *ME207* 基因通过农杆菌介导法成功转入到 02428 粳稻基因组中，获得率为 16.67%。

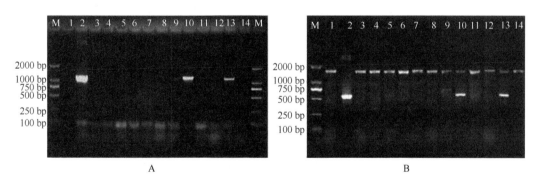

图 10-7-42　再生植株 *ME207* 基因特异性检测

Fig. 10-7-42　The electrophoretogram of PCR detection of partial plant regeneration

A. *pmi* 基因引物扩增结果；B. *ME207* 基因特异引物扩增结果；M. DL2000 DNA Markers；1. 阴性对照；

2. 阳性对照；3～14. 再生植株

A. PCR product of *pmi*；B. PCR product of *ME207*；M. DL2000 DNA Markers；1. Negative control；

2. Positive control；3～14. Regeneration plants

获得的 2 株转基因阳性苗，其茎秆与非转基因的材料具有明显的形态差异。非转基因正常情况下茎秆扁平、较软，分蘖形式为基端分蘖，而在 *ME207* 基因转化到该水稻中后，得到的两株转基因苗的茎秆为圆形且节间短，分蘖形式转变成高端分蘖，通过比较发现，转基因植株的茎秆与疣粒野生稻具有一定的相似性（图 10-7-43）。

图 10-7-43 转基因植株茎秆的差异（白色箭头所示）
Fig. 10-7-43 The difference of the stem of transgenic plant（indicated by white arrows）
A. 02428 粳稻对照；B、C. 转基因植株；D. 疣粒野生稻
A. Control of Japonica 02428, B, C. Transgenic plants；D. *Oryza granulata*

四、云南疣粒野生稻泛素结合酶基因与抗病相关

植物基因编码 37 个泛素结合蛋白酶基因和 8 个 *E2-like* 基因，部分决定着蛋白泛素化的效率和特异性。泛素结合蛋白酶包含有一个 150 个氨基酸组成的保守催化结构域，内含一个高度保守的半胱氨酸（cysteine）保守位点；E2-like 蛋白则只包含一个 UBC 结构域，而缺少催化位点半胱氨酸，因此没有泛素结合蛋白酶的活性。本研究克隆到的 *ME255* 编码的蛋白质与其他物种的泛素结合酶具有高度的一致性和相似性，其酶活性位点的 15 个氨基酸残基与 85 位的半胱氨酸残基与其他物种的泛素结合酶对应的序列完全匹配，说明泛素结合酶基因家族具有较高的保守性，且具有半胱氨酸催化位点，具有泛素结合酶的活性，因此 *ME255* 基因属于泛素结合蛋白酶基因而非 *E2-like* 基因。本研究克隆到的 ME255 蛋白具有 3 个跨膜结构区域的存在，推测 ME255 蛋白为泛素结合蛋白兼跨膜蛋白。跨膜蛋白处于细胞与外界的交界部位，介导细胞与外界之间的信号转导，参与细胞膜内外物质交换、能量与信号传递、构成各种信号分子、激素和蛋白质底物的受体等（宋江华和张立新，2009），推测含有跨膜结构的 ME255 蛋白在抗病进程中也具备了跨膜蛋白的这些功能，在疣粒野生稻抗白叶枯病过程中可能参与病原菌胁迫信号的转导。泛素结合蛋白在植物抗逆胁迫反应中具有重要的作用，首次从番茄 cDNA 文库分离的植物泛素结合蛋白基因受热激和重金属诱导且表达增强（Lau and Deng，2009），说明在胁迫发生时，泛素结合蛋白可能参与了不正常蛋白的降解过程。迄今分析泛素结合酶与植物抗病性的研究报道甚少，本研究发现 *ME255* 基因在疣粒野生稻中受白叶枯病病

原菌胁迫诱导而表达，且其表达量在接菌的 120 h 内随着时间变化而逐步增强，表明 ME255 基因在疣粒野生稻抗白叶枯病过程中可能参与了某些不正常蛋白降解的过程，在疣粒野生稻对白叶枯病的抗病应答过程中诱导了 ME255 基因的表达，同时对 ME255 基因的氨基酸与其他物种的泛素结合酶进行系统进化树分析，发现 ME255 基因与其他物种存在多个氨基酸序列不同而在进化树中独分一支，推测 ME255 蛋白除了参与抗逆胁迫响应，可能在疣粒野生稻中还参与了抗病反应过程，因此，对 ME255 蛋白的功能研究对认识疣粒野生稻抗病相关基因及其抗病机制具有重要的意义。

目前植物泛素结合酶成为一个研究热点，但对大多数植物的泛素结合酶蛋白功能的研究还处于起步阶段，目前对泛素结合酶的研究报道较多的主要是其与抗逆胁迫响应之间的关系，而有关泛素结合酶与植物抗病过程的报道甚少，所以从不同植物的不同发育时期、不同环境条件下克隆泛素结合酶基因，对进一步研究植物体的这一类基因的功能就显得极为必要。本研究对泛素结合酶基因的克隆，不仅丰富了泛素结合蛋白家族的基因信息，同时也为进一步研究疣粒野生稻泛素结合酶蛋白与抗病特性之间的关系及培育优良栽培稻奠定了基础。

五、抗白叶枯病相关基因在转基因植株上引起形态变异

外源基因与植物染色体的整合表现为随机事件，因此其整合具有很大的随机性、不确定性，外源基因可以插入到植物基因组的任何一条染色体的任何位点上。由于外源基因插入都是随机的，一个基因控制的性状改变了，有可能引起机体产生一系列生理的影响，从而引起其他性状的改变。外源基因的插入整合过程中产生了一系列的连锁反应，有些基因超表达，有些基因被抑制，其共同作用的结果是控制多个性状的基因同时受到影响，有可能引起多个性状同时出现变异。

本研究分别获得的 ME094 和 ME207 转基因植株在接种白叶枯病菌 C1 和 Y8 进行抗性鉴定时，发现转基因阳性植株的抗性明显高于对照材料。转基因阳性植株的茎秆呈圆形，且 ME207 转基因阳性植株茎秆节间短，分蘖形式转变成高端分蘖，形态上更接近于疣粒野生稻。从理论上讲，外源基因的插入是随机的，有可能是因为目的基因插入到 02428 基因组的某一条染色体的某个位点上，引起某些基因发生突变或改变，导致 02428 的某个性状改变，从而引起植株茎秆产生性状上的变异，也可能是该基因控制的表型从而导致了该表型的改变。但是从实际上讲，本研究所得到的所有转基因植株都表现出了株型改变的形状，从概率上看，基因的随机插入不可能都导致宿主控制株型的基因发生改变，因此推测 ME094 和 ME207 基因可能不仅在抗白叶枯病的过程中起作用，还对株型的控制有着一定的意义。但是 ME094 和 ME207 究竟是如何参与这两个过程的机制尚不清楚，有待进一步研究。

参 考 文 献

程在全, 刘继梅, 黄兴奇, 杨明挚. 2003. 云南野生稻抗性基因片段的分离和分析. 江西南昌: 第一届全国野生稻大会论文集: 中国野生稻研究和利用.

何瑞锋. 2003. 药用野生稻基因组文库构建与大片段 DNA 转化. 武汉: 武汉大学博士学位论文: 59-76.

何瑞锋, 丁毅. 1999. 交变脉冲电场凝胶电泳与植物大分子 DNA 的制备. 植物学通报, (1): 87-89.

胡正, 徐芳森, 赵建伟, 孟金陵. 2003. 甘蓝型油菜基因组文库的构建及与硼高效基因相连锁克隆的筛选. 作物学报, 29(4): 486-490 .

李海红, 王秦秦. 2003. cDNA 文库构建策略. 昆明医学学报, (4): 22-25.

刘士旺, 吴学龙, 郭津建. 2003. 拟南芥的抗病信号传导途径. 植物病理学报, 33(2): 104-111.

陆朝福, 李晓兵, 朱立煌. 1996. 用 PCR 技术诊断水稻的白叶枯病抗性. 遗传学报, 23(2): 110-116.

全先庆, 张洪涛, 单雷, 毕玉平. 2006. 植物金属硫蛋白及其重金属解毒机制研究进展. 遗传, 28(3): 375-382.

萨姆布鲁克·拉塞尔. 2002. 分子克隆实验指南. 3 版. 北京: 科学出版社: 27-30.

宋江华, 张立新. 2009. 植物跨膜蛋白研究进展. 生物学杂志, 26(6): 62-64.

覃瑞, 魏文辉, 宁顺斌, 金危危, 何光全, 宋运淳. 2001. 利用水稻 BAC 克隆对 Gm-2 和 Gm-6 在药用野生稻中的 FISH 定位. 中国农业科学, 34(1): 1-4.

王文明, 江光怀, 王世全, 朱立煌, 翟文学. 2001. 高覆盖率水稻 BAC 库的构建及抗病基因相关克隆的筛选. 遗传学报, 28(2): 120-128.

张方东, 郑用琏, 曹志刚. 2000. 玉米 S 组 CMS 线粒体基因组细菌人工染色体文库的构建. 科学通报, 45(7): 729-735.

章琦. 2005. 水稻白叶枯病抗性基因鉴定进展及其利用. 中国水稻科学, 19(5): 453-459.

章琦, 林世成, 李道远. 2003. 野生稻白叶枯病基因 Xa-23 的发掘和研究. 江西南昌: 第一届全国野生稻大会论文集: 中国野生稻研究和利用.

郑琼, 马旭俊, 杨传平. 2006. 硫氧还蛋白(Trx)的研究进展. 分子植物育种, 4(6): 78-82.

Chassot C, Nawrath C, Metraux J P. 2007. Cuticular defects lead to full immunity to a major plant pathogen. Plant J, 49: 972-980.

Chen H J, Hou W C, Yang C Y, Huang D J, Liu J S, Lin Y H. 2003. Molecular cloning of two metallothionein-like protein genes with differential expression patterns from sweet potato(*Ipomoea batatas*)leaves. Plant Physiol, 160(5): 547-555.

Ercolano M R, Ballvora A, Paal J, Steinbiss H H, Salamini F, Gebhardt C. 2003. Functional complementation analysis in potato via biolistic transformation with BAC large DNA fragment. Mol Breed, 13(1): 15-22.

Hamilton C M. 1997. A binary-BAC system for plant transformation with high morecular weigh DNA. Gene, 200: 107-116.

Hamilton V E, Christensen P R, McSween Jr. H Y. 1997. Determination of Martian meteorite lithologies and mineralogies using vibration spectroscopy, J Geophys Res, 102: 25593-25603.

Hiei Y, Ohta S, Komari T, Kumashiro T. 1994. Effieient transforation of rice(*Oryza sativa* L.)mediated by *Agrobacterium* and sequence analysis of boundaries of the T-DNA. The Plant Journal, 6(2): 271-282.

Jin S, Cheng Y, Guan Q, Liu D, Takano T, Liu S. 2006. A metallothionein-like protein of rice(rgMT)functions in *E. coli* and its gene expression is induced by abiotic stresses. Biotechnol Lett, 28(21): 1749-1753.

Lambrecht B, Gonze M, Morales D, Meulemans G. 1999. Comparison of biological activities of natural and recombinant chicken interferon-gamma. Veterinary Immunology and Imrnunopathology, 70(3-4): 257-267.

Lau O S, Deng X W. 2009. Effect of Arabidopsis COP10 ubiquitin E2 enhancement activity across E2 families and functional conservation among its canonical homologs. Biochem J, 418: 683-690.

Li Q, Chen F, Sun L X, Zhang Z Q, Yang Y N, He Z H. 2006. Expression profi ling of rice genes in early defense responses to blast and bacterial blight pathogens using cDNA microarray. Physiol Mol Plant Pathol, 68: 51-60.

Liu Y G, Whittier R F. 1994. Rapid preparation of megabase plant DNA from nuclei in agarose plugs and microbeads. Nucleic Acids Res, 22(11): 2168-2169.

Sambrook J, Fritsch E F, Manniatis T. 1989. Molecular Cloning: A Laboratory Manual. 2nd ed. New York: Cold Spring Harbor Laboratory.

Schürmann P, Jacquot J P. 2000. Plant thioredoxin systems revisited. Annu Plant Mol Biol, (51): 371-400.

Zhang H B. 2000. Construction and manipulation of large-insert bacterial clone libraries—Manual. Texas, USA: Texas A&M University.

附录一：普通野生稻 *Waxy* 基因序列及其氨基酸序列

普通野生稻 *Waxy* 基因序列（阴影区域表示编码区）

```
TTCAACTCTCGTTAAATCATGTCTCTTGCCACTGGAGAAACGGATCAGGAGGGTTTATTTTGGGTATAG
GTCTAAGCTAAGGTTGAAATCCACAAATAGTAAAAATCAGAATCCAACCAATTTTAGTAGCCGAGTTGGTC
AAAGGAAAATGTATATATCTAGATTTGTTGTTTTGGCAAAAAATATTTCTGAATATGCAAAATACTTAGTAT
ATCTTTATATTAAGAAGATGAAAATAAGTAGCAGAAAATTTAAAAATGGATAATATTTCCTGGGGGGCTAA
AAGAATTGTTGATTTGGCGCAATTGAATTCAGTGTCAAGGCTTTGTGCAAGAATTCACTTTGAAGGAATAG
ATTTTCTTCCAATAAATTCAATATTCATTTAGATCAAGCTTTGGGATTTCCGGGGCACGGGACGAATTATTT
GCAGTAAAAAAAGTATTTCCCTGCACCCAGAACTGCTCCTAAGTCTTATAGCACATAGACATTGTTATATA
TAGTTTTGAGTTTTAGCGACATTTTTTTTTAAAAAAAAAAAAACTTTGGTTTCTTAATTTTTTGAAGCGGTTTT
TAAGTTTTTCATGTTGGTTTTTTTTTTTTTCGGAATTTTAAATGGTAGCTTTCAAATCCTAATCCCCAATCCAG
ATTTGTAATAAACTTCAATTCTCCTAATTAAGACCTTTTAATTCATTTATTTCAAAACCAGTTCAAATTCTTT
TAGGGCTTACCAAACCTTTACCAATTTCAAATTCAGTGCAGAGATCTTCCACAGCAACAGCTAGACGACCA
CCATGTCGGCTCTCACCACGTCCCAGCTCGCCACCTCGGCCACCGGCTTCGGCATCGCCGACAGGTCGGCGC
CGTCGTCGCTGCTCCGCCACGGGTTCCAGAGCCTCAAGCCCCGCAGCCCCGCCGGCGGCGACGCGACGTCG
CTCAGCGTGACGACCAGCACGCGCGCGATGCCCAAGCAGCAGCGGTCGGTGCAGCGCGCGGCAGCCGGAGGT
TCCCCTCCGTCGTCGTGTACGCCACCGGCGCCGGCATGAACGTCGTGTTCGTCGGCGCCGAGATGGCCCCCT
GGAGCAAGACCGGCGGCCTCGGTGACGTCCTCGGTGGCCTCCCCCCTGCCATGGCTGTAAGCACACACAAA
ACTTCGATCGATCGTCGTCTTCAACTGTTCTTGATCATCGCATTGGATGGATTTCTAATGTTGTGTTCTTGTG
TTCTTGCAGGCGAATGGCCACAGGGTCATGGTGATCTCTCCTCGGTACGACCAGTACAAGGACGCTTGGGA
TACCAGCGTTGTGGCTGAAGTAGGAGCACGCGTGATCAGATCATCACAAGATCGATTAGCTTTAGGTGATT
TGTTACATTTCGCAAGATTTTAACCCAAGTTTTTGTGGTGCAATTCATTGCAGATCAAGGTTGCAGACAGGT
ACGAGAGGGTGAGGTTTTTCCATTGCTACAAGCGTGGAGTCGACCGTGTGTTCGTCGACCATCCGTCGTTCC
TCGAGAAGGTGGAGTCATCATCAGTTTACCTCTTTGTTTTTACTGAATTATTAACAGTGCATTTAGCAGTTG
GACTGAGCTTTAGTTTTCACTGGTGATTTCAGGTTTGGGGAAAGACCGGTGAGAAGATCTACGGACCTGAC
ACTGGAGTCGATTACAAGGACAACCAGATGCGTTTCAGCCTTCTTTGCCAGGTCAGTGATTACTTCTGTCTG
ATGATGGTTGGAAGCATTACGAATTTACCATAGCTAATTCTTGTATTGATGCTACTGCAGGCAGCACTCGAG
GCTCCTAGGATTCTAAACCTCAACAACAACCCATACTTCAAAGGAACTTATGGTGAGTTACAATTGATCTCA
AGATCTTAAACTTTCTTCGAAGGAATGCATGATCAGACTGTAATTTCTTTCGGTTTGTTACTGTCAAACAGG
TGAGGATGTTGTGTTCGTCTGCAACGACTGGCACACTGGCCCACTGGCGAGCTACCTGAAGAACAACTACC
AGCCCAATGGCATCTACAGGAATGCAAAGGTCTATGCCTGTTTCTGCCCATACCCAACTCAAATTCTGCATG
CACACCGCATTTCTGTTCAGAAACTGACTGTCTGAATCTTTTTCACTGCAGGTTGCTTTCTGCATCCACAACA
TCTCCTACCAGGGCCGTTTCGCTTTCGAGGATTACCCTGAGCTGAACCTCTCCGAGAGGTTCAGGTCATCCT
TCGATTTCATCGACGGGTATGAGTAAGATTCTAAGAGTAACTTACTGTCAATTCGCCATATATCGATTCAAT
CCAAGATCCTTTTGAGCTGACAACCCTGCACTACTGTCCATCGTTCAAATCCGGTTAAATTTCAGGTATGAC
ACGCCGGTGGAGGGCAGGAAGATCAACTGGATGAAGGCCGGAATCCTGGAAGCCGACAGGGTGCTCACAG
GTGGCCACGTGAGCCCGTACTACGCCGAGGAGCTCATCTCCGGCATCGCCAGGGGATGCGAGCTCGACAAC
ATCATGCGGCTCACCGGCATCACCGGCATCGTCAACGGCATGGACGTCAGCGAGTGGGATCCCAGCAAGGA
CAAGTACATCACCGCCAAGTACGACGCAACCACGGTAAGAACGAATGCATTCTTCACAAGATATGCAATCT
GAATTTTCTTTGAAAAAGAAATTATCATCTGTCACTTCTTGATTGATTCTGACAAGGCAAGAATGAGTGACA
AATTTCAGGCAATCGAGGCGAAGGCGCTGAACAAGGAGGCGTTGCAGGCGGAGGCGGGTCTTCCGGTCGA
CAGGAAAATCCCACTGATCGCGTTCATCGGCAGGCTGGAGGAACAGAAGGGCCCTGACGTCATGGCCGCC
GCCATCCCGGAGCTCATGCAGGAGGACGTCCAGATCGTTCTTCTGGTATAATATAATACACTACAAGACAC
ACTTGCACGATATGCCAAAAATTCAGAACAAATTCAGTGGCAAATGATGTGTATGATTTTGATCCGTGTGTG
TTTCAGGGTACTGGAAAGAAGAAGTTCGAGAAGCTGCTCAAGAGCATGGAGGAGAAGTATCCGGGCAAGG
TGAGGGCCGTGGTGAAGTTCAACGCGCCGCTTGCTCATCTCATCATGGCCGGAGCCGACGTGCTCGCCGTC
```

CCCAGCCGCTTCGGGCCCTGTGGACTCATCCAGCTGCAGGGGATGAGATACGGAACGGTATACAATACAAT
TCCCATCTATCAATTCGATTGTTCGATTTCATCTTTGTGCAATGCAATGCAATTGCAATTGCATGATGATTTT
CCTTGTCGATTTCTCCAGCCCTGTGCTTGCGCGTCCACCGGTGGGCTCGTGGACACGGTCATCGAAGGCAAG
ACTGGTTTCCACATGGGCCGTCTCAGCGTCGACGTAAGCCAATACTCCATCCGTCCCAAAATATAACGATTT
AGAACTAGATATGACACCTCCTAATACCGATATGTCGGTACACTACTACACATTTACATGGTTGCTGGTTAT
ATGGTTTTTTGGCAGTGCAAGGTGGTGGAGCCAAGCGACGTGAAGAAGGTGGCGGCCACCCTGAAGCGCG
CCATCAAGGTCGTCGGCACGCCGGCGTACGAGGAGATGGTCAGGAACTGCATGAACCAGGACCTCTCCTGG
AGGTATAATTACGAAACAAATTTAACCCAAACATATACTTATATACTCCCCTCCGCTTCTAAATATTCGACG
CCGTTACCTTTTTAAAATATATTTGACCGTTCATCTTATTAAAAAAATTTAAGTAATTATTAATTCTTTTCCT
ATCATTTGATCCATTGTTAAATATACTTATATGTATACATATAATTTTACATATTTCATAAAAGTTTCTAAAT
AAGACGAACGGTTAAATATGTGCTAAAAAAGTTAACGGTGTCGAATATTCAGAAACGGAGGGAGTATAAA
CGTCTTGTTCAGAAGTTCAGAGATTCACCTGTCTGATGCTGATGATGATTAATTGATAATTTGCAATATGGA
TTTCAGGGGCCTGCGAAGAACTGGGAGAATGTGCTGCTGGGCCTGGGCGTCGCCGGCAGCGCGCCGGGGAT
CGAAGGCGACGAGATCGCGCCGCTCGCCAAGGAGAACGTGGCTGCTCCTTGAAGAGCCTGAGATCTATATA
TGGAGTGATTAATTAATATATAGCAGTATATGGATGAGAGACGAATGAACCAGTGGTTTGTTTGTTGTAGT
GAATTTGTAGCTATAGCCAATTATATAGGCTAATAAATTTGATGCTGTACTCTTCCGGGTGTGCT

普通野生稻氨基酸序列（根据所得 mRNA 推导出的）

MSALTTSQLATSATGFGIADRSAPSSLLRHGFQSLKPRSPAGGDATSLSVTTSTRAMPKQQRSVQRGSRRFP
SVVVYATGAGMNVVFVGAEMAPWSKTGGLGDVLGGLPPAMAANGHRVMVISPRYDQYKDAWDTSVVAEIK
VADRYERVRFFHCYKRGVDRVFVDHPSFLEKVWGKTGEKIYGPDTGVDYKDNQMRFSLLCQAALEAPRILNLN
NNPYFKGTYGEDVVFVCNDWHTGPLASYLKNNYQPNGIYRNAKVAFCIHNISYQGRFAFEDYPELNLSERFRSS
FDFIDGYEYDTPVEGRKINWMKAGILEADRVLTVSPYYAEELISGIARGCELDNIMRLTGITGIVNGMDVSEWDP
SKDKYITAKYDATTAIEAKALNKEALQAEAGLPVDRKIPLIAFIGRLEEQKGPDVMAAAIPELMQEDVQIVLLGT
GKKKFEKLLKSMEEKYPGKVRAVVKFNAPLAHLIMAGADVLAVPSRFGPCGLIQLQGMRYGTPCACASTGGLV
DTVIEGKTGFHMGRLSVDCKVVEPSDVKKVAATLKRAIKVVGTPAYEEMVRNCMNQDLSWKGPAKNWENVL
LGLGVAGSAPGIEGDEIAPLAKENVAAP

附录二：药用野生稻 *Waxy* 基因序列及其氨基酸序列

药用野生稻 *Waxy* 基因序列（阴影区域表示编码区）

```
GTCGCATGCTCCCGGCCGCCATGGCGTGTCCGCGGGAATTCGATTAGGAGGAGAGCTGGGACGTGAAA
ATAAGTTGTCGAATACAAAAAGATCTTAAAATAAAGGCTCCAACCTTTGCTCATCTTCAGGTGCAGTACGT
AGTCGGGATATTTATTCTAGTATCATTTTTTTTTAAAAAAAAAGTAAAATTGCTCTGACCCCAAAAGAATTAC
CCCCCTCAAACACATATATGACATTGTGATCTATTTGGATTTTAGACAAAATTTAAAAGCTTTGGTTTAATTT
GTAAACTTTTCAGAATTTGGAAAATATTTAAATTCTTGTTTATTTTGGATTTCAAATGTATCTTGACCTTCAG
ATACTGAGTCTAAATTATAACCAACTCCTCCTAAGATCTTCAATTCGTTTTCAAAACCAGTTCAAATTCTGTT
AGGCTCACCCTGCTAGTCTGCTAGAACATCACTAATTCAGTGCAGTCATCTTCCACAGCAAGAGCTAAACA
GCCGACCGTGTGCACCACCATGTCGGCTCTCACCACGTCCCAGCTCGCCACCTCGGCCACCGGCTTCGGCAT
CGCCGACAGGTCGGCGCCGTCGTCGCTGCTTCGCCACGGGTTCCAGGGCCTCAAGCCCCGTAGCCCAGCCG
GCGGGGACGCATCATCCCTCAGCGTGACGACAGCGCTCGCGCGACGCCCAAGCAGCAGCGTCGGTGCA
GCGCGGCAGCCGGAGGTTCCCCTCCGTCGTCGTGTACGCCACCGGCGCCGGCATGAACGTCGTGTTCGTCG
GCGCCGAGATGGCCCCCTGGAGCAAGACCGGCGGCCTCGGTGACGTCCTCGGTGGCCTCCCCCCTGCCATG
GCTGTAAGCACACAAAACTTCGATCGCTCGCTCACCGTCGTCTTCAACTGTTCTTGATCCTTGCATTGCATG
GATGTCTAATGTTGTGTCTTGTGTTCTTGCAGGCGAATGGCCACAGAGTCATGGTAATCTCTCCTCGGCACG
ACCAGTACAAGGACGCCTGGGACACCAGCGTTGTGGCTGAGGTAGGAGCATGCGTGATCAGATCACAAGA
TCGAGTAACTTAAGATGATTTGTCACATTTCGCAAGATTTTAACCAAGTTTTTGTGCTGGTGCAACTAATTG
CAGATCAAGGTTGCAGACAGGTACGAGAGGGTGAGGTTTTTCCATTGCTACAAGCGTGGAGTTGACCGTGT
GTTCATCGACCATCCGTCATTCCTGGAGAAGGTGGTGTCATCATCAGTTTACCTTTTTTGTTTTTACTGAATTA
ACACTGCATTTAGCAGTTGGACCGAGCTTAGTTTTCACTGGTGATTTCAGGTTTGGGGAAAGACCGGTGAG
AAGATCTACGGACCTGACACTGGAGTCGATTACAAGGACAACCAGATGCGTTTCAGCCTTCTTTGCCAGGT
CAGTGATTACTTCTATCTGATAATGGTTGGAAGCATCACCAATTCACCATAGTATGTATGGATTCATAACTA
ATTCTTGTATGGATGCTACTGCAGGCAGCACTCGAGGCTCCTAGGATCCTAAACCTCAACAACAACCCATA
CTTCAAAGGAACTTATGGTGAGTTACCATTGGTCTCAAGATCTTAAACTTTCTTCGAAGGAATGCATTATCA
GACTGTAATTTTTTTCGTTTGGTTACTGTCAAACAGGTGAGGATGTTGTGTTCGTCTGCAACGACTGGCACA
CTGGCCCACTGCCGAGCTACCTGAAGAACAACTACCAGCCCAATGGCATCTACAGGAATGCAAAGGGTTAT
GCCTTTGTTCTTGTCATTCCTATGTTTGAAATCCGTGCACTGCATTTTGTTCAGAAACCGACTGTCAGGAGCT
TTTCACTGTAGGTTGCTTTCTGCATCCACAACATCTCCTACCAGGGCCGGTTCGCTTTCGAGGACTACCCTG
AGCTGAACCTCTCCGAGAGGTTCAGGTCATCCTTCGATTTCATCGACGGGTATGAGTAAGAATCTAAAAGTT
CCTTACTGTCAATTTGCCATCGAGTCAATCCGGATCCTTTGAGCTGACAATCTGCACTACTGTTCATTGCTCG
ATCCGGTTAATTTCCAGGTATGACACGCCAGTGGAGGGCAGGAAGATCAACTGGATGAAGGCTGGTATCCT
GGAATCCGACAGGGTGCTCACCGTGAGCCCGTACTACGCCGAGGAGCTCATCTCCGGCATCGCCAGGGGAT
GCGAGCTCGACAACATCATGCGACTCACCGGCATCACCGGCATCGTCAACGGCATGGACGTCAGCGAGTGG
GATCCTAGCAAGGACAAGTACATCGCCGCCAAGTACGACGCAACCACGGTGAGCAATGCAACGACGTGAT
CTCTTTGAAAAAAAATCTCATCTGTCACTTCTTGATTGATTCTGATAAGGCAAAAATGCGTGCCAATTTCAG
GCCATCGAGGCGAAGGCGCTGAACAAGGAGGCGTTGCAGGCGGAGGCGGGGCTTCCGGTCGACCGGAAAA
TCCCGCTGATCGCGTTCATCGGCAGGCTGGAGGAACAGAAGGGCCCCGACGTCATGGCCGCCGCCATCCCG
GAGCTCATGCAGGAGAACGTCCAGATCGTTCTTCTGGTATATTTACAGGACACTTGCACGATATGCCAAAA
TTTCAGAACAATTCAGTGGCAAATGATGGCTGATGTATAATTTGATCTGTGTTGCAGGGTACTGGAAAGAA
GAAGTTCGAGAAGCTGCTCAAGAGCATGGAGGAGAAGTACCCCGGCAAGGTGAGGGCCGTGGTGAAGTTC
AACGCGCCGCTGGCTCACCTCATCATGGCCGGAGCCGACGTGCTCGCCGTCCCCAGCCGCTTCGAGCCCTGT
GGACTCATCCAGCTGCAGGGGATGAGATACGGAACGGTATAATCCAGTACTACAACACAGCCATTTCCATC
AATTCGATTGTTTGATTTCATCTTGTGCAATGCATGATGATTTTCCTTGTTGATTTCGTCAGCCCTGTGCTTG
CGCGTCCACCGGTGGGCTCGTGGACACGGTCATCGAAGGCAAGACTGGTTTCCACATGGGCCGTCTCAGCG
TCGACGTAAGCCTATCTTTCTAGTATCTCCCAACCCCAACTGCAAGGTCTCAGACTAATACTCCCCTCCCG
```

TCCCTAAAATATAACGACCATCGAATATGACACAGCTTAGTATCGGTAGTACTACACTACATATATATTTAC
ATGTTGCTGTTACATGGGTTTTGGCAGTCCAGGTGGAGCCAAGCGACGTGCAGAAGGTGGCGACCACCCTG
AAGCGGGCCATCAAGATCGTCGGCACGCCGGCGTACAACGAGATGGTCAGGAACTGCATGAACCAGGACC
TCTCCTGGAAGGTACCAAACAAAACAATTTTAACCCAAACATATACGTCTTGTTCAGAAGTTGAGAGATTC
ATCTGTCTCGTACTGATGATGGTTGTGTTGTTTGCAATGGATTTCAGGGGCCAGCGAAGAACTGGGAGAAT
GTGCTGTTGGGCCTGGGCGTCGCCGGGAGCGCGCCGGGGGTCGAAGGCGAGGAGATCGCGCCGCTCGCCA
AGGAGAACGTGGCTGCTCCTTGAAGAGCCTGAGATATATATGGAGTAATAGTAGTATATGGATGAGATGAG
ATAAATGAACCAGTGGTTTGTTTGTTGTAGTGAATTGTAGCTATAGCCATTATATAGGCTAATAAGTTTGAT
GTTGTACTCTTCTGGGTATGCT

药用野生稻氨基酸序列（根据所得 mRNA 推导出的）

MSALTTSQLATSATGFGIADRSAPSSLLRHGFQGLKPRSPAGGDASSLSVTTSARATPKQQRSVQRGSRRFPS
VVVYATGAGMNVVFVGAEMAPWSKTGGLGDVLGGLPPAMAANGHRVMVISPRHDQYKDAWDTSVVAEIKV
ADRYERVRFFHCYKRGVDRVFIDHPSFLEKVWGKTGEKIYGPDTGVDYKDNQMRFSLLCQAALEAPRILNLNN
NPYFKGTYGEDVVFVCNDWHTGPLPSYLKNNYQPNGIYRNAKVAFCIHNISYQGRFAFEDYPELNLSERFRSSFD
FIDGYDTPVEGRKINWMKAGILESDRVLTVSPYYAEELISGIARGCELDNIMRLTGITGIVNGMDVSEWDPSKDK
YIAAKYDATTAIEAKALNKEALQAEAGLPVDRKIPLIAFIGRLEEQKGPDVMAAAIPELMQENVQIVLLGTGKKK
FEKLLKSMEEKYPGKVRAVVKFNAPLAHLIMAGADVLAVPSRFEPCGLIQLQGMRYGTPCACASTGGLVDTVIE
GKTGFHMGRLSVDCKVVEPSDVQKVATTLKRAIKIVGTPAYNEMVRNCMNQDLSWKGPAKNWENVLLGLGV
AGSAPGVEGEEIAPLAKENVAAP

附录三：疣粒野生稻 *Waxy* 基因序列及其氨基酸序列

疣粒野生稻 *Waxy* 基因序列（阴影区域表示编码区）

```
ATGTCGGCTCTCACCACGTCCCAGCTCGCCACCTCGGCCACCGGCTTCGGCATCGCTGACAGGTCGGCG
CCGTCGTCGATGCTCCGCCATGGGTTCCAGGGCCTGAAGCCCCGGAGCCCAGCCGGCGGGGACGGATCCCT
CAGCATGACGACCAGCGCGCGCGCAACTCCCAAGCAGCAACGGTCGTCGGTGCAACGCGGCAGCCGGAGG
TTCCCTCCGTCGTCGTGTACGCCACCGGCGCCGGCATGAACGTCGTCTTCGTCGGCGCCGAGATGGCACCT
TGGAGCAAGACCGGCGGCCTCGGCGACGTCCTCGGTGGCCTCCCCCCTGCCATGGCTGTAAGCACACAAAA
CTTCGATCGCTCGCTCACCGTCGTCTTCAACTGTTCTTGATCCTTGCATTGCATGGATGTCTAATGTTGTGTC
TTGTGTTCTTGCAGGCGAATGGCCACAGGGTCATGGTGATCTCTCCTCGCTACGACCAGTACAAGGACGCCT
GGGATACCAGCGTTGTGGCTGAGGTAGGAGCATGCGTGATCGGATCACAAGATCGAGTAACTTAAGATGAT
TTGTCACATTTCGCAAGATTTTAACCAAGTTTTTGTGCTGGTGCAACTAATTGCAGATCAAGGTTGCAGACA
GGTACGAGAGGGTGAGATTTTTCCACTGTTACAAACGTGGAGTTGACCGTGTGTTCATTGACCATCCGTCGT
TCCTGGAGAAGGTGCTTGAGTCATCATCAGTTTCCATTTTTTTACTACTGAATTAAGACAGTGTATTTAGCA
GTTGCATTGAGCTTAGTTTTCACTGGTGATTTCAGGTTTGGGGAAAGACCGGTGAGAAGATCTACGGACCTG
ACACTGGAGTTGATTACAAGGACAACCAGCTACGTTTCAGCCTTCTTTGCCAGGTCAGTGATTACTTCTGTC
TGATGATTGGATTAGGCATCACCAATTTGCCACAGTATGTATGGATTCATAACTAATTCTTGCAAGATGTCG
CTTTGCAGGCAGCACTCGAGGCTCCTAGGATCCTAAACCTCAACAACAACCCATACTTCTCCGGACCTTACG
GTGAGTAGTAACAGCTAGTAATACCATACTACCATTGATCTCAAGATCTTAATCTTTCTTCGAAGAAACGAT
GATCGTACTCATTTCTGTACTGCCAACAGGTGAGGATGTTGTGTTCGTCTGCAACGACTGGCACACTGGCCC
CCTGCCGAGCTACCTGAAGAACAACTACCAGCCCAATGGCATCTACAGGAATGCAAAGGTTTTTGCTTGTT
CTTGTCATACTATCTCTCTCCATTCCCATGTTTGAAATTTGCACACTGCATTTTGTTCAGAAAACTGACTTTT
CAAGCTTCACTAGGTTGCTTTCTGCATCCACAACATCTCCTACCAGGGCCGTTTCGCTTTCGAGGACTTCCCT
GAGCTGAACCTCTCCGAGAGGTTCAGGTCATCCTTCGATTTCATCGACGGGTATGCACTGTTTGTTTGCCAT
TGACTCCATTCAGATTCTTTGAGGTGATAACTGATTAGTTCAATGTGGCTTTCAGGTATGACAAGCCAGTGG
AGGGCGGGAAGATCAACTGGATGAAAGCTGGAATCCTGGAATCCGACAGGGTCCTCACCGTCAGTCCATAC
TACGCCGAGGAGCTCATCTCTGGCATTGCCAGGGGATGCGAGCTCGACAACATCATGCGCCTGACCGGCAT
CACCGGCATCGTCAACGGCATGGACGTCAGCGAGTGGGATCCTAGCAAGGACAAGTACATCACCGTCAAGT
ACGACGCAACCACAGTGAGCACGCACGATCACAAGAACTGCGATCTCTTCCAAGAACTCATCTGTTACTCG
ATTGATTCTGACAAGGCAAGAATGCATTTCAGGCCATCAAGGCGAAGGCGCTGAACAAGGAGGCGTTGCA
GGCGGAGGTGGGGCTTCCGGTCGACCGGAAAAATCCCCCTGATCGCTTTCATCGGCAGGCTGGAGGAACAGA
AGGGCCCCGACGTCATGGCCGCCGCCATTCCGGAGCTCATGCAGGAGAACGTTCAGATCGTTCTTCTCGTA
CGCATCCTATACAAGACTTGCACGATCAAAACTTGAGAACAATTCAGCGGCAAATGATGCTTGGAAATTAA
TCTATGCAGGGCACCGGCAAGAAGAAGTTTGAGAAGATGCTCAAGAGCGCGGAGGAGAAGTATCCCAACA
AGGTGAGAGCCGTGGTGAAGTTCAACGCGCCGCTGGCTCACCACATCATGGCCGGAGCCGACGTGCTCGCC
GTCACCAGCCGCTTCGAGCCCTGTGGCCTCATCCAGCTGCAGGGGATGAGATACGGAACGGTACAACCAAT
TCGATTGCTTCCTCTTGTGCAACGCATCATGATCCGTGTGCTCAATGTTAATTCCTTGTTAATTTCAGCCGTG
TGCTTGCGCGTCCACCGGTGGACTCGTCGACACGATCATCGAAGGCAAGACTGGATTCCACATGGGCCGTC
TCAGCGTCGACGTAAGCCTATCACAACCCTATCACATTTTAGCTCACACCACCTAAGGTAGTGTTTGAAAGA
CCTTCTGGTTTATTGGTGGCACGCAAAACGGAGAAAATTATTAACACGTGATTAATTAGGTATTAACTATTA
AAACTAGAAAAAGGGATCTTTTTGATTTTTTAGAGATACTTTCTAGAAAATTTTTGTAAAAAAACGTACCGC
TCAGTAGTTTAAGAAGCATGCTAACAAAAAACGAGTGAATAAGCCATCCTCATAAGCAGTTCCGAACACTG
TCTAAGCTGGCTGCTACACTGCATGTACACTTGCATGGTGTTGTTTAACTCTTTGGAATTGAGAACTTGTCG
CTGTTGCCATTTTGCTCCCAGTGCAAGGTGGTGGAGCCAAGTGACGTCCAGAAGGTGGCGACCACCCTGAA
GCGCGCCATCAAGGTCGTCGGCACGCCGGCGTACAACGAGATGGTCAGGAACTGCATGAACCAGGACCTCT
CCTGGAAGGTACGAAACAAACAACCAATCCTTGCTACCCTACGCTTAGTTCAGAAAGTTCAGAAAGTTCAG
ATTCTCACTCTTTTCATGCTCATGGTGGGGTGTTTGCGATGGTTTCAGGGGCCTGCAAAGAACTGGGAGAATG
```

TTCTTCTGGGCCTGGGGGTCACCGGGAGTGAGCCGGGGATCGAAGGCGAGGAGATCGCGCCGCTCGCCAA
GGAGAACGTGGCTGCTCCTTGAAGAATTTACCTGCAGTATGCAGTAGTAGTACATGGATGAACGAACCAGT
CGTTTGTTGTAGTGGATGGTAGCTATCGCCATTATAGGCTAATAAGTTTGATGATG

药用野生稻氨基酸序列（根据所得 mRNA 推导出的）

MSALTTSQLATSATGFGIADRSAPSSMLRHGFQGLKPRSPAGGDGSLSMTTSARATPKQQRSSVQRGSRRFP
SVVVYATGAGMNVVFVGAEMAPWSKTGGLGDVLGGLPPAMAANGHRVMVISPRYDQYKDAWDTSVVAEIK
VADRYERVRFFHCYKRGVDRVFIDHPSFLEKVWGKTGEKIYGPDTGVDYKDNQLRFSLLCQAALEAPRILNLNN
NPYFSGPYGEDVVFVCNDWHTGPLPSYLKNNYQPNGIYRNAKVAFCIHNISYQGRFAFEDFPELNLSERFRSSFD
FIDGYDKPVEGGKINWMKAGILESDRVLTVSPYYAEELISGIARGCELDNIMRLTGITGIVNGMDVSEWDPSKDK
YITVKYDATTAIKAKALNKEALQAEVGLPVDRKIPLIAFIGRLEEQKGPDVMAAAIPELMQENVQIVLLGTGKKK
FEKMLKSAEEKYPNKVRAVVKFNAPLAHHIMAGADVLAVTSRFEPCGLIQLQGMRYGTPCACASTGGLVDTIIE
GKTGFHMGRLSVDCKVVEPSDVQKVATTLKRAIKVVGTPAYNEMVRNCMNQDLSWKGPAKNWENVLLGLGV
TGSEPGIEGEEIAPLAKENVAAP

附录四：滇陇 201 *Waxy* 基因序列

GCTTCACTTCTCTGCTTGTGTTGTTCTGTTGTTCATCAGGAAGAACATCTGCAAGGTATACATATATGTT
TATAATTCTTTGTTTCCCCTCTTATTCAGATCGATCACATGCATCTTTCATTGCTCGTTTTTCCTTACAAAGTC
TCATACATGCTAATTTCTGTAAGGTGTTGGGCTGGAAATTAATTAATTAATTAATTGACTTGCCAAGATCCA
TATATATGTCCTGATATTAAATCTTCGTTCGTTATGTTTGGTTAGGCTGATCAATGTTATTCTAGAGTCTAGA
GAAACACACCCAGGGGTTTTCCAGCTAGCTCCACAAGATGGTGGGCTAGCTGACCTAGATTTGAAGTCTCA
CTCTTTCTAATTATTTGATATTAGATCATTTTCTAATATTTGCGTCCTTTTTTATTCTAGAGTCTAGATCTTGT
GTTCAACTCCTCGTTAAATCATGTCTCTCGCCACTGGAGAAACAGATCAGGAGGGTTTATTTTGGGTATAGG
TCAAAGCTAAGATTGAAACTCACAAATAGTAAAATCAGAATCCAACCAATTTTAGTAGCCGAGTTGGTCAA
AGGAAAATGTATATAGCTAGATTTATTGTTTTGGCAAAAAAAATCTGAATATGCAAAATACTTGTATATCTT
TGTATTAAGAAGATGAAAATAAGTAGCAGAAAATTAAAAAATGGATTATATTTCCTGGGCTAAAAGAATTG
TTGATTTGGCACAATTAAATTCAGTGTCAAGGCTTTGTGCAAGAATTCAGTGTGAAGGAATAGATTCTCTTC
AAAACAATTTAATCATTCATCTGATCTGCTCAAAGCTCTGTGCATCTCCGGGTGCAACGGCCAGGATATTTA
TTGTGCAGTAAAAAAATGTCATATCCCCTAGCCACCCAAGGAACTGCTCCCTAAGTCCTTATAAGCACATAT
GGCATTGTAATATATATGTTTGAGTTTTAGCGAACAATTTTTTTAAAAACTTTTGGTCCTTTTTATGAACGTT
TTAAGTTTCACTGTCTTTTTTTTTTTCGAATTTTAAATGTAGCTTGAAATTCTAATCCCCAATCCAAATTGTAA
TAAACTTCAATTCTCCTAATTAACATCTTAATTCATTTATTTGAAAACCAGTTCACATTCTTTTAGGCTCACC
AAAACCTTAAACAATTCAATTCAGTGCAGAGATCTTCCACAGCAACAGCTAGACAACCACCATGTCGGCTCT
CACCACGTCCCAGCTCGCCACCTCGGCCACCGGCTTCGGCATCGCCGACAGGTCGGCGCCGTCGTCGCTGCT
CCGCCACGGGTTCCAGGGCCTCAAGCCCCGCAGCCCCGCCGGCGGCGACGCGACGTCGCTCAGCGTGACGA
CCAGCGCGCGCGCGACGCCCAAGCAGCAGCGGTCGGTGCAGCGAGGCAGCCGGAGGTTCCCCTCCGTCGTC
GTGTACGCCACCGGCGCCGGCATGAACGTCGTGTTCGTCGGCGCCGAGATGGCCCCCTGGAGCAAGACCGG
CGGCCTCGGTGACGTCCTCGGTGGCCTCCCCCCTGCCATGGCTGTAAGGCACACACAAACTTCGATCGCTCG
TCGTCGTTGACCGTCGTCGTCTTCAACTGTTCTTGATCATCGCATTGGATGGATGTGTAATGTTGTGTTCTTG
TGTTCTTTGCAGGCGAATGGCCACAGGGTCATGGTGATCTCTCCTCGGTACGACCAGTACAAGGACGCTTG
GGATACCAGCGTTGTGGCTGAGGTAGGAGCATATGCGTGATCAGATCATCACAAGATCGATTAGCTTTAGA
TGATTTGTTACATTTCGCAAGATTTTAACCCAAGTTTTTGTGGTGCAATTCATTGCAGATCAAGGTTGCAGA
CAGGTACGAGAGGGTGAGGTTTTTCCATTGCTACAAGCGTGGAGTCGACCGTGTGTTCATCGGCCATCCGTC
ATTCCTGGAGAAGGTGGAGTCATCATTAGTTTACCTTTTTTGTTTTTACTGAATTATTAACAGTGCATTTAGC
AGTTGGACTGAGCTTAGCTTCCACTGGTGATTTCAGGTTTGGGGAAAGACCGGTGAGAAGATCTACGGACC
TGACACTGGAGTTGATTACAAAGACAACCAGATGCGTTTCAGCCTTCTTTGCCAGGTCAGTGATTACTTCTA
TCTGATGATGGTTGGAAGCATCACGAGTTTACCATAGTATGTATGGATTCATAACTAATTCGTGTATTGATG
CTACTGCAGGCAGCACTCGAGGCTCCTAGGATCCTAAACCTCAACAACAACCCATACTTCAAAGGAACTTA
TGGTGAGTTACAATTGATCTCAAGATCTTATAACTTTCTTCGAAGGAATCCATGATGATCAGACTAATTCCT
TCCGGTTTGTTACTGACAACAGGTGAGGATGTTGTGTTCGTCTGCAACGACTGGCACACTGGCCCACTGGCG
AGCTACCTGAAGAACAACTACCAGCCCCAATGCATCTACAGGAATGCAAAGGTCTATGCTTGTTCTTGCCA
TACCAACTCAAATCTGCATGCACACTGCATTCTGTTCAGAAACTGACTGTCTGAATCTTTTTCACTGCAGGT
TGCTTTCTGCATCCACAACATCTCCTACCAGGGCCGTTTCGCTTTCGAGGATTACCCTGAGCTGAACCTCTCC
GAGAGGTTCAGGTCATCCTTCGATTTCATCGACGGGTATGAGTAAGATTCTAAGAGTAACTTACTGTCAATT
CGCCATATATCGATTCAATCCAAGATCCTTTTGAGCTGACAACCCTGCACTACTGTCCATCGTTCAAATCCG
GTTAAATTTCAGGTATGACACGCCGGTGGAGGGCAGGAAGATCAACTGGATGAAGGCCGGAATCCTGGAA
GCCGACAGGGTGCTCACCGTGAGCCCGTACTACGCCGAGGAGCTCATCTCCGGCATCGCCAGGGGATGCGA
GCTCGACAACATCATGCGGCTCACCGGCATCACCGGCATCGTCAACGGCATGGACGTCAGCGAAAACGTCA
GCGAGTGGGATCCCCAGCAGGAACAGGTACATCACCGCCAAGTACGACGCAACCACGGTAAGAACGAATG
CATTCTTCACAAGATGTGCAATCTGAATTTTCTTTGAAAAAGAAATTATCATCTGTCACTTCTTGATTGATTC
TGACAAGGCAAGAATGAGTGACAAATTTCAGGCAATCGAGGCGAAGGCGCTGAACAAGGAGGCGTTGCAG
GCGGAGGCGGGTCTTCCGGTCGACAGGAAAAATCCCACTGATCGCGTTCATCGGCAGGCTGGAGGAACAGA

AGGGCCCTGACGTCATGGCCGCCGCCATCCCGGAGCTCATGCAGGAGGACGTCCAGATCGTTCTTCTGGTA
TAATATAATACACTACAAGACACACTTGCACGATATGCCAAAAATTCAGAACAAATTCAGTGGCAAAAAAA
AAACTCAAATATTAGGGAAGAACCTAATATCAAATAATTAGAAGGGGTGAGGCTTTGAACCCAGGTCATCT
AGCCCACCACCTTGTGGAGCTAGCCGGAAGAGCCCTGAGCATTTCTCAATTCAGTGGCAAATGATGTGTAT
AATTTTGATCCGTGTGTGTTTCAGGGTACTGGAAAGAAGAAGTTCGAGAAGCTGCTCAAGAGCATGGAGGA
GAAGTATCCGGGCAAGGTGAGGGCCGTGGTGAAGTTCAACGCGCCGCTTGCTCATCTCATCATGGCCGGAG
CCGACGTGCTCGCCGTCCCCAGCCGCTTCGAGCCCTGTGGACTCATCCAGCTGCAGGGGATGAGATACGGA
ACGGTATACAATTTCCATCTATCAATTCGATTGTTCGATTTCATCTTTGTGCAATGCAATGCAATTGCAAAC
GCAAATGCATGATGATTTTCCTTGTTGATTTCTCCAGCCCTGTGCTTGCGCGTCCACCGGTGGGCTCGTGGA
CACGGTCATCGAAGGCAAGACTGGTTTCCACATGGGCCGTCTCAGCGTCGACGTAAGCCTATACATTTACA
TAGCAATCAGATATGACACATCCTAATACCGATAAGTCGGTACACTACTACACATTTACATGGTTGCTGGTT
ATATGGTTTTTTTGGCAGTGCAAGGTGGTGGAGCCAAGCGACGTGAAGAAGGTGGCGGCCACCCTGAAGCG
CGCCATCAAGGTCGTCGGCACGCCGGCGTACGAAGAGATGGTCAGGAACTGCATGAACCAGGACCTCTCCT
GGAAGGTATAAATTACGAAACAAAATTTAACCCAAACATATACTATATACTCCCTCCGCTTCTAAATATTCA
ACGCCGTTGTCTTTTTTAAATATATTTGACCGTTCGTCTTATTAAAAAAATTAAATAATTATAAATTCTTTTC
CTATCATTTGATTCATTGTTAAATATACTTACATGTATACATATAGTTTTACATATTTCATAAAAGTTTTTGA
ACAAGACGAGCGGTCAAACATGTGCTAAAAAGTTAACGGTGTCGAATATTCAGAAACGGAGGGAGTATAA
ACGTCTTGTTCAGAAGTTCAGAGATTCACCTGTCTGATGCTGATGATGATTAATTGTTTGCAACATGGATTT
CAGGGGCCTGCGAAGAACTGGGAGAATGTGCTCCTGGGCCTGGGCGTCGCCGGCAGCGCGCCGGGGATCG
AAGGCGACGAGATCGCGCCGCTCGCCAAGGAGAACGTGGCTGCTCCTTGAAGAGCCTGAGATCTACATATG
GAGTGATTAATTAATATAGCAGTATATGGATGAGAGACGAATGAACCAGTGGTTTGTTTGTTGTAGTGAAT
TTGTAGCTATAGCCAATTATATAGGCTCAATAAGTTTGATGTTGTACTCTTCTGGGTGTGCTTAAG